建筑工程标准化创新发展报告 2022

王清勤　郁银泉　主　编

中国建筑工业出版社

图书在版编目（CIP）数据

建筑工程标准化创新发展报告. 2022 / 王清勤，郁银泉主编. — 北京：中国建筑工业出版社，2022.12
ISBN 978-7-112-28133-6

Ⅰ. ①建… Ⅱ. ①王… ②郁… Ⅲ. ①建筑工程-标准化-研究报告- 2022 Ⅳ. ①TU-65

中国版本图书馆 CIP 数据核字（2022）第 207686 号

本书共分为五篇，包括标准综述篇、政府标准篇、市场标准篇、标准应用篇以及标准国际化篇。全书对我国工程建设标准化改革、行业重要标准规范研制、创新引领性市场标准制订、标准成果转化应用、标准化国际合作等取得的成就和经验进行了全面的梳理、分析和总结，对全面了解工程建设标准化改革，把握行业技术创新与标准研制热点，深刻理解和正确实施工程建设标准，积极参与并推进标准国际化工作，具有重要的参考价值，可供工程建设行业从业人员参考使用。

责任编辑：王砾瑶
责任校对：张辰双

建筑工程标准化创新发展报告 2022
王清勤 郁银泉 主 编

*

中国建筑工业出版社出版、发行（北京海淀三里河路9号）
各地新华书店、建筑书店经销
北京鸿文瀚海文化传媒有限公司制版
北京建筑工业印刷厂印刷

*

开本：880 毫米×1230 毫米 1/16 印张：23¼ 字数：656 千字
2023 年 3 月第一版 2023 年 3 月第一次印刷
定价：**109.00** 元
ISBN 978-7-112-28133-6
（40285）

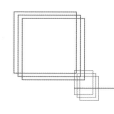

·《建筑工程标准化创新发展报告2022》编委会·

指导委员会

主　任：王　俊　孙　英

副主任：张志新　李大伟

编写委员会

主　编：王清勤　郁银泉

副主编：（按姓氏笔画为序）

王树声　邓小华　李　霆　李向民　杨仕超　肖从真

吴　体　沈立东　张永志　范　峰　罗文斌　顾祥林

徐　伟　黄世敏

委　员：姜　波　肖　明　赵　力　马肖丽　张佳岩　程　骐

蔡成军　张　淼　汪　浩　孟　冲　朱荣鑫　郭　伟

张　弛　张渤钰

（以下按姓氏笔画为序）

丁　云　卜　震　于　静　于子绚　马　杰　马　捷

马　骥　马丹阳　马智周　马静越　马德云　王　迪

王　敏　王　潇　王　赞　王广明　王凤予　王书晓

王玉宇　王东旭　王庆辉　王红丽　王卓琳　王倩倩

王理想　王博渊　王喜元　王鹏豪　王德华　亓立刚

韦雅云　尤　琳　毛　芊　方　舟　孔蔚慈　邓凤琴

左勇志　卢秀丽　由炜盛　冯　禄　边萌萌　毕敏娜

吕　俐　吕永鹏　朱　超　朱宝旭　朱爱萍　朱娟花

伍止超　刘　枫　刘东卫　刘呈双　刘茂林　刘美霞

闫　续　汤亚军　许清风　孙　旋　孙峰峰　杜志杰

李小阳　李文娟　李进军　李国柱　李宝鑫　李建勋
李建强　李春鞠　李晓峰　李淳伟　李博佳　李耀良
杨　雪　杨建荣　杨振颢　杨彩霞　束星北　肖　顺
何　涛　何思洋　何莉莎　邹　瑜　汪雨清　沈育祥
宋　晗　宋　婕　张　岗　张　昊　张　威　张　钦
张　婧　张　璐　张乐群　张永刚　张昕宇　张泽伟
张建斌　张津奕　张惠锋　张靖岩　张霄云　陈　茜
陈　雷　陈艺通　邰濛莹　纵　斌　苗　青　苗　彧
范圣权　范华冰　林　杰　林波荣　欧阳芳　金　华
金　汐　周　浩　周祥茵　周硕文　郑瑞澄　单彦名
孟天畅　赵　俊　赵　勇　赵乃妮　赵张媛　赵建平
赵盟盟　赵霄龙　荣玥芳　胡　杰　胡　洪　姜　琦
宫　瑿　宫剑飞　姚　涛　秦　姗　袁　扬　莫祖澜
徐　韬　徐小童　徐向飞　殷春蕾　高文生　高志强
高润东　高雅春　郭　安　郭成林　黄　惊　黄小坤
曹　阳　曹　爽　曹　博　曹正罡　盛　珏　常卫华
康井红　盖轶静　梁　爽　梁建岚　彭　飞　彭晓烈
葛　楚　董　宏　韩沐辰　程志军　鲁巧稚　曾　宇
谢尚群　赖裕强　路金波　蔡增谊　裴智超　樊静静
黎红兵　薛伶俐　戴鼎立　魏素巍

审查委员会

主　任：徐　建

副主任：尚春明　郭晓岩　高建忠

委　员：(按姓氏笔画为序)

王平山　王美华　刘永刚　李　铮　李爱仙　张　宇
韩林海　程瑾瑞　蒙永业

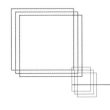

·《建筑工程标准化创新发展报告2022》组织单位·

国家技术标准创新基地（建筑工程）
中国建筑科学研究院有限公司
中国建筑标准设计研究院有限公司
中国工程建设标准化协会

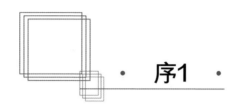

序1

伴随着新中国的崛起与发展，中国标准化事业经历了从起步探索、开放发展到全面提升的光辉历程。特别是新时代中国特色社会主义建设时期，也是标准化事业的全面提升期，这一时期党中央国务院高度重视标准化工作。习近平总书记指出，"标准助推创新发展，标准引领时代进步""中国将积极实施标准化战略，以标准助力创新发展、协调发展、绿色发展、开放发展、共享发展"。

建筑业是国民经济的支柱产业，占国民经济比重巨大。改革开放以来，我国建筑业快速发展，建造能力不断加强，产业规模不断扩大，对经济社会发展、城乡建设和民生改善作出了重要贡献。工程建设标准不断完善和提升，对于促进城乡科学规划、协调发展，确保工程质量安全、节约与合理利用资源，完善社会主义市场经济体制、促进政府职能转变等方面发挥重要作用，有效支撑了国家工程建设行业不断做大做强，推动了行业高质量发展。

新一轮科技革命和产业变革正在重塑全球经济结构，以技术变革引领产业结构调整，将是中国城市化衔接过去与未来的重要动力。为适应快速变化的市场环境，实现城市绿色可持续发展，亟须建立与之配套的新型标准管理机制和标准体系。2015年，国务院发布《深化标准化工作改革方案》，成为我国标准化改革的"里程碑"。2016年，住房和城乡建设部全面启动工程建设标准化改革工作，吹响了工程建设标准化大发展号角。2021年，《国家标准化发展纲要》的发布推进了工程建设标准改革的进程，构建以强制性工程建设规范为核心、推荐性标准和团体标准为配套的新型标准体系，推动工程建设标准国际化成为改革总方向。随着标准化改革的深入推进，在建筑业转型升级关键之际，成立"国家技术标准创新基地（建筑工程）"，以标准化最大限度地助力建筑业提质增效，推动建筑业持续健康发展具有重要意义和作用。

自2020年筹建以来，创新基地围绕住房城乡建设领域国家战略和行业发展，聚焦建筑业转型升级、高质量发展需求，以科技创新提升标准水平为切入点，以标准促进科技成果转化为着力点，以绿色低碳、城市更新、建筑业信息化、智能建造与新型建筑工业化等为重点领域和方向，开展了相关关键技术与技术标准体系研究，取得了一批创新性科技成果，研制了一批高质量的技术标准。创新基地已日渐成为一个开放共享、多方参与、产学研用、协同创新，促进成果转化技术标准的创新平台和工程建设领域重要标准创新实验区。

为有效促进建筑工程技术标准创新发展，展示行业内标准化创新成果和工作亮点，国家技术标准创新基地（建筑工程）与有关科研院所、企业、高校、社会团体等共同编著了《建筑工程标准化创新发展报告2022》。本书从标准综述、政府标准、市场标准、标准应用、标准国际化等方面，对我国工程建设标准化改革、行业重要标准规范研制、创新引领性市场标准制订、标准成果转化应用、标准化国际合作等取得的成就和经验进行了全面的梳理、分析和总结，对全面了解工程建设标准化改革，把握行业技术创新与标准研制热点，深刻理解和正确实施工程建设标准，积极参与并推进标准国际化工作，具有重要的参考价值。

明者因时而变，知者随事而制。希望国家技术标准创新基地（建筑工程）和本书的编写者们，持续关注新一轮科技革命和产业变革，围绕新时期标准化需求，不忘初心、牢记使命，坚持投身高质量标准研制和高水平标准体系建设，持续产出建筑工程技术标准创新成果，积极发挥标准对创新传播和产业化的联通和放大作用，引领提升我国建筑业技术发展，为促进新时代我国建筑工程可持续、高质量发展献计献策，为满足人民群众对美好生活的需要贡献力量。

中国建筑科学研究院有限公司　党委书记、董事长

2022 年 10 月 20 日

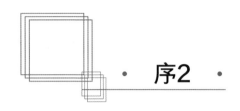

· 序2 ·

党的十九大确定了2035年我国跻身创新型国家前列的战略目标，党的二十大提出：必须坚持科技是第一生产力、人才是第一资源、创新是第一动力，深入实施科教兴国战略、人才强国战略、创新驱动发展战略，开辟发展新领域新赛道，不断塑造发展新动能新优势。《国家标准化发展纲要》描绘了新时期标准化发展的宏伟蓝图，对我国标准化事业发展具有里程碑意义。当前新一轮科技革命和产业变革正突飞猛进，建筑业作为国民经济重要的支柱产业，要转变大量建设、大量消耗、大量排放的建设方式，绿色化、工业化、信息化是重要的发展趋势。"十四五"期间及未来一段时间，随着我国生态文明建设、新型城镇化、乡村振兴，尤其是"双碳"战略的持续推进，大力发展绿色建筑、装配式建筑势在必行。2015年国务院印发《标准化工作改革方案》，2016年住房和城乡建设部印发《关于深化工程建设标准化工作改革的意见》，2018年新《中华人民共和国标准化法》发布实施，2021年以来，中共中央和国务院陆续发布《国家标准化发展纲要》《关于推动城乡建设绿色发展的意见》《关于完整准确全面贯彻新发展理念做好碳达峰碳中和工作的意见》《2030年前碳达峰行动方案》等重要文件，对推进标准化发展、推动我国经济社会全面绿色转型发展做出了战略部署，也为工程建设标准化工作发展提供了重要机遇。

自2015年以来，在推进住房和城乡建设领域工程建设标准体系改革方面，明确"坚持新发展理念，坚持以人民为中心的发展思想，围绕推进住房和城乡建设事业高质量发展决策部署，建立和完善国际化工程建设标准体系，充分发挥标准规范促进科技创新、引领品质提升、推动绿色发展的基础性作用"的指导思想，确立"到2025年，基本建立国际化工程建设标准体系，标准规范总体水平、国际影响力有较大提升，标准规范管理制度和工作机制进一步健全，有效支撑住房和城乡建设改革发展和工程建设国际化需要"的工作目标。

国务院印发《中国制造2025》，坚持把创新摆在制造业发展全局的核心位置，推动跨领域跨行业协同创新，突破一批重点领域关键共性技术，促进制造业数字化网络化智能化发展。国家技术标准创新基地（建筑工程）贯彻落实国家创新驱动发展战略，服务工程建设重大改革措施。围绕城市更新和建设管理，建筑业转型升级等住房城乡建设领域重要工作，通过培育适应建筑与科技创新、产业升级和经济社会发展需要的技术标准、创新服务体系、工作机制和人才队伍，进一步助力城乡建设领域技术和产品的创新成果的转化应用，激发市场组织标准创新活力；力求成为建筑工程领域标准化战略构想的策源地，探索标准化新途径的试验田，推动关键重大标准研制和实施应用的大平台，在更高起点、更高目标上为推进工程建设标准化改革提供助力。

《建筑工程标准化创新发展报告2022》从建筑工程领域技术标准发展及创新成果孵化的多视角、多维度出发，由国家技术标准创新基地（建筑工程）组织相关专家编写和编纂完成。对于宣传推广建筑工程领域标准技术创新成果，为行业搭建沟通交流的开放式标准创新服务平台起到了积极的促进作用。希望通过本书，使广大工程建设技术人员能全面、快速了解掌握我国建筑工程领域标准化工作最新动态和研究成果，为推动建筑工程领域的科技创新和成果转化提供有益参考和借鉴。

国家技术标准创新基地（建筑工程）将不断加强与各方的沟通和联系，把标准工作融入项目组织实施的全周期和全过程，进一步积聚行业标准化资源，充分吸纳政、产、学、研、用各个方面力量参与标准创新基地的建设，构建建筑工程国家技术标准资源服务平台，实现信息互通共享，为广大企业、社会公众提供标准化技术咨询、标准的基础知识和技能培训等服务，不断满足建筑业对技术标准的多样化需求。

中国建设科技集团股份有限公司　党委副书记、总裁
2022 年 10 月 27 日

前言

党中央、国务院对标准化工作历来十分重视，党的十八大以来，更是把标准化摆在经济社会发展全局来统筹推进。党的十九大确立了"到2035年跻身创新型国家前列"的战略目标。习近平总书记指出："标准是促进创新成果转化的桥梁和纽带，创新是提升标准水平的手段和动力"。2021年10月，中共中央、国务院印发了《国家标准化发展纲要》，提出以科技创新提升标准水平，要建立重大科技项目与标准化工作联动机制，将标准作为科技计划的重要产出，健全科技成果转化为标准的机制。

新发展阶段、新发展理念、新发展格局对工程建设标准化工作提出了新命题、新任务、新要求。作为国民经济支柱产业的建筑业，在全面推进创新型国家建设、实施创新驱动战略道路上仍然有许多难题和困难需要面对和解决。2021年10月，中央办公厅、国务院办公厅印发的《关于推动城乡建设绿色发展的意见》，要求转变"大量建设、大量消耗、大量排放"的建设方式，推动城乡建设绿色转型。"十四五"期间，我国生态文明建设、新型城镇化和"双碳"战略将持续推进。因此，进一步加强标准科技创新，加强绿色建筑、装配式建筑、智能建造等重点领域标准制定与体系建设，充分发挥工程建设标准的引领作用，加快推进建筑业创新转型升级和高质量发展，具有十分重要的意义和作用。

国家技术标准创新基地（建筑工程）（以下简称创新基地）是在国家标准化管理委员会、住房和城乡建设部的指导下，由中国建筑科学研究院有限公司和中国建筑标准设计研究院有限公司会同住房和城乡建设领域内的有关企业、科研院所、高校、行业组织等单位及专家，通过建筑工程科技成果创新与转化、标准实施应用与推广，打造覆盖建筑工程全产业链的标准孵化器和标准化创新服务平台。创新基地以构建住房和城乡建设领域标准化、市场化、产业化、国际化的开放式标准创新服务平台为目标，团结和组织行业力量，积极开展绿色建筑、装配式建筑等领域的国家技术标准创新工作，打造住房和城乡建设重点领域标准化战略构想的策源地，探索标准化新途径的试验田，建设科技创新、标准研制、产业转化三同步的孵化器。

为推动技术标准创新发展，及时宣传交流建筑工程领域科技研发、成果转化及标准研制的最新成果，创新基地组织编撰《建筑工程标准化创新发展报告2022》。本书遴选行业内标准化创新成果和工作亮点，助力推广建筑工程领域标准技术创新，搭建行业沟通交流的开放式标准创新服务平台。

本书共分为五篇，包括标准综述篇、政府标准篇、市场标准篇、标准应用篇、标准国际化篇以及附录。

第一篇是标准综述篇。本篇共选取了11篇文章，分别从工程建设标准化总体情况，工程建设标准发展与趋势演化分析，强制性工程建设规范体系情况介绍，团体标准发展，标准化服务，建筑工程科技创新与标准化互动融合、行业数字化转型及标准创新和工程建设标准发展建议，绿色建筑、装配式建筑技术标准体系等方面进行综述。为"十四五"期间，我国建筑工程标准更加科学、合理地发展，尽早实现标准化改革工作目标提供坚实基础。

第二篇是政府标准篇。本篇收录的9篇文章涉及重点领域的政府标准编制情况，包括强制性标准（强制性工程建设规范）、推荐性国家标准、行业标准及地方标准，涉及结构、建筑环境、既有建筑、CIM技术、绿色建筑、装配式建筑等专业领域，主要对标准技术内容、标准亮点及创新点、标准编制思考等内容进行介绍。这些标准对提升人居环境，推进以人为核心的城镇化建设，提高建筑品质，建设"宜居、绿色、韧性、智慧、人文"城市有着重要的意义。

第三篇是市场标准篇。本篇共收录了19篇住房和城乡建设重点发展领域的市场标准，涉及健康建筑、"双碳"评定、绿色建筑、智慧建筑、建筑工业化、卫生防疫、海绵城市、既有建筑、检验认证等综合领域或专业领域。各篇文章分别对标准技术内容、标准亮点及创新点、标准编制思考等进行了系统全面介绍。本篇遴选的标准对接国家重大战略、紧贴新兴产业，聚焦"专精特优"技术，对填补政府标准空白，引领行业技术进步，满足住房和城乡建设行业市场需求和创新发展具有重要意义。

第四篇是标准应用篇。本篇分别从绿色建筑、住宅建设、轨道交通建筑、装配式建筑、工程质量检测评估及司法鉴定、地下连续墙技术等多领域、多角度收录了标准应用研究与分析文章12篇，侧重建筑工程标准实施应用情况介绍及分析，提出值得领域乃至行业标准发展借鉴的思考，深入持续促进标准提升。

第五篇是标准国际化篇。本篇从行业领域标准国际化方面收录8篇文章，介绍海外工程标准应用、建筑领域重要国际标准研究，以及建筑照明、应急医疗设施建设等有代表性国际标准研制，介绍我国工程建设领域标准国际化情况。对持续提升我国工程建设标准国际化工作水平具有重要启示，对实现标准化工作由国内驱动向国内国际相互促进转变，提升国家综合竞争力具有重要作用。

本书是创新基地专家团队和建筑工程地方机构、专业学组的专家共同辛勤劳动的成果。虽在编写过程中多次修改，但由于编写时间仓促以及编者能力和水平所限，书中难免有疏漏与不妥之处，恳请广大读者朋友不吝赐教，斧正批评。

本书编委会
2022年8月

· Introduction ·

The CPC Central Committee and the State Council have been highly valuing standardization works, and have incorporated standardization into the overall economic and social development since the 18th CPC National Congress held in 2012. The 19th CPC National Congress established a strategic goal that "China will be one of the global leaders in innovation by 2035". Xi Jinping, the General Secretary of the CPC Central Committee, commented "standards are the bridge and bond to promote transformation of innovation achievements, while innovation is the approach and driver to uplift standards". In October 2021, the CPC Central Committee and the State Council issued the *National Standardization Development Outline*, which proposed to improve standards by sci-tech innovation, to establish a linkage mechanism between major sci-tech projects and standardization works, to treat standards as important output of sci-tech programs, and to consummate the mechanism to transform sci-tech achievements into standards.

The new development stage, philosophy and paradigm have put forward new propositions, tasks and requirements for the standardization of engineering construction. As a pillar of the national economy, the construction industry still faces many problems and difficulties in comprehensively promoting the construction of an innovation-oriented nation and implementing the innovation-driven development strategy. In October 2021, the General Office of the CPC Central Committee and the General Office of the State Council issued the *Guideline on Underpinning Green Development in Urban and Rural Areas*, requiring the transformation of the construction approach featuring "massive construction, massive consumption and massive emission", and promoting shift onto green development in urban and rural areas. During the 14th Five-Year Plan period (2021-2025), China will continue to advance ecological conservation, new urbanization, and carbon peaking and carbon neutrality strategy. Therefore, it is of significance and influence to further strengthen sci-tech innovation in terms of standards, enhance the standard development and standard system construction in such key areas as green building, assembled building and intelligent construction, give full play to the leading role of engineering construction standards, and accelerate the innovation, transformation and upgrading as well as high-quality development of the construction industry.

Guided by the Standardization Administration and the Ministry of Housing and Urban-Rural Development of the People's Republic of China, the National Technical Standard Innovation Base of Construction Engineering (hereinafter referred to as the "Innovation Base") was launched by the joint effort of China Academy of Building Research and China Institute of Building Standard Design & Research, together with relevant companies, research institutes, institutions of higher learning, industry organizations as well as experts in the field of housing and urban-rural development. This

Innovation Base is expected to be built into the incubator of construction engineering standards and the standardization innovation service platform involving the whole industrial chain through innovation and transformation of sci-tech achievements in construction engineering, and standard implementation, application and popularization. In order to build a standardized, market-oriented, industry-based and international open service platform for standard innovation in housing and urban-rural development, the Innovation Base rallies and organizes industry forces for active innovation in national technical standards for green buildings and assembled buildings. It is aims to become the source of standardization strategy conception in key areas of housing and urban-rural development, the experimental field to explore new approaches to standardization, and an incubator with coordinated progress of sci-tech innovation, standard development, and industrial transformation.

Aiming to promote the innovation-driven development of technical standards, and timely publicize and communicate the latest achievements in scientific and technological R&D, achievement transformation and standard development in construction engineering, the Innovation Base compiles the *Report on Innovation-driven Development of Construction Engineering Standardization 2022*. As a selective collection of standardization innovation achievements and work highlights in the industry, the book is expected to facilitate the popularization of technological innovation in construction engineering standards, and the construction of an open standard innovation service platform for industrial communication.

The book consists of five parts, including overviews about standards, government standards, market standards, application of standards, internationalization of standards, and the appendix.

Part I is about overviews about standards. A total of 11 articles are selected, providing overviews in terms of the overall situation of engineering construction standardization, analysis on the development and trend evolution of engineering construction standards, introduction to the mandatory engineering construction code system, development of group standards, standardization services, interactive integration of sci-tech innovation with standardization in construction engineering, digital transformation and standard innovation, suggestions on the development of engineering construction standards, as well as technical standard system of green buildings and assembled buildings, etc. These articles lay a solid foundation for more scientific and rational development of construction engineering standards in China and earlier realization of the standardization reform objectives for the 14th Five-Year Plan period.

Part II is about government standards. The 9 articles detail the development of government standards in key areas, including mandatory standards (mandatory engineering construction codes), and voluntary national, professional and provincial standards. These standards involve such professional fields as structures, building environment, existing buildings, CIM technology, green buildings, and assembled buildings. These articles mainly introduce the technical contents, highlights and innovations of the standards, and the thoughts on standard development. These standards are of significance for bettering the living environment, advancing people-centered urbanization, improving building quality and building "livable, green, resilient, smart and humanistic" cities.

Part III is about market standards. The 19 market standards in key areas of housing and urban-rural development involve comprehensive or professional fields such as healthy buildings, carbon peaking and carbon neutrality assessment, green buildings, smart buildings, building industrialization，sanitation and epidemic prevention，sponge cities，existing buildings，and inspection & certification. These articles provide systematic and comprehensive introduction to the technical contents，highlights and innovations of the standards，and the thoughts on standard development. The standards selected respond to major national strategies，follow closely the emerging industries，and focus on specialized and sophisticated technologies. They play an important role in filling the gaps in government standards，leading the technological progress of the industry，and meeting the market demand and innovation-driven development of the housing and urban-rural development industry.

Part IV is about the application of standards. The 12 research and analysis articles on the application of standards focus on a multiple of fields and perspectives including green buildings，residential construction，rail transit architectures，assembled buildings，engineering quality inspection，assessment and judicature appraisal，underground diaphragm wall technology，etc. These articles mainly introduce and analyze the implementation and application of construction engineering standards，and put forward thoughts worthy of reference for the relevant fields and even development of professional standards，which will give thorough and lasting impetus to the upgrading of standards.

Part V is about internationalization of standards. The 8 articles focus on the internationalization of standards in the industry. They cover the overseas application of Chinese engineering construction standards，the research on major international building standards，and the development of representative international standards for architectural lighting and the construction of emergency medical facilities，and overview of the internationalization of Chinese engineering construction standards. These articles will be enlightening for continuously deepening the internationalization of Chinese engineering construction standards，and will play an important part in shifting the standardization work from being driven by domestic factors toward being carried out in a way that domestic and international players boost each other so as to enhance the overall competitiveness of China.

This book is the result of joint efforts of the experts from the expert team of the Innovation Base，provincial institutions and professional groups relating to construction engineering. Despite a number of revisions during preparation，omissions and inadequacies are inevitable due to a tight schedule for preparation and limited capability of the editors. Your constructive advice，correction and criticism are most welcome.

Editorial Board of the Book

August，2022

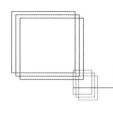

·国家技术标准创新基地（建筑工程）·

国家技术标准创新基地（建筑工程）（以下简称创新基地。英文译名：National Technical Standard Innovation Base of Construction Engineering，英文缩写：NTSIB-CE）是在国家标准化管理委员会、住房和城乡建设部的指导下，由中国建筑科学研究院有限公司（以下简称中国建研院）和中国建筑标准设计研究院有限公司（以下简称中国建标院）会同有关企业、科研院所、高校、行业组织等单位及专家，通过建筑工程科技成果创新与转化、标准实施应用与推广，打造的建筑工程全产业链的标准孵化器和标准创新服务平台。2020 年 8 月 7 日创新基地获批筹建。自筹建以来，创新基地积极落实机构建设、制度建设、平台建设、标准创新发展等各项工作，建立了完善的工作机制，在绿色建筑领域和装配式建筑领域相关标准研制、科技创新成果及转化、标准国际化、标准化研究、标准化平台、标准化服务、标准化人才培养及技术交流等方面开展了丰富的工作。

图 1　创新基地成立大会

创新基地紧紧围绕建设目标，重点聚焦绿色建筑、装配式建筑领域标准化创新发展需求，开展了卓有成效的工作，取得了如下丰硕成果：

一、机制创新，高效运转。 中国建研院与中国建标院联合成立了创新基地筹备工作组，利用健康建筑产业技术创新战略联盟、建筑工业化产业技术创新战略联盟等行业联盟，吸收相关产业化企业作为创新基地成员单位，建立了标准化、产业化的协作机制。2021 年 6 月 19 日，创新基地成立大会暨第一次全体会议在北京市召开（图 1），全面推进创新基地筹建工作。创新基地组建了第一届理事会、专家委员会、秘书处、联络办公室，以及绿色建筑专业委员会、装配式建筑专业委员会，完成了组织机构建设。创新基地第一届理事会共有理事 101 人，其中副理事长 16 人、常务副理事长 1 人、理事长 1 人。创新基地专家委员会共聘请了委员 70 人，其中副主任委员 1 人、主任委员 1 人，并聘请江亿、崔愷、刘加平、缪昌文、周绪红、聂建国、肖绪文、陈云敏、孟建民、岳清瑞、徐建、庄惟敏、马栋任创新基地专家委员会顾问。创新基地专家委员会集结了院士、大师、行业领域专家等高端人才作为智囊团队，为创新基地高质量建设集思献策，保障了创新合作运行模式。同时，创新基地组建了绿色建筑专业委员会、装配式建筑专业委员会，负责创新基地具体业务（包括基地主要任务、宣传推广、技术咨询、学术会议及业务交流等活动）。

二、成果转化，驱动效能。利用科研优势，创新基地提升了标准化工作综合能力，对接科技和产业资源，建立了政产学研用技术创新机制及科技成果转化为技术标准的工作机制，引导了建筑工程创新成果转化为技术标准，提高建筑工程领域标准化工作的创新能力、科技成果和制度成果的转化效率。创新基地联合了建筑安全与环境国家重点实验室等国家级平台开展标准创新工作，促进科技成果高质量转化为技术标准。根据领域需求，创新基地聚焦关键技术重点，发挥协同优势，联合标准化技术委员会、学协会、行业联盟等，有效承接国家标准化改革和技术标准战略实施重点工作任务，重点分析了建筑工程技术标准在保障人身健康和生命财产安全、国家安全、生态环境安全范围之内的技术标准，为强制性标准（强制性工程建设规范）体系建设提供了有力技术支撑。同时，针对建筑工程薄弱环节，创新基地在产业优势领域精耕细作，引领了创新团体标准编制和管理模式，建立了快速研制的编制模式和探索良性互动的市场运营机制，实施好关键核心技术攻关工程，有助于尽快解决一批"卡脖子"问题，全面推进创新科技成果标准化、市场化、产业化发展。

三、服务创新，建设智库。创新基地在服务模式上寻求创新，通过与政府部门紧密对接，与国家各级标准化技术委员会、学协会、行业联盟等建立合作关系，创新基地聚焦政府和市场信息资源，提供全业务标准化咨询服务、标准试验验证与符合性测试、标准实施评价、标准基础知识与技能培训等专业服务，充分发挥创新基地成员单位与专家委员会优势，为全行业中小企业提供标准化服务，促进科技成果转化与产业化发展，为城乡建设提供成套技术解决方案，为行业发展提供科技与标准创新驱动力。创新基地积极建设标准化专家智库，做好由领军人物、知名专家、专业技术骨干组成的人才队伍建设，选拔培养业务素质高、工作能力强、工程经验丰富的中青年技术骨干，充实标准规范人才队伍，面向社会招募标准化领域专家。创新基地为标准化人才教育培训与交流提供必要的场所和设施，同时与标准化机构、行业联盟等建立标准化战略合作机制，如联合中国工程建设标准化协会等机构共同开展标准化活动，搭建建筑工程学术交流、技术交流、理论研究、标准解读的平台，定期举办标准化论坛。另外，创新基地培养和引进了一批标准化知识基础扎实、外语水平高且熟悉国际规则的高端复合型人才，积极参加国际标准化活动，推动中国标准国际化。

四、疫情防控，保障健康。为有效应对新冠肺炎疫情，创新基地承担单位牵头组织有关单位编制了抗疫亟须的关键技术标准，为抗疫工作顺利开展提供了有力的技术支撑。疫情期间，创新基地承担单位紧急立项、编制并发布了《建筑和土木工程—与突发公共卫生事件相关的建筑弹性策略—相关信息汇编》国际标准技术报告，成为我国建筑领域第一部新冠肺炎疫情防控的国际标准。此外，创新基地组织有关单位主编了《空气过滤器》GB/T 14295—2019 和《通风系统用空气净化装置》GB/T 34012—2017 英文版，完成了国标图集《应急发热门诊设计示例》，主编并发布了《医学生物安全二级实验室建筑技术标准》T/CECS 662—2020、《建筑通风系统改造用空气净化消毒装置》T/CAQI 203—2021、《模块应急传染病医院建筑技术规程》T/CECS 1125—2022、《新风净化机》T/CAQI 10—2021 等一批团体标准，编制完成了《疫情期公共建筑空调通风系统运行管理指南》，完成了住房和城乡建设部课题《居住建筑、医疗建筑应对新冠肺炎疫情技术措施研究》等，在标准领域体现"中国速度"，为我国抗击疫情献计献策，同时助力世界各国新冠肺炎疫情防控。

五、合作共赢，实现共享。创新基地积极整合行业资源，在优势互补、利益共享、共同发展原则下，探索理事会成员之间创新成果与标准化资源的合作共享、项目协作、产业连接、国际对接的业务模式与运行机制，鼓励和吸引更多的行业企业和社会资源参与创新基地建设。创新基地会同中国工程建设标准化协会、健康建筑联盟、既有建筑改造技术交流平台、建筑工业化创新联盟等联合围绕建筑工程领域资源共享、标准验证、信息反馈与更新进行宣传与推广。创新基地非常重视标准化工作成果的宣传工作，在《中国标准化》杂志、《工程建设标准化》杂志、《建设科技》杂志、中国建设报、中国建设新闻网等不同平台推广创新基地工作成果，提高创新基地公众认知度和影响力；利用创新基地微信公众号及相关论坛、媒体资源对平台进行宣传，搭建绿色建筑与装配式建筑领域信息资源共享、标准验证、信息反馈与更新等为一体的标准化信息化平台；充分利用新媒体时代直播手段，有效解决疫情时间工作同步开展的情况，为成员单位提供工作便利；尝试图文直播形式，直观具体展现论坛内容，如利用快手 APP 进行直播，提高年轻观众的关注度及传播量。

六、标准国际化，共建"一带一路"。创新基地参与单位积极主导参与制定多项国际标准，推进多项重要标准外文版翻译，开展相关课题研究如"'一带一路'共建国家绿色建筑技术和标准研发与应用"，以我国绿色建筑全面"走出去"为目标，形成技术、标准、模式、示范等在内的系统解决方案，全面支撑我国绿色建筑在"一带一路"共建国家推广，助力"一带一路"建设。加强国际多边合作，先后与国际建筑法规合作委员会、美国国家标准学会、美国保险商试验室等 30 余家国际标准化机构、认证机构开展战略合作，提升中国在建筑工程领域影响力。充分利用地域区位优势及成员单位工作基础，协助"一带一路"国家制定标准，促进国内标准转化，带动中国产品走出去。此外，创新基地整合工程建设标准国际化资源，充分发挥技术、信息、人才、产业等优势，推动建立工程建设标准国际化创新服务模式，服务高质量"一带一路"建设，推动中国工程标准走向国际，提升中国标准国际影响力、竞争力。

创新基地将持续贯彻落实习近平总书记对标准化工作的重要指示精神，定位长远，着眼国际，不断调整完善管理办法和运行机制，围绕建筑业转型升级、高质量发展需求建立多方合作模式，强化共建共享互动平台搭建，继续推进标准化推广活动，着力打造技术标准创新标杆。创新基地将充分发挥技术标准在促进科技成果产业化、市场化、国际化方面的孵化器作用，逐步建立满足新时期住房和城乡建设事业高质量发展需求的技术标准创新服务体系，以科技创新推动标准创新、以标准创新引领产业升级，为工程建设标准化事业新发展贡献力量。

目录

第一篇 标准综述篇

第二篇 政府标准篇

第三篇 市场标准篇

第四篇　标准应用篇

第五篇　标准国际化篇

第一篇　标准综述篇

《国家标准化发展纲要》指出，标准是经济活动和社会发展的技术支撑，是国家基础性制度的重要方面。标准化在推进国家治理体系和治理能力现代化中发挥着基础性、引领性作用。新时代推动高质量发展、全面建设社会主义现代化国家，迫切需要进一步加强标准化工作。

工程建设标准是通过工程建设领域的标准化活动，按照规定的程序经协商一致制定，为各类建设工程的勘察、规划、设计、施工、验收、运行、管理、维护、加固、拆除等活动和结果提供规则、指南或特性，供共同使用和重复使用的文件。建筑工程标准是工程建设标准的重要组成。新中国成立，特别是改革开放以来，建筑工程标准化不断改革创新，取得重大成绩，标准覆盖全行业，体制机制日臻完善，在推进建筑业提质增效、保障工程质量安全、节能减排降碳、提升建筑品质、引导先进技术应用、助力建筑业企业"走出去"等方面发挥了基础性、引领性作用。

党的十八大以来，党中央、国务院对标准化工作高度重视，把标准化摆在经济社会发展全局来统筹推进。2015 年 3 月，国务院印发的《深化标准化工作改革方案》提出，整合精简强制性标准，优化完善推荐性标准，培育发展团体标准，放开搞活企业标准。住房和城乡建设部印发的《关于深化工程建设标准化工作改革的意见》提出，到 2025 年，以强制性标准为核心、推荐性标准和团体标准相配套的标准体系初步建立，标准有效性、先进性、适用性进一步增强，标准国际影响力和贡献力进一步提升。

经过几十年的不断发展与探索，我国工程建设标准化工作取得了引人瞩目的成绩。在标准化改革的推动下，强制性工程建设规范陆续发布，推荐性标准精简整合深入研究，团体标准蓬勃发展，企业标准化意识逐渐增强，标准国际化备受关注，新型标准体系逐步确立。本篇共选取了 11 篇文章，分别从工程建设标准化总体情况，工程建设标准发展与趋势演化分析，强制性工程建设规范体系情况介绍，团体标准发展，标准化服务，发展建议等方面进行介绍，为推动新时期标准化工作改革的发展提供了参考路径。

《工程建设标准化总体情况综述》全面系统总结回顾了工程建设标准化的发展历程、取得的成绩、面临的改革任务、发挥的重要作用。针对新时代背景下工程建设标准工作存在的问题，对包括强化强制性工程建设规范、精简推荐性标准、提高市场标准质量、加强标准实施监督、推进标准国际化在内的我国标准化工作改革与发展提出了有关思考建议。**《工程建设标准发展与趋势演化分析》**以团体标准为重点，从标准发展和标准研究两个方面，对我国工程建设标准的发展历程进行阐述与分析，并从体系建设、创新驱动发展等方面提出建议。**《强制性工程建设规范体系情况介绍》**围绕强制性工程建设规范体系、强制性工程建设规范编制两方面，系统阐述了新型工程建设标准体系的改革发展演变构建过程与构成部分，介绍了强制性工程建设规范编制的思路、方法等情况。**《中国工程建设标准化协会团体标准发展综述》**系统回顾了中国工程建设标准化协会标准的起源与发展历程，全面总结了协会标准改革发展取得的成就，展望了协会标准向高质化、体系化、数字化、国际化发展的战略格局。**《全链条标准化服务推动工程建设行业高质量发展》**分析了标准化服务对工程质量安全和经济社会发展与进步发挥的重要作用，结合中国建筑标准设计研究院有限公司开展工程建设标准化服务的实践和探索，提出了推进工程建设标准化服务工作的方向和措施。**《建筑工程科技创新与标准化互动融合的探索》**通过对建筑领域科技创新与标准化互动融合发展现状的分析，结合中国建筑科学研究院有限公司的经验做法，提出科技创新在科研项目、科研平台、科研成果、科研激励四个维度与标准化深度融合的探索。**《建筑工程行业数字化转型及标准创新》**探讨了实现我国建筑工程行业数字化转型的必由之路：通过建立适应数字化发展的商业模式和运营模式，以及对应数字化技术应用的行业标准体系，形成数字化产品。通过创新和制定适应行业转型升级需求的数字化产品标准体系、无图建造标准体系、无图审批标准体系等标准化体系，推动行业数字化转型的深入发展。**《"双碳"目标下的我国建筑工程标准发展建议》**分析了建筑行业工程建设标准现状及问题，提出了促进建筑行业工程建设标准发展的相关建议。**《绿色建筑技术标准体系发展综述》**追溯了绿色建筑技术标准的发展历程，把国家层面现有的 30 余项绿色建筑标准，按照多个子集归类整理，构建成了一个完善的绿色建筑标准体系。针对现有绿色建筑标准体系存在的问题，就如何优化体系、助力双碳行动、加强绿色设计支撑、提升运行维护水平、引领绿色改造五方面提出了具体建议。**《装配式建筑技术标准体系发展综述》**着重对装配式混凝土结构、装配式钢结构及装配式木结构三大主体结构，装配式建筑外围护系统，装配式建筑内装系统及设备管线系统，装配式建筑评价等标准体系现状进行了综述，并对其发展和完善的方向进行探讨和展望。**《上海市装配式混凝土建筑标准体系发展综述》**系统梳理了我国现有装配式混凝土建筑标准的体系框架，研究和预测未来装配式建筑的发展需求，评估现有地方标准对上海市装配式建筑实施的指导效果，提出了未来装配式建筑标准的编制建议，为上海相关标准、规范和技术规程的制修订提供技术储备研究。

本篇内容有利于广大读者系统、全面、快速认识和了解工程建设标准化工作发展、改革的整体情况，深入了解强制性工程建设规范体系，绿色建筑及装配式建筑标准体系，数字化转型及创新发展等，为"十四五"期间，我国工程建设标准更加科学、合理地发展，尽早实现标准化改革工作目标提供坚实基础。

Part I Overviews about Standards

The *National Standardization Development Outline* points out that as technical support for economic activities and social development, standards serve as an important part of the state's fundamental systems. Standardization plays a basic and guiding role in promoting the modernization of the state's governance system and governance capacity. In order to push forward high-quality development and build China into a modern socialist country of the new era, it is of urgent necessity to further strengthen the standardization work.

Engineering construction standards, which are documents for common use and reuse, are formulated by reaching consensus through consultation in accordance with prescribed procedures based on standardization activities in the field of engineering construction. They provide rules, guidelines or characteristics for activities and results relating to various construction projects, such as survey, planning, design, construction, acceptance, operation, management, maintenance, reinforcement and demolition. Standards for construction projects are an important part of engineering construction standards. Since the founding of the People's Republic of China in 1949, especially since the reform and opening-up policy was introduced in 1978, standardization of construction projects has undergone continuous reform and innovation which lead to great achievements, with the standards covering the whole industry, and the institutions and mechanisms gradually improved. It has played a fundamental and leading role in driving the quality and efficiency improvement in the construction industry, ensuring engineering quality and safety, facilitating energy conservation, emission reduction and drop in carbon emissions, improving building quality, guiding the application of advanced technologies, and assisting construction enterprises to "go global".

The CPC Central Committee and the State Council have been highly valuing standardization work, and have taken coordinated steps to advance standardization in the overall economic and social development since the 18th CPC National Congress. In March 2015, the State Council issued the *Reform Plan for Deepening Standardization Work*, proposing to integrate and streamline mandatory standards, optimize and improve voluntary standards, cultivate and develop group standards, and liberalize and invigorate company standards. According to the *Opinions on Deepening the Reform of Engineering Construction Standardization Work* issued by the Ministry of Housing and Urban-Rural Development, by 2025, a system of standards will have been initially established, with mandatory standards as the core and voluntary and group standards as the support; the effectiveness, advancement and applicability of the standards will be further enhanced; and the international influence and contribution of the standards will be further enhanced.

Decades of continuous development and exploration has brought China remarkable achievements in the engineering construction standardization work. Driven by the standardization reform，mandatory engineering construction codes have been issued one after another，research has been deepened for streamlining and integrating voluntary standards，group standards have developed vigorously，the standardization awareness has been gradually enhanced in enterprises，the internationalization of standards has attracted much attention，and a novel system of standards has been gradually established. A total of 11 articles are selected，providing details about the overall situation of engineering construction standardization，analysis on the development and trend evolution of engineering construction standards，introduction to the mandatory engineering construction code system，development of group standards，standardization services，development suggestions，etc.，which provide a reference path for promoting standardization reform in the new period.

"Overview of the Overall Situation of Engineering Construction Standardization" summarizes and reviews the development process，achievements，reform tasks and important roles of engineering construction standardization comprehensively and systematically. In view of the problems existing in the engineering construction standardization work in the context of a new era，this article provides thoughts and suggestions on the reform and development of standardization work in China，including strengthening mandatory engineering construction codes，streamlining voluntary standards，improving market standards，enhancing the supervision of standard implementation，and promoting the internationalization of standards. **"Analysis on the Development and Trend Evolution of Engineering Construction Standards"** focuses on group standards，expounds and analyzes the development process of engineering construction standards in China in terms of standard development and research，and puts forward suggestions on system construction and innovation-driven development. **"Introduction to Mandatory Engineering Construction Code System"** focuses on mandatory engineering construction code system and preparation of mandatory engineering construction codes. It systematically expounds the construction process of reform，development and evolution of the novel engineering construction standard system as well as its components，and introduces the approaches and methods to prepare mandatory engineering construction standards. **"Overview of the Development of Group Standards Issued by China Association for Engineering Construction Standardization"** systematically reviews the origin and development process of the standards issued by China Association for Engineering Construction Standardization (CECS)，comprehensively summarizes the reform and development achievements of CECS standards，and envisions the strategic pattern of CECS standards to move towards high quality，systematization，digitalization and internationalization. **"Full-chain Standardization Services to Promote High-quality Development of Engineering Construction Industry"** analyzes the important role of standardization services in engineering quality safety and economic and social development and progress，and points out the direction and measures to promote the engineering construction standardization services based on the practices and explorations of China Institute of Building Standard Design & Research. **"An Exploration of the Interactive Integration of Sci-Tech Innovation with Standardization in Construction Engineering"** explores in-depth integration of sci-tech innovation with standardization from the dimensions of scientific research projects，scientific research platforms，scientific research achievements and scientific research incentives based on the experience and practices of China Academy of Building Research by analyzing the development status of interactive integration of sci-tech innovation with standardization in the building industry.

"Digital Transformation and Standard Innovation in Construction Engineering Industry" discusses the only way for China to realize the digital transformation of the construction engineering industry: to form digital products by establishing business and operation models adapted to digital development and a system of professional standards corresponding to application of digital technologies; and promote the in-depth development of industrial digital transformation via innovation in and formulation of a system of standards for digital products, a system of standards for construction without drawings, and a system of standards for examination and approval without drawings which meet the needs of industry transformation and upgrading. **"Suggestions on the Development of Construction Engineering Standards in China with the Goals of Carbon Peaking and Carbon Neutrality"** analyzes the current status and problems of engineering construction standards in the building industry, and puts forward suggestions on promoting the development thereof. **"Overview of the Development of Technical Standard System for Green Buildings"** traces the history of technical standards for green buildings, classifies over 30 existing national standards for green buildings by multiple subsets, and builds a perfect green building standard system. In view of the problems in the existing green building standard system, this article puts forward specific suggestions on how to optimize the system, facilitate the carbon peaking and carbon neutrality actions, strengthen the support for green design, enhance the operation & maintenance, and take the lead in green transformation. **"Overview of the Development of Technical Standard System for Assembled Buildings"** summarizes the current status of the system of standards involving the three major structures (precast concrete structure, assembled steel structure, and assembled wood structure), the exterior enclosure system, the interior decoration system and the equipment pipeline system of assembled buildings, as well as assembled building evaluation, and discusses and envisions the development and improvement directions of this system of standards. **"Overview of the Development of Technical Standard System on Assembled Concrete Buildings in Shanghai"** systematically summarizes the system framework of existing Chinese standards for precast concrete buildings, studies and forecasts the development needs of assembled buildings, assesses the guiding effect of existing provincial standards on the assembled buildings in Shanghai, and puts forward suggestions on the future formulation of standards for assembled buildings, providing technical reserve research for the development and revision of relevant standards, codes and technical regulations in Shanghai.

With this part, readers will be informed of the overall situation of the development and reform of engineering construction standardization work systematically, comprehensively and quickly, and will have an in-depth understanding of the mandatory engineering construction code system, the system of standards for green buildings and assembled buildings, digital transformation and innovation-driven development, etc. It lays a solid foundation for the more scientific and rational development of engineering construction standards and the earlier realization of the reform objectives for standardization during the 14th Five-Year Plan periodin China.

工程建设标准化总体情况综述

Overview of the Overall Situation of Engineering Construction Standardization

1 引言

党的十九届五中全会审议通过《中共中央关于制定国民经济和社会发展第十四个五年规划和二〇三五年远景目标的建议》，提出到 2035 年要基本实现新型工业化、信息化、城镇化，并提出了推进以人为核心的新型城镇化。工程建设标准是推进以人为核心的新型城镇化的重要技术支撑。近年来，随着《国务院关于印发深化标准化工作改革方案的通知》（国发〔2015〕13 号）、《住房城乡建设部关于印发深化工程建设标准化工作改革意见的通知》（建标〔2016〕166 号）等政策的出台以及《中华人民共和国标准化法》（以下简称《标准化法》）的修订实施，我国工程建设标准化迎来了重大改革。2021 年是"十四五"开局之年，在此关键时期，及时总结工程建设标准化改革经验，分析和思考我国工程建设标准化改革和发展存在的问题，对我国工程建设标准化未来的发展非常重要。

2 工程建设标准的发展历史

2.1 工程建设标准发展历程

新中国成立以来，我国工程建设标准化的发展大致可分为四个阶段：第一阶段是 1949 年到 1958 年，这一阶段，工程建设标准化由分散走向集中，先后由国家计委、国家建委主管，主要工程建设标准为借用或参照苏联标准。第二阶段是 1958 年到 1979 年，我国工程建设标准化工作受到严重冲击，发展较为曲折，标准管理较为混乱。国家建委经历了撤销、合并、重建的波折，最终重新制订了一批工程建设国家标准。第三阶段是 1979 年到 2000 年，党的十一届三中全会以后，社会主义经济建设成为全国工作重点，工程建设标准化工作迎来新的发展阶段。这一时期，制定颁布了《中华人民共和国标准化管理条例》等一系列标准化规章制度，使标准化工作进入法制轨道，共编制形成了 2700 余项工程建设标准。第四阶段是 2000 年至今，以《工程建设标准强制性条文》和全文强制标准为突破的标准体制改革持续稳步推进，共陆续下达了 17 部分工程建设标准体系的编制计划，建立完善、科学、规范的工程建设标准体系的目标和任务更加明确。

2.2 工程建设标准取得的成绩

经过 70 余年的不断探索，我国已形成了覆盖经济社会各领域、工程建设各环节的标准体系，在保障工程质量安全、促进产业转型升级、强化生态环境保护、推动经济提质增效、提升国际竞争力等方面发挥了重要作用。据住房和城乡建设部标准定额研究所统计，截至 2021 年底，我国现行工程建设标准共有 11861 项。其中，工程建设国家标准 1394 项，工程建设行业标准 4371 项，工程建设地方标准 6096 项。经过多年发展，我国工程建设标准化工作成功实现两个重大转变。一是实现标准由政府一元供给向政府与市场二元供给的转变。在标准制定主体上，鼓励具备相应能力的社会团体制定满足市场和创新需要的团体标准，供市场自愿选用，增加标准的有效供给，也涌现了一批如中国工程建设标准化协会标准、中国土木工程学会标准、中国建筑学会标准等优秀工程建设团体标准。二是实现国际标准由单一采用向采用与制定并重的转变。我国工程建设领域国际标准编制方面取得了积极进展，主导制定了 ISO 22975—1：2016《Solar energy—Collector components and materials—Part 1：Evacuated tubes—Durability and performance》等近 30 项国际标准，有力提升了我国在国际标准化活动中的贡献度和影响力。

3　工程建设标准化改革的背景和目标

3.1　工程建设标准化改革背景

尽管我国工程建设标准化工作已取得了显著的成绩，但随着市场经济的逐步完善以及我国标准国际化程度逐渐提升，工程建设标准化工作也面临一些问题，如：强制性标准和推荐性标准界限不清，强制性标准与技术法规的关系不够明晰，刚性约束不足，影响标准实施效果；强制性条文散布于各技术标准中，系统性不够；行业学协会等民间团体或研究机构的作用未能充分发挥，企业参与标准化工作热情总体不高；部分强制性标准和推荐性标准技术指标水平偏低，修订不及时，未能起到引领行业发展的作用；早期标准体系构建主要参照苏联模式，与现行的国际通行做法差异巨大，标准体系的国际化兼容性不强，国际标准话语权薄弱等。

3.2　工程建设标准化改革目标

为深入推进工程建设标准化改革，解决改革过程中遇到的问题，加大力度构建新型工程建设标准体系，住房和城乡建设部研究出台了《关于深化工程建设标准化工作改革的意见》，进一步明确了工程建设标准化改革的目标。到 2020 年，适应标准改革发展的管理制度基本建立，重要的强制性标准发布实施，政府推荐性标准得到有效精简，团体标准具有一定规模。到 2025 年，以强制性标准为核心、推荐性标准和团体标准相配套的标准体系初步建立，标准有效性、先进性、适用性进一步增强，标准国际影响力和贡献力进一步提升。工程建设标准化改革将全文强制性标准作为工程建设标准体系的核心和顶层，推荐性标准和团体标准作为支撑。全文强制性标准将主要规定保障人身健康和生命财产安全、国家安全、生态环境安全以及满足经济社会管理基本需要的技术要求。全文强制性标准发布后将替代现行强制性条文，并作为约束推荐性标准和团体标准的基本要求，规定了工程建设的技术门槛；在推荐性标准方面，要清理现行标准，缩减推荐性标准数量和规模，逐步向政府职责范围内的公益类标准过渡，将推荐性标准定位为工程建设质量的基本保障；同时，鼓励具有社团法人资格和相应能力的协会、学会等社会组织，根据行业发展和市场需求，按照公开、透明、协商一致原则，主动承接政府转移的标准，制定新技术和市场缺失的标准，供市场自愿选用。团体标准将有效增加标准市场供给，同时引导标准的创新发展。另外，鼓励企业结合自身需要，自主制定更加细化、更加先进的企业标准，通过企业自我声明制度，快速实现新技术、新产品的标准化。

4　工程建设标准化改革现状

目前，我国全文强制性标准、推荐性标准、团体标准、企业标准制定工作均取得了一定程度的进展，新型工程建设标准体系初见雏形。

4.1 全文强制性标准

2005 年，住房和城乡建设部开始探索编制全文强制性标准，同年发布的《住宅建筑规范》GB 50368—2005 是我国住房和城乡建设领域第一部全文强制性标准。2009 年，另一部全文强制性标准《城镇燃气技术规范》GB 50494—2009 发布实施。这个时期全文强制性工程建设规范的探索为后期系统地组织全文强制性工程建设规范编制奠定了技术基础。

2015 年标准化改革启动以后，住房和城乡建设部工程建设标准化工作重心开始转向全面、系统地编制全文强制性标准（强制性工程建设规范），编制强制性工程建设规范是工程建设标准化改革的核心工作。在工程建设领域，包括城建建工、铁路、矿山等行业共立项了百余项强制性工程建设规范。

在工程建设领域强制性工程建设规范中，城乡建设领域首批共有 38 项强制性工程建设规范。截至 2021 年底，已正式发布 29 项，其他项目也在稳步推进中。强制性工程建设规范主要包含项目规范和通用规范两大类，具体技术覆盖情况见图 1。

图 1　城建建工行业强制性工程建设规范技术覆盖情况

4.2 推荐性标准

据住房和城乡建设部标准定额研究所统计，在我国现行工程建设国家标准涉及的 33 个行业中，城建建工领域的国家标准数量最多，约占工程建设国家标准总数的 30%。其中，相当一部分工程建设标准中仍包含强制性条文。根据工程建设标准化改革的思路，强制性工程建设规范发布的同时，要对现行的工程建设标准进行梳理精简。现有含有强制性条文的工程建设标准需转变为推荐性标准，部分标准将转化为团体标准。

图 2 展示了 2017～2021 年工程建设标准的数量变化。随着工程建设标准化改革的深入，住房和城乡建设部每年发布的工程建设国家标准和行业标准的数量逐年降低，国家标准数量增长放缓，占比有所降低；地方标准所占比例呈现逐年上升趋势，行业标准占比逐年下降。

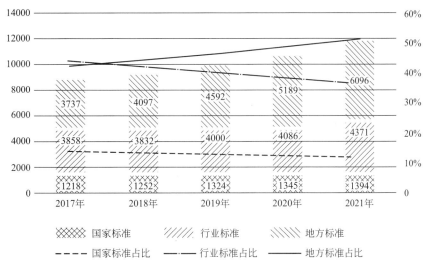

图 2　2017～2021 年工程建设国家标准、行业标准、地方标准的数量

注 1：数据统计以批准发布日期为准

注 2：数据来源：住房和城乡建设部标准定额研究所

4.3　团体标准

随着《标准化法》的实施，我国相继出台了《关于培育和发展团体标准的指导意见》《团体标准管理规定》等团体标准政策制度，并制定了《团体标准化》GB/T 20004 系列基础国家标准，为团体标准的发展设计了顶层制度，为社会团体规范开展团体标准化工作提供了良好行为指南，也为下一步团体标准化良好行为评价工作的开展提供了基础支撑。

截至 2022 年 7 月底，全国团体标准信息平台（http：//www.ttbz.org.cn/）共注册 6600 家社会团体，公布团体标准 42000 余项，涵盖了 20 个国民经济行业分类中的 19 个；其中已公布建筑业团体标准 2500 余项，占比约为 6%。作为对比，美国、德国、日本团体标准制定的社会团体分别有 600 余家、200 余家、近百家。社会团体对团体标准制修订工作的积极参与，是对我国标准化改革的充分肯定，也是我国标准化需求的集中体现。在工程建设领域，随着住房和城乡建设部《住房城乡建设部办公厅关于培育和发展工程建设团体标准的意见》等政策文件的发布，参与团体标准制定的社会团体数量及团体标准数量也在逐年增加。中国工程建设标准化协会、中国土木工程学会、中国建筑学会、中国建筑业协会、中国建筑节能协会等工程建设领域的学协会均已开展团体标准编制工作。以中国工程建设标准化协会为例，截至 2022 年 6 月底，已累计发布标准 1500 余项，2015～2021 年间新立项及发布的标准逐年稳步上升（图 3）。

4.4　企业标准

企业标准是企业产品和服务质量的根基，为鼓励企业制定有竞争力的企业标准，国家通过《中共中央　国务院关于开展质量提升行动的指导意见》《关于实施企业标准"领跑者"制度的意见》等系列文件建立了企业标准"领跑者"制度，并通过制定《企业标准化工作　指南》GB/T 35778—2017、《企业标准体系　要求》GB/T 15496—2017、《企业标准体系　基础保障》GB/T 15498—2017 等系列国家标准为企业标准化工作提供基础性、系统性指导。

新《标准化法》规定取消企业标准备案制度，采用企业标准自我声明公开制度，并鼓励企业标准通过标准信息公共服务平台向社会公开。截至 2021 年 12 月 31 日，共有超过 35 万家企业通

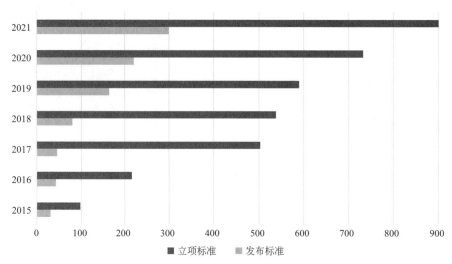

图 3　2015～2021 年中国工程建设标准化协会新立项及发布团体标准数量

数据来源：中国工程建设标准化协会网站

过企业标准信息公共服务平台公开企业标准信息逾 215 万项，企业标准自我声明公开数量逐年稳步提升。在工程建设领域，中国建筑科学研究院有限公司、中国建筑集团有限公司、中国建设科技集团等均已开展企业标准或企业标准体系的研制工作，形成了一批具有代表性和市场竞争力的企业标准。

企业标准自我声明公开制度对提高企业内部管理水平、保障企业在市场中的竞争地位发挥重要作用，也为消费者监督管理行为的落实创造了便利条件、保障了消费者的知情权，同时有利于第三方评审机构更多地参与市场活动，提升产品或服务质量。

5　工程建设标准化改革面临的问题

目前，我国工程建设标准化体制改革已取得了一定的成绩，各级、各类工程建设标准均取得了不同程度的发展。"十四五"期间，为使我国工程建设标准体系更加科学、合理地发展，尚需解决几个问题。

5.1　以强制性工程建设规范为核心的新型标准体系建设有待加强

《关于深化工程建设标准化工作改革的意见》已经明确新型工程建设标准体系建设目标和总体实施路径，但构建以强制性标准为核心、推荐性标准和团体标准相配套的标准体系的具体方式、方法尚存在一定不确定性。虽然该文件明确提出强制性标准可以引用推荐性标准和团体标准中的相关规定，被引用内容作为强制性标准的组成部分，具有强制效力。但在现阶段编制的强制性工程建设规范中，并不能引用推荐性标准和团体标准的内容。如何将推荐性标准和团体标准与强制性工程建设规范有机联系起来，形成协调配套、高质量的新型工程建设标准体系尚需加强研究以及顶层规划。

5.2　市场标准不够先进、丰富和权威

目前，团体标准虽已得到广泛认同并取得一定成果，但仍处于探索阶段，尚无法满足市场和政府各方面需求，未能完全承担起引导创新发展的功能定位。尤其是近几年团体标准快速发展，

部分没有标准管理经验的社会团体也开始组织编制团体标准，对团体标准质量产生一定影响。在标准应用方面，工程项目仍然主要是以政府标准为依据，团体标准更多的是发挥市场准入与技术推广等作用，虽然对于先进实用技术的推广和应用发挥一定作用，但对于引领促进工程建设领域高质量发展发挥的作用有限。同时，企业标准的社会知名度和影响力仍然偏低，企业在制定具有市场竞争力的企业标准，成为"领跑者"方面的动力不足。

5.3　我国工程建设标准的国际化尚处于起步阶段

虽然当前我国工程建设标准在建筑抗震、装配式混凝土结构、钢结构、消防设施等方面具有优势，但由于缺乏完整的标准国际化战略，缺乏权威系统的中国工程建设外文版供给，我国标准技术体系与国际主流标准不匹配等问题，我国先进技术标准的国际影响力始终难以提高。

6　下一步改革工作有关思考

6.1　加快研制强制性工程建设规范，精简梳理推荐性标准

强制性工程建设规范是建立新的工程建设标准体系的重要步骤，也是完善工程建设技术规范体系的重中之重。强制性工程建设规范编制是一项系统工程，应加强相关理论基础、实施机制等方面的研究，做好顶层设计，突出强制性工程建设规范"结果导向"与"底线思维"。目前，还需尽快推动相关强制性工程建设规范的编制审查、报批发布工作，并做好合规性判定等规范实施的相关配套机制建设工作。同时，需尽快完善推荐性标准体系，有效支撑强制性工程建设规范标准实施。推荐性国家标准、行业标准、地方标准要形成有机整体，合理界定各领域、各层级推荐性标准的制定范围。要清理现行标准，缩减推荐性标准数量和规模，逐步向政府职责范围内的公益类标准过渡，重点制定基础性、通用性和重大影响的专用标准，突出公共服务的基本要求。

6.2　完善市场标准发展机制，提高市场标准质量

新《标准化法》更加突出市场主体在标准化工作中的作用。在一系列相关政策的积极引导下，社会对市场标准，尤其是团体标准编制的热情空前高涨，标准数量急剧增加。但大部分社会团体或企业标准工作模式还是参考国家标准、行业标准的工作模式，标准市场采用率不高，产生的行业影响有限，未能充分发挥激发市场活力、促进技术创新和应用，给社会、企业带来实际效益的作用。亟须探索团体标准化工作的新模式，力争打造符合时代发展需求的团体标准，服务新时代我国标准化工作治理体系和治理能力现代化的目标。

一是要理顺政府标准和市场标准的关系，促进双方协同发展。对于团体标准，要将适宜的推荐性国家标准和行业标准向团体标准转化，淘汰老旧落后标准，逐步形成与工程规范协调配套、逐级细化、纵向到底的团体标准体系；对于企业标准，要进一步明确企业标准和团体标准的关系，鼓励有实力的企业在推广自身业务、产品过程中采用并宣传自身企业标准，提升优质企业标准的社会影响力。二是要明确目标导向，制定高质量市场标准。对于团体标准，要按照需求导向、先进适用、急用先行的原则，充分依托平台优势，围绕工程规范实施需要，细化技术要求，保障工程规范有效实施；遵循各利益方协商一致性原则，满足市场和创新需求，推动"引领性"标准发展。对于企业标准，要引导建立企业标准的质量是企业核心竞争力体现的意识，鼓励企业吸收国内外先进标准，结合自身技术特色，通过提高企业标准水平提升市场竞争力。三是要引导标准使

用者和消费者发挥社会监督责任，实现市场标准的市场化竞争。通过制定鼓励措施，引导团体标准和企业标准实现全文公开或信息公开，降低标准使用者和消费者获取标准信息的难度，使市场标准充分竞争，实现市场标准的优胜劣汰，有效提高标准编制方提升标准质量的积极性。

6.3 加强标准实施监督，完善标准保障机制

工程建设标准体系其外延不仅要包含标准体系的内容，还要包括实施该标准体系所需要或者应当具备的实施监督机制以及相应保障措施。需加强工程建设标准，尤其是未来即将发布的强制性工程建设规范的宣贯培训、实施监督力度，充分依托大数据、数字化成果交付、智能审图等信息化技术开展标准实施审查和监督检查方面的作用，提高行业监管的精准性和有效性，并加强强制性工程建设规范的实施情况反馈和评估工作，通过修订，进一步完善成熟。具体可加强以下几个方面的工作：

一是要优化政府监管体系。监管部门应依据工程规范开展全过程监管并严格执法，检查结果要及时公开通报并与诚信体系挂钩。监督检查要省、市、县三级联动，部门间协作运转，公开透明常态化。建立工程规范实施信息反馈机制，建立实施情况统计分析报告制度。二是要强化企业实施标准的主体意识。引导企业增强标准化意识、质量意识和品牌意识，建立标准化工作体系，实施标准化战略和品牌战略。三是要加强信息化管理、服务工作。建立国家级工程规范和标准综合信息化平台，提供工程规范和标准编制全过程信息化管理，提高辅助决策、过程管理和服务能力；实现智能化检索、实施案例剖析、关键技术推荐等深度信息化服务；及时公示工程规范和政府标准的制修订计划、起草单位等相关信息，接受社会监督。四是要发展工程规范和标准咨询服务业。大力推进工程规范和标准实施服务能力的现代化和国际化建设，构建全国统一的建筑产品、性能认证标识体系，制定工程产品认证和标识管理办法，检测、认证结果与工程质量保险制度相衔接。充分利用信访、媒体等渠道，借助公众、舆论力量，发挥社会监督的作用。五是要建立并完善工程项目合规性判定制度。工程项目采用强制性工程建设规范之外新的技术措施且无相应标准的，应由建设单位组织设计、施工等单位以及相关专家，对是否满足工程规范的性能要求进行论证判定。目前我国还不存在合规性判定制度，尚需加强判定主体、判定程序、判定依据、判定结果认定等方面研究和顶层规划，尽快建立合规性判定制度，并在实施过程中逐步修正、完善。

6.4 推进标准国际化，提升国际影响力和话语权

标准国际化是新时代工程建设标准化改革发展的战略性部署。推动标准国际化可以为我国参与国际工程及贸易提供基本的技术依据，为消除技术性贸易壁垒，实现国际贸易自由化创造条件；可以为解决国际贸易质量纠纷提供仲裁的技术依据；也可以为在国际贸易中建立我国或企业的优势地位提供指导。

推动标准国际化进程，一是要发挥我国积累的基础设施建设技术以及工程建设标准体系建设已有优势，推动标准外文版的制定发布，推动主导制定 ISO 等国际标准化机构的国际标准，构建符合我国发展诉求的国际标准体系。二是要鼓励企业或社会团体开展国际贸易交流的同时，积极宣传自身采用的市场标准，提高有关国家和地区对我国标准的认知与认可程度，提升中国标准的国际形象。三是要与拥有先进技术和标准的国家、地区或标准化组织加强联系，合作开展国际标准化课题研究，在实现"高水平走出去"的同时实现"高质量引进来"，进一步提升我国工程建设标准化水平，实现标准国际化发展进程中的良性循环。

7 结语

我国正在建立政府主导制定的标准与市场自主制定的标准协同发展、协调配套的新型标准体系。工程建设标准体系的高质量健康发展是保障我国工程建设质量、提高基础设施建设水平的先决条件，也是实现"十四五"规划和2035年远景目标的重要助力。本文根据我国工程建设标准化改革发展现状分析，提出一些粗浅的思考，供业界同仁参考，希望对我国工程标准化发展有所帮助。

作者：王清勤[1,2]；黄世敏[1,3]；姜波[1,3]；张渤钰[1]；范圣权[1]；程骐[1]；张淼[1]；赵张媛[1]（1 中国建筑科学研究院有限公司；2 建筑安全与环境国家重点实验室；3 国家建筑工程技术研究中心）

工程建设标准发展与趋势演化分析

Analysis on the Development and Trend Evolution of Engineering Construction Standards

1 引言

标准是科学技术和实践经验的结晶，从本质上讲是一种技术制度、是一种公共产品，其基本管理模式是共同治理。在标准体系中，团体标准是国家治理体系的重要组成部分和助推国家治理能力提升的有效工具，本文以团体标准为重点，从标准发展和标准研究两个方面，对中国工程建设标准进行阐述与分析。

1.1 标准化的起源

秦始皇统一中国后实行的"书同文、车同轨、统一度量衡"等制度就是古代的标准化活动起源。现代意义上的世界标准化组织起源于 20 世纪早期各国工程师协会之间的协议，这些协会团体通过自愿性的协商形成一致标准化，是标准化的开创者。1901 年成立的英国工程标准委员会，是世界上最早的国家性标准化组织，英国纽瓦尔公司于 1902 年制定了世界上第一个文本标准——极限表标准。经过三十年发展，到 1932 年，世界已有 25 个国家相继成立了国家标准化组织。随着国家标准化的发展，1906 年，在英国举行的特别会议上决定成立国际电工委员会（IEC），并由英国电气工程师迈斯特负责办公室工作。IEC 和英国国家委员会在早期建立的标准化体制机制成为国际标准化的通用范本，并一直延续到国际标准化组织（ISO）中。1926 年，由多个国家级标准化机构联合创建了"国家标准化协会国际联合会"，并在 1946 年与 IEC 合并组建了 ISO，由此开启了国际标准化的时代。

1.2 新中国标准化的起步与发展

鉴于标准化工作在国民经济发展中的重要意义，中国共产党在建立之初便非常重视标准化事业的建设与发展，在中华苏维埃共和国、抗日战争、解放战争时期，为保证军队作战能力，制定了装备制造的相关标准规范，新中国成立后，1949 年 10 月成立中央技术管理局，内设标准化规格处。在第一个五年计划中，便提出设立国家管理技术标准的机构和逐步制定国家统一技术标准的任务。1958 年国家技术委员会颁布第一号国家标准《标准幅面与格式、首页、续页与封面的要求》GB 1，并逐步修订为《标准化工作导则》。而分别在 1962 年、1979 年和 1988 年颁布的《工农业产品和工程建设技术标准管理办法》《中华人民共和国标准化管理条例》《中华人民共和国标准化法》（以下简称《标准化法》）从法律层面对各级各类标准作了统一规定，将标准划分为强制性和推荐性两种，引入了认证方式加以推广。通过 2018 年《标准化法》修订，明确了团体标准在标准体系中的重要作用，将传统政府单一制定的标准体系转变为政府和市场共同制定的新型标准体系。

2　从工程建设标准发展历史看标准人的奋斗征程

工程建设标准是以工程为对象，对建设项目全寿命周期范围内的规划设计、施工安装、工艺参数、技术方法等事项所指定的规范性文件。一直以来，中国工程建设标准化工作者发扬艰苦奋斗的光荣传统，通过深入学习总结苏联等国际先进标准经验，制定了我国第一批工程建设标准，为行业发展提供了重要的技术指导，填补了中国工程建设标准的空白。随着国民经济的发展，中国工程建设标准人及时修订相关标准，确保标准符合建设和发展的时代要求。

2.1　工程建设标准的发展历程

在新中国标准化改革的发展进程中，工程建设标准起着举足轻重的作用。按照项目类型划分，可将现有工程建设标准分为 7 类 137 项，分别为：工业建设项目（4 项）、农业建设项目（12 项）、基础设施项目（25 项）、公共建筑项目（60 项）、社会福利及公共事业服务项目（21 项）、特殊政权设施建设项目（11 项）、商业设施建设项目（4 项）。标准涉及文教、卫生、城市建设、广电、通信、公安、人防、铁路、农业、林业、纺织、轻工、有色、煤炭、电力、石油、水利、建材等行业，有效地指导了行业和社会的工程项目建设，在国家宏观调控、合理利用资源、推动技术进步、引导行业发展等方面发挥了重要作用。同时，在"一带一路"建设中，持续推进工程建设标准国际化进程，加强与相关国家尤其是"一带一路"沿线国家的互动合作，为我国工程建设标准提供更系统、更广阔、更高效的平台。

以《混凝土结构设计规范》为例，原建筑工程部在 20 世纪 60 年代后期批准发布了《钢筋混凝土结构设计规范》BJG 21—1966，该规范内容基本与原苏联规范 HNTY 123—55 一致，主要用于指导房屋建筑建设。通过对工程建设实际需要的研究分析，对 BJG 21—1966 中的材料性能等进行了优化研究，并增加了预应力混凝土结构设计相关内容，从而形成了《钢筋混凝土结构设计规范》TJ 10—1974。在改革开放政策的指引下，混凝土结构设计规范得到了快速发展，开展了大量的理论分析与试验研究，形成了《混凝土结构设计规范》GBJ 10—1989，该版规范中的弯剪扭共同作用、相关计算模型、破坏现象分析等科研成果，极大推动了混凝土结构的应用和发展。随着中国与世界联系的加深，尤其是中国加入世界贸易组织（WTO）后，标准编制在指导思想上明确要求与国际市场接轨，使得过去单纯适用于本国的设计规范要深入与国际通用的材料、技术、标准相结合，从而形成了《混凝土结构设计规范》GB 50010—2002，并根据国民经济发展的实际需要及时丰富和完善，逐步形成现行的《混凝土结构设计规范》GB 50010—2010（2015 版）。近期，2015 版规范按照国家可持续和高质量发展的相关要求，正在开展局部修订工作。

2.2　工程建设团体标准发展情况

随着新修订的《标准化法》于 2018 年 1 月 1 日起正式实施，中国工程建设团体标准进入了发展推广的快车道。截至 2022 年 7 月底，全国团体标准信息平台共有 6600 家社会团体登记注册，公布团体标准 42000 余项，其中建筑业（包含土木工程、建筑业）有 2500 余项。

在工程建设领域，以中国工程建设标准化协会（以下简称协会）为核心的社会团体充分发挥技术引领作用，制定了一批技术水平高、应用效果好、市场化程度高的团体标准，推动了工程建设行业的发展。早在 1979 年成立之初，该协会便受国家计委委托，开展了推荐性工程建设标准试点工作，是我国工程建设领域最早开展团体标准化工作的社会团体。自 1987 年起，协会防腐蚀专委会、混凝土结构专委会、城市给水排水专委会等便开始团体标准编制工作，形成了《呋喃树脂防腐蚀工程技术规程》《钻芯法检测混凝土强度技术规程》《静力触探技术标准》等一批具有较高实用价值的标准，部分标准在应用过程中得到了行业的高度认可，相关技术逐步列入国家标准、行业标准中。截至 2022 年 6 月底，协会共发布团体标准 1500 余项，数量位居全国工程建设社会团体标准首位。

随着国务院印发《深化标准化工作改革方案》和新《标准化法》的实施，住房和城乡建设部、工业和信息化部、水利部、交通运输部等部门分别印发了培育和发展团体标准的相关指导意见，中国工程建设标准化协会、中国建筑学会、中国公路学会、中国土木工程协会、中国建筑材料联合会等学协会根据相关意见制修订了本单位的标准管理办法，加大标准支持力度，部分学协会还组织建立了标准专委会，健全团体标准的管理制度体系，从而在保证标准质量和水平的基础上，开启了团体标准"百花齐放、百家争鸣"的新时代。

3 从工程建设标准研究演化看标准人的奋斗征程

在工程建设标准发展过程中，对标准规范的研究推动了相关标准的发展。通过对标准研究文献的复杂网络分析，可以构建研究内容关系网络，对不同研究内容间的关联关系进行可视化与定量化研究，从而确定研究核心、研究范围和发展趋势等，为标准研究综合性整体分析提供可参考的依据。

通过对工程标准研究的分析，本研究基于中国知网进行文献检索，为保证基础数据的质量，本研究以期刊文献为检索源，对"主题"中包含"标准"或"规范"或"规程"并含"工程"或"建设"的文献进行检索，并通过对文献的梳理，确定分析的基础数据源。经检索和梳理，得到了 784 篇文献作为基础数据源进行分析，共包含 2395 个不同的关键词，发布时间从 1992 至 2021 年。

3.1 基于复杂网络的工程标准总体研究分析

基于选取的文献，本研究建立了工程标准总体研究网络（图 1）和工程标准核心研究网络（关键词词频大于等于 4，如图 2 所示）。从图 1 和图 2 中可以看出，当前工程建设标准研究对技术标准和标准体系的关注度相对较高，公路工程、铁路工程、水利工程是重要的研究对象，随着信息技术的发展，BIM 已成为重要的研究内容，工程质量、工程造价也在一定程度上进行了研究。在工程建设全流程中，设计、施工和验收是重要的研究内容，考虑到施工的重要性，相关研究涉及分部工程、分项工程。通过对不同研究内容特征向量中心度结果的分析发现，工程建设过程中的标准化工作基本得到了共识，而随着标准化的发展，对通用标准的关注越来越高。

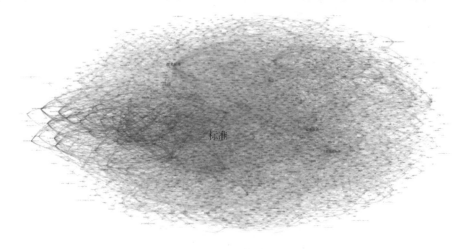

图 1 工程标准总体研究网络图

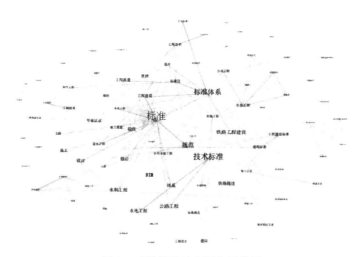

图 2 工程标准核心研究网络图

3.2 基于复杂网络的工程标准研究依时演化分析

为更深入地对不同阶段标准研究的依时演化趋势和发展进程进行分析，本研究将 1992～2021 年的标准研究分成了 3 个阶段：（1）1992～2001 年研究（176 篇文献）；（2）2002～2011 年研究（303 篇文献）；（3）2012～2021 年研究（305 篇文献）。通过对 3 个阶段相关文献的梳理分析，本研究分别建立了 3 个阶段的整体研究网络和核心研究网络（图 3、图 4）。从不同阶段工程标准研究网络图（图 3）中可以看出，3 个阶段在重点研究内容上的演化趋势表现了出来。1992～2001 年，这一阶段由于技术水平不足，研究常针对具体的工程技术人员或问题，对分项工程、检测评定、技术规程等方面的关注度较高，铁路工程、水利工程、电力工程是重要的研究对象，总体来看，这一阶段的研究内容相对较基础，缺乏体系性思考。随着工程标准研究的发展，2002～2011 年，对标准体系的研究工作得到加强，由于工程技术上的不足，这一阶段对技术的关注度仍较高，

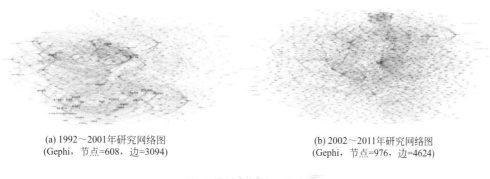

(a) 1992～2001 年研究网络图
(Gephi，节点=608，边=3094)

(b) 2002～2011 年研究网络图
(Gephi，节点=976，边=4624)

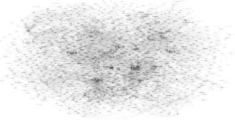

(c) 2012～2021 年研究网络图
(Gephi，节点=1052，边=4930)

图 3 不同阶段工程标准研究网络图

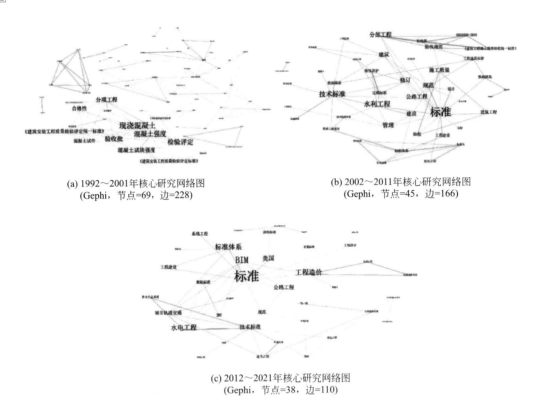

(a) 1992～2001年核心研究网络图
(Gephi，节点=69，边=228)

(b) 2002～2011年核心研究网络图
(Gephi，节点=45，边=166)

(c) 2012～2021年核心研究网络图
(Gephi，节点=38，边=110)

图 4 不同阶段工程标准核心研究网络图

但其研究的范围和深入性在提高，对管道工程、公路工程的研究在逐步增加。而到了 2012～2021 年，标准体系和技术标准逐步成为研究重点，在新科技革命背景下，BIM 逐步成为这一阶段的研究重点，对 BIM 相关标准的研究逐步增加，在研究对象中，水电工程、公路工程、城市轨道交通工程是这一阶段的重点。

为了对 3 个不同阶段工程标准研究要点进行更深入的分析，对不同阶段的核心研究网络进行了量化分析，表 1 列出了 3 个阶段核心研究网络排在前 10 的研究内容的特征向量中心度计算结果（以下简称 EC），分别用阶段 1、阶段 2、阶段 3 表示不同时间段。

不同阶段工程标准核心研究特征向量中心度结果 表 1

序号	阶段 1	EC	阶段 2	EC	阶段 3	EC
1	现浇混凝土	1	标准	1	标准	1
2	混凝土强度	0.924	技术标准	0.573	BIM	0.992
3	检验评定	0.893	水利工程	0.568	水电工程	0.775
4	验收批	0.865	管理	0.478	标准体系	0.756
5	混凝土试块强度	0.787	分部工程	0.468	技术标准	0.743
6	分项工程	0.774	修订	0.466	城市轨道交通	0.600
7	合格性	0.714	规范	0.465	公路工程	0.546
8	《建筑安装工程质量检验评定统一标准》	0.675	公路工程	0.448	工程造价	0.470
9	混凝土试件	0.641	建议	0.438	IFC	0.430
10	《建筑安装工程质量检验评定标准》	0.592	施工质量	0.431	数据标准	0.430

从图 4 和表 1 的结果中可以明显地看出，3 个阶段在研究内容上有明显差异。阶段 1 对工程质量问题的研究关注度较高，排在前 3 的现浇混凝土、混凝土强度和检验评定均为与工程质量密切

相关的研究内容，而排在第8和第10的两本标准也表明了这一时期质量检验的重要性。通过对比关键词出现次数发现，虽然这一时期的文献对铁路工程的研究较多，但其研究内容相对较单一，深度和广度不足。这一阶段以专业工程技术为核心，对工程质量进行了深入研究，但该阶段的研究立足于分项工程，对标准体系和工程总体性研究的关注度相对不足。相比而言，阶段2的研究逐步涉及了工程建设的方方面面，同时对工程质量安全的关注度逐渐下降，而水利工程、公路工程成为重要的研究对象，分部工程逐步成为重要的研究内容，对标准体系、工程总体性研究得到了长足的进步。随着新科技革命和标准研究的发展，阶段3逐步过渡到以标准体系和新技术为重点的研究模式，该阶段对研究总体性的关注相对较高，同时注重 BIM 标准体系的发展，尤其是基础数据标准。在研究对象上，城市轨道交通也成为这一时期的重要研究对象。

4 中国工程建设标准人的奋斗思考

通过对工程建设标准的研究与网络分析，中国工程标准走出了从模仿学习到原创引领的自主化创新道路，工程标准研究也实现了从基础技术、质量检验到全方位、立体化、信息化发展的跨越。在工程标准发展的过程中，中国工程建设标准化工作者发扬不畏艰险、艰苦奋斗的精神，以高度的使命感和责任感，推动中国工程建设事业的发展。随着新科技革命和碳中和事业的发展，未来工程建设标准也需要逐步丰富和完善。

4.1 面向"双碳"目标，推进体系建设

在 2030 年碳达峰和 2060 年碳中和目标情景下，中国工程建设的可持续发展要求也逐步提高。工程建设标准规范需要紧密结合国家相关政策，面向碳达峰碳中和目标做好标准规范修订工作，加大相关标准研究力度，推进固废资源化利用、绿色可持续施工、工程节能减排的标准体系建设，在可持续发展浪潮中找到工程建设领域"双碳"目标的实现路径。

4.2 强化标准引领，创新驱动发展

随着工程建设领域信息化、智能化、工业化要求的提高，传统的劳动密集型工程施工模式已难以满足当前社会高质量发展的需要。工程标准要进一步加强行业引领作用，充分发挥企业标准、团体标准的先试先行作用，构建技术研发与工程应用的桥梁，推动新型建筑工业化、智能建造、绿色建造等相关技术的应用，逐步实现建设信息化、建造工业化、工程智能化，为工程建设领域的创新驱动发展提供动力。

4.3 提高工程质量，推广先进技术

为满足人民群众对工程建设高质量发展的要求，我国工程建设标准要不断丰富完善，及时推广应用工程建设高品质发展相关技术，优化建设模式、提高耐久性能、提高信息化水平。

4.4 生命重于泰山，树牢安全理念

习近平总书记强调，生命重于泰山，要树牢安全发展理念，加强安全生产监管，切实维护人民群众生命财产安全。随着我国工程建设事业的不断发展，坚持以人为本、生命重于泰山的思想逐步深入人心，工程建设全生命周期全产业链牢固树立了安全发展理念，在修订过程中标准规范要贯彻落实党中央关于安全生产的重要指示，强化技术支撑和技术保障，全面增强标准的安全性、可靠性、适应性，从根源上铲除危害安全的土壤，保障工程建设的安全稳定发展。中国工程建设

标准化工作者通过学习引进、吸收转化、自主创新，制定了许多影响深远、意义重大的标准规范，为中国经济社会的稳定、健康发展提供了强大的技术支撑，为实现全面建成小康社会的奋斗目标贡献了力量。随着创新、协调、绿色、开放、共享的新发展理念不断深入，中国工程建设标准化工作者将以人民群众的实际需要为出发点，充分发挥团体标准的技术引领作用，促进科技革命在工程建设领域的发展，推动中国标准走出国门、走向世界，为把我国建成富强民主文明和谐美丽的社会主义现代化强国，实现中华民族伟大复兴的中国梦而不断奋斗。

作者：周硕文[1,2]；杨振颢[3]；刘呈双[4]；朱爱萍[1]；黄小坤[1]（1 中国建筑科学研究院有限公司；2 国家建筑工程技术研究中心；3 住房和城乡建设部工程质量安全监管司；4 中国工程建设标准化协会）

强制性工程建设规范体系情况介绍

Introduction to Mandatory Engineering Construction Code System

为借鉴国外发达国家技术法规与技术标准相结合的体制，2016 年以来，住房和城乡建设部陆续印发《关于深化工程建设标准化工作改革的意见》等文件，明确了逐步用强制性工程建设规范取代现行标准中分散的强制性条文的改革任务，逐步形成由法律、行政法规、部门规章中的技术性规定与强制性工程建设规范构成的有中国特色的"技术法规"体系。

截至 2022 年 6 月，住房和城乡建设部已批准发布 29 项城乡建设领域强制性工程建设规范，其他项目也在稳步推进中，强制性工程建设规范体系已基本确立。本文将围绕强制性工程建设规范体系、强制性工程建设规范编制两方面，介绍新型工程建设标准体系的构成及标准编制的思路、方法等情况，以期为全面了解强制性工程建设规范体系，准确把握工程建设标准体制改革的实质提供参考与助力。

1　强制性工程建设规范体系

住房和城乡建设部已发布的强制性工程建设规范与现行标准规范相比有较大变化。在每项强制性工程建设规范的"前言"部分对于工程建设标准化改革思路、主要工作想法、下一步推动规范实施等进行了详细阐述，应引起足够重视。现结合"前言"中的部分要求对强制性工程建设规范体系相关情况进行介绍。

1.1　五方面入手，全面理解强制性工程建设规范体系

如何理解强制性工程建设规范体系？可以从 5 个方面入手，即构成要素、边界、格局（即体系内部的划分规则）、关系和外部环境。

（1）构成要素。体系中的构成要素即指强制性工程建设规范。

（2）边界。强制性工程建设规范体系的边界是在建设工程大的范围内划定的，具体体现在两个方面：一是满足经济社会管理需要，二是覆盖工程建设项目的勘察、设计、施工、验收、维修、养护和拆除等建设活动。

前言："强制性工程建设规范具有强制约束力，是……满足经济社会管理等方面的控制性底线要求，工程建设项目的勘察、设计、施工、验收、维修、养护、拆除等建设活动全过程中必须严格执行。"

目前，从项目类型上来看，强制性工程建设规范体系的边界覆盖建设工程项目各类型，即国内工程建设项目都要执行强制性工程建设规范。

（3）格局。所谓格局即指强制性工程建设规范体系内部若干要素是如何划分的。目前，强制性工程建设规范体系分为工程项目类规范和通用技术类规范两类。"前言"针对上述两类规范的内涵和关系进行了说明。

前言："关于规范种类。强制性工程建设规范体系覆盖工程建设领域各类建设工程项目，分为工程项目类规范（简称项目规范）和通用技术类规范（简称通用规范）两种类型。项目规范以工程建设项目整体为对象，以项目的规模、布局、功能、性能和关键技术措施五大要素为主要内容。

通用规范以实现工程建设项目功能性能要求的各专业通用技术为对象，以勘察、设计、施工、维修、养护等通用技术要求为主要内容。"

二者的主要区别在于，项目规范更多地突出和强调项目规模布局和功能要求；通用规范更多地指向专业技术，是规定其性能和关键技术措施的要求。

（4）关系。主要指通用规范与项目规范之间的关系，对此"前言"进行了说明。

前言："在全文强制性工程建设规范体系中，项目规范为主干，通用规范是对各类项目共性的、通用的专业性关键技术措施的规定。"

"项目规范是主干"，即指项目规范要覆盖项目建设的全过程，包括设计、施工、验收等。通用规范则强调对各类项目"共性的、通用的专业性关键技术措施的规定"，即设定通用规范的一个原则是，可供几个项目规范共同使用。

目前，住房和城乡建设部已经下达 205 项强制性工程建设规范研编和编制计划，包括项目规范 131 项和通用规范 74 项。

其中，145 项项目规范可以进一步细分为 4 类：一是一般房屋建筑工程，包括住宅、宿舍、旅馆以及博物馆、科技馆等。二是公共服务建筑，如学校、幼儿园、助老助残等公共服务类建筑项目。三是基础设施类项目规范，包括燃气、供热等市政设施，电信、公路、水利等基础设施。四是生产类项目规范，如石化、建材、煤炭等项目。

一般来说，通用规范是以专业为基础设定的，主要针对共同存在于几个项目规范中的共性的、通用的专业性关键技术措施进行规定。但值得注意的是，通用规范并非覆盖相应专业或领域内的全部工程建设项目，强制性工程建设规范体系以"项目规范为主干"，执行时首先必须要遵守对应的项目规范，然后再看通用规范，因为通用规范落实到个体不同类别的项目时要求并不一样。

城乡建设领域已经下达 38 项重点推进强制性工程建设规范编制计划。截至 2022 年 6 月，29 项规范已发布。项目规范基本涵盖给水、排水、燃气、供热、道路、轨道交通、园林、市容环卫、生活垃圾处理处置、历史保护以及特殊设施等城乡基础设施；通用规范基本是按照专业和质量安全管理来设定的。

（5）外部环境。强制性工程建设规范体系不可能独立存在，它一定与法治环境有密切关系。

对强制性工程建设规范体系来说，关系最密切的有两个方面：

一是法律、行政法规、部门规章中的技术规定。在规范编制过程中，相当数量的技术要求是为了落实法律法规中的规定而编写的，使规范与法律、行政法规、部门规章形成衔接。

前言："2016 年以来，住房和城乡建设部陆续印发《深化工程建设标准化工作改革的意见》等文件，……明确了……逐步形成由法律、行政法规、部门规章中的技术性规定与全文强制性工程建设规范构成的'技术法规'体系。"

二是与推荐性工程建设标准和团体标准、企业标准具有密切联系。

前言："与强制性工程建设规范配套的推荐性工程建设标准……一般情况下也应当执行。在满足强制性工程建设规范规定的项目功能、性能要求和关键技术措施的前提下，可合理选用相关团体标准、企业标准……"

1.2 三方面考虑，推动强制性工程规范体系构建思路转变

强制性工程规范体系与现行工程建设标准体系存在较大差异，这一转变遵循了工程建设标准化工作改革的思路，主要基于三方面考虑：一是国际化；二是调整标准化对象；三是采取以结果为导向的编制方式。

（1）国际化

此次体系调整的目标之一是充分借鉴国际通行惯例。

国际化最核心的问题是我国工程建设标准体系跟国外存在哪些差异？实际上，中外工程建设标准体系差异较大，主要体现在以下几个方面：一是在技术制约体系设定方面，英美等发达国家将一部分技术要求列入法律条文，我国则是通过标准规范进行技术制约。目前我国强制性标准中的技术要求与国外建筑技术法规相比数量偏少，而且从内容上来看，我国强制性条文存在重复、内容聚焦度较低等问题。二是在工程技术标准方面，我国标准数量远超国外，且方法要求更具体。三是我国在标准领域技术研发的投入相对不足，导致在项目性能提升，包括安全保障、节能、环保、防灾等方面提升缺乏有力的技术支撑。

基于上述差异，我们对强制性工程规范体系进行了调整，以期与国际通行惯例基本一致。

（2）调整标准化对象

在我国原有工程建设标准化体系中，标准化对象是建设工程，针对建设工程的设计、施工方法和安全要求编制标准、进行标准化。此次标准化对象更专注城市，这是对 2015 年中央城市工作会议精神以及相关国家政策的落实。通过标准化对象的调整，基本能够满足当前各级城乡建设主管部门的工作要求。

（3）采取以结果为导向的编制方式

强制性规范更加强调对目标结果控制的要求，不再将实现目标结果的技术途径、技术方法、技术方案等具体要求作为编制规范的内容，而是将相关具体要求纳入推荐性标准或团体标准。这样有助于打破标准规范对技术人员创新的束缚，鼓励科技创新。

2 强制性工程建设规范编制

2.1 规范编制五大要素

强制性工程建设规范编制的核心是规模、布局、功能、性能和关键技术措施五大要素。其中，规范编制中的规模和布局方面，更多的是体现在城乡一定区域内项目的服务能力；功能、性能、关键技术措施则更多的是对一个项目本体的要求。

（1）规模。项目的规模要求主要规定了建设工程项目应具备完整的生产或服务能力，应与经济社会发展水平相适应。

（2）布局。项目的布局要求主要规定了产业布局、建设工程项目选址、总体设计、总平面布置以及与规模相协调的统筹性技术要求，应考虑供给能力合理分布，提高相关设施建设的整体水平。其中，布局包括两部分：一是产业布局，更多的是工业项目生产类项目；二是总体设计、总平面布局，主要面向规模较大、工艺较复杂的项目，如煤炭项目。而在城乡建设领域，特别是建筑工程，它的布局更多的是体现在选址要求方面。

（3）功能。项目的功能要求主要规定项目构成和用途，明确项目的基本组成单元，是项目发挥预期作用的保障。

（4）性能。项目的性能要求主要规定建设工程项目建设水平或技术水平的高低程度，体现建设工程项目的适用性，明确项目质量、安全、节能、环保、宜居环境和可持续发展等方面应达到的基本要求。目前性能要求主要是在质量安全、节能环保、宜居环境、可持续发展等方面。

（5）关键技术措施。关键技术措施是实现建设项目功能、性能要求的基本技术规定，是落实城乡建设安全、绿色、韧性、智慧、宜居、公平、有效率等发展目标的基本保障。

2.2 规范编制整体体例

（1）项目规范编制体例

以《燃气工程项目规范》为例，目录共分 6 章。其中，规模和布局、建设要求、运行维护等基本规定方面与现行工程建设标准的编写体例有一定差别。现行标准的基本规定部分更多的是将总体、基本要求集中于一章。而项目规范在章节安排上，除了以单独章节设置总体的基本要求外，在各章当中均有涉及基本规定相关内容。例如"规模与布局"，在《燃气工程项目规范》第 1.0.3 条、第 2.1 节全部条款以及第 4.1.1、4.1.2、4.2.1、5.1.2、5.1.3、5.2.2 条均有涉及。

（2）通用规范编制体例

2021 年 7 月发布的 7 项通用规范以结构和地基基础为主。其中，结构方面规范体系参照了欧洲结构设计规范。

关于通用规范编写体例。通用规范主要是针对关键性技术措施的规定，由于关键性技术措施更多的是满足技术人员、设计施工需求，因此为了方便使用，通用规范编写体例与现行标准规范体例保持一致。

关于结构的"设计工作年限"。此次结构类通用规范中出现的"设计工作年限"即"设计使用年限"。其含义与"设计使用年限"基本一致。之所以要作出调整，是因为我们所参照的 ISO 标准已将"设计使用年限"调整为"设计工作年限"。在 2021 年实施的国际标准 ISO 8930《结构可靠性总原则　术语》中特别说明，design service life 和 design working life 是等价的两个术语。"设计工作年限"主要是指设计预定的结构或结构构件在正常维护条件下的服役期限，并不意味着结构超过该期限后就不能使用了。因此，此次通用规范将该术语统一为"设计工作年限"以更准确表达其含义。设计工作年限是结构设计的重要参数，不仅影响可变作用的量值大小，也影响着结构主材的选择。对于业主而言，只有确定了设计工作年限，才能对不同的结构方案和主材选择进行比较，优化结构全生命周期的成本，获得最佳解决方案。由于行业之间的差异性，对于未予列明的工程结构种类，可根据相关的标准规范或者本条规定的原则确定设计工作年限。

值得注意的是，在标准使用过程中出现了将"设计使用年限"误以为是"建筑寿命"的问题，应特别注意区分。

此外，每一本规范第一章最后一条都有一句话："工程建设所采用的技术方法和措施是否符合本规范要求，由相关责任主体判定"，如何理解？在设计和施工过程当中可以假设不使用任何一本标准，但对项目规范、通用规范规定的功能、性能要求相关责任主体均有责任依照法律规定进行判定且必须要满足。

目前，因为强制性工程建设规范发布之后，有相当数量指标出现了较大调整，未来应针对国家标准、行业标准进行整合、调整，以实现对应衔接。

作者：李大伟（住房和城乡建设部标准定额研究所）

中国工程建设标准化协会团体标准发展综述

Overview of the Development of Group Standards Issued by China Association for Engineering Construction Standardization

中国工程建设标准化协会是由从事工程建设标准化工作的单位和个人自愿组成的全国性社会团体。1979 年 10 月，经国家建委党组批准，在湖北武昌正式成立第一届中国工程建设标准化委员会。1991 年 4 月 26 日，经建设部批准，正式更名为中国工程建设标准化协会。2018 年 3 月，经民政部批准，协会与主管部门住房和城乡建设部脱钩，业务工作仍接受部标准定额司指导管理。

协会现有分支机构 70 余个，其中包括：钢结构、混凝土结构、建筑设计、建筑防火、建筑给水排水、绿色建筑与生态城区、医疗建筑与设施、城市给水排水等专业委员会，公路、铁道、商贸、冶金、建材等行业分会，海绵城市、综合管廊、标准国际化、认证保险与工程采购、标准数字化等工作委员会。长期以来，协会各分支机构在参与制定政府标准、组织制定协会标准等方面做了大量工作，据不完全统计，协会各分支机构组织编制和参与编制的国家标准共 600 余项，行业标准 2000 余项，地方标准 300 多项。

协会作为我国工程建设领域唯一的跨行业、跨部门的专门从事工程建设标准化活动的全国性专业社会团体，自 1979 年成立以来，积极开展包括团体标准制定在内的各类工程建设标准化活动，在推动行业转型升级、支撑行业高质量发展、应对新冠疫情等突发公共卫生事件中发挥了专业标准化组织的应有作用，现已发展成为我国标准化领域最具影响力的标准制定组织。

1 协会标准起源与发展历程

1.1 协会标准是工业发达国家技术标准的主要形式

目前，世界上各经济发达国家和地区，为了规范建筑市场，保障公众利益和国家利益，一般均实行了 WTO/TBT 协议所规定的技术法规与技术标准相结合的管理模式。其中，技术标准的表达形式大致相同。大多数国家和地区，如美国、英国、德国、加拿大、澳大利亚，均由法律或政府授权的标准化社会团体或专门机构负责组织制定、发布和管理协会标准。协会标准作为标准管理体制一部分，已有几十年、有的甚至上百年的发展历史。

除国际标准化组织（ISO）标准、国际电工委员会（IEC）标准等标准外，目前国外比较常用或具有国际影响力的协会标准主要包括：美国国家标准学会（ANSI）标准、机械工程师协会（ASME）标准、材料试验协会（ASTM）标准、混凝土学会（ACI）标准，德国标准化学会（DIN）标准，英国标准学会（BSI）标准、法国标准化协会（AFNOR）标准，加拿大标准化协会（CSA）标准等。这些组织或协会制定的技术标准，有着较大的国际权威性，许多标准被公认为国际先进标准，并为许多国家和地区所采用。

1.2 中国工程建设标准化协会标准开启了我国团体标准发展先河

中国工程建设标准化协会是我国最早开展工程建设推荐性标准试点和团体标准编制工作的社会团体。早在 1986 年 9 月，为了探索工程建设标准管理体制改革，充分调动各方面的积极性，加快工程建设标准的编制速度，增加标准的数量，提高标准的质量和水平，使一些还不具备条件马上纳入国家标准或专业标准的新技术、新工艺、新材料、新设备、新方法等，可先作为推荐性标准及时提供有关单位应用，原国家计委根据原国务院领导宋平同志的指示，发布《关于请中国工程建设标准化委员会负责组织推荐性工程建设标准试点工作的通知》（计标〔1986〕1649号），授权中国工程建设标准化协会的前身——中国工程建设标准化委员会负责组织推荐性工程建设标准的试点工作。1988年5月1日，由全国防腐蚀工程标准技术委员会负责主编，协会批准发布的第一部标准——《呋喃树脂防腐工程技术规程》发布。

长期以来，协会紧紧依靠分支机构和行业专家组织开展协会标准的研究制定和推广实施工作，不仅制定发布了一大批实用性、先进性兼备，基础性、前瞻性并举的工程建设协会标准，而且通过试点改革，积累了许多有益的工作经验，为完善我国工程建设标准体系，探索建立政府标准与市场标准相结合的二元标准体系，进一步确立团体标准的法律地位奠定了实践基础，逐渐成为协会立足标准化、服务全社会的主体内容和品牌项目。

特别是2015年国务院颁布实施《深化标准化工作改革方案》以来，协会不断加强标准化工作的顶层设计，积极推动协会标准供给侧改革，积极组织制定节能减排、新兴产业、高新技术和环境保护、国家重点工程等领域的协会标准，促进协会标准与科技创新、产业发展的紧密结合，着力提高协会标准的先进性和适应性，为提升行业技术发展水平和企业市场竞争力提供技术支撑。近几年来，协会标准持续高速增长，整体质量水平不断提高：2018年立项标准539项，批准发布80项；2019年立项标准590项，批准发布165项；2020年立项标准729项，批准发布205项；2021立项标准892项，批准发布为302项；2022年第一批立项标准532项，再创历史新高。

高质量的团体标准，作为推荐性和自愿采用的工程建设标准，以其内容的先进性、实用性和第三方公正性而使工程项目的承、发包双方都愿意采用，并通过项目标书和承包合同等法律性文件确认其法律地位，从而逐渐被社会各界接受和认可，同时得到工程建设标准化主管部门和其他有关部门、机构的肯定，为增加我国工程建设标准的有效供给，推动国家标准化工作改革奠定了坚实的基础。2010年之前，共有8项标准转化为国家标准，4项标准转化为行业标准；累计20余项标准被评为国家科技进步奖、建设部华夏奖、全国工程建设优秀标准，还有许多项目获得有关行业的各种奖项。

2 协会（CECS）标准改革发展成就

2.1 协会标准体系研究与建设

（1）协会标准体系研究

为建立高质量、接轨国际的协会工程建设技术标准体系，协会组织开展了《工程建设标准体系研究》工作，包括市政与建筑工程领域标准体系34项、行业标准体系18项、专项领域标准体系5项。目前体系研究工作正结合强制性规范编制的情况有序推进，将对推动整个工程建设标准化领域的有序发展，发挥积极的作用。

（2）协会标准体系建设

截至2022年6月底，协会已累计发布团体标准1500余项，包括工程标准、产品标准、技术指南等，在编标准4000余项。这些标准涉及城建、建工在内的工程建设领域的10多个行业，大体上涵盖了以下30多个专业：

1）建筑工程（房屋建筑、建筑防水、建筑屋面排水、建筑装饰）；

2）村镇建设；

3）工程勘察、测量；

4）城镇道路桥梁；

5）给水排水工程（建筑给水排水、城市给水排水、工业给水排水、水处理）；

6）城镇燃气及设备；

7）建筑节能、供热与采暖通风；

8）城镇市容环境卫生；

9）风景园林；

10）工程抗震；

11）建筑防火；

12）地基基础工程（桩锚支护、地基处理）；

13）结构工程（钢结构、组合结构、混凝土结构、砌体结构、木结构、特种结构）；

14）施工技术与智慧建造、建筑机器人；

15）工程质量与工程管理；

16）既有建筑维护加固与房地产；

17）建筑室内环境；

18）电气工程；

19）装配式建筑与建筑工业化；

20）城市交通；

21）智能建筑与智慧城市；

22）海绵城市与韧性城市；

23）BIM 与 CIM；

24）信息通信与新基建；

25）交通运输（公路、铁路、水运）；

26）商贸工程；

27）农业工程；

28）新能源；

29）检测、认证与保险。

2.2　建立标准化信息管理平台

为了不断提高协会标准的信息化管理水平，协会组织建立了两个网上信息平台，"协会标准管理平台"和"标准科技创新奖申报平台"，既保障了标准编制的质量，也大大提高了工作效率。同时，结合平台的运行，形成了完善的专家库和信息库。

2.3　组织标准评优工作，引领行业创新发展

2018 年，经科技部国家科学技术奖励办公室批准，协会获准设立"标准科技创新奖"（奖励编号 0292）。该奖项是工程建设领域唯一由社会力量设立的标准化奖项，奖项设置包括标准项目奖、人才奖、组织奖三类，其中人才奖分为标准大师、标准领军人才、青年优秀人才三个子项，每年评选 1 次。至今，共评选出项目奖 182 项，人才奖 81 人位，其中标准大师 22 人，组织奖 30 家。

2.4 编制发布一批品牌性标准

（1）由郁银泉大师主编的协会标准《门式刚架轻型房屋钢结构技术规程》CECS 102，借鉴国外经验制定和发布，先后加印 14 次，有力地推动了我国门式刚架轻型房屋钢结构建筑的建设加速发展，发布后的四年内我国轻钢结构的建造量增长了 6 倍，使这种结构迅速成为我国应用最广的钢结构类型之一。

（2）由岳清瑞院士主编的《碳纤维片材加固混凝土结构技术规程》CECS 146，是国内首部纤维增强复合材料（FRP）在土木工程中的应用技术标准，对我国碳纤维加固技术的推广应用起到了重要的指导作用，发布以来加印 8 次，总销量 8 万余册。

（3）《超声回弹综合法检测混凝土强度技术规程》CECS 02，1988 年发布，2005 年修订加印 16 次；2020 年 8 月第二次修订，发布 3 个月内加印 3 次，发行 15000 册。该方法由于设备较简单，操作应用较方便，国内外研究较多，技术较成熟，已成为目前国内应用最为广泛的一种综合测强方法。

（4）《钻芯法检测混凝土强度技术规程》CECS 03，1988 年 11 月 22 日发布，2007 年修订，先后加印 17 次，2016 年升级为行业标准。同时，协会大量的检测标准、产品标准被全国各地检测机构采用，在国家有关部门进行申请扩项。

（5）《现制水性橡胶高分子复合防水卷材》T/CECS 10017—2019，将企业自主研发的专利技术纳入团体标准。通过标准的宣贯推广，该材料已被用于大量工程项目，并取得良好的市场应用效果，企业产值实现了数倍增长。该标准经过层层评选与严格审核，凭借其创新性、先进性、引领性等特质在众多的申报标准中脱颖而出，成功入选工业和信息化部 2020 年百项团体标准应用示范项目。

（6）《预制节段拼装用环氧胶粘剂》T/CECS 10080—2020 被批准转化为国家标准《预制混凝土节段拼装用环氧胶粘剂》（20220227—T—606）。作为国内首部拼接胶团体标准，《预制节段拼装用环氧胶粘剂》自 2020 年发布实施以来，在我国桥梁、高铁、风电、市政等工程建设领域得到了快速应用，2022 年 4 月 22 日被国家标准化管理委员会批准上升为国家标准。

2.5 标准实施推广采用方面取得突出成效

（1）国家市场监管总局办公厅、住房和城乡建设部办公厅、工业和信息化部办公厅联合发布《关于加快推进绿色建材产品认证及生产应用的通知》（市监认证〔2020〕89 号），确定中国工程建设标准化协会标准《绿色建材评价系列标准》为国推自愿性认证——绿色建材产品分级认证的依据标准。标准中部分指标被财政部、住房和城乡建设部纳入《绿色建筑和绿色建材政府采购基本要求（试行）》中，成为各地推进绿色建材采信工作的重要依据条件。

（2）协会标准《装配式建筑密封胶应用技术规程》T/CECS 655—2019，于 2020 年 1 月 8 日被上海市住房和城乡建设管理委员会正式发文引用，文件为《上海市装配整体式混凝土建筑防水技术质量管理导则》（沪建质安〔2020〕20 号）。

（3）协会标准《公路机制砂高性能混凝土技术规程》T/CECS G：K50—30—2018，2020 年 5 月 18 日交通运输部办公厅发布《关于提高公路工程机制砂应用水平的通知》（交办公路函〔2020〕746 号），正式引用了该项标准。

（4）2020 年 6 月，协会标准《道路工程高性能水泥及混凝土技术规程》T/CECS G：D41—02—2020 的核心技术列入新疆维吾尔自治区科学技术厅"科技精准扶贫"专项行动项目计划。

2.6 急疫情防控之所需，积极组织制定"抗疫"标准

新冠肺炎疫情暴发以来，协会主动加强与会员单位沟通，积极整合行业资源，快速组织编制疫情防控领域的技术标准。

（1）2020 年初，协会紧急组织中国中元国际工程有限公司、中国建筑科学研究院有限公司等单位，仅用短短两周多时间，就紧急制定了两项"抗疫"公益标准《新型冠状病毒肺炎传染病应急医疗设施设计标准》T/CECS 661—2020、《医学生物安全二级实验室建筑技术标准》T/CECS 662—2020。经住房和城乡建设部领导批示，中国建筑工业出版社快速出版印刷免费赠送各省区市建设行政主管部门推荐使用，并由住房和城乡建设部及国家市场监督管理总局国家标准化管理委员会将相关工作信息上报国务院办公厅。

（2）2021 年下半年，为进一步落实国家卫生健康委员会关于疫情防控相关工作要求，规范集中医学隔离观察设施的设计与建设，协会紧急启动组织编制了《医学隔离观察设施设计标准》T/CECS 961—2021。为了更好地推广应用该标准，为国内目前的疫情防控发挥积极的作用，协会比照《新型冠状病毒肺炎传染病应急医疗设施设计标准》相关做法，快速印制 2000 册，全部免费赠送给各省、自治区、直辖市、计划单列市（副省级城市）及新疆生产建设兵团住房和城乡建设行政主管部门及相关设计单位推广使用。

2.7 协会标准国际化取得积极突破

（1）《RCA 复配双改性沥青路面标准》开启国内外合作编制团体标准新模式

以广西工程建设地方标准《RCA 复配双改性沥青路面标准》为蓝本转化的协会标准《复配岩改性沥青路面技术规程》T/CECS 930—2021，中英文版同时立项、同步编制，作为中国工程建设标准化协会与广西住房城乡建设厅合作推进的标准国际化试点项目，越南河内交通运输大学、越南升龙 VR 科技投资发展股份有限公司、巴基斯坦哈比大学作为参编单位参与了该标准的编制工作。这是我国首部吸纳国外专家参与编制的团体标准，对于推动中国与越南等国家的标准信息互换、标准互认及国际标准奠定了重要基础，开启了标准国际化战略实践的新模式、新路径、新机制。

（2）《新型冠状病毒肺炎传染病应急医疗设施设计标准》T/CECS 661—2020 实现了协会标准转化为 ISO 国际标准的新突破

2020 年，在国家卫生健康委员会、住房和城乡建设部和国家标准化管理委员会的大力支持下，中国中元国际有限公司以《新型冠状病毒肺炎传染病应急医疗设施设计标准》T/CECS 661—2020 为蓝本，向 ISO 提出《应急医疗设施建设导则》项目提案并获批立项。2021 年 12 月 20 日，ISO 国际标准 IWA 38《应急医疗设施建设导则》正式发布。在此新冠肺炎疫情持续蔓延、亟待国际合作共同抗击疫情之际，IWA 38《应急医疗设施建设导则》作为 ISO 应对新冠肺炎疫情的系列标准之一先行发布，为世界各国安全、适用、快速建设应急医疗设施提供了有力的技术支持，为中国乃至世界人类健康事业作出了巨大的贡献。

3 协会标准发展战略

今后及"十四五"期间，协会将全面贯彻落实《国家标准化发展纲要》，努力做大做强做优 CECS 团体标准，积极推进协会标准的改革发展和创新工作，不断加强"专精特新"和"急难险重"标准研制，力求在更大范围、更宽领域发挥转会标准在推动科技创新成果标准化、市场化、

产业化和国际化中的支撑引领作用。

3.1　协会标准高质化

（1）制定一批"优于"或"严于"国家标准、行业标准的协会标准

坚持高质量发展战略，在全面保障协会标准编制质量和技术水平的前提下，在市场化程度高，产业创新活跃和技术发展较成熟的相关领域，制定一批严于或优于国家标准、行业标准的团体标准。

（2）加大"专精特新"与"新产业、新业态、新模式"领域协会标准制定力度

发挥协会标准的先导性作用，紧密结合国家"十四五"规划目标及工程实际和生产需要，加强绿色建筑、装配式建筑、智能建造、宜居农户建设、城市更新、新城建、城市信息平台和城市运行管理服务、标准数字化等重点领域标准制定与标准体系建设，促进协会标准与科技创新、产业发展的紧密结合，为提升行业技术发展水平和企业市场竞争力提供技术支撑。

（3）进一步加强协会标准全过程管理，打造富有活力的协会标准制定模式

建立完善协会标准从立项、制定、发布、出版、实施、修订（废止）全生命周期的管理模式和运行机制，继续完善协会标准"以市场为导向，以企业为主体，产学研相结合，各相关方共同参与"的快速灵活的工作机制。

3.2　协会标准体系化

（1）建立协会标准专业技术体系

在主要行业和关键领域，以住房和城乡建设部强制性工程建设标准为主线，构建符合时代发展的协会工程建设领域技术标准体系，建立与国家标准、行业标准协调配套的 CECS 标准体系。

（2）建立协会标准全域体系

一是加快协会标准由单一技术为主向产业、服务等工程建设全域转变，实现协会标准在住房、城市建设、乡村振兴、工业、服务业和社会事业等领域标准全覆盖。二是紧密围绕工程建设领域新技术、新产业、新业态、新模式，主动对接重大工程、产业政策、国际贸易，制定原创性、高质量的团体标准，填补标准空白。

（3）建立协会标准实施推广体系

加强协会标准质量基础设施建设，加强检测、认证、保险、招标投标管理、工程采购、工程咨询等领域协会标准制定力度，建立协会标准制定、检验、检测、认证、保险、工程采购一体化工作机制，推动团体标准在招标投标、合同履约等市场活动中实施应用。

3.3　协会标准数字化

（1）标准数字化研究

围绕贯彻落实国家标准化发展纲要和深化工程建设标准化工作改革，开展标准数字化基础性、战略性、应用性研究，为政府主管部门提供政策建议和咨询。

（2）机器可读标准研制

以行业需求为导向，根据标准数字化不同应用场景，组织相关产学研用单位，研究制定相关行业及专业领域的机器可读标准与数字化标准。

（3）标准数字化平台研发

开发机器可读标准数据平台，实现面向不同用户的实时在线使用，标准内容的在线录入、发布、查询、导出和维护。研究开发标准编制管理平台和标准编制工具，为行业企业及标准编制单

位提供标准编制管理服务，为标准编制人员提供标准编制工具。

（4）标准数字化技术咨询与交流

开展标准数字化咨询服务活动，为各行业、各地方提供相关标准数字化宣贯培训和咨询服务。对接国际标准数字化战略，与国外相关标准化组织及标准制定机构开展标准数字化交流与合作。

3.4　协会标准国际化

（1）以协会标准为蓝本，牵头制定国际标准

围绕建筑及城市绿色、可持续发展，积极提出国际标准议案，推动以协会标准为蓝本牵头制定相关国际标准。同时，坚持"走出去"与"引进来"相结合的策略，利用团体标准的灵活机制，在工程采购、机器可读标准等领域，加强国际先进标准转化。

（2）发挥先行先试作用，将标准化协会打造为具有国际组织力量和影响力的团体标准组织

积极参与国际标准化活动，加强与发达国家标准化组织及"一带一路"相关国家标准化组织之间的交流合作，探索建立双边在组织层级、专家层级、企业层级、标准层级等方面的合作与交流机制，搭建多层级的广泛交流与合作平台，在标准信息交流、版本互换、标准互认、人员培训等方面不断拓展合作领域，提高合作水平。

（3）加强行业复合型标准化人才队伍建设

培养一批熟悉和掌握国际标准规则，专业权威、外语熟练的复合型、领军型人才，逐步带动更多的专业技术人员参与，在制定和修订国际标准、外文版翻译、对外宣传推广、合格评定与认证、国际标准化咨询等各个环节发挥重要作用。

作者：蔡成军；李文娟（中国工程建设标准化协会）

全链条标准化服务推动工程建设行业高质量发展

Full-chain Standardization Services to Promote High-quality Development of Engineering Construction Industry

1 标准化服务概述

1.1 政策背景

现行国家标准《国民经济行业分类》GB/T 4754—2017 将标准化服务行业列入专业技术服务业，科技部、财政部、国家税务总局关于修订印发《高新技术企业认定管理办法》也将标准化服务列入高技术服务领域；2018 年 2 月 11 日，国家标准委等十部门发布《关于培育发展标准化服务业的指导意见》，明确培育发展标准化服务业，完善标准化服务体系，提高标准供给质量和效率。在相关政策影响下，标准化服务业迎来发展新机遇。

1.2 标准化服务与国家质量基础设施关系

标准化服务与国家质量基础设施（NQI）联系非常紧密。NQI 核心三要素（计量、标准、合格评定）具有不同的角色分工和一定的内在关系。计量是控制质量的基础，标准引领质量提升，合格评定控制质量并建立质量信任，三者形成完整的技术链条，相互作用、相互促进，共同支撑质量的发展：计量是标准和合格评定的基准；标准是合格评定的依据，是计量的重要价值体现；合格评定是推动计量溯源水平提升和标准实施的重要手段。事实上标准化服务主要就是围绕 NQI 的这三个核心要素，特别是其中的标准和合格评定开展。

1.3 标准化服务对工程质量的作用

在工程建设领域，标准化服务对工程质量安全和经济社会发展与进步发挥着重要作用，主要有四个方面：

（1）为工程建设活动提供技术准则

通过制定标准这一标准化活动，编制完成了大量的标准文本，针对不同对象，确立了权威的要求和规定，形成了一定范围内公认的尺度和规矩，建立了特定时期标准化对象的技术水平和经验累积成果。标准数量越多、覆盖率越高、体系越完善，表明标准化水平越高、作用发挥得越充分。

（2）为行业发展提供标准化支撑

大量的标准化实践表明，通过宣传普及标准化活动，可以进一步提高人们的法制意识，更好地利用标准维护合法权益、处理矛盾纠纷、判定事故责任、伸张公平正义、维护社会和谐稳定。通过宣传培训标准化活动，可以普遍提高从业人员的业务素质，在促进标准全面、准确实施的同时，带动行业整体水平的提升。通过监督检查标准化活动，可以增强从业者严格执行标准的自觉性，保证标准的要求或规定对实际发挥作用。

（3）为保障建设工程质量提供技术依据

工程建设标准作为建设工程规划、勘察、设计、施工、监理的技术依据，应用于整个工程建设过程中，是保证建设工程质量的基础。为加强质量管理，国家建立的施工图设计文件审查制度、工程质量验收制度等，开展工作的技术依据都是各类标准、规范和规程。

（4）是实现建设事业高质量、高效益发展的有效手段

通过工程建设标准化，可以协调质量、安全、效益之间的关系，保证建设工程在满足质量、安全的前提下，取得最佳的经济效益，特别是处理好安全和经济效益之间的关系，做到既能保证安全和质量，又不浪费投资。

由此可见，在保障工程建设安全与质量中，工程建设标准化工作具有重要地位，发挥重大的作用。工程建设的质量，涉及国家和人民群众的生命财产安全，没有高质量的标准就难以确保工程的质量和安全。

2　中国建标院开展工程建设标准化服务的实践

中国建筑标准设计研究院有限公司（简称中国建标院）创建于 1956 年，前身是国家建委标准设计院，是原建设部直属科研事业单位，2000 年转制为中央科技型企业。中国建标院始终把标准作为立院之本，作为住房和城乡建设部工程建设标准化领域重要技术支撑单位之一，长期致力于工程建设标准化工作。多年来，依托自身技术优势和行业实践成果，承担了住房和城乡建设部、国标委 4 个专业标准化技术委员会秘书处工作，以及相关协会、学会的 20 余个分支机构的秘书处工作，主编、参编国家、行业重要标准规范近 400 项，为保证工程质量、推动行业技术进步，促进工程建设标准化发展做出了贡献。

2.1　制定标准

中国建标院主编国家、行业标准 200 多项，参编标准近 200 项，主编团体标准 300 多项，特别是在建筑制图、模数协调、装配式建筑、地下人防、钢结构、BIM 等领域制定多项关键标准，引领行业发展。

中国建标院到目前为止已经制定了 21 项各类建筑制图标准，基本囊括了建筑领域的所有制图标准。中国建标院也主导了模数标准的历次版本制、修订，并主编了建筑领域的第一部国际标准《Buildings and civil engineering works—Modular coordination—Module（建筑和土木工程　模数协调　模数）》。主编的《住宅建筑设计规范》对保证住宅建筑设计的基本质量和适用、安全、卫生、经济提出了要求。钢结构领域一直是中国建标院的优势领域，主编的《高层民用建筑钢结构技术规程》JGJ 99—2015，在钢结构领域有深远影响。

我国第一部装配式建筑标准——《装配式大板居住建筑结构设计和施工暂行规定》JGJ 1—1979，其制定及历次修订也由中国建标院主导，后续中国建标院又主编了《装配式混凝土建筑技术标准》《装配式钢结构建筑技术标准》等 10 多项装配式建筑领域国家和行业标准，有力推动了我国装配式建筑的发展。

2.2　组织编制国家建筑标准设计

国家建筑标准设计是工程建设标准化的重要组成部分，是针对工程建设构配件与制品、建筑物、构筑物、工程设施和装置等编制的通用设计文件。国家建筑标准设计为保证工程质量，促进建筑业标准化、工业化、高质量发展做出了重大贡献。

现行国家建筑标准设计包括建筑、结构、给水排水、暖通、电气、城市道路等 10 个专业共700 余册图集。国家建筑标准设计对贯彻落实国家建设方针及产业技术政策，保证工程质量，提

高效率，节约资源，降低成本，促进行业技术进步，发挥了不可替代的作用。

其中，《混凝土结构施工图平面整体表示方法制图规则和构造详图》G101 系列标准设计，是我国结构设计领域的一次重大创新，成倍提高了设计效率、可节省 70％左右的图纸量。受住房和城乡建设部委托编制了建筑产业现代化标准设计体系，并根据体系编制了首套全国通用住宅系列预制构件图集，可全方位指导装配式混凝土剪力墙住宅的设计、构件加工及施工安装，填补了行业空白，解决了行业亟须，为我国建筑产业化、现代化发展提供强有力的技术支撑。在国家建筑业向高质量发展转型的新时代，国家建筑标准设计将在引领行业标准化进程，促进行业高质量发展方面发挥更大的作用。

2.3 开展标准化咨询

充分发挥标准引领作用，从单一技术咨询服务模式向多元标准化咨询服务模式进行转变，逐步打造了包含标准化战略规划、标准化体系构建、标准编制咨询、标准化方法指导、标准实施评价和咨询、标准化管理咨询、标准化资源合作、"标准化＋"研发、"标准化＋"设计、标准国际化等多种类型服务模式，覆盖从策划、规划、设计、采购、施工、交付、管理、运维到评价阶段的工程建设全生命周期标准化服务体系，为政府机构和行业头部企业提供专业的标准化综合咨询服务，为客户标准化进程赋能。

中国建标院为河北雄安新区科学制定《"雄安质量"工程标准体系》框架，构建了河北雄安新区建设标准化顶层设计。编制完成的《河北雄安新区起步区住宅设计指南》《河北雄安新区安置住房规划建设指南》，全面助力河北雄安新区高质量宜居住宅建设。为深圳制定的《深圳市建筑工务署精品指数评分标准（房建项目）》是国内第一本关于"精品工程评价标准"的研究成果。承接"工程建设领域'四新'推广应用问题研究项目"，是融合建筑产业基础和前沿科技研究实施标准化综合咨询服务的有益探索。编制《山东省住房和城乡建设领域工程建设标准化发展规划（2021—2025 年）》，引导山东省工程建设标准体系健全，加快推动新型城镇化建设、民生改善、城市功能和品质提升等领域标准制定，提升山东省住房城乡建设领域标准化水平。

根据绿城中国需求，为绿城中国编制多项《工程做法与常用建筑构造》图集，编制企业标准《绿城中国装配式住宅实施路径及指南》和《绿城中国装配式内装修技术指导手册》。与碧桂园集团旗下广东博智林机器人公司发挥各自资源和技术优势开展标准化合作，共同编制中国工程建设标准化协会标准《自升造楼平台》及建筑机器人系列产品标准、技术应用标准。编制具有京东仓储建设特点的标准化设计指导文件，实现京东智能产业园工程设计的模块化和选项化。

2.4 检验检测

现行国家标准《合格评定 词汇和通用原则》GB/T 27000 对"合格评定"的定义为"与产品（包括服务）、过程、体系、人员或机构有关的规定要求得到满足的证实。"同时注明：合格评定的专业领域包括检测、检查和认证，以及对合格评定机构的认可活动。检验检测为认证活动的信任传递提供可靠数据，与产品技术认证相辅相成，共同增强了合格评定对高质量发展的推动作用。检验检测是合格评定中十分重要且必不可少的一环。

合格评定是标准实施的重要手段，标准是检验检测开展具体工作的依据。检验检测是标准的重要输入端和输出端。检验检测是标准编制的重要技术支撑，大量的检验检测统计数据形成了标准化指标的理论依据。同时，标准又通过反复的检验检测实践得以不断的验证与修正，通过检验检测技术的提升得以持续改进和完善。

检验检测是合格评定的基础，是实现合格评定程序的重要手段。中国建标院作为中国工程建设检验检测认证联盟依托单位、北京建设工程质量检测和房屋建筑安全鉴定行业协会副会长单位、北京司法鉴定业协会副会长单位，紧扣时代、行业脉搏，承担了国家"十四五"重点研发计划"住宅工程质量保险体系及关键技术研究"等重要研发项目，致力于检验检测理论实践、先进技术与优质服务的研究与探索，并将检验检测与认证服务、标准化服务实现精准匹配、对接与串联，充分发挥检验检测在合格评定与标准化服务中的重要作用。

2.5 建筑产品认证

认证是推动质量溯源的重要工具，同时也是标准实施监督的重要手段。2010 年 11 月，中国建标院获得中国国家认证认可监督管理委员会颁发的"认证机构批准书"，成为具有独立法人地位的第三方认证机构（简称 CBSC）。中国建标院先后颁发了业内首张产品碳足迹核查证书，为广东坚朗五金制品股份有限公司成功颁发第一张自愿性产品认证证书，作为首批获得绿色建材产品分级认证资质的认证机构，中国建标院已成功为北新集团建材股份有限公司等企业颁发了绿色建材产品认证证书。

为适应住房城乡建设全面深化改革和发展的需要，充分发挥检验检测认证机构保障工程质量安全的作用，住房和城乡建设部提出国家级建筑工程检验检测认证机构整合的工作方案，2015 年 12 月，"中国工程建设检验检测认证联盟"成立大会在秘书处单位中国建标院隆重举行，随着中国工程建设检验检测认证联盟的宣告成立，标志着我国住建领域拥有了覆盖面最广、影响力最大的全国性检验检测认证组织，联盟将在统一规则、统一标识、统一监管的原则下，全面服务于工程建设领域质量监督和保障，有效提升住房城乡建设领域检验检测认证的能力和水平。

2.6 工程质量潜在缺陷保险风险管理

工程保险是一种能够促进工程质量、品质和安全提升的社会保障手段，而通过工程保险引入相对独立的第三方风险管理机构对工程进行相应的风险管理服务，则是这种保障手段得以有效施行的核心和保证。目前对工程质量、品质提升有促进作用的工程保险主要有工程质量潜在缺陷保险（以下简称 IDI 保险）和绿色建筑保险。

IDI 保险的第三方风险管理机构在工程建设准备阶段、建设阶段及运维阶段，针对工程建设传统的质量管理难点，主要围绕结构和使用安全、防水工程和保温工程，采用文件审核、现场排查、独立检测等工作方法，对参建单位的资信水平和质量管理体系、勘察设计的工作质量、建筑材料质量、施工质量、运维管护等环节，进行相关的工程质量风险排查和质量风险评定，强化了贯穿工程建设全生命周期的质量风险管控，降低了工程质量风险，减少了保险公司的工程质量潜在缺陷的理赔损失。

目前，已有上海、北京、广州、山东、海南等约 17 个省市就 IDI 保险项目开展试点工作，标准院凭借在工程建设领域中业务链条相对完整的优势，组建了工程保险方面的风险管理服务部门，承接了北京市、海南省和山东省的相关 IDI 保险试点项目的风险管理业务，并着手组织编制相关的技术标准，规范和推动行业发展。同时，中国建标院不断延伸工程保险领域内的风险管理服务，开发并承接了国内首单住宅工程绿色建筑保险的风险管理业务，为国家的绿色发展做出了贡献。

3 工程建设标准化服务工作方向与措施

3.1 提升标准化研究能力和市场化服务能力

标准化服务业需要进一步适应标准化改革和行业转型发展新形势、新要求，加强市场化服务的转型模式、机制与平台研究，加快各项工作推进步伐。通过开展标准化全过程、全链条服务，推动标准化服务业向产业链纵深推进和价值链高端发展，形成比较完善的市场化模式。加强标准化服务业与工程设计、全过程咨询、总承包等业务横向集成，发挥标准对客户的高端服务、集团化服务及前端服务的作用。

3.2 加强质量基础设施建设，有效发挥标准、合格评定、认证认可的相互支撑与联动作用

加强检验检测资质建设与认证机构能力建设，构建"认证＋检测"一体化服务能力。健全认证、检测管理制度，减少认证质量风险，吸取国外发达国家和权威标准化组织及国内认证机构经验与模式，寻求认证业务发展的突破方向，最终实现认证结果的互认，促进认证结果在市场上获得的采信。

提升标准与检测认证的相互支撑与联动作用，构建"标准＋认证＋检测"服务模式。围绕相关行业需求及痛点，提出以标准为引领的技术解决方案，通过认证、检测等手段促进标准落地实施，与金融、保险相关方密切结合，构建"产业链""生态圈"，做好资源整合、加工，实现标准化效益，发挥检测认证"传递信任、服务发展"和对行业提升引领作用。

3.3 推进"标准化＋"战略实施，实现技术、标准、市场"软联通"

加强科技研发与技术标准互动支撑，充分发挥"标准化＋"效应，为行业企业提供标准化需求调研、规划与战略设计、管理流程再造、科技成果转移转化、标准及各类标准衍生物编制、标准翻译、标准比对、产品及体系认证、技术风险评估、标准体系解决方案、标准化技术咨询、标准化项目管理、标准实施评价、标准成果应用推广等全方位、全链条标准化咨询服务。

4 结语

在我国标准化改革持续推进的背景下，标准化服务业迎来前所未有的发展机遇，并在工程建设行业的高质量发展过程中发挥着越来越重要的作用。标准化服务业应当坚持市场化、专业化、规范化、国际化的发展导向，不断完善全链条服务模式，全面提升标准化服务能力，更好地引领和支撑工程建设高质量发展。

作者：汪浩；何思洋；郭伟；徐韬；苗彧（中国建筑标准设计研究院有限公司）

建筑工程科技创新与标准化互动融合的探索

An Exploration of the Interactive Integration of Scientific and Technological Innovation with Standardization in Construction Engineering

1 科技创新与标准化联动政策

长期以来，我国科技和标准化主管部门认真贯彻落实党中央、国务院关于科技创新与标准化工作的决策部署，陆续出台了一系列法规政策，不断推动科技创新与标准化的协调互动发展。

2006 年 2 月，发布的《国家中长期科学和技术发展规划纲要（2006—2020 年）》明确提出，将形成技术标准作为国家科技计划的重要目标。2011 年 7 月发布的《国家"十二五"科学和技术发展规划》中提出要增强自主创新能力，发挥技术标准在创新活动中的导向和保障作用，在国家科技重大专项和计划执行中，加强技术标准研制。2012 年 9 月出台的《中共中央国务院关于深化科技体制改革加快国家创新体系建设的意见》指出，"完善科技成果转化为技术标准的政策措施，加强技术标准的研究制定"。2015 年 8 月，新修订的《中华人民共和国促进科技成果转化法》规定，"国家加强标准制定工作，对新技术、新工艺、新材料、新产品依法及时制定国家标准、行业标准，积极参与国际标准的制定，推动先进适用技术推广和应用"。2015 年 12 月，国务院办公厅印发的《国家标准化体系建设发展规划（2016—2020 年）》明确要求，"加强标准与科技互动，将重要标准的研制列入国家科技计划支持范围，将标准作为相关科研项目的重要考核指标和专业技术资格评审的依据"。2016 年 5 月印发的《国家创新驱动发展战略纲要》明确提出，"健全技术创新、专利保护与标准化互动支撑机制，及时将先进技术转化为标准"。2021 年 10 月，中共中央、国务院印发《国家标准化发展纲要》，指出要建立重大科技项目与标准化工作联动机制，将标准作为科技计划的重要产出，健全科技成果转化为标准的机制。完善科技成果转化为标准的评价机制和服务体系。

当前，新一轮科技革命和产业变革正在重构全球创新版图，标准化与科技创新的关系愈发紧密。面向未来、面向前沿，标准研制与科技创新同步甚至形成引领的趋势愈发明显，世界各国纷纷将标准化工作上升到国家战略层面予以实施和推进。以上政策的出台，为现阶段我国建筑行业科技创新与标准化工作的融合发展夯实了学理基础，指明了战略方向。

2 建筑领域科技创新与标准化发展存在的问题

国内相关机构曾对 200 余家科研院所、企业单位、高校和国家事业单位进行调研。根据调查结果，由于行业标准化意识不足、创新与标准衔接机制不完善、成熟的评估体系缺失等原因，导致我国创新成果转化为标准还存在一些问题。结合建筑领域实际情况，这些问题可以从以下三方面归纳总结。

2.1 创新成果转化为标准的能力缺失

现实工作中，创新成果类型复杂，并非所有成果均符合制定标准的条件，由于缺乏对创新成果的科学评估，给创新成果转化为标准带来了诸多障碍；有些进行创新活动的单位不是专业的标准化研究机构，不掌握标准化工作规律，推动创新成果转化为标准能力缺失；部分进行创新活动的单位在创新成果转化为标准过程中的相关政策出台和支持方面存在明显不足，为创新成果转化为标准工作提供服务力度不够。

2.2 标准编制与技术发展的协调性不足

新技术的研发过程往往是新技术标准形成的过程。目前，我国相当一部分标准制定周期过长，无法与技术进步、产业结构调整步伐相一致，对产业发展的保障和支撑能力不足，市场亟须的标准，尤其是高新标准严重匮乏。《自主创新与全球化：中国标准化战略所面临的挑战》一书中指出：我国现行标准只有不足 50% 的技术水平适度超前或符合我国当前科技、生产、工艺和管理水平；实质性发挥作用的标准所占比例不足 65%。也有文献估计只有 20% 处于有效使用状态。

2.3 科技与标准的复合型人才短缺

在一些发达国家的高科技企业中，科技人员的比例高达 60%～80%，特别是科技产业部门的技术、产品更新速度快，对人才的需求一直保持旺盛状态。我国特别是在科研院所与各种科技型企业中，由于技术标准与科技研发结合的意识淡薄，人才管理中缺乏相应的激励机制等原因，造成既懂标准又能够承担研发任务的科研人员严重短缺。

3 中国建研院的经验做法

中国建研院成立于 1953 年，原隶属于建设部，2000 年由科研事业单位转制为科技型企业。中国建研院积极推动科技创新与标准化互动融合，形成科技与标准互为支撑的良性发展格局，取得丰硕成果，并探索出诸多有益经验。

3.1 典型案例

截至目前，中国建研院共完成科研项目 4000 余项，荣获国家级科技奖项 100 余项，省部级科技奖项 600 余项；创建了我国第一代建筑工程标准体系，累计编制国家标准、行业标准规范 1000 余项，承担首批 38 项城乡建设领域全文强制性工程建设规范中的 7 项，主导或参与制定国际标准 28 项，为城乡建设事业的可持续发展作出了重要贡献。

3.1.1 近零能耗建筑技术与标准

服务国家"双碳"战略，成功实现近零能耗建筑技术攻关到标准体系建立、关键产品研发、示范工程建设、技术应用与推广的完整过程。自 2011 年起，依托中美清洁能源联合研究中心建筑节能合作项目、"十三五"国家重点研发计划重点专项"近零能耗建筑技术体系及关键技术开发"，中国建研院不断探索并逐步建立了适合中国国情的近零能耗建筑技术体系，编制完成国际上首部近零能耗建筑国家标准《近零能耗建筑技术标准》GB/T 51350—2019，填补了我国引领性建筑节能标准的技术空白，现已形成由 30 余项国家标准和行业标准组成的建筑节能标准体系，为超低能耗建筑发展提供了技术依据。在多个省市开展近零能耗建筑示范工程建设超过 20 项，建筑面积超过 1000 万 m²，包括国家重点建设项目——雄安新区建设的第一个近零能耗示范项目，示范项目获得财政奖励资金逾 5800 万元。

3.1.2 既有建筑改造技术与标准

服务我国城市更新行动，标准助推既有建筑改造技术的规模化应用。中国建研院长期致力于既有建筑改造技术集成与研发，通过承担相关"十一五""十二五"国家科技支撑计划项目、"十三五"国家重点研发计划项目，重点突破了既有建筑改造的理论和设计方法、全过程建筑改造创新技术与产品等方面的关键技术难题，支撑了既有建筑由单一改造向综合改造、再向绿色改造的跨越，引领了既有建筑改造技术进步。主导参与编制了《住宅项目规范》《既有建筑鉴定与加固技术规范》等全文强制性工程建设规范以及《既有建筑绿色改造评价标准》《既有居住建筑节能改造技术规程》等国家标准、行业标准，配套制定相关团体标准，构建形成了我国目标明确、层级清晰的既有建筑改造技术标准体系。相关成果已在中国国家博物馆、北京火车站、北京工人体育馆等重大项目改造设计及多个部委和北京市各级政府上百万平方米的既有建筑、老旧小区改造及整治项目中得到普遍应用。

3.2 经验做法

中国建研院科技与标准工作丰硕成果的取得，得益于科技创新体制机制的不断完善，离不开各项科学化、规范化、精细化的科技与标准管理重要举措的有力实施。

（1）优化调整管理机构，创新科技与标准协同管理机制

调整优化内部管理机构，将原独立的科技管理部门与标准管理部门合并，成立科技标准部，全面统筹科技与标准工作；统一发布《公司"十四五"科技标准发展规划》，公司三级研发体系建设、科技专项考核等重大举措中，协同科技、标准工作步调，同步规划、同步实施、同步激励、同步考核，有效实现了科技与标准工作整体一张图、一盘棋。

（2）形成研发活动与标准化的协调机制，实现双向互促互进

科研方向、选题储备及项目立项均以该领域标准化现状作为重要指引，保证科技攻关先进性，有的放矢，力争与国际接轨；研发技术指标中，将解决标准技术体系、指标依据、试验方法等关键问题作为重要核心任务，推动亟须标准、高新标准产出，加快标准更新周期；研发项目验收阶段，将标准规范纳入科技项目验收体系，以机制提高科技成果向标准的转化率；在工程推广过程中，标准的实施情况、问题难点、与市场需求的符合程度等信息通过反馈机制，形成新的需求点和方向，实现对科技研发的助推和反哺。

（3）发挥科技平台载体作用，支撑标准技术体系

中国建研院现拥有建筑安全与环境国家重点实验室、国家建筑工程技术研究中心等 4 个国家级及 5 个省部级科技平台，依托科技平台的原始创新和工程化能力，完成公司主要科技研发任务，推动实现成果转化与工程应用，解决一系列行业共性技术问题和标准化难点。现已转化产出了建筑结构、地基基础、工程抗震、建筑节能与环境、建筑机械、建筑防火、材料应用及检测领域等核心标准，有力支撑了工程建设标准化改革及建筑工程标准体系完善。

（4）推行复合型人才培养机制，打造科技标准顶尖团队

坚持推行复合型人才培养和队伍建设，在公司"十人计划""百人计划""大师工作站"等人才计划、岗位评聘、干部选拔、外派深造、学术任职等用人机制中，将标准化能力作为科技人才的重要考量和条件；同一专业领域，技术攻关与重要标准规范编制优先由同一学术带头人和骨干团队承担，有效保证标准编制的前沿性、可靠性和科技成果转化的及时性，工作实践中培养出大批既懂科研又懂标准的复合型人才，打造出绿色节能、高层建筑结构、近零能耗、抗震防灾、建筑信息化等多支行业顶尖团队。

（5）建立一体化激励约束机制，推进互动协调发展

强化统筹管理，建立科技与标准协调统一的激励机制、监督机制和考核机制。对二级单位、科技平台等实施年度科技考核，将标准化活动情况纳入考核体系的基本指标、重要分项；科技创

新激励政策中，对重要标准制修订、标准国际化、国际标准化组织任职以及标准转化收益等标准化活动进行经济奖励，引导激励科技人才自觉开展标准研编，提升标准化工作成效。

4 新形势下，促进建筑领域科技创新与标准化互动的探索

基于以上科技创新与标准化联动政策、科技与标准化互动支撑的发展现状与存在的问题的分析，并结合中国建研院科技创新与标准化互动支撑的经验做法，本文提出在科研项目、科研平台、科研成果、科研激励四个维度上，开展科技创新与标准化深度融合的实践探索。

4.1 科研项目与标准化深度融合

以科研项目为依托，建立科学有效的科技转化标准的审核机制，将解决标准技术体系、指标依据、试验方法等标准化问题作为科研项目立项的重要目标；提前布局科研中的标准化工作，探索科研项目与标准化同步推进机制，聚焦国家重大战略需求，加强关键技术领域标准研究。例如，《国家标准化发展纲要》提出建立健全碳达峰、碳中和标准，绿色建筑是助力碳达峰、碳中和的重要选项。相关单位可研究设置一定比例的"双碳"主题自筹科研基金项目，并将标准的产出作为科研项目验收的重要指标，使绿色低碳技术及时纳入标准，明确标准要求，强化标准支撑，同步部署技术研发、标准研制与产业推广。

4.2 科研平台与标准化深度融合

充分发挥科技创新平台的支撑作用，强化科技创新平台资源对标准研制的技术支持，搭建起"标准化"成果转化的桥梁。《国家标准化发展纲要》中提出要提升标准化技术支撑水平，加强标准化理论和应用研究。相关单位可通过加强国家重点实验室、工程技术研究中心等科技创新平台与国家技术标准创新基地的联动，聚焦制约行业高质量发展的热点、难点问题，围绕建筑行业发展中遇到的"卡脖子"问题，探讨建立共性技术研发机制。通过科研平台与标准研制深度融合，充分发挥科技创新平台的支撑作用，共同构建技术、专利、标准联动的创新体系。

4.3 科研成果与标准化深度融合

"技术专利化—专利标准化—标准国际化"已经成为科技创新领域的共识。标准能够有效增强技术或产品的市场竞争力，进而在该技术和产业的国际竞争中争取话语权，确保科技创新的成效，实现"科研成果—标准—市场化产业化"三级跃升。应加强标准必要专利相关研究，完善标准必要专利制度，加强标准制定过程中的知识产权保护；及时将先进适用科技创新成果融入标准，健全科技成果转化为标准的评价机制与服务体系，打通科技转化为标准的最后一公里。

4.4 科研激励与标准化深度融合

相关单位可将标准研究成果纳入科研成果奖励范围，对符合条件的重要技术标准和标准化工作按规定给予奖励，如制定国际标准、承担重要国际学术组织等，并根据目前国际/国家/行业标准从标准预研、立项到发布的平均周期长的情况，对标准化工作实施分段奖励，提升科研人员参与标准制定的积极性；相关单位还可在职称评定和晋升、经费保障等方面多方位为标准化研究人员提供有利条件，将重要标准制修订、标准国际化、国际标准化组织任职等内容作为科技考核体系的基本指标或重要分项，引导激励相关单位与科技人才自觉标准化工作，激发标准化创新活力。

5 结语

标准化始终与科技创新紧密互动、互为支撑。标准的制定、实施过程，就是科技成果凝练、推广的过程。标准作为科技成果的"扩散器""助推器"和产业发展的"风向标"，为科技创新活动建立"最佳秩序"、提供"通用语言"，实现科学研究、实验开发、推广应用"三级跳"，降低创新成本、明晰创新方向、加快创新速度。

作者：葛楚[1,2]；张靖岩[1,2]；张昊[1,2]；黄世敏[1,2,3]；姜波[1,3]（1 中国建筑科学研究院有限公司；2 国家建筑工程技术研究中心；3 国家技术标准创新基地（建筑工程））

建筑工程行业数字化转型及标准创新
Digital Transformation and Criterion Innovation in Construction Engineering Industry

1931 年，美国就建成了共 102 层、381m（1951 年增加天线后总高达 443.7m）的帝国大厦，从动工到完工仅用了 410 天，在近一百年的时间里，建筑工程行业并没有迎来颠覆性的技术变革，生产力、生产效率和质量标准均未得到大幅提升。当前，以信息化、数字化、智能化为基本特点的第四次工业革命已经来临，5G、物联网、大数据、人工智能、工业互联网等数字化技术得到大力发展和普遍应用，但有研究表明，中国建筑工程行业的总体数字化水平排名位于所有行业倒数第一，比农业还落后。总体而言，建筑工程行业对数字化是"半推半就""动口不动手""管看不管用"，究其原因，是商业模式和运营模式不适应数字化的发展，缺乏数字化的产品，也缺乏对应数字化技术应用的行业标准体系。

1 数字化转型成功的典型标志是数字化产品

国家在"十四五"规划中明确提出要"加快数字化发展，建设数字中国"。目前，一些建筑企业仅仅把数字化转型视为工具的转型升级，认为采购或者开发一个 BIM 软件系统并把它用好，数字化转型就算完成了。这让人不禁想起清朝末年的洋务运动，洋务运动其思想实质是"中学为体，西学为用"，只引进先进的工具而不触及组织和思想，最终在甲午战争中宣告失败。

按照马克思政治经济学原理，数字化可以分为生产力、生产关系，经济基础、上层建筑几个层面，生产力决定生产关系，经济基础决定上层建筑，又因为经济基础是生产关系各方面的总和，所以我们可以认为，数字化转型是生产力、生产关系、上层建筑三个层面的转型，但首先应该是生产力的转型。生产力有三个要素：劳动者、劳动资料、劳动对象，具体讲就是"人、工具、产品"三要素。所以，数字化转型首先是"人"的转型，要求具有数字化思想和数字化能力的更高素质的人，达不到要求的人将被淘汰；其次是工具的数字化升级换代，也就是换成适应数字化要求的硬件和软件；最后必须是数字化的产品，如对设计院而言，现有的二维图纸不是数字化的产品，必须实现三维交付，三维的"数字样房"属于数字化的产品；对施工单位而言，不依赖图纸，全部基于三维数字模型和智能终端孪生出的建筑实体，才算是数字化的产品。由此可见，数字化的产品是数字化转型成功与否最显著的标志。

那么，如何才能形成数字化的产品呢？建筑工程行业的数字化转型主要依托 BIM 技术，这项技术在我国已经推行了近 20 年，但行业期待的升级并没有如期而至，究其原因，主要是适应 BIM 技术的商业模式没有形成，BIM 模型本身难以用于项目施工、运维的全过程，仍是一种辅助技术，而不是产品，无法产生收益，行业内相关企业缺乏内生动力。这就需要我们从两个方面开展创新工作，一是引入 MBD（Model Based Definition，基于模型的定义）技术，将二维图纸表达的内容（如尺寸、材料信息、工艺信息、造价信息等）完全转移到三维模型上去，使 BIM 模型能被直接使用，这样才能彻底摒弃传统的二维图纸，才使 BIM 模型转化为数字化产品、进而转化为数字资产，颠覆现有的商业模式；二是要制定一套适应数字化技术应用的行业标准，推动数字化的产品成为项目生产的依据和依托，实现"一模到底、全程无图"，实现"以虚控实"，行业的数字化转型才能最终成功。

2　MBD 技术及其标准

2.1　MBD 技术

MBD——Model Based Definition，基于模型的定义，是在产品三维模型中描述与产品相关的所有设计信息、工艺信息、产品属性以及管理信息的先进的产品数字化定义方法。各类信息按照模型的方式进行组织管理、显示、传递和重用。MBD 作为产品定义唯一的数据源，彻底改变了传统的二维图纸为主、三维模型为辅来定义产品的方式，开创了一个新的产品研发和生产模式。1990 年，波音公司在启动的波音 777 飞机上全面采用三维数字化技术，全机几百万个零件全部采用三维数字化定义、产品数字化预装配，打造"数字样机"，首次实现了无图纸化设计，这是 MBD 的最早的雏形，MBD 技术使得波音 777 比波音 767 的研发时间几乎缩短了 50%，设计更改和返工减少 50%，装配时出现的问题数量减少 50%～80%。

在我国，中航西飞集团在运 20 飞机设计制造过程中，引入 MBD 技术，全过程摒弃传统二维图纸，使用三维模型进行设计和交付，并将三维模型用于生产制造，使得研发周期缩短 40%，设计迭代效率提高 5 倍，生产速度提高了 10 倍，江南造船厂在海巡 160 号轮船的设计、制造过程中引入 MBD 技术，实现了基于单一三维数字模型的全生命周期的无纸化设计、制造、安装、管理，使得建造周期缩短 3 个月，差错率降低 60%，搭载周期缩短 60%。

而在建筑工程领域，行业数字化水平远远落后于制造业，近年来虽然大力推行以 BIM 技术为代表的数字化技术，但由于缺乏三维模型定义的方法和标准，造成即便采用了数字技术，最终仍转化为二维图纸进行生产加工、现场施工、竣工结算和运维，本质上仍是采用传统手段。这些问题的解决，都需要行业数字化转型带来系统性的革命，通过引入制造业已经相对成熟的 MBD 技术，实现项目无图设计、无图审批、无图招标、无图建造、无图结算、无图运维等，以单一三维数据源作为项目全生命周期管理的依据，彻底解决行业面临的生产效率低、产品质量不可控、资源消耗大等问题。

2.2　MBD 技术标准

早在 20 世纪 90 年代，在波音公司 777 飞机研发成功的经验上，美国机械工程师协会（ASME）开始制定 MBD 国家标准，经过 6 年时间不断的修改更新，2003 年出版了《产品数字化定义规则》ASME Y14.41—2003，欧洲在基本完全借鉴 ASME Y14.41 标准的基础上，制定了 ISO 16792《数字化产品数据定义规则》，同时各大主流 CAD 软件，比如 SolidWorks、CATIA、PTC-CREO 等也在软件中加上了三维标注功能模块。我国在 2009 年引入了国际标准 ISO 16792，并将其转化为了国家标准《技术产品文件　数字化产品定义数据通则》GB/T 24734—2009 系列标准，在此基础上，航空行业和船舶行业也已先后发布了多项 MBD 技术的行业标准，而在建筑工程行业，相关研究才刚刚起步，相关标准还是空白，2021 年中国工程建设标准化协会（CECS）公布的 2021 年第二批协会标准制订、修订项目计划中，由中南建筑设计院股份有限公司申请主编的《建筑工程三维模型标注（MBD）技术规程》，成为全国首个建筑行业 MBD 相关标准。

3 建筑工程行业数字化标准创新

为了适应行业数字化转型的迫切需要，我们应该坚持目标导向，问题导向，从社会全参与方、行业全产业链、项目全生命周期考虑，以"无图设计、无图建造"为目标，从多个维度创新数字化的标准体系：数字化产品标准体系、无图建造标准体系、无图审批标准体系，让建设单位（甲方）、参建单位（乙方）、政府部门（监管）均能参与进来，并贯穿项目从建造到运维的各个阶段，共同推动行业数字化转型的深入发展。

3.1 数字化产品标准体系

建筑工程行业数字化转型成功与否的最显著标志是数字化的产品，数字化的产品最终可以成为数字资产。《中华人民共和国著作权法》第三条规定"本法所称的作品，是指文学、艺术和科学领域内具有独创性并能以一定形式表现的智力成果，包括：（七）工程设计图、产品设计图、地图、示意图等图形作品和模型作品；（九）符合作品特征的其他智力成果"，另外，2021 年 1 月 1 日颁布实施的《中华人民共和国民法典》第一编总则第五章"民事权利"中第一百二十七条规定"法律对数据、网络虚拟财产的保护有规定的，依照其规定"，这些法律条款在一定程度上明确了数字资产的所有权是受法律保护的，但这些法律条款并没有解决数字资产的交付、保存、流转过程中所面临的诸多问题，例如数字资产可被随意篡改、复制、销毁的问题。当前，建筑工程行业的数字化成果主要是 BIM 模型，政府及行业协会已逐步制定了一些 BIM 技术标准，但缺乏产品标准，各阶段数据无法接轨，BIM 模型的权属问题也缺乏法律依据，亟须建立一套产品标准，引入电子档案数字封存技术或区块链技术等，规定产品在交付、保存、流转过程中的所有权、使用权、安全性、可扩展性和使用方法等，这样才能将数字化的成果转化为产品，形成数字资产，激发各社会参与方推广数字化技术的内生动力。

3.2 无图建造标准体系

建筑工程行业虽然也在大力推广数字化技术，但由于传统的管理模式、组织架构、软件系统的碎片化问题，导致工程项目数据（信息）存在大量孤岛，存在大量的图模不一致、模模不一致、数模不一致、图图不一致等问题，严重影响了工程质量和效率。所以，行业的数字化转型绝不是哪一个阶段的转型，更不是哪一家单位的转型，需要全行业的共同转型，这就需要制定一系列标准，以"一个模型干到底，一个模型管到底"的理念，推动建筑工程行业围绕一个数据源模型开展各项设计、施工、运维活动。这一套标准应包括无图设计、无图招标、无图施工、无图结算、无图审计、无图运维等内容，促使各个阶段的数据不断迭代完善、无损流转、高效运行，实现建筑工程行业"三维交付、无图建造、造价精准、缩短工期、提升质量"的数字化转型目标。

3.3 无图审批标准体系

建筑工程项目从立项到竣工，需要经历一系列的政府审查审批过程，例如报批报建、施工图审查、各项证照办理等，目前各项审批流程主要基于二维图纸，依靠人工进行数据核查、规范校验工作，效率低，出错率高；另一方面，由于当前的审批政策要求，即便建立了三维数字模型，形成了数字化的产品，但仍要转换为二维图纸进行各项审批，这显然无法适应行业数字化转型的需要，给行业各参与企业的数字化转型造成了障碍。这就需要制定一套无图审批的系列标准，规范数字模型满足不同审批需求的内容、精度、格式等，通过由政府建立的数字化审批平台，结合大数据、人工智能技术，最终实现基于数据驱动的智能审批。

　　人类社会已开始进入数字时代，也就是工业 4.0 时代，建筑工程行业的数字化水平长期落后于其他行业，要在新一轮工业革命的浪潮中迎头赶上，数字化转型是必由之路。这就需要我们从顶层设计着手，引入三维模型定义技术（MBD），围绕数据驱动行业发展，以"一模到底、全程无图"的理念，创新和制定适应行业转型升级需求的标准化体系，推动社会全参与方、行业全产业链、项目全生命周期共同转型，为建设"数字中国"注智赋能，贡献力量。

　　作者：李霆；范华冰（中南建筑设计院股份有限公司）

"双碳"目标下我国建筑行业工程建设标准发展建议

Suggestions on the Development of Construction Engineering Standards in China with the Goals of Carbon Peaking and Carbon Neutrality

1 碳中和的发展背景

1997 年，英国未来森林公司首次提出碳中和概念；2015 年，《巴黎协定》提出"在本世纪下半叶实现温室气体源的人为排放与汇的清除之间的平衡"；2018 年，IPCC《全球升温 1.5℃特别报告》提出，要实现将全球温升控制在 1.5℃目标，需要到 2050 年实现温室气体净零排放也即碳中和。

碳中和强调一定时期内，人为温室气体排放量与人为温室气体清除量相平衡，其内涵是经济社会发展与化石资源消耗脱钩。2019 年以来，越来越多的国家提出碳中和目标，目前总数已经超过 140 个。碳中和的概念在世界各国逐渐深入人心。2020 年 9 月 22 日，习近平主席在第 76 届联合国大会一般性辩论会议中提出：中国将力争 2030 年前实现碳达峰、2060 年前实现碳中和。

实现碳达峰、碳中和，是以习近平同志为核心的党中央统筹国内国际两个大局做出的重大战略决策，是着力解决资源环境约束突出问题、实现中华民族永续发展的必然选择。《中共中央 国务院关于完整准确全面贯彻新发展理念做好碳达峰碳中和工作的意见》中指出，"加快优化建筑用能结构。开展建筑屋顶光伏行动，大幅提高电气化普及率。"党中央、国务院站在全面建设社会主义现代化国家的战略高度，做出了推动城乡建设绿色高质量发展的重大决策部署，对推进城乡建设一体化发展、转变城乡建设发展方式等做出了具体安排。中共中央办公厅、国务院办公厅《关于推动城乡建设绿色发展的意见》提出"建设高品质绿色建筑、绿色农房。鼓励智能光伏与绿色建筑融合创新发展。"

目前我国正在抓紧构建落实双碳目标的"1＋N"的政策体系：（1）将"双碳"目标纳入生态文明建设总体布局，成立碳达峰碳中和工作领导小组；（2）正在制定碳达峰碳中和时间表、技术路线图和一系列行动方案和落实举措；（3）明确提出要统筹有序做好"双碳"工作，坚持全国"一盘棋"，先立后破，坚决遏制"两高"项目盲目发展。

"双碳"目标的提出对我国而言意味着巨大的挑战，事实上也是一个巨大的机遇。从挑战的角度来看，首先中国尚处于工业化、城镇化快速发展时期，碳排放总量和强度持续双高增长还会持续；其次，我国从碳达峰（2030 年）到碳中和（2060 年）只有 30 年时间，美国是 42 年，欧盟主要发达国家是 70 多年，我国碳中和时间远短于发达国家。最后，从技术储备来看，国内外的低碳、零碳、负碳的核心技术发展水平还不足以支撑碳中和目标的实现。所以这是一个巨大的挑战。同时我们也要看到其中的机遇。这里面有一个数据，每 1 元能源投资可以带来 9 元的社会福祉，每年 GDP 贡献率超过 2%，这是来源于全球能源互联网发展合作组织的测算。同时，碳中和必然会催生技术创新，驱动产业发展，创造大量的就业岗位。减污降碳协同增效，把降碳和环境治理结合起来会是未来社会发展的主旋律。

为此，本文将结合建筑行业在双碳背景下的碳排放特征，剖析"双碳"背景下建筑行业工程建设领域标准创新的重要环节，抛砖引玉，为工程建设领域发展提供参考。

2　建筑行业工程建设标准现状及问题

建筑承载着为人民提供美好生活环境和公共服务的功能，也是我国碳排放的主要部门之一。

根据 IPCC 定义，有 4 个直接碳排放部门：工业、建筑、交通、电力。2020 年，全国的二氧化碳排放量是 112 亿 t，包括 40 亿 t 供给侧碳排放和 72 亿 t 消费侧碳排放，供给侧碳排放主要包含了电力燃料等，其中电力占比约 36%；消费侧主要包含工业、建筑、交通等，其中工业占 44%，建筑占 10%，交通占 10%（均为直接碳排放）。

需要指出，民用建筑碳排放包括隐含、直接和间接碳排放。其中，隐含碳排放是建材生产、建造与拆除过程中发生的碳排放，直接碳排放来自于建筑内部炊事、生活热水、壁挂炉等的燃气和散煤使用，间接碳排放则是外界输入建筑的电力、热力包含的碳排放。根据清华大学建筑节能年度发展研究报告最新研究成果，建筑的碳排放直接和间接加起来大概是 20%，还有一部分约 18% 的隐含碳排放，主要指的是建材的消耗导致的碳排放，这部分跟工业相关。综合来看，建筑业的碳排放占比达到了 38%，这是一个很大的比例。因此，通过建筑工程建设标准体系的创新，引领建筑部门高质量达峰和提前碳中和，是落实"双碳"目标的重要举措之一。

建筑行业落实"双碳"目标，有几个误区需要避免。

一是无论从国家还是省市层面来看，碳达峰和碳中和不等于每个行业都要达峰，每个行业都实现碳中和甚至零排放。"双碳"目标的落实不是简单的要求四个子部门达峰或者中和。2060 年全社会碳中和状态下仍有 15 亿 t 左右的碳排放，最终需要我们通过碳汇或者其他方式来实现中和，关键是跨部门协同才能效益最大化，在不影响经济发展的同时实现科学系统减排。但是需要看到，建筑部门具备高质量达峰和提前碳中和能力，可为其他部门碳中和创造更多时间和空间，因此需要相应的政策激励和创新科技支撑。需要指出的是，发达国家的策略可能不一定可以直接为中国参考，因为欧盟和美国经济增长已基本与碳排放脱钩，中国的经济增长目前跟碳排放还是强相关关系。因此，我们要重视系统的解决方案，强化各个部门之间的协同状态，以实现双碳目标。

二是建筑业减碳路径不等于全面零碳建筑，这既缺乏规模效益，也没有实现跨行业协同互补，成本过高。从国内各地住房和城乡建设部门的补贴和工程实践可以看到，超低能耗建筑的增量成本为 600～1000 元/m²，甚至更高。要实现零能耗和零碳排放建筑，增量成本会更高。为此可能的解决方案是：在国家推行新型电力系统背景下，实现建筑用能全面电气化，同时构建基于新型电力系统用电平衡的柔性双向建筑电力系统，并实现建筑和交通（私人小汽车）的双向储/供电。具体措施包括：推广一车（位）一桩的智能充电桩，利用电动车电池的双向充放电，为建筑用电零碳提供支撑（白天充电桩给电动车充电，夜间电力不足时电动车给建筑充电，解决 50%～60% 外部电力补充问题）；在建筑、轨道交通等的屋顶和立面安装 PV，解决建筑 10%～20% 用电问题；推广冰/水蓄冷、风机水泵电梯变频等需求侧响应技术，解决剩余 10%～20% 用电问题；合理利用周边绿电，解决 20%～30% 用电问题。

三是建筑行业落实"双碳"目标，不能只抓新建，忽视既有。需要指出，既有建筑碳减排是关键。以北京市为例，全市既有建筑面积占比约 85%，其中 2000 年前建成的建筑面积约占 1/4，普遍存在节能标准落后、墙体窗户等围护结构老化、碳排放强度大等问题。如果我们只抓新建，事实上只抓住了真正排放中的很小一部分问题。为此，我们需要：调整既有建筑改造的重点、措施和经费使用方向。具体措施包括：调整保温层改造补贴，改为用于窗户改造、电气化补贴或热力管网改造等碳减排收益投入比更高的环节；取消建筑太阳能光热补贴，加大建筑光电一体化的补贴；逐步淡化超低能耗补贴，调整为对既有建筑采用低碳、零碳措施的补贴。

要推进公共建筑低碳节能改造，进而逐步推进居住建筑低碳节能改造。强化公共建筑能耗限额管理工作，提高建筑能源系统运维水平。具体措施包括：要重视运维专业化程度，提高运维团队专业化水平；鼓励应用智能建筑能源运营系统，研发碳排放精准识别与计量技术，基于人工智能的建筑智慧运维及与区域零碳能源的高效调控技术。

综上所述，我国民用建筑工程建设标准在面向"双碳"目标要求，也存在一些问题和不足需要解决。笔者的建议是：

一是现行标准体系以节能为导向，碳减排关注不足，需强化碳减排力度、向低碳技术体系转型。我国包括绿色建材评价标准、建筑节能设计标准及绿色建筑评价标准等建筑行业工程建设标准，长期以资源和能源节约为核心目标，其中碳排放相关内容少、要求力度小，且部分节能技术要求与建筑碳减排思路存在矛盾，缺少对淘汰落后产能和建材、采用低碳结构体系和低碳创新技术和产品等的引导。

二是现行标准以控制分项技术内容为主，建筑总的能耗和碳减排指标目标不明确。现行建筑行业工程建设标准体系仍是以分项措施和技术控制为主，已有的针对建筑运行阶段的民用建筑能耗指标仅覆盖 4 种主要建筑类型，也尚未明确给出不同建筑类型、不同绿色建筑等级的碳排放强度目标指标，造成"技术堆砌"及实施过程与目标脱节。

三是现行标准基本覆盖建筑全过程，但行业间不系统、覆盖面有待拓展。我国已发布实施建筑设计、建材、施工管理与工程验收以及评价等系列标准，但建材与建筑设计、运维与建筑评价等行业间缺少互动，且尚无针对运行阶段绿色低碳运营的相关技术和管理标准，也缺少老旧厂区、工业建筑低碳再利用及老旧小区基础设施低碳更新与改造标准。

四是"双碳"背景下建筑的碳排放计算边界和方法有待进一步拓展和完善。建筑行业碳中和不等于推广"零碳"建筑、实现各建筑单体的排放清零，而是需要城区到社区到建筑尺度内的多行业统筹推进。我国已制定单体建筑全生命周期碳排放计算标准，但"双碳"背景下的建筑碳排放计算边界（特别是针对园区尺度）、数据采集标准格式及标准方法等尚不明确，建筑全生命周期碳排放基础数据库缺失。

3　建筑行业工程建设标准发展建议

《2030 年前碳达峰行动方案》（国发〔2021〕23 号）要求"健全法律法规标准……加快更新建筑节能、市政基础设施等标准，提高节能降碳要求"。基于国内外民用建筑工程建设相关标准先进经验调研，结合我国碳达峰和绿色发展相关政策要求，建议：

一是尽快推动建筑设计、建材、施工到运行评价相关标准体系的低碳转型，完善全面电气化背景下的相关建筑用能标准体系构建。逐步提高新建建筑节能设计标准，并探索由"节能百分比"转为"控制总能耗和总碳排放"的建筑节能减碳设计标准模式；尽快完善单位绿色建材产品生产能耗和碳排放指标；开展绿色建筑与建筑节能减排的对标工作，明确不同星级、类型的绿色建筑能耗、水耗及碳排放强度等的约束值。完善全面电气化背景下的相关建筑用能标准体系构建，包括建筑光伏一体化相关标准、电池技术标准、建筑能源数字化标准、智慧用能管理标准等技术、产品以及管理标准等。

二是统筹规划建筑建设各行业、全过程、全链条的节能减碳标准体系的修编工作。研究建筑标准体系跳出原来单体尺度和"四节一环保"范畴的可行性，统筹考虑能源供给侧与需求侧、区域内行业协同与区域间能源支撑，推动多标准衔接、形成闭环，统一建筑碳排放数据统计口径、分类和格式等。同时，补充建筑绿色低碳运行相关技术、管理和评价标准，强化技术实效。

三是拓展对既有建筑节能改造类型技术体系的覆盖，强化既有建筑的碳减排要求和力度。 目前国家和部分省市公共建筑节能改造相关技术标准正在修编，可以此为契机，拓展公共建筑节能改造过程的低碳零碳技术；结合城市更新与老城双修要求和需求，补充老旧厂区、工业建筑低碳再利用及老旧小区基础设施低碳更新与改造标准，提前做好电能替代天然气的技术准备，解决老旧小区电力增容难题。此外，在与建筑融为一体的过程中应当考虑建筑的各类安全防护、设备管控，但目前建设标准通常采用电力体系的标准，尚未形成完善的建筑光伏一体化领域标准体系。

4　总结和展望

本文通过对碳中和国际背景的梳理，以及我国建筑行业碳排放特点的剖析，指出民用建筑碳排放包括隐含、直接和间接碳排放三方面，约占全社会碳排放的 38%，是落实双碳目标的关键领域。

然而，我国民用建筑工程建设标准体系在应对"双碳"目标和针对上述三方面碳减排途径的策略方面仍存在不足。具体体现在：一是现行标准体系以节能为导向，碳减排关注不足，需强化碳减排力度、向低碳技术体系转型。二是现行标准以控制分项技术内容为主，建筑总的能耗和碳减排指标目标不明确。三是现行标准基本覆盖建筑全过程，但行业间不系统、覆盖面有待拓展。四是"双碳"背景下建筑的碳排放计算边界和方法有待进一步拓展和完善。

为此提出了涵盖建筑各类型、不同气候区和全过程、全链条的标准体系创新策略，具体包括：一是尽快推动建筑设计、建材、施工到运行评价相关标准体系的低碳转型，完善全面电气化背景下的相关建筑用能标准体系构建；二是统筹规划建筑建设各行业、全过程、全链条的节能减碳标准体系的修编工作；三是拓展对既有建筑节能改造类型技术体系的覆盖，强化既有建筑的碳减排要求和力度。

"双碳"目标下的建筑行业的科技创新，应避免"运动式"减碳，要科学有序推进，抢抓科研范式变革新机遇，增强源头创新，注重问题导向与场景驱动。希望通过行业各方的共同努力，众人拾柴火焰高，一起推动建筑工程建设标准体系的创新和科技创新，为引领建筑部门高质量达峰和提前碳中和提供标准和技术支撑。

作者：林波荣[1]；周浩[2]（1 清华大学建筑学院；2 清华大学智库中心）

绿色建筑技术标准体系发展综述

Overview of the Development of Technical Standards System for Green Buildings

绿色建筑高度契合我国的绿色发展理念，支撑了建筑行业绿色、生态、低碳发展，在促进产业转型升级、提升国际竞争力等方面发挥了重要作用。发展绿色建筑是城乡建设领域全面推动绿色发展的主要举措和重要抓手。2021 年 10 月，中共中央办公厅、国务院办公厅联合印发了《关于推动城乡建设绿色发展的意见》，对全面推动城乡建设绿色发展作出了重要规划和系统部署，要求"加快转变城乡建设方式，促进经济社会发展全面绿色转型"，明确将"建设高品质绿色建筑"作为推动城乡建设绿色发展的重要内容之一。2020 年 7 月，住房和城乡建设部等七部委联合印发了《绿色建筑创建行动方案》，明确提出"到 2022 年，当年城镇新建建筑中绿色建筑面积占比达到 70%"。截至 2021 年底，全国累计建成绿色建筑 85.91 亿 m²，其中 2021 年新增绿色建筑 23.62 亿 m²，当年新增绿色建筑占年度新增建筑的比例达到 84.22%。根据住房和城乡建设部《"十四五"建筑节能与绿色建筑发展规划》，到 2025 年城镇新建建筑全面建成绿色建筑。

"十四五"时期是开启全面建设社会主义现代化国家新征程的第一个五年，是落实 2030 年前碳达峰、2060 年前碳中和目标的关键时期。加强绿色建筑建设，可有效推动建筑碳排放尽早达峰，为实现我国碳达峰碳中和做出积极贡献；为人民群众提供更加优良的公共服务、更加优美的工作生活空间、更加完善的建筑使用功能，不断增强人民群众的获得感、幸福感和安全感。绿色建筑在全寿命周期内各环节均离不开标准的引导和约束。自第一部《绿色建筑评价标准》GB/T 50378—2006 发布实施以来，绿色建筑相关标准已覆盖主要工程阶段和主要建筑类型，基本建成了适合我国国情的独特的绿色建筑标准体系，对于保障绿色建筑的科学发展起到了重要作用。为适应新时期国家绿色建筑发展的需求，必须不断更新有关绿色建筑标准，完善绿色建筑标准体系。

1 发展历程

我国在绿色建筑标准化方面的探索，可追溯到二十年前，节点性工作简介如下：

（1）2001 年，中华全国工商业联合会住宅产业商会发布《中国生态住宅技术评估手册》，手册由建设部科技司组织建设部科技发展促进中心、中国建筑科学研究院、清华大学编写，以住宅为使用对象。

（2）2003～2004 年，《绿色奥运建筑评估体系》《绿色奥运建筑实施指南》先后出版，是国家科技攻关计划"科技奥运"专项"绿色奥运建筑评估体系"项目的研究成果，由清华大学牵头组织多家单位共同完成，以为奥运建设的园区、场馆等各类建筑为主要使用对象。

（3）2005 年，建设部、科技部联合印发《绿色建筑技术导则》（建科〔2005〕199 号），导则由中国建筑科学研究院主编，是我国发展绿色建筑、开展工程实践和技术创新的重要技术文件。

（4）2006 年，首部国家标准《绿色建筑评价标准》GB/T 50378—2006 发布实施。该标准是我国总结实践和研究成果、借鉴国际经验制定的第一部多目标、多层次的绿色建筑综合评价标准，确立了以"四节一环保"为核心内容的绿色建筑发展理念和评价体系。此后，不同版本的绿色建筑标准均是围绕"四节一环保"展开编制。

（5）2014 年，国家标准《绿色建筑评价标准》GB/T 50378—2014 发布实施。适用范围由住宅建筑和公共建筑中的办公建筑、商场建筑和旅馆建筑，进一步扩展至民用建筑各主要类型；评价指标体系在节地、节能、节水、节材、室内环境质量和运营管理的基础上增加了"施工管理"，更好地实现对建筑全生命期的覆盖；评价指标类型由一般项和优选项调整为控制项、评分项和创新项，并对评分项和创新项进行赋分，第一次量化绿色建筑评价；评价阶段由运行评价重新划分为设计评价和运行评价。此外与 2006 版标准相比，2014 版标准还在评价定级方法、加分项评价、多功能综合建筑评价、评价条文分值、各等级分数要求等方面进行了较大调整。

（6）2019 年，国家标准《绿色建筑评价标准》GB/T 50378—2019 发布实施。结合新时代国家和人民对绿色建筑的需求，2019 版标准以"四节一环保"为基本约束，将评价指标体系修订为"安全耐久、健康舒适、生活便利、资源节约、环境宜居"五大性能，标志着我国绿色建筑发展进入新的阶段。此外，与 2014 版标准相比，2019 版标准还在评价阶段划分、绿色建筑内涵、绿色建筑性能提升等方面进行了调整。

2 现状

自 2006 年我国首部绿色建筑标准《绿色建筑评价标准》GB/T 50378—2006 发布至今，我国国家层面已发布国家和行业绿色建筑及产品标准 30 余部。在国家和行业标准的框架下，地方省市结合自身发展需求发布了地方绿色建筑标准，涉及评价、设计、施工、检测等方面；为引导新技术、新方法、新工艺等先进技术应用，各社会团体组织编制了多部专项绿色标准，为国家和地方政府标准的实施提供了有效支撑。总之，在绿色建筑领域标准化，已经形成了国家标准整体布局、地方标准协同发展、团体标准引领创新，百花齐放的繁荣景象。

3 主要成就

3.1 构建较为完整的绿色建筑标准体系

目前，我国国家层面现有绿色建筑标准共 30 余部，可形成一个较为完整的标准体系，较好地实现对绿色建筑主要工程阶段和主要功能类型的全覆盖。可将这些标准类聚为特定阶段的绿色评价标准、特定功能类型的绿色建筑评价标准、特定阶段的绿色建筑专用标准（规范或规程）、特定专业的绿色专用标准（或规程）、绿色建材和产品等多个子集，具体如表 1 所示。

<table>
<tr><td colspan="2" align="center">绿色建筑主题的国家和行业标准　　　　　　　　　　　　　　　　表 1</td></tr>
<tr><td align="center">标准名称</td><td align="center">标准编号</td></tr>
<tr><td align="center">绿色建筑评价标准</td><td align="center">GB/T 50378—2019</td></tr>
<tr><td colspan="2" align="center">特定阶段的绿色评价标准</td></tr>
<tr><td align="center">建筑工程绿色施工评价标准</td><td align="center">GB/T 50640—2010</td></tr>
<tr><td align="center">既有建筑绿色改造评价标准</td><td align="center">GB/T 51141—2015</td></tr>
<tr><td colspan="2" align="center">特定功能类型的绿色建筑评价标准</td></tr>
<tr><td align="center">绿色工业建筑评价标准</td><td align="center">GB/T 50878—2013</td></tr>
<tr><td align="center">绿色办公建筑评价标准</td><td align="center">GB/T 50908—2013</td></tr>
<tr><td align="center">绿色商店建筑评价标准</td><td align="center">GB/T 51100—2015</td></tr>
<tr><td align="center">绿色医院建筑评价标准</td><td align="center">GB/T 51153—2015</td></tr>
</table>

标准名称	标准编号
绿色饭店建筑评价标准	GB/T 51165—2016
绿色博览建筑评价标准	GB/T 51148—2016
绿色生态城区评价标准	GB/T 51255—2017
绿色校园评价标准	GB/T 51356—2019
烟草行业绿色工房评价标准	YC/T 396—2020
绿色铁路客站评价标准	TB/T 10429—2014
绿色仓库要求与评价	SB/T 11164—2016
绿色航站楼标准	MH/T 5033—2017
特定阶段的绿色建筑专用标准	
民用建筑绿色设计规范	JGJ/T 229—2010
建筑工程绿色施工规范	GB/T 50905—2014
绿色建筑运行维护技术规范	JGJ/T 391—2016
既有社区绿色化改造技术标准	JGJ/T 425—2017
民用建筑绿色性能计算标准	JGJ/T 449—2018
特定专业的绿色专用标准	
预拌混凝土绿色生产及管理技术规程	JGJ/T 328—2014
绿色照明检测及评价标准	GB/T 51268—2017
绿色建材和产品评价标准	
绿色产品评价通则	GB/T 33761—2017
绿色产品评价 人造板和木质地板	GB/T 35601—2017
绿色产品评价 涂料	GB/T 35602—2017
绿色产品评价 卫生陶瓷	GB/T 35603—2017
绿色产品评价 建筑玻璃	GB/T 35604—2017
绿色产品评价 墙体材料	GB/T 35605—2017
绿色产品评价 太阳能热水系统	GB/T 35606—2017
绿色产品评价 家具	GB/T 35607—2017
绿色产品评价 绝热材料	GB/T 35608—2017
绿色产品评价 防水与密封材料	GB/T 35609—2017
绿色产品评价 陶瓷砖（板）	GB/T 35610—2017
绿色产品评价 纺织产品	GB/T 35611—2017
绿色产品评价 木塑制品	GB/T 35612—2017
绿色产品评价 纸和纸制品	GB/T 35613—2017

3.2 重点标准介绍

为规范绿色建筑标识管理，推动绿色建筑高质量发展，2021 年 1 月 8 日住房和城乡建设部修订并发布了《绿色建筑标识管理办法》。新修订管理办法明确提出：绿色建筑三星级标识认定统一采用国家标准，二星级、一星级标识认定可采用国家标准或与国家标准相对应的地方标准。新建民用建筑采用《绿色建筑评价标准》GB/T 50378，工业建筑采用《绿色工业建筑评价标准》GB/T 50878，既有建筑改造采用《既有建筑绿色改造评价标准》GB/T 51141。省级住房和城乡建设部门制定的绿色建筑评价标准,可细化国家标准要求,补充国家标准中创新项的开放性条款,不应调整国家标准评价要素和指标权重。这里重点对上述三个标准进行介绍。

(1)《绿色建筑评价标准》GB/T 50378

该标准第一版发布于 2006 年,此后又分别于 2014 年、2019 年进行了修订,现行版本为 GB/T 50378—2019 版,是我国绿色建筑发展领域的基础标准。

在 2014 版标准的基础上,GB/T 50378—2019 版标准主要修订内容如下:构建了新的指标体系、丰富了绿色建筑内涵、更新了绿色建筑术语、重设了绿色建筑评价时间节点、增加了绿色建筑"基本级"、提出了绿色建筑星级评价特殊要求、提升了绿色建筑性能等。通过修订,深入贯彻了党的十九大精神和新时代中国特色社会主义思想,绿色建筑指标体系凸显了安全、耐久、便捷、健康、宜居、适老、节约等内容,将可感知性贯穿于绿色建筑中;积极响应了新时代、新形势对于绿色建筑的高质量发展要求,评价阶段重新设定后确保了绿色技术措施落地;绿色内涵与绿色性能双提升,促进绿色建筑高质量发展;响应和推进绿色金融服务体系再发展,拓宽了绿色建筑投融资的渠道,充分享受到绿色金融带动下的新一轮发展红利。

为进一步明确关键能效指标的评价边界,强化绿色建筑低碳设计、施工和运行,协调全文强制性工程建设规范等,2022 年 5 月已经对 GB/T 50378—2019 版标准开展局部修订工作。

(2)《既有建筑绿色改造评价标准》GB/T 51141

该标准第一版发布于 2015 年,已于 2020 年 6 月启动标准的修订工作,现已完成征求意见。GB/T 51141 为我国首部关于既有建筑绿色改造的国家标准。

GB/T 51141—2015 按照既有建筑绿色改造所涉及的专业,将评价指标体系划分为规划与建筑、结构与材料、暖通空调、给水排水、电气、施工管理和运营管理,并按建筑类型和评价阶段建立了 4 套评价指标权重。统筹考虑了既有建筑绿色改造在节约资源、保护环境基础上的经济可行性、技术先进性和地域适用性,对规范和引导我国既有建筑绿色改造健康发展发挥了重要的作用。

为适应新时代既有建筑绿色改造实践及评价工作,GB/T 51141—2015 正在进行修订。标准修订后,将积极贯彻《绿色建筑标识管理办法》的要求,与国家标准《绿色建筑评价标准》GB/T 50378 相互协调配合,分别引导既有建筑改造和新建建筑的绿色高质量发展,共同构成我国绿色建筑领域的基础标准。

(3)《绿色工业建筑评价标准》GB/T 50878

该标准第一版发布于 2013 年,目前为现行版本。GB/T 50878 是我国以及国际首部关于绿色工业建筑评价的标准。

GB/T 50878 根据绿色工业建筑评价的共性特点,将评价指标设置为:节地与可持续发展场地、节能与能源利用、节水与水资源利用、节材与材料资源利用、室外环境与污染物控制、室内环境与职业健康、运行管理,基本涵盖了建筑全寿命周期内各个方面的内容。GB/T 50878 首次采用权重计分法、行业水平比较法,统一了不同行业工业建筑能耗和水资源利用的范围、计算和统计方法。此外,GB/T 50878 将职业健康和环境保护作为绿色工业建筑评价的重要方面,也是工业建筑与民用建筑的明显区别之处。

工程实践表明,GB/T 50878 可为机械加工业、烟草制品业、医药制造、海洋工程专业设备制造、汽车生产等行业的企业带来节能、减排、提效、创牌收益,有效提高了员工工作的积极性和工作效率,对绿色工业建筑的健康发展起到了积极引领和规范作用。

为适应新时期绿色工业建筑发展的需求,2022 年 GB/T 50878—2013 已经列入修订计划,即将开始修订工作。

4 存在问题与发展建议

4.1 存在问题

(1) 重标准编制，轻标准实施

《绿色建筑评价标准》GB/T 50378—2014 发布后，围绕不同类型建筑功能和需求，在其基础上编制和发布了多部专项标准。但是，有些标准内容与《绿色建筑评价标准》GB/T 50378—2014 大量重复，不能很好体现所针对建筑类型的特点，使用率不高。

(2) 重标识评价，轻运行维护

发展绿色建筑的目的是在全寿命周期内，节约资源、保护环境、减少污染，为人们提供健康、适用、高效的使用空间，最大限度地实现人与自然和谐共生的高质量建筑，而不仅仅是为了拿到绿色建筑标识或者通过施工图审查。但是，很多绿色建筑拿到标识后就将其束之高阁，未真正发挥所采用绿色技术的环境和经济效益，给人们造成绿色建筑就是一次性投资的不良印象。虽然发布了行业标准《绿色建筑运行维护技术规范》JGJ/T 391，但缺乏政策支撑，实际使用效果不好。

(3) 重新建建筑，轻既有建筑

当前，我国还处于城镇化发展的快速时期，新建建筑还在持续增长，为此目前绿色建筑标准大多围绕新建建筑编制。针对既有建筑和社区绿色改造，国家层面仅发布了《既有建筑绿色改造评价标准》GB/T 51141 和《既有社区绿色化改造技术标准》JGJ/T 425 两部标准。我国既有建筑已经超过 600 亿 m^2，亟须开展绿色改造，需要多层级标准指导。

4.2 发展建议

(1) 对现有标准体系梳理，丰富优化标准供给层次

目前，在绿色建筑领域发布了多部标准，涵盖了设计、施工、验收、评价、检测、建材、不同建筑类型等，在保障和引导我国绿色建筑发展发挥了重要作用。下阶段，绿色建筑领域标准应深化标准化改革，建立国家标准、地方标准、团体标准立体化绿色建筑标准体系，充分发挥不同层级标准的作用。此外，随着标准化改革的深入，绿色建筑领域的相关标准也应通过市场的筛选，淘汰使用率较低的标准，保留最有生命力的标准。

(2) 提高绿色建筑的综合减碳能力，实施建筑领域碳达峰、碳中和行动

绿色建筑应实现更高节能和更低碳排放，分阶段、分类型、分气候区提高城镇新建民用建筑强制性节能标准，加快更新建筑节能、市政基础设施等标准。"大力推广超低能耗、近零能耗建筑，发展零碳建筑"，建设零碳城市、零碳社区、零碳市政基础设施等，推进建筑用能电气化和低碳化，提高市政设施运行效率。

(3) 加强对绿色设计支撑，优化绿色建筑整体方案

《绿色建筑评价标准》GB/T 50378—2019 在绿色建筑的指标体系、绿色内涵、评价阶段、等级划分等方面做出了创新性变革，这为绿色建筑设计带来了新的挑战。目前，国家层面仅有行业标准《民用建筑绿色设计规范》JGJ/T 229—2010 对绿色建筑设计进行了规定，现已开展局部修订，但是作为推荐性行业标准其力度也不足。为此，有必要编制一部绿色建筑设计国家标准，从设计师的视角出发，将绿色建筑性能和技术融入设计中，强化绿色设计理念，建立绿色设计习惯，并梳理提出新时代绿色建筑设计的约束性要求和提高性要求。

（4）提升运行维护的水平，充分发挥绿色技术效能

最新版《绿色建筑标识管理办法》要求获得绿色建筑标识的项目运营单位或业主，应强化绿色建筑运行管理，加强运行指标与申报绿色建筑星级指标比对，每年将年度运行主要指标上报绿色建筑标识管理信息系统。在绿色建筑领域，运行维护标准就显得非常必要了。如果保证建筑绿色性能长期维持，应对多种设备和系统的运行维护提出要求，需要加强相关标准的编制。

（5）加大对既有建筑关注，积极引导开展绿色改造

随着我国新建建筑增长速度放缓，既有建筑绿色改造将成为我国绿色建筑增长的新主力。既有建筑绿色改造工作的开展，因建设时期不同，造成建设标准、运行维护、经济水平、建材质量等不同，存在问题千差万别，在开展既有建筑绿色改造时将需要多部标准对其指导，如既有建筑现状评估、绿色改造设计、施工、检测、评价，竣工验收等。

作者：王清勤；朱荣鑫；赵力（中国建筑科学研究院有限公司）

装配式建筑技术标准体系发展综述

Overview of the Development of Technical Standards System for Assembled Buildings

为践行绿色发展理念，推进生态文明建设，推动建筑业高质量发展，促进城乡建设发展方向转型，大力发展装配式建筑成为近年来我国建筑业发展的重要方向。2016 年 9 月 27 日，国务院办公厅印发《关于大力发展装配式建筑的指导意见》，提出"逐步建立完善覆盖设计、生产、施工和使用维护全过程的装配式建筑标准规范体系"的要求。

装配式建筑是一个系统集成过程，即以工业化建造方式为基础，实现建筑结构系统、外围护系统、内装系统、设备管线系统一体化与策划、设计、生产和施工等一体化的过程。相应地，装配式建筑标准体系需要涵盖相关的设计、生产与运输、施工与验收、运营与维护各个环节，相互统一协调形成完整的整体，且标准之间应具备较高的协调性。

本文将对装配式建筑的现行技术标准体系现状进行综述，并对其发展和完善的方向进行探讨和展望。

1 装配式建筑标准现状

为完善装配式建筑标准规范体系，2017 年初，住房和城乡建设部针对装配式建筑三大结构体系分别发布了国家标准《装配式混凝土建筑技术标准》GB/T 51231—2016、《装配式钢结构建筑技术标准》GB/T 51232—2016 和《装配式木结构建筑技术标准》GB/T 51233—2016。该三本标准是装配式建筑领域的首批国家标准，也是首批涵盖全专业、全过程的装配式建筑领域技术标准。

《装配式混凝土建筑技术标准》GB/T 51231—2016、《装配式钢结构建筑技术标准》GB/T 51232—2016 首次构建了"装配式建筑的四大建筑集成系统（主体、围护、内装、设备管线）"，明确装配式建筑的概念和内涵；首次提出了"装配式混凝土建筑的系统集成设计"，强调装配式建筑建造是系统组合的特点，突出体现建筑的整体性能、可持续性及标准创新性；建立完善了覆盖设计、生产、施工和使用维护全过程的装配式建筑标准体系，推动建造方式创新，即要求策划、设计、生产、施工、验收等各个环节协同，并采用系统集成的方法统筹策划、设计、生产运输、施工安装，实现全过程的协同。

《装配式木结构建筑技术标准》GB/T 51233—2016 对装配式木结构建筑作了定义并从材料选用、建筑设计、结构设计、连接设计、防护、制作运输和储存、安装、验收、使用和维护，对保证木结构建筑在设计标准化、制作工厂化、施工装配化、装修一体化、管理信息化和应用智能化方面提出了系统性的要求，以确保装配式木结构建筑符合建筑全寿命周期的可持续性的原则。《装配式木结构建筑技术标准》GB/T 51233—2016 基于木结构建筑建造技术特点，突出了预制木结构组件、预制木骨架组合墙体、预制空间组件等不同集成度预制木结构单元的应用，强调各专业间协同管理与一体化设计，并注重与装配式钢结构建筑、装配式混凝土结构建筑等相关标准的协调。

2017 年，住房和城乡建设部发布了行业标准《装配式住宅建筑设计标准》JGJ/T 398—2017，该标准是首部面向全国的关于装配式住宅建筑设计类的指导性标准，促进和规范了装配式住宅的建设。

2022年，住房和城乡建设部发布了行业标准《装配式住宅设计选型标准》JGJ/T 494—2022。该标准为国内首部装配式住宅部品部件标准化设计选型标准，从正向的系统集成设计角度出发，解决标准化部品部件与前端设计衔接的相关问题，阐述如何通过标准化的部品部件进行结构、外围护、内装、设备与管线四大系统的集成设计，将建筑设计与部品部件选用相结合。

模数协调方面，除《建筑模数协调标准》GB/T 50002—2013外，《住宅卫生间模数协调标准》JGJ/T 263—2012、《工业化住宅尺寸协调标准》JGJ/T 445—2018等标准对装配式建筑的标准化提供了全面的指引。

另外，近年来陆续发布了专用装配式建筑体系建筑技术标准，如针对装配式钢结构住宅编制了《装配式钢结构住宅建筑技术标准》JGJ/T 469—2019，针对冷弯薄壁型钢住宅编制了《冷弯薄壁型钢多层住宅技术标准》JGJ/T 421—2018等。

如今，我国仍将持续面临同时段、多地发生疫情的风险，防控形势日趋严峻、复杂。在医疗设备、物资及医疗场所上均有不足的可能，为了弥补这些不足，维护正常的医疗秩序，营建方舱医院成为当前疫情常态化防控的主要手段，相关协会标准和地方标准应运而生，推动了装配式医疗建筑的发展。如2020年2月6日，我国发布了《新型冠状病毒感染的肺炎传染病应急医疗设施设计标准》T/CECS 661—2020，适用于改扩建和新建的新型冠状病毒感染的肺炎传染病应急医疗设施工程的设计，全国各地也纷纷出台传染病应急医院建设相关技术标准，如《福建省应急呼吸传染病医院建设技术标准》DBJ/T 13—327—2020等。

2　装配式建筑主体结构技术标准现状

装配式建筑的主体结构按建筑材料可分为装配式混凝土结构、装配式钢结构及装配式木结构三类。下文将分别对这三种结构类型的装配式建筑的技术标准现状进行概述。

2.1　装配式混凝土结构技术标准现状

（1）国家标准及行业标准

随着装配式混凝土结构在全国范围内的普及，我国装配式混凝土结构的标准也逐步发展。2014年，我国第一本重要的装配式混凝土结构相关行业标准《装配式混凝土结构技术规程》JGJ 1—2014发布，在结构设计方面形成了完整的体系，为之后实际工程的开展和标准工作奠定了坚实的基础，其他标准编制工作也迅速跟进，逐渐形成标准体系。

2017年1月10日，《装配式混凝土建筑技术标准》GB/T 51231—2016发布，其创新性地增加了相关新技术体系和新构造，有效促进了装配式混凝土建筑项目落地，提升了装配式建筑的可实施性。

除以上两本标准外，《混凝土结构通用规范》GB 55008—2021、《混凝土结构设计规范》GB 50010—2010（2015版）、《建筑抗震设计规范》GB 50011—2010（2016版）等国家标准也对装配式混凝土结构的计算和构造进行了规定。

目前装配式混凝土结构设计、生产、运输方面的通用技术标准如表1所示。

相对于通用标准，专用标准主要规定各层次、各类具体规划种类的编制和专项规划工作的技术要求。常用的装配式混凝土结构专用技术标准举例如表2所示。

装配式混凝土结构相关通用技术标准　　　　　　　　　　　表 1

序号	标准名称	标准编号	标准级别
1	混凝土结构通用规范	GB 55008—2021	国家标准
2	混凝土结构设计规范	GB 50010—2010（2015 版）	国家标准
3	建筑抗震设计规范	GB 50011—2010（2016 版）	国家标准
4	装配式混凝土建筑技术标准	GB/T 51231—2016	国家标准
5	装配式混凝土结构技术规程	JGJ 1—2014	行业标准

装配式混凝土结构相关专用技术标准举例　　　　　　　　　　表 2

序号	标准名称	标准编号	标准级别
1	预制预应力混凝土装配整体式框架结构技术规程	JGJ 224—2010	行业标准
2	预制带肋底板混凝土叠合楼板技术规程	JGJ/T 258—2011	行业标准
3	钢筋套筒灌浆连接应用技术规程	JGJ 355—2015	行业标准
4	混凝土结构成型钢筋应用技术规程	JGJ 366—2015	行业标准
5	装配式劲性柱混合梁框架结构技术规程	JGJ/T 400—2017	行业标准
6	装配式环筋扣合锚接混凝土剪力墙结构技术标准	JGJ/T 430—2018	行业标准
7	钢筋连接用灌浆套筒	JG/T 398—2019	行业标准
8	钢筋连接用套筒灌浆料	JG/T 408—2019	行业标准
9	水泥基灌浆材料	JC/T 986—2018	行业标准
10	装配式建筑　预制混凝土楼板	JC/T 2505—2019	行业标准
11	装配式建筑　预制混凝土夹心保温墙板	JC/T 2504—2019	行业标准

（2）地方标准

各地区纷纷结合当地实际，编制了大量的装配式建筑相关地方标准，促进了各地区装配式建筑技术的进步。目前可供支撑的地方标准较多，本文重点列举了北京市和上海市的装配式地方标准，见表 3 和表 4。

北京市装配式混凝土结构相关地方标准举例　　　　　　　　　表 3

序号	标准名称	标准编号
1	预制混凝土构件质量检验标准	DB11/T 968—2021
2	装配式剪力墙住宅建筑设计规程	DB11/T 970—2013
3	装配式剪力墙结构设计规程	DB11/1003—2013
4	保温装饰板外墙外保温施工技术规程	DB11/T 697—2019
5	预制混凝土构件质量控制标准	DB11/T 1312—2015
6	建筑预制构件接缝密封防水施工技术规程	DB11/T 1447—2017
7	清水混凝土预制构件生产与质量验收标准	DB11/T 698—2009
8	装配式混凝土结构工程施工与质量验收规程	DB11/T 1030—2021

上海市装配式混凝土结构相关地方标准举例　　　　　　　　　表 4

序号	标准名称	标准编号
1	装配整体式叠合剪力墙结构技术规程	DG/TJ 08—2266—2018
2	装配整体式混凝土居住建筑设计规程	DG/TJ 08—2071—2016

序号	标准名称	标准编号
3	装配整体式混凝土公共建筑设计规程	DGJ 08—2154—2014
4	预制混凝土夹心保温外墙板应用技术标准	DG/TJ 08—2158—2017
5	预拌混凝土和预制混凝土构件生产质量管理标准	DG/TJ 08—2034—2019
6	装配整体式混凝土结构预制构件制作与质量检验规程	DGJ 08—2069—2016
7	装配整体式混凝土结构施工及质量验收规范	DGJ 08—2117—2012
8	装配整体式混凝土结构工程监理标准	DG/TJ 08—2360—2021
9	装配整体式混凝土结构预制构件制作与质量检验规程	DGJ 08—2069—2016

（3）团体标准

近年来，装配式混凝土领域的团体标准蓬勃发展，极大促进了装配式混凝土建筑标准体系的完善和进步。协会标准较多，举例如表5所示。

装配式混凝土结构相关团体标准举例　　　　　　　　　　　　　　　表5

序号	标准名称	标准编号
1	钢筋桁架混凝土叠合板应用技术规程	T/CECS 715—2020
2	装配式多层混凝土结构技术规程	T/CECS 604—2019
3	纵肋叠合混凝土剪力墙结构技术规程	T/CECS 793—2020
4	装配式空心板叠合剪力墙结构技术规程	T/CECS 915—2021

2.2　装配式钢结构技术标准现状

（1）国家标准及行业标准

目前，装配式钢结构应用于公共建筑已经非常成熟，钢结构住宅仍处于逐步发展和推广的阶段，在大力发展钢结构建筑的背景下，钢结构住宅的应用越来越受到社会各界的重视和认可。

在钢结构领域，除《钢结构通用规范》GB 55006—2021、《钢结构设计标准》GB 50017—2017、《建筑钢结构防火技术规范》GB 51249—2017、《钢结构焊接规范》GB 50661—2011、《高层民用建筑钢结构技术规程》JGJ/T 99—2015等通用标准外，2016年住房和城乡建设部颁布了《装配式钢结构建筑技术标准》GB/T 51232—2016，标准创新性地提出装配式钢结构建筑是以工业化建造方式为基础，实现建筑结构系统、外围护系统、内装系统、设备与管线系统一体化，以及策划、设计、生产和施工等一体化的过程。此标准编制完成3年后，编制了针对装配式钢结构住宅的《装配式钢结构住宅建筑技术标准》JGJ/T 469—2019，该标准建立在装配式钢结构住宅技术飞速发展带来的广泛实践的基础上，因此，范围更明确、针对性更强、编制基础更扎实，详尽给出了装配式钢结构住宅的具体要求，推荐了适宜的结构类型、材料与构件类型、连接节点等。装配式钢结构的通用技术标准如表6所示，专用技术标准如表7所示。

装配式钢结构相关通用技术标准　　　　　　　　　　　　　　　表6

序号	标准名称	标准编号	标准级别
1	钢结构通用规范	GB 55006—2021	国家标准
2	钢结构设计标准	GB 50017—2017	国家标准
3	装配式钢结构建筑技术标准	GB/T 51232—2016	国家标准
4	高层民用建筑钢结构技术规程	JGJ 99—2015	行业标准

装配式钢结构相关专用技术标准举例

表 7

序号	标准名称	标准编号	标准级别
1	冷弯薄壁型钢结构技术规范	GB 50018—2002	国家标准
2	门式刚架轻型房屋钢结构技术规范	GB 51022—2015	国家标准
3	钢-混凝土组合结构施工规范	GB 50901—2013	国家标准
4	建筑钢结构防火技术规范	GB 51249—2017	国家标准
5	钢结构工程施工质量验收标准	GB 50205—2020	国家标准
6	钢结构加固设计标准	GB 51367—2019	国家标准
7	钢结构焊接规范	GB 50661—2011	国家标准
8	组合结构设计规范	JGJ 138—2016	行业标准
9	轻型钢结构住宅技术规程	JGJ 209—2010	行业标准
10	交错桁架钢结构设计规程	JGJ/T 329—2015	行业标准
11	装配式钢结构住宅建筑技术标准	JGJ/T 469—2019	行业标准

（2）地方标准

表 8 列举了北京市和上海市的一些装配式钢结构相关的地方标准。

装配式钢结构相关地方标准举例

表 8

序号	地区	标准名称	标准编号
1	北京市	钢结构住宅技术规程	DB11/T 1746—2020
2	北京市	装配式低层住宅轻钢框架-组合墙结构技术标准	DB11/T 1873—2021
3	上海市	钢结构制作与安装规程	DG/TJ 08—216—2016
4	上海市	建筑钢结构防火技术规程	DG/TJ 08—008—2017

（3）协会标准

装配式钢结构领域的协会标准较多，本文列举了一些有代表性的装配式钢结构协会标准，详见表 9。其中，钢结构集装箱房屋具有运输便捷，组装、拆卸高效，环保节约的特点，在疫情期间可以有效应对突发状况。协会标准相应为集装箱建筑提供了技术支撑，如编制了《钢骨架集成模块建筑技术规程》T/CECS 535—2018 等标准。雷神山、火神山等方舱医院都采用钢结构集装箱房屋，为抗疫工作的顺利进行提供了重要的保障。

装配式钢结构相关协会标准举例

表 9

序号	标准名称	标准编号
1	钢管混凝土束结构技术标准	T/CECS 546—2018
2	集装箱模块化组合房屋技术规程	CECS 334—2013
3	钢骨架集成模块建筑技术规程	T/CECS 535—2018
4	箱式钢结构集成模块建筑技术规程	T/CECS 641—2019
5	模块化装配整体式建筑设计规程	T/CECS 575—2019
6	模块化装配整体式建筑施工及验收标准	T/CECS 577—2019
7	钢管混凝土叠合柱结构技术规程	T/CECS 188—2019

2.3 装配式木结构技术标准现状

装配式木结构标准体系框架以建筑产品为核心，包括了材料产品标准、试验方法专用标准、设计技术标准、预制构件技术标准、施工组装技术标准、工程验收标准、运营维护标准和拆除回收标准等。

《装配式木结构建筑技术标准》GB/T 51233—2016 强调各专业间协同管理与一体化设计，强调木结构的连接设计和安装。

材料及产品标准方面，自 2006 年以来，我国先后发布了《单板层积材》GB/T 20241—2021、《木结构覆板用胶合板》GB/T 22349—2008、《结构用集成材》GB/T 26899—2011、《建筑结构用木工字梁》GB/T 28985—2012 等标准，为工程木产品提供了标准支撑。

在试验方法专用标准方面，有《木结构试验方法标准》GB/T 50329—2012 等。我国木结构试验方法较为系统，适用对象包含了梁弯曲、轴心压杆、偏心压杆、齿连接、销连接、齿板连接、指接、桁架等木结构主要构件及节点，为发展适用于工业化木结构的通用、板材、连接、紧固件的提供了检验基础，确保我国木结构标准体系的开放性。

在结构体系方面，《木结构设计标准》GB 50005—2017、《多高层木结构建筑技术标准》GB/T 51226—2017、《胶合木结构设计规范》GB/T 50708—2012、《轻型木桁架技术规范》JGJ/T 265—2012、《井干式木结构技术标准》LY/T 3142—2019 等标准为常用木结构体系提供标准支撑。

在预制构件的工厂化生产方面，《木结构工程施工规范》GB/T 50772—2012 等标准对预制构件工厂化生产的质量控制进行了规定。

2012 年发布的《木结构工程施工质量验收规范》GB 50206—2012 对木结构体系的分类及各种木结构工程验收进行了规定。该规范提供了各种木材、木产品的力学、理化性能指标要求及检验方法，也提供了木结构的防腐、防虫、防火验收规定，形成了一个比较完整的质量验收体系。

3　装配式建筑外围护系统标准现状

外围护系统作为装配式建筑的核心，是评价装配式建筑装配化水平的重要环节和关键指标。装配式混凝土建筑的外围护系统分为承重和非承重两类。承重类外围护系统属于结构系统且兼具外围护系统的作用；如外墙采用剪力墙时，以装配式混凝土的墙板类构件兼做外围护构件。非承重外墙围护系统包括幕墙系统、预制混凝土外挂墙板系统、屋面围护系统的非结构系统部分，包括屋盖上方的防水和保温隔热构造，以及架空屋面构造等。承重类外围护系统相关标准详见上文，以下重点介绍非承重外围护系统的相关标准情况。

国家标准《装配式混凝土建筑技术标准》GB/T 51231—2016 在"外围护系统设计"一章中，提出装配式建筑的外围护系统可采用建筑幕墙、预制混凝土外墙、龙骨类外墙等类型，并分别对这三种类型的外墙系统的构造、材料、连接节点及性能要求进行了规定。下文将分别从这三种外围护系统及装配式建筑门窗的角度介绍标准的支撑情况。

（1）幕墙类外围护系统的相关标准现状

幕墙类外围护系统相关标准如表 10 所示。

装配式幕墙类外围护系统相关标准　　　　表 10

序号	标准名称	标准编号	标准级别
1	建筑幕墙	GB/T 21086—2007	国家标准
2	玻璃幕墙工程技术规范	JGJ 102—2003	行业标准
3	金属与石材幕墙工程技术规范	JGJ 133—2001	行业标准
4	人造板材幕墙工程技术规范	JGJ 336—2016	行业标准
5	点支式玻璃幕墙工程技术规程	CECS 127—2001	协会标准
6	中空纤维增强水泥板幕墙工程技术规程	T/CECS 523—2018	协会标准

（2）预制混凝土外墙类外围护系统的相关标准现状

预制混凝土外墙类外围护系统相关标准如表 11 所示。

装配式预制混凝土外墙类外围护系统相关标准　　　　　　　　表 11

序号	标准名称	标准编号	标准级别
1	蒸压加气混凝土板	GB/T 15762—2020	国家标准
2	蒸压加气混凝土制品应用技术标准	JGJ/T 17—2020	行业标准
3	预制混凝土外挂墙板应用技术标准	JGJ/T 458—2018	行业标准
4	蒸压加气混凝土墙板应用技术规程	T/CECS 553—2018	协会标准

（3）龙骨外墙类外围护系统的相关标准现状

龙骨外墙类外围护系统的相关标准有《钢骨架轻型预制板应用技术标准》JGJ/T 457—2019、《木骨架组合墙体技术标准》GB/T 50361—2018 等。

（4）门窗类标准现状

《装配式混凝土建筑技术标准》规定外围护系统中的外门窗应采用在工厂生产的标准化系列部品，并应采用带有批水板等的外门窗配套系列部品，并针对外门窗的性能、安装方法等进行了规定。

可供支撑的装配式建筑门窗类专用标准有包括《铝合金门窗工程技术规范》JGJ 214—2010、《塑料门窗工程技术规程》JGJ 103—2008 等。此外，装配式建筑门窗应符合通用化、模数化、标准化的要求，需要满足《建筑门窗洞口尺寸系列》GB/T 5824—2021 和《建筑门窗洞口尺寸协调要求》GB/T 30591—2014 等标准的要求。

4　装配式建筑内装系统及设备管线系统标准现状

内装系统是装配式建筑的重要组成部分，是一种以工厂化部品应用、装配式施工建造为主要特征的装修方式。国家标准《装配式混凝土建筑技术标准》GB/T 51231—2016 和《装配式钢结构建筑技术标准》GB/T 51232—2016 针对内装系统和设备管线系统的集成设计、内装部品的生产运输、内装系统和设备管线系统的施工安装、质量验收及使用维护方面进行了规定。

2021 年 10 月 1 日，行业标准《装配式内装修技术标准》JGJ/T 491—2021 开始实施，该标准针对装配式内装系统的设计、生产运输、施工安装、质量验收、使用维护各个方面进行规定，明确了装配式内装修提高工程质量及安全水平、提升劳动生产效率、减少人工、节约资源能源、减少施工污染和建筑垃圾的根本理念，以及标准化设计、工厂化生产、装配化施工、信息化管理和智能化应用的要求。《装配式内装修技术标准》JGJ/T 491—2021 提出了更严格的要求，更具体的做法，并对一些新技术进行了规定。同时针对装配式内装修与主体结构系统、外围护系统、设备管线系统的接口设计提出了更高的要求，强调内装修应遵循设备管线与结构分离的原则，满足室内设备和管线检修维护的要求。提出居住建筑套内部品的维修和更换不应影响公共区域部品或结构的正常使用，这使建筑具备结构耐久性、室内空间灵活性及填充体可更新性特色，兼备低能耗、高品质和长寿命的优势，有助于提高工程质量安全水平、提升劳动生产效率，减少人工、减少资源能源消耗、减少建筑垃圾。《装配式内装修技术标准》JGJ/T 491—2021 同时增加或完善了架空楼地面、集成式厨房、集成式卫生间、轻质隔墙等技术来满足这一要求。

目前可供支撑的装配式建筑内装系统及设备管线系统相关国家标准和行业标准如表 12 和表 13 所示，地方标准和协会标准较多，此处不再列举。

装配式建筑内装系统及设备管线系统相关国家标准　　　　　　表 12

序号	标准名称	标准编号	标准级别
1	装配式混凝土建筑技术标准	GB/T 51231—2016	国家标准
2	装配式钢结构建筑技术标准	GB/T 51232—2016	国家标准
3	建筑内部装修设计防火规范	GB 50222—2017	国家标准
4	建筑装饰装修工程质量验收标准	GB 50210—2018	国家标准

装配式建筑内装系统及设备管线系统相关行业标准　　　　　　表 13

序号	标准名称	标准编号	标准级别
1	装配式整体厨房应用技术标准	JGJ/T 477—2018	行业标准
2	装配式整体卫生间应用技术标准	JGJ/T 467—2018	行业标准
3	辐射供暖供冷技术规程	JGJ 142—2012	行业标准
4	装配式内装修技术标准	JGJ/T 491—2021	行业标准
5	建筑装配式集成墙面	JG/T 579—2021	行业标准
6	建筑用集成吊顶	JG/T 413—2013	行业标准
7	住宅内用成品楼梯	JG/T 405—2013	行业标准

5　装配式建筑评价标准现状

2018 年 2 月 1 日，《装配式建筑评价标准》GB/T 51129—2017 正式实施，标准将装配式建筑作为最终产品，根据系统性的指标体系进行综合打分，把装配率作为考量标准，不以单一标准衡量。《装配式建筑评价标准》简化了评价操作，结合各地装配式建筑实际发展情况及各地装配式建筑的新兴技术成果，引导装配式建筑健康发展。

国标颁布实施后，各地区纷纷以国标为基础结合各地装配式建筑的具体实施情况颁布地方标准，如上海市《装配式建筑评价标准》DG/TJ 08—2198—2019、广东省《装配式建筑评价标准》DBJ/T 15—163—2019、河北省《装配式建筑评价标准》DB13（J）/T 8321—2019 等。以北京为例，2021 年发布了《装配式建筑评价标准》DB11/T 1831—2021，该标准遵循了国家标准 GB/T 51129—2017 的基本原则和方法，针对北京市的装配式建筑发展的特点和要求，对建筑的装配化程度提出了更高的要求，并设立加分项以鼓励和促进信息化技术、绿色建筑技术等新技术的发展。

6　建议与展望

目前装配式建筑技术标准体系仍存在一些问题：从数量上看，现行标准较多，但标准系统性不强，国家标准、行业标准、地方标准和协会标准之间功能划分不明确，互相引用；地方标准内容上并未充分体现地域特色或特殊技术要求，内容重复率高；团体标准多在编制阶段，对新技术、新体系和具体实施环节的覆盖面不够，呈现无体系的发展状态；有些标准实用性不强，没有应用市场等。为完善装配式建筑标准体系，结合我国装配式建筑标准现状，提出以下建议。

（1）完善装配式建筑专题标准体系

装配式建筑标准体系庞大复杂，涉及现行国家工程建设标准、产品标准中有关房屋建筑的几乎所有标准，也涉及现行工程建设标准化管理的体制、机制，完善装配式建筑标准体系绝非一朝一夕，应进一步深入开展研究工作，明确研究方向，提出工作路径，逐步完善我国装配式建筑标准体系。应贯彻国家《关于深化工程建设标准化改革的意见》，对装配式建筑建立以强制性标准为约束层、推荐性标准为指导层、团体标准和企业标准为实施支撑层的新标准体系。

（2）对国家标准、行业标准、地方标准、团体标准功能性进行划分，减少重复

地方标准应在国行业标准的基础上，结合地域特色，发挥地域优势，促进当地装配式建筑的发展。如热带风暴和台风袭击地区，可结合当地防水做法，对装配式外围护系统的防水构造设计、加工和施工提出更高要求，提高装配式建筑的防水性能以提升居住体验；如严寒和寒冷地区，可通过完善夹心保温墙板相关产品标准、编制相关加工施工标准，促进夹心保温墙板应用，切实提升建筑保温节能性能和耐久性，促进装配式产业升级的同时为实现我国碳达峰碳中和做出积极贡献。

（3）鼓励装配式建筑企业加强的标准化建设

推动相关企业结合自身优势，建立健全以技术标准为主体，包括工作标准和管理标准在内的企业标准体系，鼓励制定高标准高要求的企业技术标准、工法，建立、健全实施标准和对标准实施进行监督的组织机构，以增强本企业在装配式建筑行业的竞争力。

（4）建立装配式建筑标准化信息网络

通过建立装配式建筑标准化信息网络形成标准咨询和服务体系，及时公告我国装配式建筑工程建设法规与标准的制定及实施信息，随时了解装配式建筑标准化技术的动态，从而使行业内在第一时间能够获得标准化的相关信息。

7　结语

当前我国建筑业正处于向可持续、高质量发展的转型时期。在国家和政府的大力推广下，随着对装配式结构的试验和研究持续推进，我国的装配式结构技术高速发展，装配式建筑在全国范围内逐渐普及，这也对建立完善的装配式建筑技术标准体系提出了更高的要求。

现阶段我国已经初步形成了装配式建筑技术标准体系，但仍存在诸多问题。本文简述了装配式建筑各个系统的技术标准现状，分析了其中问题所在，并提出了相应的建议。建立完善的装配式建筑技术标准体系，需要我们坚定建筑业向绿色、高质量发展转型的目标，不断研究并优化和完善新技术，不断创新实践总结，为我国全面推进建筑产业化、发展装配式建筑及加快建筑业产业升级提供标准技术支撑。

作者：王赞；郭伟（中国建筑标准设计研究院有限公司）

上海市装配式混凝土建筑标准体系发展综述
Overview of the Development of Technical Standards System on Precast Concrete Buildings in Shanghai

1　引言

装配式建筑通过"标准化设计、工厂化生产、装配化施工、一体化装修、信息化管理和智能化应用"，转变了传统建筑业的生产方式，有助于全面提升建筑品质，实现建筑业节能减排和可持续发展，成为建筑业发展转型的必然选择。上海市自 2010 年试点推进装配式建筑以来，历经"试点探索期""试点推进期""全面推进期"三个阶段，根据现行管理政策要求，除地上总建筑面积不超过 10000m² 的项目及配套独立设备用房等特殊情况外，应 100% 按照装配式建筑实施。目前，上海市年度装配式建筑落实面积约 2500 万 m²，累计落实面积达 1 亿 m²。

专用标准规范通过提炼领域科技成果，为技术人员提供了专业化技术要求，是指导装配式建筑有序落实的重要参考。上海市自 2008 年颁布实施装配式建筑专用标准《预拌混凝土和预制混凝土构件生产质量管理规程》DG/TJ 08—2034—2008 以来，陆续组织装配式建筑专用地方标准编制、修订工作，现行标准共 10 部，覆盖装配式建筑设计、构件生产、施工、验收、检测、评价等多个领域，标准体系的技术水平与创新程度处于全国前列。

本文系统梳理了我国现有装配式混凝土建筑标准的体系框架，研究和预测未来装配式建筑的发展需求，评估现有地方标准对上海市装配式建筑实施的指导效果，提出了未来装配式建筑标准的编制建议，以期为上海相关标准、规范和技术规程的制定、修订提供技术储备研究。

2　装配式建筑标准体系

2.1　国家装配式建筑标准体系现状

根据《中华人民共和国标准化法》，从级别维度看，我国的标准包括国家标准、行业标准、地方标准和团体标准、企业标准，其中国家标准又可分为强制性标准和推荐性标准。现阶段，我国的装配式混凝土建筑仍基于"等同现浇"理念进行设计和建造，其规范体系依附于传统的工程建设规范体系。

装配式建筑革新了传统建筑的施工流程，增加了预制构件生产和运输、构件吊装、装配式施工等诸多环节，此部分内容需要编制专用标准提供技术要求。根据《装配式混凝土结构新型标准体系构建》的研究，装配式混凝土结构专用标准体系可划分为三个主要部分，即全文强制规范、通用技术标准和专用技术标准。全文强制规范是由政府主导制定具有强制约束力的控制性底线要求，目前装配式建筑相关的全文强制国家标准尚待编制。国家标准、行业标准中装配式建筑的通用标准如表 1 所示。

现行国家、行业装配式混凝土建筑标准 表 1

序号	标准名称	标准编号
1	装配式混凝土建筑技术标准	GB/T 51231—2016
2	装配式建筑评价标准	GB/T 51129—2017
3	装配式混凝土结构技术规程	JGJ 1—2014

三本装配式建筑技术国家标准明确了装配式建筑的概念、内涵及顶层设计，提出了装配式建筑的结构、外围护、设备与管线和内装四大系统，从全专业全过程的角度阐释了装配式建筑策划、设计、生产及施工的一体化过程，为专业标准的编制提供了框架和基础。《装配式建筑评价标准》通过将装配率作为装配式建筑的最终考核指标，规范了全国各地对装配式建筑装配化程度不同的衡量标准。行业标准《装配式混凝土结构技术规程》的编制始于 2006 年，通过开展大量结构设计关键技术研究，充分反映了近年来对装配式混凝土进行的相关科研和工程实践成果，为装配式混凝土结构建筑提供了工程设计、验收的技术依据。

就地方标准而言，在装配式混凝土结构标准体系建设方面，北京、上海、广东（及深圳市）标准体系相对完善，相较于其他多个省份主要以设计标准、预制构件生产标准为主，三个地区的标准均涵盖了多种预制结构体系设计、构件生产与检验、结构施工规定等，相关标准自成体系，对全产业链各环节的覆盖率、对于关键环节的管控程度和可执行程度较高。

随着政策对装配式建筑的逐步推进，社会团体对装配式建筑标准立项的热情较高。以工程建设标准化协会（CECS）立项编制的装配式建筑相关标准为例，近年的总体数量增长迅速，装配式建筑团体标准在装配式建筑材料、设计、设备、信息化建设、施工与管理等产业链的不同领域均有涉及，标准内容以近年研发的新型材料、新型结构体系为主，体现了企业和科研机构的最新成果，成为国家和地方标准的重要补充。团体标准内容的体系完整性较弱，不同标准多由企业申请组织编制，体现出装配式建筑不同领域的新型理念或创新点，但标准间的关联性不强，在实际应用中缺乏全产业链的协同技术支撑，项目应用仍以试点、示范为主。

通过上述梳理，目前，我国已基本形成以国家标准、行业标准、地方标准、团体标准为不同层次的装配式建筑标准体系，基本适应装配式建筑市场发展和应用需求。从整体看，不同层级的标准尚未形成合力，整体性、系统性、逻辑性有待加强，后续有待紧跟国家标准体系深化改革政策，建立以强制性标准为约束层，行业标准、地方标准等推荐性标准为指导层，团体和企业标准为实施支撑层的新型装配式建筑标准体系。同时，地方标准应深入结合区域发展特点和项目实施需求，细化和完善具体实施要求，更好体现标准对项目的指导作用。

2.2 上海市装配式建筑标准编制过程与现状

《上海市工程建设标准体系表》将整个适用于上海市的建筑工程类标准按照体系分为了三个层级，即建筑工程专业基础标准、通用标准、专用标准，其基本框架如图 1 所示。

专业基础标准明确了建筑工程相关的统一标准和基本术语等，是建筑工程都应遵照的最基础性要求。通用标准按建筑设计、结构设计、建筑工程施工验收与检测等 7 大类别进行区分，是对特定类别领域的通用性要求，如《混凝土结构设计规范》GB 50010 第 9.6 节提出了对装配式结构的通用要求。专业基础标准和通用标准从级别维度看，多为国家标准或行业标准，近年也在根据住房和城乡建设部《关于深化工程建设标准化工作改革的意见》进行标准改革。

专用标准是指专门针对装配式混凝土结构而编制的标准，在通用标准的基础之上，结合各地

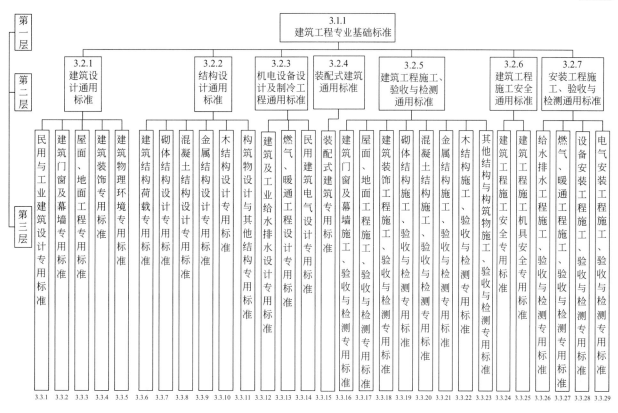

图 1 建筑工程类分体系表

区不同的自然条件和建筑结构特点、抗震设防烈度、建筑节能要求等，在装配式建筑领域内提出的具有一定地区适用性的技术要求。上海市地方颁布的装配式建筑专用标准是本文后续研究的重点。

将装配式建筑标准第二、第三层级展开，可以将上海市装配式建筑标准体系细分为5大板块，如图2所示。

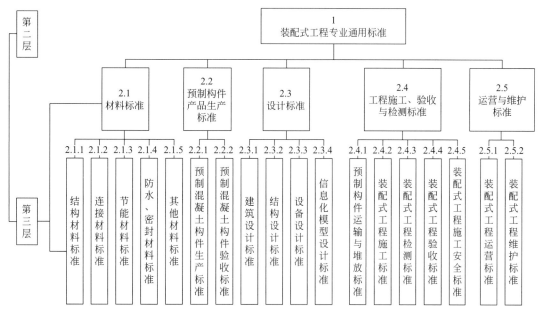

图 2 上海市装配式建筑标准体系框架

上海市装配式建筑标准的制定起步较早，技术支撑更为完善。截至 2015 年，上海市共颁布装配式建筑标准 6 部，如表 2 所示。装配式建筑推进初期以工业化住宅为主要对象，先期编制的标准主要集中在装配式住宅体系设计、混凝土预制构件生产、质量管理以及施工和质量验收领域。随着推进不断深入，公共建筑逐步纳入装配式建筑推进政策之中，装配式公共建筑设计和夹心保温外墙板应用技术规程相继颁布实施。

2015 年上海市装配式建筑标准 表 2

序号	标准名称	标准编号
1	装配整体式混凝土住宅体系设计规程	DG/TJ 08—2071—2010
2	预拌混凝土和预制混凝土构件生产质量管理规程	DG/TJ 08—2034—2008
3	装配整体式住宅混凝土构件制作、施工及质量验收规程	DG/TJ 08—2069—2010
4	装配整体式混凝土结构施工及质量验收规范	DGJ 08—2117—2012
5	装配整体式混凝土公共建筑设计规程	DGJ 08—2154—2014
6	预制混凝土夹心保温外墙板应用技术规程	DG/TJ 08—2158—2015

2015 年至今，随着装配式建筑的建设量快速增长，从业人员和项目亟需对装配式建筑全过程实施环节的技术需求，装配式建筑的专用规范编制速度加快，新型结构体系、装配式内装、检测技术、施工监理领域的专用规范陆续颁布，设计标准、装配式建筑评价标准根据实际推进状况进行了修订，力求紧跟市场需求，不断完善标准对全产业链各环节的覆盖率、对于关键环节的管控程度，提升可执行程度。目前，上海市现行地方装配式建筑标准如表 3 所示。

现行上海市装配式建筑标准 表 3

序号	标准名称	标准编号
1	装配整体式混凝土居住建筑设计规程	DG/TJ 08—2071—2016
2	装配整体式混凝土结构预制构件制作与质量检验规程	DG/TJ 08—2069—2016
3	装配整体式混凝土结构施工及质量验收规范	DGJ 08—2117—2012
4	装配整体式混凝土公共建筑设计规程	DG/TJ 08—2154—2014
5	预制混凝土夹心保温外墙板应用技术规程	DG/TJ 08—2158—2017
6	装配整体式混凝土建筑检测技术标准	DG/TJ 08—2252—2018
7	装配整体式叠合剪力墙结构技术规程	DB/TJ 08—2266—2018
8	住宅室内装配式装修工程技术标准	DB/TJ 08—2254—2018
9	装配式建筑评价标准	DG/TJ 08—2198—2019
10	装配整体式混凝土结构工程监理标准	DG/TJ 08—2360—2021

为形象表达设计中的技术要求，上海市陆续颁布了配套设计图集，如表 4 所示。其中，构件、连接节点图集针对常用的 13 类预制构件，以及构件与构件间的连接构造，分别给出了构件设计示例和连接节点细节构造图示。保障性住房套型、医疗卫生建筑设计示例图集则是针对特定的建筑功能，给出了全套的装配式建筑设计示例和图纸样例供技术人员参考。

现行上海市装配式建筑标准图集 表 4

序号	标准名称	标准编号
1	装配整体式混凝土住宅构造节点图集	DBJ 08—116—2013
2	预制装配式保障性住房套型图	DBJT 08—118—2019

序号	标准名称	标准编号
3	预制装配式混凝土构件图集	DBJT 08—121—2016
4	装配式混凝土结构连接节点构造图集	DBJT 08—126—2019
5	装配式混凝土医疗建筑(病房楼)设计图集	DBJT 08—127—2019

3　全产业链标准内容梳理与发展建议

预制装配式混凝土建筑的产业链，准确来说应该称之为"产业网"，是由三个专业、五个过程和三个支撑组成的，如图 3 所示。三个专业是指建筑、结构和设备专业，这是传统建筑设计的三个支柱专业，也是贯穿于装配式混凝土结构设计、制作、施工、运维阶段的必不可少的组成部分；五个过程按照整个项目建造的时间先后顺序排列，是指设计、构件制作、施工、维护和再利用五个部分；三个支撑指为整个装配式混凝土项目提供的产品（包括构配件）、施工装备和信息化基础。产业链中每个组成部分均与其他部分存在着直接或间接的联系，各组成部分之间相互影响和依存，构成了一个立体多维度的产业集合。

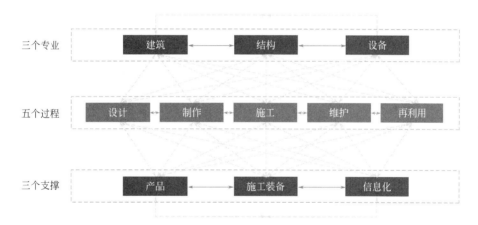

图 3　装配式混凝土建筑产业链

为便于对照研究，本文将整个装配式建筑产业链划分为材料与构配件、设计、预制部品件生产及检验、运输与堆放、工程施工与验收、运行与维护、产业链管理与总体评价共七大部分，通过细致研究和对比现有上海市地方标准内容，提出现有地方标准内容补充和新编、修编完善建议如下。

（1）材料与构配件。关于预制构件使用时涉及预制构件的配件，标准中没有开展系统性的研究或提供统一的性能参数要求、试验方法。建议新编《装配式建筑构配件应用技术规程》，针对不同预制构件中通用的预埋吊件、埋件、连接件，明确产品各类质量和性能要求，规范化预制构件、配件的应用技术要求、试验标准和检验方法，确保连接安全、耐久、可靠，为整个装配式建筑的施工和使用安全性提供保证。

（2）设计。目前标准中对装配式建筑设计要求相对完善，但对于建筑方案设计中标准化、模数化的要求有待补充加强。为明确设计图纸深度要求，建议新编《装配式建筑施工图设计表示方法及深度标准》，明确施工图、深化图不同阶段的设计深度和表达内容；为加强装配式建筑设计信息化程度，建议扩充现有标准中信息化设计应用内容或新编《装配式建筑信息模型应用技术规程》，关注未来设计的发展方向，增加包括 BIM 技术在内的多种技术手段的建筑设计和三维管线综合设计内容；建议新编《装配式建筑设备技术规程》，规程应针对设备设计方面包含的供暖、通风与空调设计，给水排水设计三部分内容，总结由于采用预制装配式结构对设备专业孔洞预留、管道埋设、管线集中布置的影响，新编标准宜在设计内容基础上，结合方案、施工、运维等全周期应用，为项目全过程信息化应用提供引导。

（3）预制部品部件生产及检验。补充增加关于成型钢筋加工、应用的技术要求，为提升构件加工效率、保证成型钢筋加工质量提供技术支撑。为便于构件管理和调配，建议市级范围内统一预制构件编码标准，增加"预制装配式混凝土构件信息化标识与管理"内容。构件质量检验方面，增编对于预制构件隐蔽工程的验收规定，补充夹心保温墙体拉结件、吊环、斜撑预埋件等受力构件的锚固验收标准与力学性能检验标准。

（4）构件运输与堆放。细化预制构件运输方案，针对不同类型构件提供不同的构件放置与验算要求、道路条件及运输车辆要求；补充增加预制构件存放的标识规定，细化对外伸钢筋保护规定、增补对特殊和异型预制构件的保护要求。

（5）工程施工与验收。增加对于预制构件安装顺序或者工法的介绍，规范对施工质量和施工安全影响较大构件的操作标准和步骤要求，规范施工工法操作流程，细化装配式混凝土结构安装尺寸偏差控制与调整方案规定、新编装配式构件后期修补规定等。修编《装配式混凝土建筑检测技术标准》DG/TJ 08—2252—2018，改进和简化现有检测方式，关注接缝处密封胶等位置检测方法研究，将检测技术和质量评价扩展到装配式混凝土建筑全生命周期。

（6）运行与维护。完善针对装配式混凝土建筑运行期间的检测项目与维护的相关标准，提出常规检测和缺陷检测要求，给出运营过程中常见问题的维护处理措施，为其运行周期内的正常使用提供保障。

（7）产业链管理与总体评价。建议将新建项目立项审批阶段的"预制率"或"装配率"要求与地方《装配式建筑评价标准》DG/TJ 08—2198—2019 协调统一，将标准全生命周期评价系统落实到装配式建筑全生命周期中。同时，标准应根据装配式建筑的管理特点，建立覆盖整个设计、构件生产、施工、检测体系的管理模式，推进和鼓励实现项目信息资源的管理和共享。

4 结语

发挥装配式建筑的优势，推进新型建筑方式的变革是一个长期过程，完善的标准规范将为技术人员提供重要的参考依据。总结过去的十年上海装配式建筑从起步到快速发展，梳理明晰适用的装配式建筑标准体系，评估现有地方标准的指导效果，根据发展现状充实现有标准内容，提出未来装配式建筑标准的编制建议，有助于未来装配式建筑长期、健康发展。

作者：陈雷[1]；王平山[2,3]；纵斌[2,3]；李进军[2,3]（1 上海市住房和城乡建设管理委员会标准定额管理处；2 华东建筑设计研究院有限公司；3 上海装配式建筑技术集成工程技术研究中心）

第二篇　政府标准篇

《国家标准化发展纲要》提出要加快构建高质量发展的标准体系。我国正在推动建立以强制性标准为核心、推荐性标准和团体标准为配套的新型标准体系，强制性标准和推荐性标准属于政府标准。政府标准定位于政府职责范围内的公益性标准，侧重于保基本、守底线。其中，强制性标准具有法律上的强制作用，必须执行。推荐性标准是自愿性标准，国家鼓励采用推荐性标准，推荐性标准分为国家标准、行业标准和地方标准。对保障人身健康和生命财产安全、国家安全、生态环境安全以及满足经济社会管理基本需要的技术要求，应当制定强制性国家标准；对满足基础通用、与强制性国家标准配套、对各有关行业起引领作用等需要的技术要求，可以制定推荐性国家标准；对没有推荐性国家标准、需要在全国某个行业范围内统一的技术要求，可以制定行业标准；为满足地方自然条件、风俗习惯等特殊技术要求，可以制定地方标准。

经过70余年的不断探索，我国工程建设国家标准、行业标准和地方标准已达1万余项，形成了覆盖经济社会各领域、工程建设各环节的标准体系，在保障工程质量安全、促进产业转型升级、强化生态环境保护、推动经济提质增效、提升国际竞争力等方面发挥了重要作用。近年来，住房和城乡建设部每年发布的工程建设国家标准数量增长放缓，占比有所降低；地方标准所占比例呈逐年上升趋势；行业标准占比逐年下降。据统计，2021年批准发布工程建设国家标准49项，行业标准285项，地方标准907项。随着工程建设标准化改革的不断深入，适应标准化改革发展的管理制度基本建立，重要强制性标准发布实施，政府推荐性标准得到有效精简，并逐步向政府职责范围内的公益类标准过渡，将推荐性标准定位为工程建设的基本保障。

"十四五"时期，随着我国生态文明建设、新型城镇化、"双碳"战略的持续推进，标准化工作坚持面向建筑业重大需求，大力实施创新驱动发展战略，加强绿色建筑、装配式建筑、既有建筑、城市信息化建设等重点领域标准研制与创新。本篇共收录了9篇重点领域的政府标准编制情况，包括强制性标准（强制性工程建设规范）、推荐性国家标准、行业标准及地方标准，主要对标准技术内容、标准亮点及创新点、标准编制思考等内容进行介绍。

本篇介绍了3篇强制性工程建设规范。**《钢结构通用规范》**旨在保证钢结构工程质量、安全，落实资源能源节约和合理利用政策，保护生态环境，保证人民群众生命财产安全和人身健康，防止并减少钢结构工程事故，提高钢结构工程绿色发展水平，体现了新型工业化、绿色化、信息化三位一体的建筑行业最新发展理念。**《建筑环境通用规范》**响应国家高质量发展、绿色发展需求，保障建筑环境安全健康，提高居住环境水平和工程质量，满足人民群众对建筑环境质量的要求，有助于我国建筑质量的提升。**《既有建筑鉴定与加固通用规范》**覆盖了检测、鉴定、加固全过程，涉及混凝土结构、砌体结构、钢结构、木结构类型，体现了既有建筑不同于新建建筑的固有特点，保证了我国既有建筑鉴定与加固活动的控制性底线要求。

本篇还介绍了重要推荐性标准，即推荐性国家标准、行业标准和地方标准。国家标准**《钢管混凝土混合结构技术标准》**适用于房屋建筑、铁路、公路、电力、港口等工程中钢管混凝土混合结构的设计、施工及验收，对于提升城乡建设领域抗震减灾能力，提高人民群众安全感具有重要意义。国家标准《**古建筑木结构维护与加固技术标准**》从工程勘察、鉴定、维护、修缮与加固、监测全过程环节作出了系统规定，本标准的实施，将使得我国古建筑木结构的维护、修缮与加固修复更加科学有效，对保存中华民族的建筑历史文化信息具有非常重要的意义。行业标准《**装配式住宅设计选型标准**》以部品部件选型前置的设计选型方法，提高设计精细化程度，实现装配式住宅的系统集成，引领设计、生产、施工一体化，促进产业链的上下融合，推动装配式住宅产业向标准化、规模化、市场化迈进。行业标准《**城市信息模型基础平台技术标准**》为构建三级平台体系、逐步实现城市级 CIM 基础平台与国家级、省级基础平台互联互通奠定了理论和技术基础，对于推动数字社会建设、优化社会服务供给、创新社会治理方式、推进城市治理体系和治理能力现代化均具有重要意义。上海市地方标准《**公共建筑节能运行管理标准**》旨在通过提高上海市公共建筑运行管理人员的节能管理意识和技术素质，解决当前公共建筑运行管理过程中存在的能效管理水平低等问题；辽宁省地方标准《**健康建筑设计标准**》适用于辽宁省新建、改建和扩建民用建筑的健康设计，除了常见的建筑、给水排水、暖通、电气、场地设计外，还增加了装修设计、园林绿化设计及卫生防疫设计，为推进健康辽宁建设提供了有力的技术支撑。

希望读者通过相关内容，能够详细了解本领域政府标准的研究进展与发展趋势，为建筑工程领域标准化创新发展和技术进步起到引领和推动作用。

Part II Government Standards

The *National Standardization Development Outline* proposes to speed up the construction of a system of standards featuring high-quality development. China is accelerating the establishment of a novel system of standards with mandatory standards as the core and voluntary and group standards as the support, among which mandatory and voluntary standards are government standards. Government standards, which are designed for public welfare as a part of the governmental responsibility, are meant to ensure the basics and safeguard the bottom line. Mandatory standards must be executed for their mandatory nature by law. China encourages to adopt voluntary standards for their voluntary nature, which include national, professional and provincial standards. Mandatory national standards should be formulated for technical requirements that ensure physical health, life and property safety, national security, and ecological environment safety and those meeting the basic needs of economic and social management; voluntary national standards may be formulated for technical requirements that meet basic and universal needs, support mandatory national standards, and serve as a guidance in relevant industries; professional standards may be formulated for technical requirements that need to be unified within a certain industry across the country while no relevant voluntary national standard is available; and provincial standards may be formulated in order to meet the special technical requirements of natural conditions, customs and habits in a province.

With more than 70 years of continuous exploration, China has worked out over 10000 national, professional and provincial standards for engineering construction, forming a system of standards covering all economic and social sectors and all links of engineering construction. It has played an important role in ensuring engineering quality and safety, driving industrial transformation and upgrading, strengthening ecological environment protection, improving economic quality and efficiency, and enhancing international competitiveness. In recent years, China has saw a slower increase in the number of national standards for engineering construction issued by the Ministry of Housing and Urban-Rural Development, and their proportion shows a slight decrease; the proportion of provincial standards is increasing year by year; and the proportion of professional standards is decreasing year by year. According to statistics, in 2021, 49 national standards, 285 professional standards and 907 provincial standards for engineering construction were approved and issued. With the deepening of reform in engineering construction standardization, an appropriate management system has been basically established, with important mandatory standards issued and implemented, and voluntary standards effectively streamlined. gradually transitioned to public welfare purpose as a part of government responsibilities and repositioned as the basic guarantee of engineering construction.

During the 14th Five-Year Plan period, with the continuous progress of China's ecological civilization construction, new urbanization, and carbon peaking and carbon neutrality strategy, we would focus on the major needs of the buildingindustry in standardization work, vigorously implement the innovation-driven development strategy, and strengthen the development and innovation of standards in key areas such as green buildings, assembled buildings, existing buildings and urban informatization. The 9 articles in this part detail the development of government standards in key areas, including mandatory standards (mandatory engineering construction codes), and voluntary national, professional and provincial standards. These articles mainly introduce the technical contents, highlights and innovations of the standards, and the thoughts on standard development.

This part contains 3 mandatory engineering construction codes. ***General code for steel structures*** is aimed to ensure the engineering quality and safety of steel structures, implement the policy of saving and rationally utilizing resources and energy, protect the ecological environment, ensure the life and property safety and physical health of the people, prevent and reduce accidents involving steel structure engineering, and enhance green development of steel structure engineering. The standard embodies the latest development concept integrating new industrialization, greening and informatization in building industry. ***General code for building environment*** responds to the call of the state for high-quality development and green development, ensures the safety and health of building environment, improves the living environment and engineering quality, meets the people's requirements for building environment quality, and contributes to the building quality upgrading in China. ***General code for assessment and rehabilitation of existing buildings*** covers the entire process of inspection, appraisal and rehabilitation, and involves the concrete, masonry, steel and wood structure types. It shows the inherent characteristics of existing buildings that distinguish them from new buildings and ensures the controlling bottom line requirements for appraisal and rehabilitation of existing buildings in China.

This part also introduces important voluntary standards, including national, professional and provincial standards. The national standard ***Technical standard for concrete-filled steel tubular hybrid structures*** is applicable to the design, construction and acceptance of concrete-filled steel tubular hybrid structures in structural architecture, railway, highway, electric power, port and other projects. It is crucial to enhancing the earthquake prevention and disaster mitigation capacity in urban-rural development and making people more assured of safety. The national standard ***Technical standard for maintenance and strengthening of historic timber building*** specifies the whole process of engineering survey, identification, maintenance, repair and reinforcement, and monitoring for wooden structure heritage buildings systematically. The implementation of this standard will make the maintenance, repair and reinforcement of wooden structure heritage buildings in China more scientific and effective, and is of great significance for preserving the historical and cultural information of Chinese architecture. The professional standard ***Standard for model selection of assembled housing*** refines the design by antecedent model selection for sections and components, so as to realize the system integration of assembled housing. The standard guides the integration of design, fabrication and construction, promotes the upstream and downstream fusion of the industrial chain, and pushes the assembled housing industry towards standardization, scaling up and marketization. The professional standard ***Technical standard for basic platform of city information model*** lays a theoretical and technical foundation for building a three-tier platform system to gradually realize the interconnection of basic platform of city information modeling (CIM) at city level with those at national and provincial levels. The standard plays an important part in realizing a digital society, optimizing the supply of social services, innovating in social governance pattern, and moving forward with the modernization of urban governance system and governance capacity. The Shanghai standard ***Operation and management standard for energy efficiency of public buildings*** is aimed to address the less effective management of energy efficiency in the current operation and management of public buildings by improving the energy efficiency management awareness and technical quality of the public building operation and management personnel in Shanghai; the Liaoning provincial standard ***Design standard for healthy buildings*** is applicable to the healthy design of newly built, rebuilt and expanded civil buildings in Liaoning Province. Besides the common architectural, water supply and drainage, HVAC, electrical and site design, the standard also includes decoration design, landscaping design and sanitation and epidemic prevention design, providing strong technical support for the healthy Liaoning initiative.

We hope that readers can learn more about the research progress and development trend of government standards in this field, and that these standards will lead and promote standardization innovation and technological progress in the field of buildingengineering.

强制性工程建设规范《钢结构通用规范》解读

Explanation of the Mandatory Engineering Construction Code
General code for steel structures

1 编制背景

2015 年 11 月 17 日，住房和城乡建设部《关于印发 2016 年工程建设标准规范制订、修订计划的通知》正式将《钢结构通用规范》（以下简称《规范》）确定为 2016 年研编项目之一，委托哈尔滨工业大学和中国建标院组织相关行业共 47 家高等院校、科研院所、工程设计和施工单位，59 名编委，针对钢结构设计与施工等内容制定强制性工程建设规范。

2 基本情况

2.1 编制思路

《规范》立足于建筑业，适度包含石化、电力、通信等行业中的相关钢结构，是适应于我国工程建设技术标准管理制度改革的一部具有国家技术法规性质的强制性工程建设规范。本规范涵盖钢结构工程的设计、建造、使用、维护与拆除全过程；其内容包括基本规定、材料选用、设计分析方法、构件及连接、结构体系、构造要求、施工、验收及维护、拆除再利用等方面的原则性规定，并包含必要的具体技术条文，条文中所规定内容为底线要求。编制思路见图1，《规范》基于以下指导思想进行编制：

（1）遵循工程建设标准化改革方向，贯彻落实高质量发展，解决当前工程建设突出问题。

（2）按照保证质量、人身及财产安全、人身健康、环境保护和维护公共利益的原则。

（3）体现新型工业化、绿色化、信息化三位一体的建筑行业发展理念。

（4）技术先进性和内容相对稳定性的统一，与现有钢结构技术标准衔接，并做好与相关工程规范之间的协调。

（5）覆盖钢结构工程全生命周期。

（6）适当借鉴国外发达国家技术标准的体系和内容。

（7）系统完整，宽严适度，内容精炼。

（8）总体上保证《规范》正文短、准、精，可操作性强，条文说明细、据、实，可监督性强，做到理解、执行无差异。

2.2 技术内容

《规范》是钢结构领域具有基础性和强制性的规定，主要内容包括总则；基本规定（设计原则、荷载和荷载效应计算、设计指标、结构或构件变形规定）；材料（材料指标、塑性设计、管理规定）；构件计算（普通构件的计算、冷弯构件和不锈钢构件的计算、连接计算、疲劳计算、构造

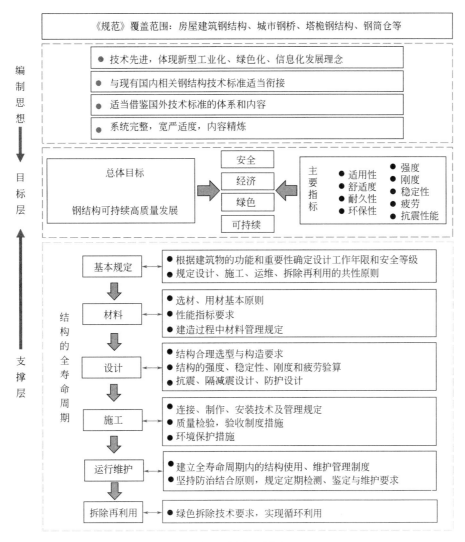

图 1 编制思路图

要求）；结构体系（轻钢结构、高层钢结构、空间结构等）；抗震与防护设计；施工、验收规定；维护、加固改造与拆除；共计 8 章的原则性规定和必要性强制性技术要求，114 条；其中源自现行标准强制性条文 103 条，新增条文 11 条；共借鉴国外规范条文 10 条。《规范》规定了钢结构的功能要求、性能要求，以及保障功能和性能要求的技术指标，覆盖了钢结构从设计、施工、验收到维护与拆除的全寿命周期。《规范》框架见图 2。

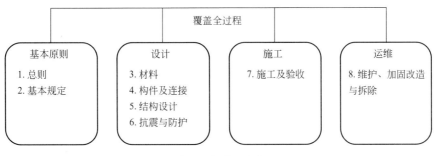

图 2 《规范》框架

在功能要求上，《规范》提出了钢结构工程全寿命周期中促进建设高质量、可持续发展，防止并减少钢结构工程事故，保障人身健康、生命财产安全和生态环境安全，满足经济社会管理的目标要求；在性能要求上，《规范》规定了钢结构工程在施工、使用、运维期间应满足的正常工作性能、耐久性、抗火、抗震性能，以及在遭遇爆炸、撞击和其他偶然事件等状态下稳固性能等要求；在技术内容上，《规范》在材料方面，规定了钢结构材料强度设计指标、断后伸长率、屈强比、抗层状撕裂性能、冲击韧性的合格保证、高性能材料的应用等基本规定；在设计方面，规定了钢结构设计原则、结构体系、结构分析、抗震、隔震与减震、构件承载力设计的基本要求，钢结构连接、焊接构造设计的基本措施；在施工方面，规定了钢结构构件切割、加工、焊接、装配式制作拼装、信息化管理、运输以及进场检验等施工和验收关键技术的管理要求；在维护和拆除方面，规定了钢结构使用维护、检测与鉴定、监测和预警、缺陷处置、结构绿色拆除和循环利用的关键技术措施。其中，钢结构材料强度设计指标、钢结构工程结构选型、分析、设计原则以及技术要求，钢结构工程施工技术措施和基本要求为《规范》实现目标及性能要求的关键技术措施。《规范》做到了对现行标准强制性条文的全覆盖、钢结构形式的全覆盖、设计建造过程的全覆盖。

2.3　规范特点

《规范》在整合、汇总现有相关标准强制性条文的基础上，从五个方面对钢结构通用性要求进行提升。

从高质量发展、节能减排、节材等角度，首次提出了钢材强度设计值的取值方法，并推荐使用 Q460 级钢材；从连接安全性角度，提高了直接承受动力荷载重复作用的钢结构构件及其连接疲劳计算要求；从安全性和可靠性方面，首次对于多高层钢结构，提出了结构构件和节点部位产生塑性变形的控制及补充验算方法；对于大跨度钢结构，首次提出了利用风雪试验或专门研究确定设计用雪荷载的技术要求；对于输电塔结构，首次提出了考虑覆冰引起的断线张力作用的规定；对于防腐设计，提出了在全寿命期应包括定期检查、维护和大修的要求；对于拆除再利用，首次提出了采用安全、低噪声、低能耗、低污染的绿色拆除措施以及循环再利用的技术要求。

3　规范的国际先进性

3.1　与国际标准的一致性

规范体系的一致性：欧洲钢结构设计规范（以下简称 EC3）由如下六个部分组成。第一部分为钢结构设计通用规定、建筑结构设计的专门规定，其余各部分根据结构用途分别给出了钢桥、塔、桅杆、烟囱、筒仓、储槽、管道、钢桩、起重机支承结构的专门（补充）设计规定。《规范》目前的框架体系也是分为基本规定、材料、构造、结构体系、施工与验收、加固、改造几个部分，其中结构体系中根据结构具体用途进行了分类，在框架设计方面与先进国际标准具有一致性。

指引方式的一致性：《规范》的框架体系及编制思想借鉴了国外发达国家的先进体系，特别是"欧洲规范"体系，目前欧洲规范体系采取"通用规定＋专门（补充）规定"的编排方式。EC0 为通用的基本设计规定，EC1 为通用的荷载（作用）规定，其余几本规范大体上是区分建筑材料种类给出的专门设计规定，EC8 给出抗震设计的专门规定。对于钢结构设计，应同时遵循 EC0、EC1、EC3，涉及抗震验算时还应遵循 EC8。《规范》也采用了平行规范之间相互指引的方式，特别是对于荷载、抗震、加固等条文更多的是指引到《工程结构通用规范》《建筑与市政工程抗震通用规范》《既有建筑鉴定与加固通用规范》等通用规范，这与"欧洲规范"体系是非常一致的。

国际符号的一致性：《规范》在坐标轴符号、几何尺寸符号、荷载效应、荷载与抗力系数符号、各类强度指标、截面及构件特性参数的符号表征方面也与国际接轨，采用了国际通用的符号表达。

材料的一致性和协调性：《规范》在编制说明中给出了材料性能及选材的相关规定，给出了各类钢材产品力学性能指标、工艺性能指标及化学成分指标的原则性要求，同时给出相关产品标准并在规范中以表格形式给出常用钢材牌号的设计指标值；针对连接紧固件、焊接材料、冷弯薄壁型钢材料、铸钢件、不锈钢材料也给出了相关标准并以表格形式给出常用材料设计指标。可见，材料性能及选材原则方面，《规范》与欧规 EC3 基本一致。

规范内容范围的一致性：《规范》在内容覆盖范围方面做到了与欧美规范的一致性，甚至覆盖面更为全面。目前美国规范和《规范》都给出了防护、涂装、防火设计、施工、详图内容。《规范》还给出了钢结构防护的一般规定（包括绿色施工的要求）、防腐蚀设计与施工、耐热设计与施工等方面的规定。在安装与验收方面，《规范》和美国规范都给出了钢结构安装的相关规定；《规范》还增加了验收、检测、鉴定与加固、焊接工艺和焊接检验方面的规定。

3.2 与国际标准对比情况

编制组对大量国内外相关政策法规和规范标准进行了比较研究，形成了包含《国内相关规范与强制性条文汇编》《国外相关规范对比研究》《欧洲钢结构设计规范翻译》《日本建筑基准法研究报告》四部研究报告。同时，统计分析了 227 本与钢结构相关的国内标准，其中 141 本标准具有强制性条文，与钢结构有关的强制性条文共 1020 条。

美国钢结构相关规范对比分析：2000 年以前，美国同时存在三套建筑规范体系，各州自主采用；2000 年以后，合并为一套规范体系 IBC。IBC 可以视为一个规范总纲，由它指引向各专门标准；美国各州规范都是在 IBC 的基础上制定，大部分内容相同，局部有所修改。IBC 规范中关于钢结构的部分仅 4 页，没有具体技术规定，但指引了相关技术标准。美国的钢结构技术标准由各协会编制，经美国国家标准协会（American National Standard Institute，ANSI）评审后列为国家标准：钢结构技术标准（ANSI/AISC 360）、钢结构抗震技术标准（ANSI/AISC 341）、冷弯薄壁型钢技术标准（ANSI/AISI S100）。

欧洲钢结构相关规范对比分析：1971 年起，由当时的欧共体主导起草结构规范体系 Structural Eurocodes（简称 Eurocodes）；1989 年转交给欧洲标准化委员会（CEN）负责修订；自 2010 年 3 月起，在 CEN/CENELEC 联合委员会的 20 个成员国中作为正式的法定标准使用。该规范体系用于指导建筑、桥梁、塔桅、筒仓等在内的所有建设工程的结构技术。

Eurocodes 体系由 10 本规范组成，包括：结构设计基本规定（EN 1990 Eurocode）、结构上的荷载作用（EN 1991 Eurocode 1）、混凝土结构设计（EN 1992 Eurocode 2）、钢结构设计（EN 1993 Eurocode 3）、钢-混凝土组合结构设计（EN 1994 Eurocode 4）、木结构设计（EN 1995 Eurocode 5）、砌体结构设计（EN 1996 Eurocode 6）、岩土工程设计（EN 1997 Eurocode 7）、结构抗震设计（EN 1998 Eurocode 8）、铝合金结构设计（EN 1999 Eurocode 9），其中钢结构设计（EC3）为钢结构规范。钢结构设计采取"通用规定＋专项规定（补充规定）"的编排方式，包括通用规定、钢桥、桅杆、筒仓、管道等专项规定，专项规定是以通用规定为基础的补充规定。

日本钢结构相关规范对比分析：建筑基准法是日本最高级别的建筑法规，所有建筑规范标准均应符合建筑基准法及建筑基准法施行令的要求。JIS 日本工业标准（Japanese Industrial Standards）是由日本工业标准调查会制定，JIS 中有关钢结构部分的规定主要针对钢材材性的规定。日本钢结构设计标准（Design Standard for Steel Structure）由日本建筑学会（Architectural Institute of Japan，简称 AIJ）制定，该标准类似于我国《钢结构设计标准》，是基于日本建筑基准法及建筑基准法施行令编制的，经建筑审核部门审核通过后颁布。

3.3 规范先进性总结

《规范》的技术条文充分借鉴了发达国家的技术法规和先进标准，在内容框架、要素构成和技术指标方面进行了对比研究。

在内容框架上，《规范》的内容架构与美国《钢结构规范》ANSI/AISC 360 基本一致，实现了与发达国家技术法规的接轨。要素构成上，《规范》涵盖的主要技术要素与欧洲《钢结构设计规范》EN 1993 及美国《钢结构规范》ANSI/AISC 360 基本相同，《规范》中涉及的抗震设计、施工、验收和加固方面的技术要求和方法更为先进。技术指标上，《规范》在钢结构防火设计、绿色施工、防腐蚀设计与施工、耐热设计与施工，钢结构安装、验收、检测、鉴定与加固等方面的要求比欧洲《钢结构设计规范》EC3 更高。整体评价上，《规范》的内容框架、要素构成与国际主流技术法规一致，技术指标达到国际先进水平。

4 总结

（1）《规范》覆盖内容全面，体现了钢结构领域的共性、原则性技术要求；做到了四个覆盖：1）覆盖了钢结构从设计、建造、使用、维护、加固改造、拆除全过程；2）覆盖了工程中的各主要结构体系；3）覆盖了主要的钢材种类和构件类型；4）覆盖了现行相关标准的全部强制性条文内容；这些条文主要规定了所覆盖领域内技术的底线要求。

（2）《规范》吸收借鉴了国内外相关规范的最新成果和欧洲、美国、日本相关规范的规定；比较分析了欧洲、美国和日本的规范标准体系，并适当借鉴了相关体系及一些技术条文。这些新成果的纳入做到了与国际接轨，促进中国标准走向世界。

（3）《规范》的编制在内容上体现了新型工业化、绿色化、信息化三位一体的建筑行业最新发展理念，做到了四个强调：1）强调了高性能材料的应用；2）强调了弹塑性全过程分析、施工监测、仿真分析等新技术成果的应用；3）强调了自动化加工、装配式安装、信息化管理等新型工业化技术；4）强调了生态环境安全、绿色拆除和循环利用等绿色理念；这些新的发展理念促进了行业进步。

（4）《规范》保证了工程技术的先进性和内容的相对稳定性，并与现有相关钢结构技术标准衔接，做到了技术可靠、系统完整、内容精炼。

作者：沈世钊[1]；范峰[1]；郁银泉[2]；曹正罡[1]（1 哈尔滨工业大学；2 中国建筑标准设计研究院有限公司）

强制性工程建设规范《建筑环境通用规范》解读

Explanation of the Mandatory Engineering Construction Code
General code for building environment

1　编制背景

2016 年住房和城乡建设部印发了《关于深化工程建设标准化工作改革的意见》，提出改革强制性标准，加快制定全文强制工程建设规范，逐步用全文强制工程建设规范取代现行标准中分散的强制性条文。明确"加大标准供给侧改革，完善标准体制机制，建立新型标准体系"的工作思路，确定"标准体制适应经济社会发展需要，标准管理制度完善、运行高效，标准体系协调统一、支撑有力"的改革目标。

依据住房和城乡建设部《关于印发 2017 年工程建设标准规范制修订及相关工作计划的通知》（建标函〔2016〕248 号）、《关于印发 2019 年工程建设规范和标准编制及相关工作计划的通知》（建标函〔2019〕8 号）的要求，编制组开展了《建筑环境通用规范》GB 55016—2021（以下简称《环境规范》）研编和编制各项工作，从建筑声环境、建筑光环境、建筑热工、室内空气质量四个维度，明确了控制性指标，以及相应设计、检测与验收的基本要求，实现建筑环境全过程闭合管理。

编制组开展了对现行建筑环境领域相关标准强制性条文、非强制性条文梳理和甄别，国内相关法律法规、政策文件研究，国外相关法规和标准研究等专题研究，同时对建筑声环境、建筑光环境、建筑热工和室内空气质量方面技术指标和控制限值提升进行了研究，有力支撑了标准编制工作。

2　技术内容

2.1　框架结构

根据住房和城乡建设部关于城乡建设部分技术规范编制的要求，《环境规范》作为通用技术类规范，以提高人居环境水平，满足人体健康所需声光热环境和室内空气质量要求为总体目标，由多项工程项目类规范中出现的重复的强制性技术要求构成。

《环境规范》框架结构见图 1，分为目标层和支撑层。

（1）目标层包括总目标、分项目标和主要技术指标。主要技术指标有：

声环境：民用建筑主要功能房间室内噪声、振动限值等；

光环境：采光技术指标（采光系数、采光均匀度等），照明技术指标（照度、照度均匀度等）等；

建筑热工：内表面温度、湿度允许增量等；

室内空气质量：7 类室内污染物浓度（氡、甲醛、氨、苯、甲苯、二甲苯、TVOC）等。

（2）支撑层主要分设计、检测与验收两大环节，提出各专业应采取的技术措施，保证性能目标的实现。

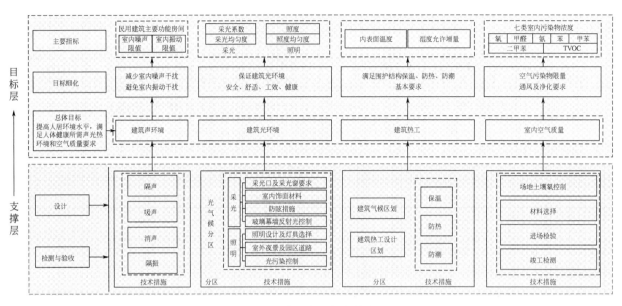

图 1 《环境规范》框架结构图

2.2 性能要求

响应国家高质量发展、绿色发展需求，《环境规范》从各专业特点出发，结合我国当前发展水平，在不低于现行标准基础上，对各专业性能提出了高质量要求。

（1）建筑声环境包括主要功能房间噪声限值和主要功能房间振动限值；

（2）建筑光环境包括采光技术指标（采光系数、采光均匀度、反射比、颜色透射指数、日照时数、幕墙反射光等），照明技术指标（照度、照度均匀度、统一眩光值、颜色质量、光生物安全、频闪、紫外线相对含量、光污染限值等）；

（3）建筑热工包括热工性能（保温、隔热、防潮性能），温差（围护结构内表面温度与室内空气温度等），温度（热桥内表面等），湿度（保温材料的湿度允许增量等）；

（4）室内空气质量包括民用建筑室内 7 类污染物浓度（氡、甲醛、氨、苯、甲苯、二甲苯、TVOC）限值，场地土壤氡浓度限量，无机非金属建筑主体材料、装饰装修材料的放射性限量。

2.3 技术措施

为保证建筑工程能够达到各项环境指标的要求，《环境规范》规定了建筑环境设计、检测与验收的通用技术要求。

（1）设计

建筑声环境包括隔声设计（噪声敏感房间、有噪声源房间隔声设计要求、管线穿过有隔声要求的墙或楼板密封隔声要求），吸声设计（应根据不同建筑的类型与用途，采取相应的技术措施控制混响时间、降低噪声、提高语言清晰度和消除音质缺陷），消声设计（通风、空调系统），隔振设计（噪声敏感建筑或设有对噪声与振动敏感用房的建筑物的隔振设计要求）。

建筑光环境包括光环境设计计算，采光设计（应以采光系数为评价指标，采光等级、光气候分区、采光均匀度、日照、反射光控制等设计要求），照明设计（室内照明设置、灯具选择、眩光控制、光源特性、备用照明、安全照明、室外夜景照明、园区道路照明等设计要求）。

建筑热工包括分气候区控制（严寒、寒冷地区建筑设计必须满足冬季保温要求，夏热冬暖、夏热冬冷地区建筑设计必须满足隔热要求），保温设计（非透光外围护结构内表面温度与室内空气温度差值限值），防热设计（外墙和屋面内表面最高温度），防潮设计（热桥部位表面结露验算、保温材料重量湿度允许增量、防止雨水和冰雪融化水侵入室内）。

室内空气质量包括场地土壤氡浓度控制（建筑选址），有害物质释放量（建筑主体、节能工程材料、装饰装修材料），通风和净化。

（2）检测与验收

建筑声环境包括声学工程施工过程中、竣工验收时，应根据建筑类型及声学功能要求进行竣工声学检测，竣工声学检测应包括主要功能房间的室内噪声级、隔声性能及混响时间等指标。

建筑光环境包括竣工验收时，应根据建筑类型及使用功能要求对采光、照明进行检测，采光测量项目应包括采光系数和采光均匀度，照明测量应对室内照明、室外公共区域照明、应急照明进行检测。

建筑热工包括冬季建筑非透光围护结构内表面温度的检验应在供暖系统正常运行后进行，检测持续时间不应少于 72h，监测数据应逐时记录，夏季建筑非透光围护结构内表面温度应取内表面所有测点相应时刻检测结果的平均值，围护结构中保温材料重量湿度检测时，样品应从经过一个供暖期后建筑围护结构中取出制作，含水率检测应根据材料特点按不同产品标准规定的检测方法进行检测。

室内空气质量包括进厂检验（无机非金属材料、人造木板及其制品、涂料、处理剂、胶粘剂等），竣工验收（室内空气污染物检测；幼儿园、学校教室、学生宿舍、老年人照料房屋设施室内装饰装修验收时，室内空气中氡、甲醛、氨、苯、甲苯、二甲苯、TVOC 的抽检量不得少于房间总数的 50％，且不得少于 20 间；当房间总数不大于 20 间时，应全数检测）。

2.4　主要指标与国外技术法规和标准比对

建筑声环境方面，《环境规范》规定睡眠类房间夜间建筑物外部噪声源传播至睡眠类房间室内的噪声限值为 30dB（A），建筑物内部建筑设备传播至睡眠类房间室内的噪声限值为 33dB（A），与日本、美国、英国标准一致，在数值上略低于世界卫生组织（WHO）推荐的不大于 30dB（A）限值。但是，WHO 和《环境规范》采用的测试条件不同，WHO 指标是指整个昼间（16h）或整个夜间（8h）时段的等效声级值，《环境规范》指标是选择较不利的时段进行测量的值，因此《环境规范》指标测量值低于 WHO 测量值。此外，WHO 指标值是在室外环境噪声水平满足 WHO 指南推荐值（卧室外墙外 1m 处夜间等效声级不超过 45dB）的前提下推荐的，《环境规范》的相关限值指标并没有对室外环境噪声值的限制，从这个角度上来说，本规范规定的夜间低限标准限值和 WHO 的推荐值处在同等水平。

建筑光环境方面，采光等级是根据光气候区划提出相应采光要求，国外采光规范没有相关光气候区划，因此内容更具有针对性；灯具光生物安全指标高于国际电工委员会（IEC）灯具安全标准的要求，且《环境规范》具体规定了适用于不同场所的光生物安全要求；《环境规范》率先提出了频闪指标的定量指标，并规定了儿童及青少年长时间学习或活动的场所选用灯具的频闪效应可视度（SVM）不应大于 1.0，而欧盟《光和照明　工作场所照明　第 1 部分：室内工作场所》EN 12464—1（2019 版）仅提出了该评价指标，暂无具体数值要求；光污染指标与国际照明委员会（CIE）光污染指标要求水平相当。

建筑热工方面，建筑热工设计区划与美国、英国、德国、澳大利亚等国家规范的建筑气候区划一致，《环境规范》增加了针对建筑设计的气候区划规定。在保温设计方面，美国、德国等国家是对热阻（或传热系数）进行限定，《环境规范》则对围护结构的内表面温度提出要求，直接与人体热舒适挂钩。在隔热设计方面，欧美发达国家重点关注空调房间的隔热性能，《环境规范》则针对国内自然通风房间和空调房间并存的实际情况，对自然通风房间和空调房间分别提出不同的外墙和屋面内表面最高温度限值。

室内空气质量方面，我国室内氡浓度限值标准要求 $150Bq/m^3$ 低于 WHO 标准的 $100Bq/m^3$，主要是因为《环境规范》检测要求与 WHO 不同，我国规定自然通风房屋的氡检测需对外门窗封闭 24h 后进行，而 WHO 检测没有限定对外门窗封闭等要求；Ⅰ类民用建筑工程甲醛限量值标准 $0.07mg/m^3$ 要求略高于 WHO 标准的 $0.10mg/m^3$，因为 WHO 限值包含活动家具产生的甲醛污染，根据《中国室内环境概况调查与研究》，活动家具对室内甲醛污染的贡献率统计值约为 30%，所以《环境规范》甲醛限值水平与 WHO 标准相当。其他室内污染物指标国外没有明确规定。

3　特点和亮点

（1）特点

多学科集成。建筑声、光、热及空气质量各章节内容相对独立，且要求、体量不同；《环境规范》作为建筑环境通用要求与其他项目规范、通用规范内容交叉多。

衔接和落实相关管理规定。建筑声环境、室内空气质量与环保、卫生部门相关联，建筑光环境与城市照明管理相关联，需要与国家现行管理规定做好衔接和落实。

大口径通用性环境要求。在规定建筑室内环境指标同时兼顾室外环境，规范的内容不适用于生产工艺用房的建筑热工、防爆防火、通风除尘要求。

全过程闭合。尽量做到性能要求与技术措施、检测、验收的对应，可实施、可检查。

（2）亮点

以功能需求为目标，提出了按睡眠、日常生活等分类的通用性室内声环境指标；强调了天然光和人工照明的复合影响，优化了光环境设计流程；关注儿童、青少年视觉健康，根据视觉特性，其长时间活动场所采用光源的光生物安全要求严于成年人活动场所；将建筑气候区划和建筑热工设计区划作为强制性条文，以强调气候区划对建筑设计的适应性，明确了建筑热工设计计算及性能检测基本要求，保证设计质量；明确了室内空气污染物控制措施实施顺序，除控制选址、建筑主体和装修材料，必须与通风措施相结合的强制性要求，并提出竣工验收环节的控制要求。

4　结束语

《环境规范》涉及社会公众生活和身体健康，是建筑环境设计及验收的底线控制要求，也是建筑节能设计以及绿色建筑设计的主要基础。《环境规范》的编制和发布，将有助于推动相关行业的技术进步和发展；有助于创造优良的人居环境，提升人们的居住、生活质量，为进一步改善民生、保障人民群众的身体健康做出贡献。

作者：邹瑜[1,2]；徐伟[1,2]；王东旭[1,2]；林杰[1,2]；赵建平[1,2]；董宏[1,2]；王喜元[3]；曹阳[1,2]（1 中国建筑科学研究院有限公司建筑环境与能源研究院；2 建科环能科技有限公司；3 河南省建筑科学研究院有限公司）

强制性工程建设规范《既有建筑鉴定与加固通用规范》解读

Explanation of the Mandatory Engineering Construction Code
General code for assessment and rehabilitation of existing buildings

1　编制背景

为了更好地贯彻和实施《中华人民共和国标准化法》和《中华人民共和国标准化法实施条例》，适应社会主义建设的新常态，加快工程建设标准化的进程，积极推进标准化体制改革，突出重点标准的编制，住房和城乡建设部提出了在各专业领域逐步制订强制性工程建设规范的要求。对于我国量大面广的既有建筑而言，这不仅必要，而且迫切。

当前，我国既有建筑数量十分庞大，据有关部门的不完全统计，既有建筑面积已达 800 亿 m²。为了建设资源节约型和环境友好型社会，也为了保存中华民族的建筑历史文化信息，有必要采取措施保障既有建筑的功能并延续其使用寿命。为此，既有建筑的检测、鉴定与加固的任务势必十分繁重。在这种情况下，极有必要制订一本以保障和延续结构安全性能为基础的全文强制规范。

根据住房和城乡建设部《关于印发 2019 年工程建设规范和标准编制及相关工作计划的通知》（建标函〔2019〕8 号）的要求，四川省建筑科学研究院有限公司作为牵头单位，会同有关单位完成了强制性工程建设规范《既有建筑鉴定与加固通用规范》（以下简称《规范》）的编制工作。

2　主要工作及框架结构

2.1　主要工作

《规范》编制过程中，经过了研编和编制两个阶段，同时在住房和城乡建设部网站上完成了两次公开征求意见，后经审查形成最终稿。《规范》编制主要完成了以下四项工作：

（1）研究了国际、英国、美国等国外相关法规规范的构成要素、术语内涵、技术指标等与我国现行标准的差异，借鉴了国外相关标准的部分先进技术内容，使《规范》与国际接轨。

（2）对我国现行既有建筑鉴定与加固相关的强制性条文进行梳理、筛选、修改及整合，形成新的强制性条文，统一了相关的技术规定。

（3）针对当前既有建筑加固改造中时有发生的工程事故，结合现行标准以及以往的工程经验，有针对性地梳理了相应的强制性规定。

（4）为保证既有建筑安全，对既有建筑鉴定加固领域已固化的技术方法及程序进行强制性底线规定，使既有建筑鉴定与加固强制性条文形成体系。

2.2　框架结构

《规范》主要解决何时进行鉴定与加固、鉴定与加固工作程序、如何进行检测鉴定与加固等问题，主要由检测与监测、鉴定、加固三部分组成。其中，鉴定分为在永久荷载与可变荷载作用下承载能力的安全性鉴定和在地震作用下的抗震鉴定；加固分为地基基础加固与主体结构加固；主体结构加固分为整体与抗震加固和构件加固，并按结构形式分别作出具体规定。

《规范》共 6 章，2 个附录，110 条，框架结构如图 1 所示。

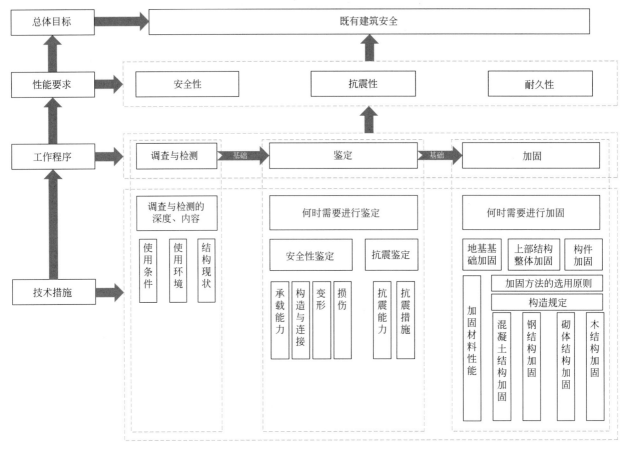

图 1 《规范》框架结构

3 技术内容

《规范》明确了既有建筑鉴定与加固的目标要求、适用范围、程序原则和性能要求，主要包括既有建筑的调查、检测与监测、鉴定、加固等内容。《规范》规定了既有建筑鉴定与加固工程的性能要求，以及保障性能要求的技术指标要求。

《规范》提出了贯彻执行国家技术经济政策，保证既有建筑安全，保障人身、财产和公共安全，保护环境和节约资源的目标要求。性能要求上，《规范》规定了既有建筑结构应满足的安全性、抗震性及耐久性要求。技术内容上，为满足既有建筑鉴定与加固工作的需要，对既有建筑现场调查、检测与监测进行了底线性规定；将既有建筑鉴定所涉及的安全性鉴定和抗震鉴定分别进行规定，确保既有建筑在永久荷载与可变荷载作用以及在地震作用下的安全；通过对加固材料性能指标的规定，来满足结构的安全性和耐久性；对地基基础和主体结构的加固分别进行技术规定，将主体结构根据工程实际需要分为整体加固与构件加固，对混凝土结构、钢结构、砌体结构和木结构的加固设计、施工进行规定，达到安全、耐久的目的。

4 亮点与创新点

（1）进一步明确了既有建筑鉴定与加固的内涵

《规范》进一步明确了既有建筑鉴定与加固的内涵，将既有建筑鉴定分为在永久荷载和可变荷载作用下的承载能力的安全性鉴定和在地震作用下的抗震鉴定，并指出既有建筑的鉴定应同时进行安全性鉴定和抗震鉴定；将既有建筑加固分为承载能力加固和抗震加固，并要求既有建筑加固应进行承载能力加固和抗震加固，且应以修复建筑物安全使用功能、延长其工作年限为目标。

（2）明确了既有建筑鉴定与加固的工作程序

从防止加固改造工程事故的角度出发，《规范》首次明确规定了既有建筑鉴定与加固的工作程序。包括既有建筑鉴定与加固应遵循先检测、鉴定，后加固设计、施工与验收的原则以及不得将鉴定报告直接用于施工等内容。

（3）细化了不同鉴定目的下的安全性鉴定要求

《规范》首次提出了当鉴定目的不同时，对既有建筑承重结构、构件的承载能力的验算应选用不同的依据。当为鉴定原结构、构件在剩余设计工作年限内的安全性时，应按不低于原建造时的荷载规范和设计规范进行验算，如原结构、构件出现过与永久荷载和可变荷载相关的较大变形或损伤，则相关性能指标应按现行规范与标准的规定进行验算；当为结构加固、改变用途或延长工作年限的目的而鉴定原结构、构件的安全性时，应在调查结构上实际作用的荷载及拟新增荷载的基础上，按现行规范与标准的规定进行验算。

（4）提出了既有建筑抗震鉴定根据后续工作年限进行分类的方法

《规范》根据后续工作年限的不同，对抗震鉴定要求进行了重新梳理，使得既有建筑的抗震鉴定按后续工作年限进行分类，而不再依赖于建造年代。

《规范》规定了既有建筑抗震鉴定应根据后续工作年限采用相应的鉴定方法，且后续工作年限的选择不应低于剩余设计工作年限，并将抗震鉴定按后续工作年限分为三类：后续工作年限为 30 年以内（含 30 年）的建筑，简称 A 类建筑；后续工作年限为 30 年以上 40 年以内（含 40 年）的建筑，简称 B 类建筑；后续工作年限为 40 年以上 50 年以内（含 50 年）的建筑，简称 C 类建筑。

5 结语

我国既有建筑量大面广，大量的既有建筑需要通过检测鉴定、加固与改造，才能满足正常使用要求，以及人民群众对美好生活的基本需求。《规范》保证了既有建筑鉴定与加固改造的安全底线要求，严格执行《规范》，将有利于避免既有建筑鉴定与加固改造过程中安全事故的发生，对建设资源节约型和环境友好型社会，以及保存中华民族的建筑历史文化信息具有重要意义。《规范》的实施，也为当前城市体检与城市更新的顺利实施奠定了坚实基础。

作者：王德华（四川省建筑科学研究院有限公司）

国家标准《钢管混凝土混合结构技术标准》解读

Explanation of the National Standard *Technical standard for concrete-filled steel tubular hybrid structures*

1 编制背景

国家标准《钢管混凝土混合结构技术标准》所论述的钢管混凝土混合结构由该标准第一主编人韩林海教授提出。该类结构是以钢管混凝土为主要构件,与其他结构构(部)件混合而成且共同工作的结构,包括钢管混凝土桁式混合结构(如图 1 所示)、钢管混凝土加劲混合结构(如图 2 所示)等。该类结构因具有承载力高、耐久性和经济性好、施工方便、抗震性能优越等特点,已成为我国房屋建筑、桥梁、塔架等重大基础设施主体结构的优选形式之一。

钢管混凝土桁式混合结构是由圆形钢管混凝土弦杆与钢管、钢管混凝土或其他型钢腹杆混合组成的桁式结构,弦杆通常对称布置,肢数可为二肢、三肢、四肢或六肢等。钢管混凝土桁式混合结构可与混凝土结构板共同形成钢管混凝土桁梁结构体系,也可用作结构柱等承重结构。该类结构与传统的空钢管结构相比,承载力高、刚度大、抗疲劳性能和耐久性能好;与传统的钢筋混凝土相比,自重轻且抗震性能好。由于有效减少了混凝土材料的消耗量,因此可减小对环境的不利影响。

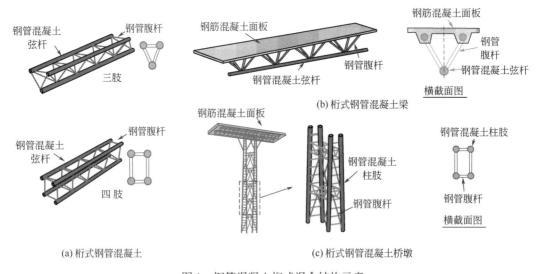

图 1　钢管混凝土桁式混合结构示意

钢管混凝土加劲混合结构是由内置圆形钢管混凝土部分与钢管外包钢筋混凝土部分混合而成的结构,常被用作主要承重结构,如桥墩、立柱或主拱结构等,典型的施工过程是安装弦杆与腹杆、浇灌弦杆内混凝土、绑扎钢筋、浇筑外包混凝土,如图 2(a)所示。施工全过程中,结构成型前其组成材料和结构会经历复杂的应力变化和内力重分布,进而对施工阶段及结构设计工作年限内的安全性产生不利影响。因此,在施工阶段,需保证钢管结构及钢管混凝土桁式混合结构的安全性;在使用阶段,需保证钢管混凝土加劲混合结构的安全性。该类结构具有承载力高、刚度大、耐久性能和抗撞击性能好的特点，充分提高了结构的安全性，减少了混凝土等材料消耗量，具有保护环境的综合效益。

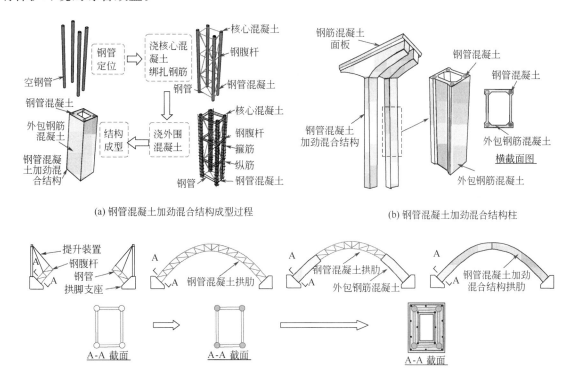

(a) 钢管混凝土加劲混合结构成型过程

(b) 钢管混凝土加劲混合结构柱

(c) 拱形钢管混凝土加劲混合结构

图 2　钢管混凝土加劲混合结构示意

　　钢管混凝土混合结构因其优异的力学性能和经济性能而成为我国重大基础设施主体结构优选形式之一。其高性能源于钢管混凝土与钢或混凝土部件的"混合作用"，即组成混合结构的各构件/部件之间的协同互补、相互作用机制，使其力学性能具有较大复杂性。而以往缺乏专门的技术标准，使该类结构建设存在安全隐患，阻碍了其高质量发展。需基于系统的试验、理论研究和工程反复实践，提出系统的设计方法，制订专门的技术标准，从而为钢管混凝土混合结构的科学推广应用创造条件。

2　主要内容

　　根据上述编制背景，清华大学韩林海教授研究团队针对钢管混凝土混合结构进行了系统的试验和理论研究，明晰了钢管混凝土混合结构中的"混合作用"机制。编制组围绕大跨、高耸和重载结构工程进行了广泛深入的调研，系统总结了相关工程建设实践经验，参考了国内外先进的技术标准，广泛征求了各方面的意见，对主要问题进行了反复讨论，开展了理论与试验研究及工程实践反复验证，最终确定了各项技术参数和技术要求，提出了系统的设计方法和构造措施，形成了成套设计关键技术，完成该《钢管混凝土混合结构技术标准》GB/T 51446—2021（以下简称《标准》）的制订工作，填补了该领域的空白。《标准》主要技术内容包括：

　　（1）总则：规定了《标准》的编制目标、总体原则和适用范围。

　　（2）术语和符号：规定了《标准》中用到的重要专业术语及其解释，包括钢管混凝土混合结构、约束效应系数等。

（3）基本规定：给出了《标准》中的基本要求、作用和作用组合及构造基本规定等。

（4）材料：给出了《标准》中采用的钢材、混凝土和连接材料的基本规定。

（5）结构分析：规定了《标准》中结构整体分析的计算指标和分析方法。

（6）钢管混凝土桁式混合结构承载力计算：提出了《标准》中钢管混凝土桁式混合结构在不同受力状态下的承载力计算方法，包括正截面承载力和斜截面承载力。

（7）钢管混凝土加劲混合结构承载力计算：提出了《标准》中钢管混凝土加劲混合结构在复杂受力状态下的承载力计算方法，包括单肢结构、四肢结构、六肢结构轴心受压、压弯和受剪的承载力计算方法，并给出了考虑长细比和长期荷载作用影响的结构承载力计算方法、抗撞击设计方法，以及主拱承载力计算方法。

（8）节点设计：规定了《标准》中钢管混凝土混合结构节点和连接设计的要求，并给出了建议的节点和连接构造措施。

（9）防护设计：规定了《标准》中钢管混凝土混合结构防腐设计、防火设计和防撞击设计。

（10）施工和验收：规定了《标准》中钢管混凝土混合结构制作与施工的要求，包括一般规定、钢管构件、钢管内混凝土和钢管外包混凝土的施工与制作以及结构的验收等内容。

3 技术特点

该《标准》适用于房屋建筑、铁路、公路、电力、港口等工程中钢管混凝土混合结构的设计、施工和验收，具有如下主要技术特点：

（1）规定了以钢管混凝土为主要构件，与其他结构构（部）件混合而成且共同工作的钢管混凝土混合结构；提出了结构体系计算分析方法，材料强度、结构刚度、阻尼比等关键计算指标的计算方法，为结构选型和体系分析提供技术依据。

（2）系统构建了钢管混凝土混合结构在压（拉）、弯、剪复杂受力，长期荷载，地震，撞击和火灾作用下的结构承载力计算方法及设计构造措施，为钢管混凝土混合结构的安全性设计提供了可靠技术支撑。

（3）提出了结构全过程施工方法和构造要求，规定了由施工引起的核心混凝土脱空容限和钢管初应力限值，规定了分环分段的浇筑方法，提出了考虑钢材腐蚀后的承载力计算方法，为综合考虑施工全过程影响的钢管混凝土混合结构安全性设计提供了可靠依据。

4 典型工程应用

钢管混凝土混合结构已在多项典型的大跨、高耸和重载结构中得到广泛应用，典型工程应用如下：

（1）中国尊建筑高度 528m，地上 108 层，采用了巨型框架-核心筒结构形式。外围矩形框架由多腔式多边形钢管混凝土柱、巨型斜撑、转换桁架组成钢管混凝土混合结构。其多腔式多边形钢管混凝土柱受力工况复杂，《标准》第 5 章的设计指标为该工程提供了技术依据。

（2）清河火车站站房耐久性设计使用年限为 100 年，且应满足不小于 3h 耐火极限的要求，设计采用钢管混凝土柱为主体承重结构。以往国内外无直接的膨胀型防火涂料设计方法和工程经验，《标准》第 9 章采用的方法为该工程钢管混凝土柱膨胀型防火涂料厚度和构造措施的确定提供了技术依据。

（3）西堠门大跨越输电高塔高度达 380m，最大钢管主材直径达 2.3m，壁厚 28mm。该输电高塔为舟山国家石油储备基地、浙石化炼化一体化项目等一大批重点工程提供能源保障，该《标准》第 6 章采用的设计方法为高塔结构设计提供了技术依据。

（4）汶川克枯特大桥全长 6431m，选用钢管混凝土混合结构，取得了承载力高、抗震性能优、施工便捷、显著降低结构造价的综合技术效果，经受了 2019 年阿坝州 "8·20" 特大泥石流的考验，为抢险救灾提供了关键通道。《标准》第 6 章采用的设计方法为桁梁设计提供了技术依据。

（5）凉山金阳河特大桥最大墩高 196m，是 9 度抗震设防区世界最高墩。该桥梁的桥墩采用钢管混凝土加劲混合结构，相比于传统钢筋混凝土桥墩，解决了桥墩自重大、抗震性能差等关键问题，提升了桥梁结构整体的承载力和抗震性能。《标准》第 7 章采用的设计方法为桥墩设计提供了依据。

《标准》所依据的钢管混凝土混合结构相关设计方法在重大工程项目中得到了广泛的应用，既保证了工程结构的安全性，又大幅降低了工程施工难度和工程造价，取得了良好的社会和经济效益。

5　发展前景展望

《标准》的制订将促进科学合理地推广应用钢管混凝土混合结构，改变钢管混凝土混合结构领域国家标准滞后于工程实践的现状，对于提升城乡建设领域抗震减灾能力，提高人民群众安全感具有重要意义，为完善国家工程质量安全监管体系，促进我国土木基础设施在钢管混凝土结构领域的产业创新与升级做出了重要贡献。此外，"一带一路"上的不少国家和地区处于强震区，重大基础设施面临强烈地震的威胁，预计《标准》的制订将对服务 "一带一路" 起到积极作用。

作者：马丹阳（北京航空航天大学）

国家标准《古建筑木结构维护与加固技术标准》解读

Explanation of the National Standard *Technical standard for maintenance and strengthening of historic timber building*

1 编制背景

我国是一个文明古国，迄今仍保存着大量的古建筑。这是我国悠久文化遗产的组成部分，特别是以木构架为承重体系的古建筑，由于它具有合理的结构形式，独特的风格和巧思多变的设计手法，而在国际上久享盛名。

为了加强对这些珍贵文物的保护，在国家文物法中明确规定了有关古建筑的保护原则与管理权责；但要使这一国家法律得到正确的贯彻执行，还需要有相应的技术规范，来统一古建筑维护、修缮和加固修复的基本原则与技术要求，因为有许多事例表明，不少古建筑遭受的损害，往往与保护或维修不当相关。因此，为了使分属不同级别、不同部门管理和使用的古建筑均能得到科学而有效的维护、修缮与加固修复，原国家计委与原文化部计划财务司磋商后，于20世纪80年代初下达了制定国家标准《古建筑木结构维护与加固技术规范》的任务。在各有关单位的共同努力下，经过近8年的努力，本标准第一版《古建筑木结构维护与加固技术规范》GB 50165—1992于1992年得到批准、发布实施，并在工程实践中取得了良好的社会效益。

近年来，建筑物鉴定与加固技术得到了长足的发展，经过20多年的实施，1992版标准的部分内容已不能满足当前需要，为使我国大量古建筑和优秀的历史建筑能得到更好的保护，本标准根据新修订的国家文物法和国内外科学技术发展的新成果进行了一次全面的修订，修订后的《古建筑木结构维护与加固技术标准》GB/T 50165—2020（以下简称《标准》）于2020年发布实施。

2 主要工作及框架结构

2.1 主要工作

（1）认真整理25年来管理国家标准《古建筑木结构维护与加固技术规范》GB 50165—1992过程中所收到的反馈信息。从中提取需要修改、充实、提高的技术内容和参数，供此次修订该标准参照使用。

（2）为使标准中术语定义更加准确，早在1995年，主编单位就已组织编制组和文物部门古建筑专家对标准中术语的定义进行了修订。

（3）依靠编制组中高等院校和科研单位成员自身试验室的良好条件，开展榫卯连接和纤维复合材围束加固的验证性试验；解决负荷状态下木构架加固的安全性评估问题。为古建筑木构架加固设计原则的确定提供了基本依据。

（4）从我国是多地震国家的现实出发，组织研究了古建筑木构架的抗震加固原则与方法。

（5）通过调查分析，总结了原标准中关于古建筑木构件防虫防腐药剂存在的安全性和环保等问题；为修订有关条文提供了基本依据。

2.2　框架结构

《标准》共 9 章 8 个附录，包括古建筑保护的基本原则和勘查、监测、鉴定、维护、修缮与加固、验收等技术内容，内容覆盖古建筑木结构维护与加固全过程。《标准》主要框架见图 1。

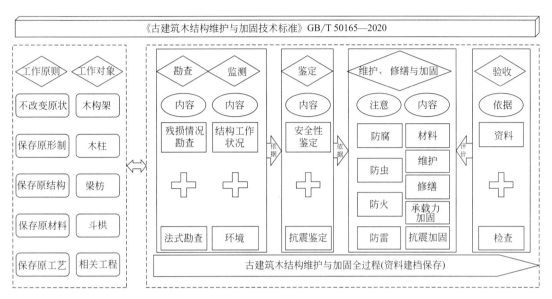

图 1　标准框架图

3　主要修订内容

根据前期标准管理、调查研究、验证性试验、征求专家意见等工作，本次修订主要包括 6 处内容，如表 1 所示。以下对修订的主要技术内容进行说明。

标准主要修订内容　　　　　　　　　　　　　　　　　　表 1

章节	修订内容
第 2 章	增加术语
第 5 章	增加古建筑木结构的监测
第 6 章	增加古建筑木结构的安全性鉴定
第 6 章	修订古建筑木结构的抗震鉴定
附录 F	增加木构件承载能力验算
附录 G	增加振动对上部结构影响的鉴定

3.1　古建筑木结构的安全性鉴定方法

我国现存的古建筑，其结构设计是按历代官订的模数及著名匠师的实践经验进行的，与现行可靠性理论有较大距离，似乎难以直接引用现代标准进行安全性鉴定；但实际情况是：在长期的古建筑维修中，人们积累了大量木构件和连接损坏对结构安全影响的实际经验，特别是近 70 年来，通过使用现代检测技术与分析方法，逐步积累了许多可供推断古建筑结构受力状态及其安全性的数据和资料。从而使古建筑结构的安全性鉴定同样可以建立在科学的基础上。因此，本标准所提供的安全性鉴定方法，是以现场勘查所发现的残损现象及其对结构、构件、连接安全性的影响为依据，参照现行国家标准《民用建筑可靠性鉴定标准》GB 50292 的鉴定评级规定，结合古建筑特点，按勘查项目、构件（含连接、节点）和结构体系划分为三个层次；每一层次划分为四个安全性等级；从勘查项目开始，逐层进行评定。

3.2　古建筑木结构构件的验算

根据《标准》的规定，古建筑木结构构件的验算应在详细调查工程质量的基础上按现代设计标准规定的方法进行。这也就要求其分级应以现行国家标准《建筑结构可靠性设计统一标准》GB 50068（以下简称《统一标准》GB 50068）规定的可靠指标为基础，来确定安全性等级的界限。因为结构构件的安全度（可靠度）除与设计的作用（荷载）、材料性能取值及结构抗力计算的精确度有关外，还与工程质量有着密切关系。《统一标准》GB 50068 以结构的目标可靠指标来表征设计对结构安全度的要求，并根据可靠指标与材料和构件质量之间的近似函数关系，提出了设计要求的质量水平。从可靠指标的计算公式可知，当荷载效应的统计参数为已知时，可靠指标是材料或构件强度均值及其标准差的函数。因此，设计要求的材料和构件的质量水平，可以根据结构构件的目标可靠指标来确定。

《统一标准》GB 50068 规定了两种质量界限，即设计要求的质量和下限质量，前者为材料和构件的质量应达到或高于目标可靠指标要求的期望值。由于目标可靠指标系根据我国材料和构件性能的统计参数的平均值校准得到的，因此，它所代表的质量水平相当于全国平均水平，实际的材料和构件性能可能在此质量水平上下波动。为使结构构件达到设计所预期的可靠度，其波动的下限应予规定。与此相应，工程质量也不得低于规定的质量下限。《统一标准》GB 50068 的质量下限系按目标可靠指标减 0.25 确定的。此值相当于其失效概率运算值上升半个数量级。

基于以上考虑，并结合安全性分级的物理内涵，《标准》对这类检查项目评级，采取了下列分级原则：

a 级：符合《标准》对目标可靠指标 β_0 的要求，实物完好，其验算表征为 $R/(\gamma_0 S) \geqslant 1$；分级标准表述为：安全性符合《标准》对 a 级的要求，不必采取措施。

b 级：略低于现行规范对 β_0 的要求，但尚可达到或超过相当于工程质量下限的可靠度水平。即可靠指标 $\beta \geqslant \beta_0 - 0.25$，此时，实物状况可能比 a 级稍差，但仍可继续使用，验算表征为 $0.95 \leqslant R/(\gamma_0 S) < 1$；分级标准表述为：安全性略低于《标准》对 a 级的要求，尚不显著影响承载，可不采取措施。

c 级：不符合现行规范对 β_0 的要求，其可靠指标下降已超过工程质量下限，但未达到随时有破坏可能的程度，因此，其可靠指标 β 的下浮可按构件的失效概率增大一个数量级估计，即下浮下列区间内：$\beta_0 - 0.5 \leqslant \beta < \beta_0 - 0.25$。

此时，构件的安全性等级比《标准》要求的下降了一个档次。显然，对承载能力有不容忽视的影响。对于这种情况，验算表征为 $0.9 \leqslant R/(\gamma_0 S) < 0.95$；分级标准表述为：安全性不符合本标准对 a 级的要求，显著影响构件承载，应采取措施。

d 级：严重不符合现行规范对 β_0 的要求，其可靠指标的下降已超过 0.5，这意味着失效概率大幅度提高，实物可能处于濒临危险的状态。此时，验算表征为 $R/(\gamma_0 S) < 0.9$；分级标准表述为：安全性极不符合《标准》对 a 级的要求，已严重影响构件承载，必须立即采取措施（如临时支顶并停止使用等），才能防止事故的发生。

从以上所述可知，由于采用了按《统一标准》GB 50068 规定的目标可靠指标和两种质量界限来划分承载能力验算项目的安全性等级，因而不仅较好地处理了可靠性鉴定标准与《统一标准》

GB 50068 接轨与协调的问题，而且更重要的是避免了单纯依靠专家投票决定分级界限所带来的概念不清和可靠性尺度不一致的缺陷。

3.3　地震作用的计算

（1）现行《建筑抗震设计规范》GB 50011 给出的结构总水平地震作用标准值 F_{Ek} 的计算式，虽然对各种材料的结构作了统一的考虑，但不包括木结构在内。因此，需按古建筑木构架的特性加以修正。《标准》采用乘以系数的方法修正 F_{Ek}。根据计算，该系数变动在 0.703～0.719 之间，《标准》统一取 0.72。

（2）考虑到古建筑构造的特点，对结构等效总重力荷载 G_{eq} 的计算，补充了单层坡顶房屋的规定。这是按功能等效原理，将重力荷载代表值等效作用于大梁中心确定的。至于平顶房屋和多层房屋，则完全可按现行国家标准《建筑抗震设计规范》GB 50011 的规定计算。

（3）由于古建筑木构架不能作为弹性系统计算其基本自振周期，故建议按实测值采用。但在实际工作中，往往会遇到实测有困难的情况，所以在附录 H 中给出了根据实测结果回归得到的经验公式。当需按该式计算木构架的基本自振周期时，其构造条件应符合该附录的规定。

（4）对 8 度和 9 度区的抗震变形验算，《标准》给出的木构架位移角限值（θ_P）为 1/30。这是根据若干古建筑的残留变形经过分析选定的。由于可供调查实测这一数据的古建筑不多，难以概括全面，故规定对于特别重要的古建筑，其（θ_P）值还应专门研究确定。

3.4　木材的防腐

木材的防腐效果主要取决于木材防腐剂种类和木材载药量。国家标准《木材防腐剂》GB/T 27654—2011 和《防腐木材的使用分类和要求》GB/T 27651—2011 中对木材防腐剂和载药量的具体规定是在经过大量试验研究的基础上制定的，与国际木材防腐技术前沿相一致，符合我国当前木材防腐的发展需要。因此，《标准》直接参考引用。

另外，在本标准还规定使用桐油作隔潮防腐剂时应添加三氯酚钠或菊酯。这是根据这次修订过程中对桐油防腐效力所做的试验研究结果补充的。因为试验表明，桐油本身无防腐效力。它对木材的保护是通过隔潮起到一些作用。为了确保木材不受菌、虫危害，宜在桐油中添加油溶性防腐剂。

3.5　古建筑木结构抗震加固

这是在现行国家标准《建筑抗震设计规范》GB 50011 要求的基础上，针对古建筑的特点和需要而作出的具体规定，强调在古建筑抗震加固工作中，同样应贯彻国家文物法，不能因加固、设防，而改变文物的原状。因此，当遇到重大问题时，应依靠专家对抗震加固方案的可行性与合理性进行论证。

3.6　加固计算原则

关于木材的设计强度、弹性模量以及一些计算参数的取值问题，由于取自古木的试验不可能做得很多，因而，其基本取值方法系在专家论证的基础上，参考现行国家标准《木结构设计标准》GB 50005 确定的。对年代久远的古建筑，其原件的木材计算指标降低系数是参考中国林业科学研究院、四川省建筑科学研究院和太原理工大学的试验资料和日本对古代木材所做的试验结果确定的。

4　亮点与创新点

（1）提出古建筑木结构安全性鉴定方法

在《古建筑木结构维护与加固技术规范》GB 50165—1992 中，古建筑木结构的可靠性鉴定直接依据残损点是否已得到处理划分为四类。本次标准的修订中，首次系统提出古建筑木结构安全性鉴定方法，按勘查项目、构件和结构体系划分为三个层次，每个层次划分为四个安全性等级，从勘查项目开始逐层进行评定。勘查项目评级方面，将古建筑木结构勘查项目残损点按其对结构、构件安全性的影响程度划分为未见残损、轻度残损、中度残损和重度残损四种情况，与国家标准《民用建筑可靠性鉴定标准》GB 50292 中构件项目鉴定分为 a、b、c、d 四级相对应。构件层面，当具备验算承载能力的条件时，增加了验算评级的方法和规定，并按残损勘查项目和承载能力验算项目分别评定构件的残损等级和承载能力等级，并取其中最低一级作为该构件的安全性等级。结构体系层面按构件集、结构布置、结构间联系和抗侧向作用系进行评级，最后再综合评定结构的安全性等级。《古建筑木结构维护与加固技术规范》GB 50165—1992 通过 20 多年的使用，"残损点"的概念已经广泛深入古建文物保护工作者的人心，并积累了丰富的关于"残损点"的勘查和应用经验。采用《标准》中的处理方式，既兼顾了古建筑木结构"残损点"概念的继续使用，又兼顾了现行国家标准《民用建筑可靠性鉴定标准》GB 50292 对鉴定评级进行层次化和系统化。

（2）提出古建筑木结构监测要求

《标准》首次纳入了古建筑木结构监测相关规定，具体包括需要进行监测的情况、制订监测方案的要求、对监测设备的要求、监测系统实施要求、变形监测及环境温湿度监测要求等。

（3）提出古建筑木结构的木构架承载能力验算方法

在《古建筑木结构维护与加固技术规范》GB 50165—1992 中未对古建筑木结构的验算作出具体规定。《标准》中提出了古建筑木结构中木构架的承载能力验算方法，包括木材强度和弹性模量的确定与修正、计算分析方法以及荷载和荷载效应的确定、荷载分配、斗栱及叠合梁的计算等。

（4）提出古建筑木结构受振动影响的安全性鉴定方法

提出应通过现场测量的方式获取古建筑木结构振动强度的幅值、频率等相关参数，并给出了不同振源情况下相关参数的限值，同时作出了如何根据测试参数的具体情况进行古建筑木结构受振动影响的安全性鉴定评级的规定。

5　结语

古建筑凝聚了我国古代历史、科技、文化以及艺术发展成果，是华夏文明的重要体现。然而在漫长的历史岁月中，由于古建筑木结构材料老化、腐朽、虫蛀、风雨侵蚀、地震等自然力以及战争、火灾等人为破坏，古建筑木结构需要进行维护、修缮和加固。《标准》的实施，使得我国古建筑木结构的维护、修缮与加固修复更加科学有效，对保存中华民族的建筑历史文化信息具有非常重要的意义。

标准的制修订是一个长期、反复的过程，在今后的工作中，编制组将继续坚持科学性，认真总结经验，采用新的科技成果，注意借鉴国外先进标准，认真管理标准，及时更新标准，使得《古建筑木结构维护与加固技术标准》日臻完善。

作者：吴体；黎红兵；梁爽；薛伶俐（四川省建筑科学研究院有限公司）

行业标准《装配式住宅设计选型标准》解读

Explanation of the Professional Standard *Standard for model selection of assembled housing*

1　编制背景

随着国民经济的发展和人民对美好生活的向往，我国目前推行的高质量发展、绿色低碳发展、可持续发展等国家顶层战略，加快了新型建筑工业化的发展进程。建筑业是我国国民经济的重要支柱产业，全面实现生产建造方式的转型升级刻不容缓。2020 年，住房和城乡建设部等多部门联合印发了《关于加快新型建筑工业化发展的若干意见》和《关于推动智能建造与建筑工业化协同发展的指导意见》等相关政策文件，提出将标准化理念贯穿于新型建筑工业化项目的设计、生产、施工、装修、运营维护全过程，为以装配式建筑为核心的新型建筑工业化发展指明了方向。

《国务院办公厅关于大力发展装配式建筑的指导意见》（国办发〔2016〕71 号）发布以来，装配式技术在我国开始大量应用，技术水平显著提升。特别是装配式建筑技术系列标准陆续发布实施后，装配式建筑已由起步期进入快速发展时期，国家顶层设计逐渐成型，各地方具体政策指导措施正在有序推进。目前，国家在大力推动装配式建筑发展的同时，更注重整个产业链的健康发展，只有将设计标准化和部品部件标准化等理念贯穿于整个过程，才能实现产业链上下游的高效有序衔接。

装配式建筑发展已有较长时间，但还存在很多问题，效果也不理想。经过调研发现，问题的关键是在建设过程的前端。一是设计环节，目前很多设计单位仍然先按传统思路进行设计，再拆分为预制结构部件，缺乏对标准化设计、系统集成等装配式建筑设计理念的应用，使得实际工程中存在大量非标尺寸的部品部件和接口；二是部品部件环节，部品部件标准化程度的不足，直接影响生产效率，在装配施工中也导致混凝土模具、施工机具等无法高效重复使用，造成极大的浪费。同时，部品部件接口的标准化程度不足，也使得部品部件无法通用、互换，进而导致生产、施工效率受到严重影响。可见，标准化问题已成为当下我国装配式建筑发展的障碍，亟须在设计理念层面对设计人员进行引导。

2　编制目的

为贯彻落实党中央、国务院关于大力发展装配式建筑的决策部署，将标准化理念贯穿于装配式建筑项目的设计、生产、施工、装修、运营维护全过程，住房和城乡建设部标准定额司着力打造"1＋3"标准化设计和生产体系，见图 1。"1"为行业标准《装配式住宅设计选型标准》、"3"为《钢结构住宅主要构件尺寸指南》《装配式混凝土结构住宅主要构件尺寸指南》《住宅装配化装修主要部品部件尺寸指南》（以下简称《指南》）。

《装配式住宅设计选型标准》JGJ/T 494—2022（以下简称《标准》）的制定旨在引领设计单位实施标准化正向设计，重点解决如何采用标准化部品部件进行集成设计，与 3 项《指南》相互配合形成装配式建筑标准化的系统解决方案，全面构建"1＋3"标准化设计和生产体系。

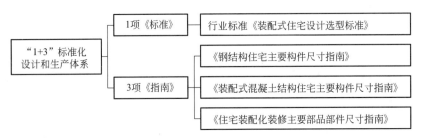

图 1 "1+3"标准化设计和生产体系

3 主要内容

《标准》在编制过程中，研究并消化吸收了国内外在标准化设计与标准化部品部件应用的成功经验，同时借鉴《装配式混凝土建筑技术标准》GB/T 51231—2016、《装配式钢结构建筑技术标准》GB/T 51232—2016 和《工业化住宅尺寸协调标准》JGJ/T 445—2018 等现行相关标准，《装配式混凝土建筑技术体系发展指南（居住建筑）》《装配式建筑系统集成与设计建造方法》《装配式建筑标准化部品部件库研究与应用》等相关技术要求，以及国家重点研发计划项目"工业化建筑部品与构配件制造关键技术"的相关研究成果，力求以行之有效的建设经验和科学技术的综合成果为依据，兼容新技术、新工艺并适应新的技术发展趋势，保证标准编制的科学性和可实施性。

基于以上原则，《标准》共 8 章，编制了总则、术语、装配式住宅设计选型的基本规定、建筑设计以及结构、外围护、设备与管线和内装修四大系统的设计选型要求，见图 2。

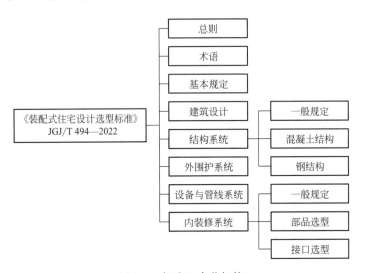

图 2 《标准》章节架构

"总则"规定了《标准》的编制目的、适用范围、共性要求和执行相关标准的要求；"术语"是沟通《标准》与执行者之间的桥梁，规定了与设计选型密切相关的基本概念；"基本规定"确立了设计选型应遵循的基本原则和设计选型的主要内容，并针对部品部件及其接口的设计进行了深入规定；"建筑设计"给出了建筑设计的总体要求，提出了模块及模块组合的设计方法和平立面标准化和多样化设计的协调方法；"结构系统""外围护系统""设备与管线系统"和"内装修系统"从装配式建筑四大系统的角度分别结合其特征明确了体系、性能指标及部品部件的具体选型规定。

4　技术要点

4.1　设计选型的内涵

设计选型，是以新型建造体系为基础，对技术体系、部品部件及其接口等进行比较、选择、优化、确定的设计方法。装配式住宅的设计选型，首先需要在四大系统层级进行设计选型，选择合适的技术体系和适应的技术，并应进行集成设计，使得四大系统之间相互协调统一；其次，在部品部件层级进行设计选型，选择适合的部品部件，并确定其接口；最后，尚需要考虑生产、施工等各个建造环节的因素，进一步进行迭代优化，确定最终的设计选型。

装配式住宅的设计选型必须在系统集成理念的基础上进行，才能实现自建筑到四大系统、最终到各类部品部件之间尺寸、性能的协调，实现设计、生产、施工之间的协同，建立上下有序、健康发展的建筑产业链。《标准》提出设计选型的概念，最为重要的是引导设计人员建立产业化的思维，在设计前的技术策划中就要考虑到标准化部品部件的选型问题，建立以"建筑—技术体系—部品部件"自上而下、自下而上、相互协调、相互统一的原则。

4.2　通用部品部件的产生和应用

《标准》中提出的通用部品部件指的是满足尺寸定型要求，可规模化生产、规范化安装的系列化部品部件。通用部品部件应用的意义在于打破项目的壁垒，在一定区域、一定范围之内建立可规模化生产的部品部件；大批量的生产有助于部品部件走向商品流通领域，促进市场的竞争和生产水平的提高。非通用部品部件应用的意义在于适应项目本身特色，展现多样化的形式，避免千篇一律。装配式住宅由通用部品部件和非通用部品部件共同组成，不管是通用部品部件还是非通用部品部件在设计中均应遵循"少规格、多组合"的标准化设计原则。

装配式住宅由不同的部品部件组装而成，设计选型是基于通用部品部件和非通用部品部件的正向设计方法，最终形成一个整体的建筑产品。显而易见，部品部件的尺寸和住宅的空间布局、尺寸等密切关联。装配式住宅所应用到的部品部件中，有很多机电类、内装类部品已经走向了商品流通市场，形成了通用的部品部件，建筑设计时，尤其在卫生间、厨房等部品较多的空间设计时，应注重净空间尺寸与通用部品部件的协调，以避免不必要的浪费；对于装配式混凝土结构部件，受建筑体型、高度、空间尺寸等，以及结构体系、外部荷载作用情况等各方面因素的影响，尚未能够出现通用产品，因此《标准》一方面鼓励各地方、大型企业等能够根据当地实际情况，针对保障性住房等典型住宅形成一定范围内的通用部品部件，另一方面也建议针对一些简单的结构部件，如楼梯等，配合住宅空间的标准化形成通用的部件。

4.3　建筑师引领的重要性

装配式建筑的发展是否顺畅，关键之一是设计理念的转变，装配式住宅与传统住宅在工作流程和设计方法上存在巨大差异。建筑专业是龙头专业，装配式住宅的设计选型对建筑师从建筑产业化思维到装配式建筑建造技术系统性、全面性的掌握等方面均提出了更高的要求。

建筑师应在整个住宅设计选型中充分发挥设计引领作用，承担更多的职责，以便更好地协调各阶段、各专业的需求。从技术策划阶段开始，建筑师就应牵头组织各相关单位、相关专业人员对项目进行一体化设计，以部件部品标准化为核心，同时兼顾项目定位及功能性要求，以产品化思维改进设计方法，并通过工业化的集成生产保障部件部品质量、提高生产效率，进而全面提升住宅建造品质。只有在建筑师高效、正确的统领下，方能以整体项目为对象，通过选型前置的方法，实现系统集成，促成全专业协同、全过程的协调。

4.4 标准化设计

对于装配式住宅而言，标准化设计体现在以模数和模数协调为基础，并采用模块和模块组合的设计方法。模块是复杂产品标准化的高级形式，其基本原则就是以标准化的模块形成多样化的系列组合。装配式住宅项目的部品部件、住宅套型以及住宅楼栋均应采用标准化设计，设计选型流程应为由标准化部品部件组合成功能模块，由功能模块组合成套型模块，再由套型模块和交通核模块组合成单元模块，最后由单元模块组合成楼栋，见图3。装配式住宅的设计，应将标准化与多样化两者巧妙结合并协调设计，在实现标准化的同时，兼顾多样化和个性化。

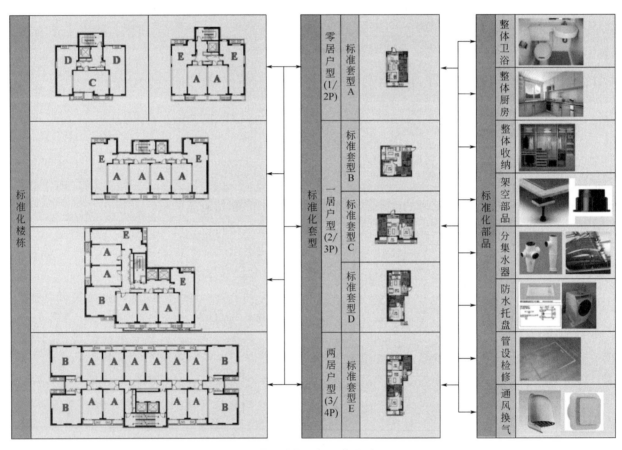

图 3 装配式住宅标准化设计理念

由于各方面原因导致的模数和模数协调概念在设计中缺失，是当前标准化设计浮于形式的根本原因，这也非一朝一夕，或是一本标准能够彻底解决的问题。《建筑模数协调标准》GB/T 50002、《工业化住宅尺寸协调标准》JGJ/T 445 等国家现行标准中对模数协调的原则和方法都进行了规定，故《标准》中未过多涉及该方面内容，仅针对部品部件的尺寸标注形式、接口的容差等方面进行了原则性规定。实际工程项目中，各方应根据相关标准要求，协调统一，共同推进标准化设计的落地应用。

4.5 结构设计选型

安全可靠、生产标准化程度高、施工便捷是结构系统设计选型的核心目标。安全可靠是结构设计最基本的要求，在满足基本要求的前提下，为达到生产标准化、施工便捷，《标准》第5章针对结构体系选型、结构布置、结构部件及其接口选型等方面进行了规定。首先，应在技术策划时选定适宜的结构体系；其次，在建筑方案设计阶段结构专业应结合通用部件的应用配合建筑专业在建筑体型、结构布置方面提出相关建议；此外，还应充分考虑生产、运输、施工安装的要求，兼顾结构部件标准化和接口标准化进行结构设计。

装配式混凝土结构主要包括剪力墙结构、框架结构、框架-剪力墙结构等结构形式。近几年随着装配混凝土结构的推广应用，以这些结构形式为基础，国内也涌现出了诸多的新型结构技术体系，主要在结构部件形式、连接技术方面存在差异。装配式混凝土结构体系选型时，应在保证安全可靠、生产施工可行的前提下，综合考虑质量、效率、成本等各方面因素，选择生产简单、安装便捷的技术。结构部件层面上，在生产、运输、吊装能力允许范围内宜优选大型化结构部件；连接技术层面上，在满足要求的前提下宜优选大直径、高强钢筋等少连接钢筋的技术。同时，宜配合大空间的结构布置，采用预应力楼盖技术，并以预制混凝土楼梯为重点、推进通用部件的应用。

钢结构体系的设计选型，主要以住宅高度为参考依据，如低、多层住宅主要为钢框架结构体系、冷弯薄壁型钢结构体系、钢框架-中心支撑结构体系或交错桁架结构体系等，高层住宅可选用钢框架-中心支撑结构体系、钢框架-偏心支撑/屈曲约束支撑/延性墙板结构体系、钢框架-混凝土核心筒结构体系等。在钢结构部件设计选型层面，推荐选用性能优异的轧制型材。钢柱宜采用热轧H型钢、热轧或冷弯成型方（矩）形钢管及由方钢管或H型钢、T型钢、C型钢等型材焊接形成的组合截面；钢梁宜采用热轧H型钢；支撑部件宜采用宽翼缘热轧H型钢、冷弯成型方（矩）形钢管。

4.6 外围护系统设计选型

外围护系统指由建筑外墙、屋面、外门窗及其他部品部件等组合而成，用于分隔建筑室内外环境的部品部件的整体。《标准》将外墙分为基层墙、功能层和装饰层三部分，可选用一体化产品方案或分离式装配方案。不建议采用预制墙板结合外保温薄抹灰、现场抹灰以及现场贴瓷砖等做法。同时，外墙围护的设计选型应结合外门窗、外挑阳台、空调板等各类部品部件的布置以及各类材质、纹理的效果，展现出丰富多彩的立面效果。

外围护系统是住宅的重要组成部分，对保证住宅各项功能的实现具有重要影响。外围护系统设计应根据项目所在地的环境条件及当地相关绿色节能等政策要求确定其安全性、耐久性和适用性等方面的性能目标。外围护系统的部品部件和外立面效果关联性强，会部分采用非通用部品部件，但应结合项目特点，尽量减少部品部件规格，在项目层面上应遵循少规格、多组合的标准化原则。

4.7 集成化、模块化内装部品

内装修系统应选用集成度高的通用部品，所选部品应配套完善的系统解决方案。内装修系统所采用的部品种类繁多，如由施工企业零散采购拼装，由于不同部品之间规格、材料、质量、工艺不匹配，容易在装配中产生质量缺陷。因此，装配式内装修提倡采用成套供应的系统化部品，如架空地板系统、集成式卫生间系统、集成式厨房系统、整体收纳等。表1、表2所示分别为现阶段我国部分集成化、模块化内装部品的关键技术。

集成化部品关键技术 表 1

内装设计整体技术			优势
内装分离与集成技术体系	1	轻钢龙骨隔墙集成技术	①隔声保温性能好 ②配合管线敷设施工 ③墙体重量轻
	2	局部架空地板集成技术 （卫生间干区位置）	①隔声保温性能好 ②增加室内空气流通性 ③方便管线敷设施工
	3	局部轻钢龙骨吊顶集成技术	①隔声保温性能好 ②方便管线敷设施工
	4	局部双层墙面技术	方便管线敷设施工
	5	管线分离与集成技术	①便于维护保养及检修 ②减少室内管井的数量，空间布置更加灵活
	6	干法施工集成技术	①便于维护保养及检修 ②减少室内管井的数量，空间布置更加灵活

整体式部品关键技术 表 2

系统	子系统	关键技术
内装模块部品	整体卫浴	①工厂预制、现场装配，整体模压、一次成型 ②防水盘结构，防水性和耐久性好 ③配有检修口 ④采用节水型坐便器、水龙头等
	整体厨房	①整体配置厨房用电用具和电器 ②综合设计给水排水、电气、燃气等设备用线 ③符合人体工程学，提高使用舒适度
	整体收纳	①便于灵活拆卸和组装 ②综合设置独立式、开敞式、步入式

4.8 数字化技术应用

基于标准化部品部件的设计选型方法，其实施的基础是建立通用部品部件库。部品部件库采用统一的编码规则，支持建造全过程的设计协同和建筑全寿命期的信息共享与有效传递。通过开放的参数化预制部品部件 BIM 库，形成装配式建筑标准化设计的基础单元库。

在装配式建筑的设计阶段，优先采用库内的通用部品部件进行设计。通过标准化部品部件库的合理应用，能够方便地加载与检索出标准化部品部件库内的适宜部品部件并直接用于设计，同时也能将生产、施工的因素前置考虑，打通前端设计与后端生产、施工，强调设计过程基于系统集成的理念进行选型，从而实现各专业的协同和全过程的协调。

5 标准实施意义

作为首部装配式住宅部品部件标准化设计选型标准，主要从正向的系统集成设计角度出发，解决标准化部品部件与前端设计衔接的相关问题，通过阐述如何通过标准化的部品部件进行结构、外围护、内装、设备与管线四大系统的集成设计，将建筑设计与部品部件选用有效结合，给装配式建筑设计人员提供强有力的技术指导。

同时，《标准》与3项《指南》共同构建"1＋3"标准化设计和生产体系，定将全面打通装配式住宅设计、生产和工程施工环节，推进全产业链协同发展。通过明确通用标准化部品部件的具体尺寸，逐步将定制化、小规模的生产方式向标准化、社会化方式转变，全面提升新型建筑工业化生产、设计和施工效率，推动装配式住宅产业向标准化、规模化、市场化迈进。

作者：郁银泉；高志强；曹爽；周祥茵（中国建筑标准设计研究院有限公司）

行业标准《城市信息模型基础平台技术标准》解读

Explanation of the Professional Standard *Technical standard for basic platform of city information model*

1　编制背景

我国已经进入城市化的中后期，城市发展由大规模增量建设转为存量提质改造和增量结构调整并重，从"有没有"转向"好不好"，进入到了城市发展新的历史阶段，亟须进一步提高城市精细化管理水平和加强城市治理方式创新。城市信息模型（CIM）基础平台是在城市基础地理信息的基础上，建立建筑物、基础设施等三维数字模型，表达和管理城市三维空间的基础平台，是城市规划、建设、管理、运行工作的基础性操作平台，是智慧城市的基础性、关键性和实体性的信息基础设施。推进 CIM 基础平台建设，打造智慧城市的三维数字底座，推动城市物理空间数字化和各领域数据融合、技术融合、业务融合，对于推动数字社会建设、优化社会服务供给、创新社会治理方式、推进城市治理体系和治理能力现代化均具有重要意义。

为深入贯彻落实党中央、国务院关于建设网络强国、数字中国、智慧社会的战略部署，持续推进"放管服"改革，优化营商环境，2018 年以来，住房和城乡建设部结合工程建设项目审批制度改革，先后在广州、厦门、南京等地开展 CIM 平台建设试点工作，在 CIM 平台总体框架、数据汇聚、技术路线以及组织方式方面积累了较为丰富的经验。

为指导各地推进 CIM 基础平台建设，2020 年 6 月，住房和城乡建设部会同工业和信息化部、中央网信办印发《关于开展城市信息模型（CIM）基础平台建设的指导意见》（建科〔2020〕59 号），提出了 CIM 基础平台建设的基本原则、主要目标等，要求"全面推进城市 CIM 基础平台建设和 CIM 基础平台在城市规划建设管理领域的广泛应用，带动自主可控技术应用和相关产业发展，提升城市精细化、智慧化管理水平。构建国家、省、市三级 CIM 基础平台体系，逐步实现城市级 CIM 基础平台与国家级、省级 CIM 基础平台的互联互通"。

尽管推动 CIM 基础平台建设已被多次写入党中央网络强国等相关行动和政策中，但我国在该领域还处于起步探索阶段，缺乏相应标准和技术要求参考，各地关于 CIM 基础平台的具体画像和建设路径一直处于无章可循的阶段，一段时间内盲目建设的困境凸显。为此，CIM 基础平台建设需要成熟的相关标准作为指引，为加强对各地 CIM 基础平台建设的技术指导，在 CIM 平台建设试点基础上，2020 年 9 月，住房和城乡建设部建筑节能与科技司组织有关单位开始编制《城市信息模型基础平台技术标准》（以下简称《标准》）等标准，旨在解决 CIM 平台建设过程中无标准可循、交叉重复等痛点问题。

2　技术内容

《标准》主要技术内容包括总则、基本规定、平台架构和功能、平台数据、平台运维和安全保障六部分内容。

2.1 术语和基本规定

在术语章节，首次从行业层面给出了国家级、省级和市级三级城市信息模型基础平台的官方定义，明确了三级平台各自的定位、特点与相互之间的基本关系。在基本规定章节进一步阐述了国家、省、市三级平台纵向之间及各级与其同级政务系统横向之间的衔接关系，要求三级平台应建立协同工作和运行管理机制，实现网络联通、数据共享、业务协同，上级平台还需对下级平台进行监督指导，各级平台与同级政务系统应实现数据共享。

2.2 平台架构与功能

《标准》不仅规范了三级平台的架构与建设应遵循的共性要求，同时明确了各级平台的总体架构组成、功能建设等具体要求：（1）提出三级平台总体架构均由设施层、数据层、服务层、标准规范体系、运维与安全保障体系共三个层次、两大体系组成，其中国家级与省级平台的总体架构遵循统一的建设要求。（2）因三级平台在实际应用中的定位、侧重具体业务等不同，国家级、省级两级平台的三个层次建设内容与市级平台存在明确的差异。在设施层，国家级、省级两级平台仅包括数据存储、传输等软硬件和网络资源，市级平台在此基础上还涉及传感器、执行器终端等物联感知设备内容；在服务层，三级平台在数据交换与共享、数据查询与可视化、开发接口与运行管理（运行与服务）四大功能模块上既有共性要求也有各自区别。此外，国家级平台和省级平台还应具备重要数据汇聚、统计分析、监测监督等特有功能，市级平台还应具备数据汇聚与管理、场景配置、分析应用、运行与服务等特有功能，支撑市级平台进行具体业务操作。数据层的具体区别见平台数据部分内容。

2.3 平台数据

本章在已有的标准成果基础上对平台数据建库、数据更新、数据共享与服务的原则要求进行优化、总结、提炼，明确了三级平台数据库内容构成与约束条件。《标准》提出了国家级和省级平台数据库应包括 CIM 成果（CIM1 级～3 级模型）、资源调查、业务系统、工程建设项目四类数据，其中 CIM 成果数据和工程建设项目数据来源于同级政务系统和下级 CIM 平台；市级平台数据库应包含 CIM 成果（CIM1 级～7 级模型）、工程建设项目、资源调查、时空基础、规划管控、公共专题和物联感知七类数据。

2.4 平台运维和安全保障

本章对平台环境、平台运维、安全保障三方面提出原则要求与技术要求。《标准》除了对系统运行的软硬件环境、网络环境及运行维护工作与安全保障做出基本规定，还明确了自建机房和网络环境的建设应遵循的现行国家标准要求，新增了对安全域确定、数据分级划分的要求，对于平台安全工作应根据数据等级划分结果，制定相应安全保密方案，有针对性地开展安全保障工作。

3 亮点与创新点

《标准》是住房和城乡建设部、工业和信息化部等多个部委联合行业内 GIS、BIM、建筑信息化等领域大量企事业单位从业者通过对国内外 CIM 基础平台建设背景和建设需求进行深入剖析，在建设试点探索、政策研究、关键技术攻关、CIM 软件研发等方面做了系列工作基础之上产出的标准成果，跟同类项目相比具有如下亮点：

（1）《标准》是国内 CIM 领域第一本行业标准，具有不可替代的技术创新性。

按照住房和城乡建设部、工业和信息化部、中央网信办《关于开展城市信息模型（CIM）平台建设的指导意见》等文件要求，《标准》首次明确了国家级、省级、市级 CIM 基础平台定位、平台之间衔接关系，对于指导构建三级平台体系，推动三级平台实现网络联通、数据共享、业务协同，打通行业、部门之间数据壁垒，促进城市二三维信息共享应用具有里程碑的作用。

（2）《标准》明确了三级平台架构、功能和数据要求，理清了三级 CIM 基础平台功能和数据建设的边界，对于解决各级 CIM 基础平台建设的困境具有无可比拟的指导价值。

在住房和城乡建设部试点城市经验基础上，《标准》充分汲取科研领域技术攻关成果经验，创新提出了国家级、省级平台的架构、功能与数据库内容，优化了市级 CIM 基础平台架构、功能与数据库内容，强化了市级平台 CIM 数据类别的分类，将市级 CIM 数据分为成果数据、源数据和关联数据三大类。同时，《标准》对数据建库、数据更新、数据共享与服务等方面做出了明确规定，对于解决各级平台的各类 CIM 数据采集建库、数据更新、数据共享与服务等问题及为以后市级向上级 CIM 基础平台汇交数据提供了指导依据。《标准》的技术内容为各地建设各级 CIM 基础平台指明了方向，为全面指导三级 CIM 基础平台建设及其在城市规划建设管理领域的广泛应用奠定了坚实基础。

（3）《标准》引领了 CIM 行业标准和标准体系的深化研究。

《标准》成果的发布，可支撑 CIM 数据类、平台安全类、平台运维类等其他行业标准的立项与编制，可支撑多项各省部级科研课题的开展，推动国家平台及多个省市开展省、市级平台建设项目的落地实施，引领 CIM 行业标准和标准体系的深化研究。

4 编制思考

通过对《标准》内容的研读，我们了解到《标准》在编制过程中考量了平台分级、平台架构及 CIM 数据分类等方面的内容，但《标准》仍存在不足之处，例如：（1）关于 CIM 数据共享涉密方面的规定在标准中未能细化相关内容，考虑到数据涉密方面涉及政策法规层面问题，这将是我们未来在 CIM 标准中需要攻克解决的难题之一。（2）《标准》未提及平台性能方面的内容，考虑到由于各地信息化水平的差异性，CIM 技术目前还处于初步发展过程中，未来如何实现全国平台性能适配 CIM 技术发展等问题将是我们未来需解决的难题之二。（3）关于《标准》成果推广应用落地方面可能存在问题的思考。CIM 平台是属于跨部门共建共享共用的平台，涉及多个部门、企事业单位协同工作等问题，在《标准》推广应用过程中，还可能面临各地需落实平台应用的主导推进单位、如何保障《标准》成果应用落地效果、协同工作机制的建立、如何保障平台的安全与共享应用等现实问题。

5 结语

城市信息模型基础平台是智慧城市建设的新一代信息基础设施，是智慧城市的三维数字底座，平台的建设是推进数字孪生城市和数字中国建设的重要抓手和核心内容。然而目前在国内外对于 CIM 的概念内涵和建设方法路径尚未形成明确、统一的标准，各自结果无法横向比较。

《标准》遵循《关于开展城市信息模型（CIM）基础平台建设的指导意见》（建科〔2020〕59号）文件明确了各级 CIM 基础平台的定位、功能与数据建设要求，强化了各级平台纵向之间及与其同级平台横向之间的衔接关系。《标准》的出台为构建三级平台体系、逐步实现城市级 CIM 基础平台与国家级、省级基础平台互联互通奠定了理论和技术基础，对于规范各级 CIM 基础平台建设，推动城市建设、管理数字化转型和高质量发展，提升城市治理体系和治理能力现代化水平具有重要意义。未来各地市在开展 CIM 平台建设和应用过程中，在满足《标准》规定的基础上，建设主管部门应结合地方特色及发展战略确立 CIM 建设目标、内容和重点，各地市需考虑自身发展现状及趋势，全面梳理自有数据基础，根据实际需要，选择经济合适的方式建设 CIM 基础平台。

作者：于静[1]；张永刚[2]；樊静静[3]；欧阳芳[4]（1 住房和城乡建设部信息中心；2 中外建设信息有限责任公司；3 中外建设信息有限责任公司；4 奥格科技股份有限公司）

地方标准《公共建筑节能运行管理标准》解读

Explanation of the Provincial Standard *Operation and management standard for energy efficiency of public buildings*

1 编制背景

我国建筑用能约占全国能源消费总量的 27.5%，并将随着人民生活水平的提高逐步增加到 30% 以上，其中国家机关办公建筑和大型公共建筑高耗能的问题日益突出。根据统计，公共建筑总面积不足城镇建筑总面积的 4%，但总能耗却占全国城镇总耗电量的 22%，因此针对公共建筑（尤其是大型公共建筑）的建筑节能工作将是重中之重。为提高公共建筑节能运行管理水平，针对公共建筑运行过程中存在的"建筑运行管理环节重视程度不足""能源管理人员技术能力不足""节能意识不强""节能宣传力度不够"及"缺乏科学、适宜的节能运行管理方法"等方面，通过广泛调查和总结凝练上海市公共建筑节能运行管理经验，研究参照国际标准和国内先进标准的基础上，编制上海市《公共建筑节能运行管理标准》DG/TJ 08—2321—2020（以下简称《标准》）。

《标准》旨在通过提高公共建筑运行管理人员的节能管理意识和技术素质，解决当前公共建筑运行管理过程中存在的能效管理水平低等问题。

2 技术内容

《标准》针对公共建筑的节能运行管理，不仅从建筑暖通空调、照明、动力、变配电、生活热水等系统给出了实用的、可操作的节能规定，也明确了公共建筑用能监测系统利用及维护实施条款和建筑管理单位及人员的相关节能管理制度。此外，为持续提升建筑运行能效，《标准》充分考虑公共建筑不同运营阶段的调适要求，并对每个阶段的调适要求作出了明确规定。

2.1 主要用能系统节能运行管理

《标准》针对公共建筑的暖通空调、照明、动力、变配电及生活热水等主要用能系统，统一从一般规定、节能运行、维护保养 3 个方面进行了节能运行规定，并规定应编制相应系统全年节能运行方案。各系统主要的节能管理对象及具体管理措施如表 1 所示。

《标准》调适分类及适用阶段   表 1

用能系统	节能管理对象	节能管理主要规定
暖通空调系统	空调冷热源系统、空调输配系统、空调末端系统、空调控制系统	选择高效设备、实时调整运行台数、实施合理群控策略、水泵及风机变频、余热回收、免费供冷、系统水温差合理设定、保证水平衡及风平衡
照明系统	室内外人工照明灯具、自然采光装置、照明智能控制系统、计量装置及附属设备	制定照明开关策略、合理启用分区或分组照明、合理设计照明控制及适时调节照度

用能系统	节能管理对象	节能管理主要规定
动力系统	给水排水系统	定期巡查溢水和漏水、水泵启停控制和变频调节、绿化节水灌溉、给水无超压出流（用水点供水压力不宜大于 0.2MPa）
	电梯系统	智能化控制、自动关闭电梯轿厢内用能设备、自动扶梯设置感应系统、能量回馈装置数据采集记录
变配电系统	变配电系统	制定变压器节能运行要求、变压器运行数据监测及存储、运行数据统计计算及节能分析、三相不平衡调整、合理整定及谐波治理
	光伏发电系统	保持良好的周边环境；及时清理污垢，防止热斑效应；确保光伏板无遮挡或覆盖；详细记录光伏逆变器运行数据
生活热水系统	饮用热水与非饮用热水	电热开水器或饮水机开启时间与工作时间同步；太阳能热水循环热泵集热温差控制；热泵负荷需求控制；锅炉热水热源使用顺序规定和节能优化控制；生活热水水温智能控制系统

2.2　调适节能管理

《标准》规定调适分为建筑初运行调适和建筑正常运行调适。调适分类及适用阶段时间要求，见表 2。

《标准》调适分类及适用阶段　　　　　　　　　　　　　表 2

调适类别		调适适用阶段	调适时间要求
建筑初运行调适	—	从建筑项目完成竣工验收移交工作开始，至建筑进入正常运行为止	至少为 1 年或 1 个完整供冷、供暖季
建筑正常运行调适	周期性调适	从建筑初运行结束后开始，至建筑生命周期结束	宜每年进行一次
	专项调适		应根据建筑运行需求开展

除表 2 规定外，针对建筑初运行调适，还明确规定了调适内容（如季节性检测，详细检测内容见表 3）、各单位（如组织单位、实施单位和配合单位等）具体职责等，确保建筑初运行调适的有效实施；针对建筑正常运行调适，分别规定了周期性调适专项调适的具体内容及调适实施团队的要求，确保正常运行调适的持续实施，提升建筑能效水平。

建筑初运行调适——季节性检测主要项目示例　　　　　　表 3

序号	项目及参数	序号	项目及参数
1	室内温度、相对湿度	9	冷热水泵耗电输冷（热）比
2	室内噪声（A 声级）	10	冷却塔实际运行出力
3	二氧化碳浓度	11	热回收机组、新风机组、组合式空调机组总风量
4	风口风量	12	风机盘管风量
5	冷热源机组实际能效比	13	生活热水系统水力平衡度
6	冷热源系统实际能效系数	14	照明功率密度
7	空调冷、热水系统水力平衡度	15	照度
8	锅炉实际运行效率	16	自控系统验证

2.3 用能监测系统节能管理

《标准》规定了公共建筑用能监测系统的不同用能源数据采集方式、数据定期的统计分析和节能潜力挖掘、数据连续上传和定期对标等，充分发挥用能监测平台的节能基础性作用，并通过规定物理检查、病毒库更新、基础计量器具校准、日系统运行检查、能耗数据采集器频率优化和断网校验等措施，实现用能监测平台的安全、有效、持续运行。

2.4 节能运行管理制度

《标准》规定公共建筑节能运行管理制度需包括人员管理、用能设备管理和文件管理等，明确了节能运行管理对象和被管理对象的要求，主要规定见表4。

节能运行管理制度主要内容 表 4

节能运行管理制度	主要管理规定
人员管理	建立节能运行管理团队,包括设置节能运行管理专项岗位、指定能源管理负责人等
	明确节能运行管理团队和能源管理负责人主要职责
	实行能源管理团队绩效考核
	节能运行管理团队技术培训和教育
用能设备管理	设备管理覆盖的系统
	明确不同系统设备管理的具体内容,如预防性维护等
	用能设备档案覆盖的详细内容
	巡回检查及定期分析评价内容
文件管理	建立文件管理制度,及其包括的阶段和详细内容

3 亮点与创新点

《标准》是在充分调研国内、国外既有运行标准，全面考虑上海市实际公共建筑节能运行管理的基础上制定而成，主要的亮点和创新点见表5。

《标准》主要的亮点和创新点 表 5

序号	亮点和创新点
1	充分考虑公共建筑不同运营阶段调适要求,将调适分为建筑初运行调适和建筑正常运行调适,并分别给出具体、明确可实施的规定
2	节能运行管理制度充分参考《能源管理体系　公共建筑管理组织认证要求》RB/T 107—2013 并将相关要求纳入《标准》相关规定中
3	明确用能监测系统的利用与维护保养,满足开展能源分析和诊断的要求
4	《标准》响应新时代下开展节能管理的前提要求,将"适用、经济、安全、绿色、美观"写入《标准》要求中
5	提出将信息化技术应用于节能运行管理(如考虑用互联网方式给主要用能设备贴上扫码标签,进行信息化管理)

4 标准实施

《标准》正式发布后，已在多个公共建筑运行管理中得到应用和实践，各建筑按自身实际情况，依据本标准各系统的节能运行管理规定，实施对应的节能管理策略，降低了建筑相关系统的用能。以上海某办公建筑为例，建筑包括地下车库、地下一层食堂、地上主楼办公及实验室和地上辅楼培训室及会议室。主要用能系统包括 VRV 空调系统、LED 照明系统、电梯系统（包括客梯、景观电梯、厨房电梯）及生活热水系统（包括厨房用热水：太阳能光热加燃气热水炉；办公卫生间热水：实时电加热设备；饮用热水：开水器）。建筑初始运行时，空调新风机组、公共区域（电梯厅、地下车库）照明系统、电梯及办公卫生间电加热器及开水器均 24h 开启。

建筑充分运用用能监测系统定期汇总和节能分析，发现建筑新风机组、公区照明、电梯及部分热水等设备均存在严重用能浪费情况后，及时通过制定能源管理纲领文件，明确能源管理负责人，加强能源管理人员培训，详细记录各系统用能数据，调整当前用能浪费严重系统运行策略（如将空调新风机组工作日 24h 运行调整为 7：00～17：00 运行；公区照明设置感应系统等），实现各系统用能综合节能率 50%。

5　结语

《标准》规定了节能管理制度、竣工交付至运行整个阶段可持续调适、用能监测系统使用及维护、各主要用能系统的详细节能操作规定等，旨在提升公共建筑节能运行整体管理水平，实现公共建筑降耗减碳，为公共建筑早日达到碳达峰碳中和提供基础运行条件。

作者：汪雨清；卜震（上海市建筑科学研究院有限公司）

地方标准《健康建筑设计标准》解读

Explanation of the Provincial Standard *Design standard for healthy buildings*

1 编制背景

健康是促进人的全面发展的必然要求，实现国民健康长寿，是国家富强、民族振兴的重要标志，也是全国各族人民的共同愿望。

中共中央、国务院于 2016 年 10 月 25 日印发了《"健康中国 2030"规划纲要》，明确提出推进健康中国建设。2019 年 7 月，《健康中国行动（2019—2030 年）》和《国务院关于实施健康中国行动的意见》（国发〔2019〕13 号）发布，进一步推进健康中国建设。2022 年 2 月住房和城乡建设部发布《"十四五"建筑节能与绿色建筑发展规划》，规划倡导建筑绿色低碳理念，提高住宅健康性能，增进民生福祉。

中共辽宁省委、辽宁省人民政府于 2016 年 12 月 31 日印发了《"健康辽宁 2030"行动纲要》，强调全社会要增强责任感、使命感，全力推进健康辽宁建设，为实现中国梦作出更大贡献。2021 年 3 月辽宁省制定《健康辽宁行动（2021—2030 年）》方案，在全省进一步形成有利于健康的生活方式、生态环境和社会环境，全方位、全周期保障人民健康。2018 年辽宁省城乡居民人均预期寿命 78.88 岁（全国为 76.7 岁），主要健康指标位于全国前列。2022 年 1 月 24 日辽宁省人民政府办公厅发布《辽宁省"十四五"卫生与健康发展规划》，其中提到 2025 年人均预期寿命不低于 80 岁，为推进健康辽宁建设奠定了重要基础。

建筑与百姓健康和生活息息相关，人的一天中大部分时间是在室内度过的。人们越来越注重生活品质，而室内装修污染、光环境、声环境、热湿环境、饮用水安全、食品安全等一系列问题，严重影响了人们的生活和健康安全，建筑对于人们追求高质量健康生活至关重要。新冠疫情出现后，疫情防控对建筑的健康性能提出了更高的要求。推进健康建筑，既是满足人民群众健康需求的途径之一，也是提升人民群众幸福感和获得感的重要方式。

为了更好地推动与发展健康建筑，各相关技术标准陆续发布实施，例如团体标准《健康建筑评价标准》T/ASC 02—2021、《健康住宅评价标准》T/CECS 462—2017、《健康住宅建设技术规程》T/CECS 179—2005 等。

辽宁地区乃至国内关于健康建筑设计的标准尚处于空白阶段，编制设计标准十分紧迫和必要。根据辽宁省市场监督管理局《辽宁省市场监督管理局关于同意〈健康建筑设计标准〉等 9 项辽宁省地方标准临时立项的复函》（辽市监函〔2021〕8 号），由辽宁省建设科学研究院有限责任公司负责辽宁省《健康建筑设计标准》（以下简称《标准》）编制，立项编号 2021001。

2 技术内容

《标准》适用于辽宁省新建、改建和扩建民用建筑的健康设计，共有 11 章，主要包括：总则、术语、基本规定、建筑设计、给水排水设计、暖通空调设计、建筑电气设计、装修设计、室外场地设计、园林绿化设计、卫生防疫设计，突出了健康建筑"空气、水、舒适、健身、人文、服务"

六大要素。

总则：主要对《标准》编制目的及适用范围作出了规定。

术语：主要给出了《标准》涉及的概念和特定术语的定义。

基本规定：规定了健康建筑应为全装修建筑，并对设计遵循原则、材料设备选用、健康设计等方面提出了要求。

建筑设计：主要内容包括一般规定、建筑声环境、建筑热工、建筑光环境、建筑风环境、全龄友好和无障碍、建筑安全、空间布置。提出了健康建筑设计应完善建筑布局、朝向、形体及间距，优化围护结构保温、隔热、窗墙比例及隔声，促进采光、通风、遮阳及降噪，并对建筑空间、建筑安全及全龄友好提出要求。

给水排水设计：主要内容包括一般规定、水质、给水排水系统。规定了健康建筑给水排水系统的设计应根据建筑类型、使用功能、资源条件等因素合理设置，提升用水安全、卫生、舒适、便捷等健康性能。

暖通空调设计：主要内容包括一般规定、通风设计、热湿环境。规定了供暖空调房间内温度、湿度、新风量、气流速度等设计参数指标，对保障室内热湿环境、控制室内空气质量、系统消声与隔振等技术措施提出要求。

建筑电气设计：主要内容包括一般规定、照明、电气环境与智能化。对建筑功能性照明、电气安全及人工智能设计提出要求。

装修设计：主要内容包括一般规定、材料、家具。对建筑装修设计、室内空气质量、装修材料及家具有害物质限值等提出要求。

室外场地设计：主要内容包括一般规定、健身场地、全龄友好和无障碍、场地设计。从健身、全龄友好、无障碍、心理、卫生等角度出发提出了室外场地设计要求。

园林绿化设计：主要内容包括一般规定、园林绿化。规定了园林绿化设计应以安全、健康舒适、环境宜居为目标，充分考虑优化场地风环境、声环境、光环境、热环境、空气质量、视觉环境和嗅觉环境等各类景观要素。

卫生防疫设计：主要内容包括一般规定、建筑防疫、设备防疫。针对突发公共卫生事件处置及常态防疫工作，对建筑、结构、给水排水、暖通、电气等专业提出了防疫技术要求。

3　亮点与创新点

（1）标准章节与体例创新

《标准》以相关各专业进行划分，分别提出设计要求，明确健康建筑性能指标，便于设计院各专业技术人员使用。《标准》章节除了常见的建筑、给水排水、暖通、电气、场地设计外，还增加了装修设计、园林绿化设计及卫生防疫设计。

（2）突出卫生防疫

卫生防疫章节作为一个专业首次在建筑相关标准中提出，彰显了卫生防疫在健康建筑中的重要性。本章结合新冠疫情防控经验，提出平疫结合的建筑防疫设计要求。

（3）提出"关心所有人健康"健康理念

编制组通过调研辽宁省有关医疗机构，发现大部分陪护人员无专门休息区，甚至经常彻夜不眠，严重影响陪护人员健康。《标准》从人人平等人人健康角度出发，倡导"关心所有人健康"的健康理念，在建筑设计空间布置中提出了"综合医院应在 ICU、住院部等处设置病人陪护人员的生活休息场所，保证陪护人员健康"。

（4）发掘和提升厨房在居住建筑中的健康属性

现代家庭生活中，厨房正成为一个日益重要的生活中心，是家庭成员之间情感沟通、交流和相互陪伴的场所，是体现人幸福感的重要空间，厨房的使用率和使用时间越来越高，尤其是在防疫居家隔离期间。同时，考虑到食品安全，为满足食品存储、清洗、加工、烹饪等要求，厨房面积也应满足一定要求。厨房面积和功能是建筑健康性能重要评价指标，是关系人民群众健康和幸福获得感的重要场所。《标准》合理确定居住建筑厨房面积设计最小值。

（5）与时俱进，丰富健康建筑部品内涵

近年来，建筑轻奢类装修风格所占比例越来越高，装修材料、家具材料中的金属、玻璃及石材等使用越来越多。《标准》对这些材料有害物质限量提出了相关规定。

4 标准实施

2021 年 4 月 12 日，辽宁省市场监督管理局与辽宁省住房和城乡建设厅共同组织有关专家在沈阳召开《标准》送审稿评审会，专家组一致认为《标准》结合辽宁省实际，从空气质量、用水及食品安全、环境舒适、全龄友好、健身、心理健康、卫生防疫等方面规定了健康建筑各专业设计内容与要求，健康性能指标先进，标准合理，具有科学性、先进性和适用性，填补了国内空白，达到国内领先水平，《标准》充分考虑了辽宁实际和健康建筑特点，对辽宁地区健康建筑行业发展、规范健康建筑设计具有重要指导意义。

根据辽宁省住房和城乡建设厅公告，《标准》DB21/T 3403—2021 于 2021 年 4 月 30 日发布，2021 年 5 月 30 日实施。

5 标准实施后预期效益

2020 年 12 月，住房和城乡建设部与辽宁省政府在北京签署部省共建城市更新先导区合作框架协议，部省共建城市更新先导区是辽宁提升城市高质量发展水平、促进区域协调发展的重要举措，也是辽宁省认真践行"人民城市人民建、人民城市为人民"重要理念，以高质量发展为主题，以改革创新为动力，让城市发展更健康、更安全、更宜居，让人民群众生活更方便、更舒心、更美好的重要契机。在此背景下，启动《标准》的编制，对部省共建城市更新先导区健康建筑的建设，提升辽宁省人民群众生活健康水平、满足人民群众日益增长的美好生活需要具有重要意义。

2021 年 5 月 12 日~14 日，辽宁省城市更新暨第九届中国（沈阳）国际现代建筑产业博览会在沈阳召开。会上发放《标准》《辽宁省城市更新地方标准宣传汇编》500 余册，对标准内容进行讲解和宣传，得到行业主管部门和专业技术人员一致好评，为下一步健康建筑在辽宁地区的示范和推广打下坚实基础，具有广泛的经济效益和社会效益。

6 结语

（1）以人为本，是建筑设计的灵魂。从普通建筑发展到节能建筑、绿色建筑、超低能耗建筑，建筑不仅要实现生活、居住、工作、娱乐等功能，还要更关注和满足人的身体健康和心理健康，建筑应成为健康管理的重要一环。

（2）发展健康建筑，应有引导与激励政策，逐步形成百姓喜欢、政府支持、地产先行、技术护航、产品保障的新局面。

（3）健康建筑应加强与医疗卫生技术的融合，为医疗服务向家庭延伸提供技术支撑。

（4）除了合理确定建筑隔声和设备降噪性能指标，更重要的是使相关技术更有针对性和操作性，让建筑真正成为人们放松身心的场所。

（5）加强建筑全龄友好技术特别是老龄化的研究，做好细节设计，以迎接逐渐到来的老龄化社会。

作者：王庆辉；金华；徐向飞；由炜盛；朱宝旭（辽宁省建设科学研究院有限责任公司）

第三篇　市场标准篇

2015 年，国务院印发了《深化标准化工作改革方案》，首次提出建立政府主导制定的标准与市场自主制定的标准协同发展、协调配套的新型标准体系。鼓励具备相应能力的学会、协会、商会、联合会等社会组织和产业技术联盟协调相关市场主体共同制定满足市场和创新需要的标准，供市场自愿选用。2016 年，住房和城乡建设部印发了《关于深化工程建设标准化工作改革的意见》，提出培育发展团体标准，增加标准供给，引导创新发展。鼓励制定高于国家标准和行业标准，具有创新性和竞争性的高水平团体标准。2021 年，党中央、国务院印发的《国家标准化发展纲要》进一步明确指出，大力发展团体标准，实施团体标准培优计划，推进团体标准应用示范，充分发挥技术优势企业作用，引导社会团体制定原创性、高质量标准。

据全国团体标准信息平台统计，截至 2022 年 7 月底，注册社会团体已超过 6600 家，已发布 42000 余项团体标准（其中建筑业类团体标准 2500 余项），涵盖了我国国民经济 19 个行业。在工程建设领域，参与团体标准制定的社会团体数量及团体标准数量也在逐年增加，包括中国工程建设标准化协会、中国土木工程学会、中国建筑学会、中国城市规划学会、中国建筑业协会、中国勘察设计协会、中国城市科学研究会、中国建筑装饰协会、中国城市燃气协会、中国建筑节能协会、中国风景园林学会等十几家学（协）会参与了团体标准制定工作。以中国工程建设标准化协会（CECS）为例，近几年立项编制与批准发布的标准逐年稳步上升。截至 2022 年 6 月底，已累计发布 CECS 标准 1500 余项，在编标准 4000 余项。

为落实国家和行业标准化改革要求，中国工程建设标准化协会等工程建设领域有关团体标准制定主体，积极引导和鼓励有关科研、高校和企事业单位，围绕国家重大发展战略，聚焦住房城乡建设重点发展领域和方向，开展了相关关键技术与技术标准体系研究，推动科技创新成果转化为市场标准，以高质量、高水平的市场标准推进住房城乡建设事业可持续发展。

本篇共收录了 19 项住房城乡建设重点发展领域的市场标准，涉及健康建筑、双碳评定、智慧建筑、建筑工业化、卫生防疫、海绵城市、既有建筑、检验认证等综合领域或专业领域。各篇文章分别对标准技术内容、标准亮点与创新点、标准编制思考等进行了系统全面介绍。

《健康建筑评价标准》构建了健康建筑技术体系，强化了跨界融合，提升营养、心理、行为、智慧等元素与健康建筑理念融合，规范了健康建筑的评价。《健康养老建筑技术规程》是健康建筑与养老建筑技术体系的必要补充，针对健康养老建筑的特点、老年人的生活习惯和特殊需求更有针对性地指导策划、设计、施工、运营。《建筑碳中和评定标准》提出了建筑减碳量和减碳率的概念，明确了可再生能源利用率的指标要求；规范了建筑碳中和的评定方法。《绿色建筑检测技术标准》从经济性、科学性以及可操作性方面综合评估绿色建筑的检测抽样数量问题，并且提出了各种检测项目技术参数要求，明确了合理的抽样数量和降低抽样数量的方法原则。《近零能耗建筑检测评价标准》首次建立了涵盖设计评价、施工评价及运行评估全过程的近零能耗建筑评价评估体系。《主动式建筑评价标准》提出了涵盖舒适、能源、环境三个基本指标以及建筑的主动感知和主动调节能力、建筑师的主观设计能力的主动式建筑评价体系。**《智慧建筑设计标准》**构建了一个开放性的智慧建筑建设的标准技术架构，创新提出了建筑大脑和建筑操作系统的概念，创新提出了基于建筑大脑技术体系的信息安全技术。**《智慧住区设计标准》**完善了我国在智慧住区新建、改建、扩建方面的设计规定，提出了智慧住区总体架构、管理平台、感知系统等设计方法。**《钢筋桁架混凝土叠合板应用技术规程》**提出了密拼叠合板、板端不出筋、桁架筋兼作吊点的构件设计、板缝节点设计、支座节点设计方法和构造要求。**《装配式混凝土结构套筒灌浆质量检测技术规程》**提出了预埋传感器法、预埋钢丝拉拔法、钻孔内窥镜法与 X 射线数字成像法 4 种套筒灌浆饱满性检测方法，可全面解决实际工程中施工及验收阶段、使用阶段全过程的套筒灌浆饱满性检测难题，为在建及已建工程的套筒灌浆质量管控提供了全过程解决方案。**《装配式建筑部品部件分类和编码标准》**解决了 BIM 技术在装配式建筑中应用时存在底层编码不统一的问题，建立了科学的编码规则。**《工业化建筑机电管线集成设计标准》**对工业化建筑中机电管线、给水排水管线、供暖通风与空调管线、电气与智能化管线的集成设计做出了技术规定，有助于加速解决我国工业化建筑机电管线集成程度不高等问题，进而迅速推广和发展工业化建筑领域中机电管线的集成技术。**《全方位高压喷射注浆技术规程》**针对支护结构、截水帷幕、地基加固等不同使用目的，从设计、施工与验收等方面对全方位高压喷射注浆技术提出了具体要求。**《装配式医院建筑设计标准》**基于装配式建筑的主体结构、外围护结构、内装系统、设备与管线系统，构建了装配式医院建筑系统，可规范和指导装配式医院建筑设计。**《医学隔离观察设施设计标准》**提出了医学隔离观察设施"分区分单元"的布局原则，明确了各区的建筑布局、机电系统设置应满足疫情防控，并采用信息化管理的要求。**《住宅卫生防疫技术标准》**提出了常态化疫情防控状态下，住宅项目的场地规划、建筑、景观、给水排水、暖通、电气、装修等建筑设计和运营管理等关键技术要求及技术措施。**《海绵城市系统方案编制技术导则》**明确了排水分区划分原则和步骤，提出了水生态提升、水环境整治、水安全治理及水资源综合利用等多目标统筹的要求。**《既有城市住区历史建筑价值评价标准》**结合我国既有城市住区历史建筑的特点，构建了历史建筑的价值评价指标体系。明确了既有城市住区历史建筑评价指标体系的指标构成及评估内容。**《公共建筑物业基础服务认证标准》**针对公共建筑物业的基本特点，构建了公共建筑物业基础服务认证评价指标体系，提出了指标数据的计算处理方法，明确了公共建筑物业基础服务认证程序和要求。

　　本篇遴选的标准对接国家重大战略和行业发展需求，紧贴新兴产业，聚焦行业专精特优技术，对填补政府标准空白、引领行业技术进步、满足住房城乡建设行业市场需求和创新发展具有重要意义。

Part Ⅲ   Market Standards

The State Council issued the *Reform Plan for Deepening Standardization Work* in 2015, proposing for the first time to establish a novel system of standards in which government standards and market standards develop in a coordinated and complementary way. Societies, associations, chambers of commerce, federations and other non-governmental organizations (NGOs) and industrial technology alliances with appropriate capabilities are encouraged to work with relevant market players to develop standards meeting the needs of the market and innovation and offer them for voluntary adoption by the market. In 2016, the Ministry of Housing and Urban-Rural Development issued the *Opinions on Deepening the Reform of Engineering Construction Standardization Work*, proposing to cultivate and develop group standards and supply more standards to guide innovation-driven development. It is encouraged to develop innovative and competitive high-level group standards more stringent than similar national and professional standards. The *National Standardization Development Outline* issued by the CPC Central Committee and the State Council in 2021 further points out that we should vigorously develop group standards, implement a program to cultivate excellent group standards, promote the application demonstration of group standards, fully leverage the role of enterprises with technological advantages, and guide NGOs to formulate original and high-quality standards.

According to the statistics of the National Group Standards Information Platform, as of the end of July 2022, 6600+ NGOs had registered with the platform, and 42000+ group standards (including 2500+ group standards for the building industry) had been issued, covering 19 industries in the national economy of China. In the field of engineering construction, the number of NGOs involved in formulating group standards and that of group standards formulated are also increasing year by year. More than a dozen academies (associations) have participated in the formulation of group standards, including China Association for Engineering Construction Standardization, China Civil Engineering Society, the Architectural Society of China, Urban Planning Society of China, China Construction Industry Association, China Engineering & Consulting Association, Chinese Society for Urban Studies, China Building Decoration Association, China Gas Association, China Association of Building Energy Efficiency, and Chinese Society of Landscape Architecture, etc. Taking China Association for Engineering Construction Standardization (CECS) as an example, in recent years, the number of its standards that have been approved for formulation and issuance has been steadily increasing year by year. By the end of June 2022, more than 1500 CECS standards had been issued and more than 4000 CECS standards had been under formulation.

To implement the requirements of national and industrial standardization reform, CECS and other entities formulating group standards for engineering construction actively guide and encourage relevant research institutes, institutions of higher learning, enterprises and public institutions to carry out research on key technologies and technical standard system by following major national development strategies and focusing on key development areas and directions of housing and urban-rural development, with a view to fostering the transformation of sci-tech innovation achievements into market standards, and advancing the sustainable development of housing and urban-rural development with high-quality and high-level market standards.

The 19 market standards in key areas of housing and urban-rural development in this part involve comprehensive or professional fields such as healthy buildings, carbon peaking and carbon neutrality assessment, smart buildings, building industrialization, sanitation and epidemic prevention, sponge cities, existing buildings, and inspection & certification. These articles provide systematic and comprehensive introduction of the technical contents, highlights and innovations of the standards, and the thoughts on standard development.

Assessment standard for healthy building constructs a technical system of healthy buildings, strengthens interdisciplinary integration of nutrition, psychology, behavior, wisdom and other elements with the concept of healthy buildings, and standardizes the assessment of healthy buildings. *Technical specification for healthy building for the aged*, a necessary supplement to the technical system of healthy building and healthy building for the aged, guides the planning, design, construction and operation according to the characteristics of the healthy building for the aged, and the living habits and special needs of the aged. *Building carbon neutrality assessment standard* puts forward the concepts of building carbon reduction quantity and carbon reduction rate, specifies the requirements for the index "the renewable energy utilization rate", and standardizes the assessment method for building carbon neutrality. *Technical standard for testing of green building* evaluates the sampling quantity for testing of green building in terms of economy, scientificity and operability, and puts forward the requirements for the parameters of the testing items, specifies the reasonable sampling quantity as well as the methods and principles to reduce the sampling quantity. *Testing and evaluation standard for nearly zero energy building* establishes for the first time the evaluation and assessment system for nearly zero energy building, which covers the entire process of design evaluation, construction evaluation and operation evaluation. *Assessment standard for active house* puts forward the evaluation system for active house, which covers such basic indexes as comfort, energy, and environment, as well as the active sensibility and reaction ability of building and the subjective design ability of architects. *Standard for design of artificial intelligence building* constructs an open standard technical framework for artificial intelligence building construction, puts forward new concepts of building brain and building operating system as well as the information security technology based on the technical system of building brain. *Design standard of smart community* consummates the design regulations on the newly-built, renovated and expanded smart communities in China, and puts forward the methods to design the overall framework, management platform and sensor system of the smart community. *Technical specification for concrete composite slabs with lattice girders* presents the design methods and structural requirements for members, slab joints and support joints of composite slabs connected without gap, with rebars not protruding at the slab ends and girder rebars doubled as lifting points. *Technical specification for inspection of*

sleeve grouting quality of precast concrete structure describes four methods to inspect the sleeve grouting fullness, namely, embedded sensor method, embedded steel wire drawing method, drill hole and endoscope method and X-ray digital radiography method. It can solve the practical problem of sleeve grouting fullness inspection throughout the construction, acceptance and use stages, providing a whole-process solution for controlling the sleeve grouting quality of projects both exiting and under construction. ***Standard for classification and coding of prefabricated building component parts*** addresses inconsistence in underlying coding in the application of building information modeling (BIM) technology in assembled buildings, and establishes scientific coding rules. ***Design standard for mechanical, electrical and plumbing pipelines integrated in industrialized buildings*** provides technical requirements for the integrated design of mechanical and electrical pipelines, water supply and drainage pipelines, heating, ventilation and air conditioning pipelines, electrical and intelligent pipelines in industrialized buildings. It is conductive to addressing the inferior performance in the integration of mechanical and electrical pipelines in industrialized buildings in China, thus promoting and developing the integration technology in industrialized buildings rapidly. ***Technical code for omnibearing high pressure jet grouting*** puts forward specific requirements for omnibearing high pressure jet grouting technology with regard to design, construction, acceptance, etc., according to different use purposes such as retaining structure, waterproof curtain and foundation reinforcement. ***Standard for design of assembled hospital*** constructs the architectural system for assembled hospitals based on the main structure, envelope structure, interior decoration system, facility and pipeline system of assembled buildings. The standard can standardize and guide the architectural design of assembled hospitals. ***Design standard of quarantine and medical observation facility*** puts forward the layout principle of "partition by zone and unit" for quarantine and medical observation facilities, and specifies that the architectural layout and electromechanical system setting of each zone shall meet the requirements of epidemic prevention and control and that information-based management shall be adopted. ***Technical standard for sanitation and epidemic prevention of residential building*** specifies key technical requirements and measures for architectural design and operation & management of residential building projects regarding site planning, architecture, landscape, water supply and drainage, HVAC, electricity, decoration, etc., under regular epidemic prevention and control. ***Technical guideline for the drafting of systematic scheme of sponge city*** specifies the principles and procedures of drainage zoning, and specifies the requirements for coordination of multiple objectives such as water ecology improvement, water environment renovation, water safety governance, and comprehensive utilization of water resources. ***Evaluation standard of historic buildings in existing urban residential areas***, based on the characteristics of historic buildings in existing urban residential areas in China, provides an evaluation indexes system for the value of historic buildings, and specifies the composition of the indexes for evaluating historic buildings in existing urban residential areas and the evaluation contents. ***Certification standard for basic property services of public building*** establishes the evaluation indexes system of basic property services of public building based on the basic characteristics of public building property, describes the calculation and processing methods of index data, and specifies the certification procedures and requirements for basic property services of public building.

The standards selected respond to the major national strategies and industry development needs，follow closely the emerging industries，and focus on specialized and sophisticated technologies. They play an important role in filling the gap in government standards，leading the technological progress of the industry，and meeting the market demand and innovation-driven development of the housing and urban-rural development industry.

团体标准《健康建筑评价标准》解读

Explanation of the Group Standard *Assessment standard for healthy building*

1 编制背景

2020 年，习近平总书记发表重要讲话强调"要推动将健康融入所有政策，把全生命周期健康管理理念贯穿城市规划、建设、管理全过程各环节"，为建筑领域贯彻落实健康中国战略指明了发展方向。而后，住房和城乡建设部等七部门发布了《关于印发绿色建筑创建行动方案的通知》（建标〔2020〕65 号），将"提高建筑室内空气、水质、隔声等健康性能指标，提升建筑视觉和心理舒适性"列为重点创建目标，为健康建筑推进工作提供了行动指南。未来 5~10 年是推进健康中国战略的重要战略机遇期，发展健康建筑是贯彻落实健康中国战略、全面建成小康社会、提升人民群众获得感和幸福感、实现建筑业"以人为本"转型的重要途径之一。

在我国大政方针的指引下，中国建研院、中国城市科学研究会等三十余家科研院所、高等院校、工程与产品企业，联合编制了我国首部健康建筑标准——《健康建筑评价标准》T/ASC 02—2016（以下简称《标准》2016 版），形成了以标准编制带动行业推进的良好局面。然而随着我国健康中国建设的不断深化和建筑科技的快速发展，《标准》2016 版在实施和发展过程中遇到了新的问题、机遇和挑战。一方面，随着新技术、新产品不断涌现，标准需要吸纳新技术理念并提升与卫生、心理等专业的跨界融合，使标准更指向人的健康；另一方面，新冠肺炎疫情暴发后，标准的项目侧需求剧增，需要结合实践经验修订标准，强化健康建筑平疫结合属性，使之更好地指导项目建设、运管与评价。

因此，为进一步贯彻健康中国战略部署和有关政策文件精神，提高人民健康水平，适应新时代人民群众对于健康的建筑环境的迫切需求，实现建筑健康性能进一步提升，中国建研院、中国城市科学研究会等 41 家单位，依据《2020 年中国建筑学会标准修订计划（第二批）》（建会标〔2020〕4 号）的要求，对《健康建筑评价标准》T/ASC 02 进行了修订。经过广泛征求公众与项目意见，由中国建筑学会批准，《健康建筑评价标准》T/ASC 02—2021（以下简称《标准》2021版）于 2021 年 9 月 1 日发布，2021 年 11 月 1 日正式实施。

2 技术内容

2.1 标准体系架构

《标准》2021 版沿用了《标准》2016 版首创的"空气、水、舒适、健身、人文、服务"六大健康要素作为一级指标，对二级指标进行重新调整，共设 17 个二级指标，每类指标均包括控制项和评分项，并统一设置加分项，指标体系架构如图 1 所示。《标准》2021 版调整了健康建筑的等级划分，由 2016 版的一星级、二星级、三星级共 3 个等级，调整为铜级、银级、金级、铂金级 4 个等级。当建筑满足所有控制项要求，且总得分达到 40 分、50 分、60 分、80 分时，分别达到四个等级。

图 1　《标准》修订前后框架结构

《标准》2021 版沿用了《标准》2016 版的阶段划分方式，分为设计评价和运行评价两个阶段。设计评价应在施工图设计完成之后进行，其评价重点为健康建筑采取的提升建筑性能的预期指标要求和"健康措施"。运行评价应在建筑通过竣工验收并投入使用一年后进行，该阶段评价不仅要关注健康建筑的理念及技术实施情况，更要关注实施后的运行管理制度及健康成效。

2.2　标准指标体系

《标准》2021 版中"空气"主要内容包括：浓度限值（室内甲醛、苯系物、TVOC 等挥发性有机化合物与室内颗粒物 $PM_{2.5}$、PM_{10} 的浓度控制）；污染源头控制（建筑气密性要求、室内建筑材料、装饰装修材料、家具物品有害物质散发、室内污染物串通）；净化与监测（空气净化装置、空气质量监控与显示）。

《标准》2021 版中"水"主要内容包括：水质（生活饮用水、集中生活热水等各类水体的总硬度、菌落总数、浊度等参数控制、直饮水系统）；水系统（给水排水系统防结露与防渗漏、管道标识、卫生间同层排水、厨卫排水分离、公共卫生间非接触式用水）。

《标准》2021 版中"舒适"主要内容包括：声环境（室内外功能空间噪声级、噪声敏感房间隔声性能、建筑内外部声环境改善）；光环境（天然采光、室内空间亮度分布、生理等效照度、照明光环境、照明产品参数）；热环境（室内热舒适、自然通风）；人体工程学（卫浴间空间布局、室内空间与家具舒适性）。

《标准》2021 版中"健身"主要内容包括：室外（室外健身场地、运动场地、儿童游乐场地、老年人活动场地、健身步道）；室内（室内健身空间、功能与设施的合理设计、便利的公共服务设施、便于日常使用的楼梯）。

《标准》2021 版中"人文"主要内容包括：交流（交流场地空间、功能、配套设施的合理设计）；心理（绿化环境、心理减压空间）；全龄友好（无障碍电梯、人性化空间与设施、标识引导、老年人与儿童用房、便利的医疗服务与紧急救援设施）。

《标准》2021 版中"服务"主要内容包括：物业（质量与环境管理体系、公共环境卫生保障与安全控制、空调系统定期检查、清洗与维护、水质监测管理制度、建筑防疫设置）；食品（食品标识、食品获取渠道、食品储存、食品安全把控）；活动（宣传健康生活理念、举办健康活动、提供免费体检服务）。

《标准》2021 版中"提高与创新"对建筑设计与管理提出了更高的要求，鼓励在健康建筑的各个环节中采用更加有利于健康的技术、产品和运行管理方式，对建筑室内空气质量、社区农场、健康建筑产品、主动健康建筑基础设施、健康建筑智能化集成管理系统等符合健康理念的方面提出了新的要求。

3　亮点与创新点

《标准》2021 版从我国的基本国情出发，结合健康建筑的特点，以"融合性、引领性、可感知性、可操作性"为原则，通过吸纳新技术新理念、提升跨界融合、提升健康显示度等措施，提升标准的科学性、引领性、系统性与全面性，结合项目实践反馈提升其国情适应性与可操作性。《标准》2021 版亮点与创新点如下：

（1）理念突破普通建筑建设观。《标准》2021 版的健康目标覆盖生理、心理和社会三大层面，转变传统以物化为导向的理念，以人民群众的"全面健康"为出发点，从规划、设计、施工、运管、改造全寿命期重构建筑建设，全方位保障人体健康。

（2）分解健康指标，重构实现途径。《标准》2021 版以建筑物为载体，将健康指标的实现路径分解为五大类指标，包括空间（空间功能、空间尺寸、形状、位置、颜色、装饰等）、构造（围护结构的材质和厚度、门窗气密性和水密性等）、设施（健身设施、文娱设施、服务设施等）、设备（净水器、空气净化器、减震器、灯具等）、服务（设施设备维护、应急管理、活动组办、理念宣传、心理咨询、食品管控等），支撑健康目标的实现。

（3）技术指标高度跨学科融合。《标准》2021 版突破专业领域局限，集成建筑、医学、心理学、暖通、卫生、管理等多学科技术，关注空气污染物、建筑材料、用水品质、体感舒适、全龄友好、食品、健身、精神等方面的健康因素，综合使用现场检测、实验室检测、抽样检查、效果预测、数值模拟、专项计算等方法，保障评价的科学性，全面支撑保障与促进人民群众全面健康的建设目标。

（4）创建多层级健康解决方案。《标准》2021 版构建了"强制、优先、鼓励"的多层级健康解决方案，关注健康成效，而非限定单一技术路径。引导建筑结合所在地区的气候、环境、资源、经济和文化等特点，进行综合设计，对项目所处的风环境、光环境、热环境、声环境等加以组织和利用，扬长补短。制定工程建设、产品技术、投资与健康性能之间总体平衡、优先和鼓励自由组合的最适宜方案。

（5）指标体系高度国情适应性。《标准》2021 版紧贴我国社会、环境、经济、行业发展的具体情况，针对性满足健康需求、解决健康问题，做到行之有效，特色鲜明；适应从国家到地方的行业政策导向，做到指标严格，行之有力；与我国现行国家、行业相关标准的制修订现状与趋势相协调，与产业链发展需求相适应，兼顾引领性与适用性。

《标准》2021 版得到了审查专家组的高度评价，认为该标准构建的指标体系科学合理、适用性广泛、可操作性强，融合了多领域研究成果，具有创新性。《标准》2021 版的实施将对促进我国健康建筑发展、规范健康建筑评价起到引领作用，专家组一致认为该标准总体达到了国际领先水平。

4　标准实施

在推动标准体系建设方面，以《健康建筑评价标准》为母标准，针对具有鲜明特色的建筑功能类型以及更大规模的健康领域，建立了以六大健康要素为基础，涵盖建筑、社区、小镇、住区多层级，囊括新建与改建全寿命期的健康系列标准体系。从区域范围讲，由健康建筑到健康社区、健康小镇、健康住区；从建筑功能讲，由健康建筑到健康医院、健康校园，我国健康建筑系列标准逐步完善，向更精细化发展的同时面向更广泛的人群服务。目前，已陆续立项健康建筑系列技术标准 11 部，如表 1 所示。

健康建筑系列技术标准

表 1

序号	标准名称	归口单位	状态
1	《健康建筑评价标准》	中国建筑学会	发布
2	《健康社区评价标准》	中国工程建设标准化协会	发布
3	《健康小镇评价标准》	中国工程建设标准化协会	发布
4	《既有住区健康改造技术规程》	中国城市科学研究会	发布
5	《既有住区健康改造评价标准》	中国城市科学研究会	发布
6	《健康酒店评价标准》	中国工程建设标准化协会	在编
7	《健康医院建筑评价标准》	中国工程建设标准化协会	发布
8	《健康养老建筑评价标准》	中国工程建设标准化协会	在编
9	《健康体育建筑评价标准》	中国工程建设标准化协会	在编
10	《健康校园评价标准》	中国工程建设标准化协会	在编
11	《健康建筑产品评价通则》	中国工程建设标准化协会	在编

在推广实施方面，以健康建筑联盟单位作为发力点，以标准体系为技术引领，从产品支持、技术咨询、工程建设、运管维护到项目评价与改进，形成了有效的健康建筑推广机制。截至 2022 年 3 月，以《标准》2021 版为评价依据，全国健康建筑推广面积逾 3000 万 m²，含近 3000 栋单体建筑，涵盖北京、江苏、四川、新疆等 22 个省/自治区/直辖市，以及香港特别行政区。同时，为展示健康建筑科技成果，依托健康建筑产业技术创新联盟遴选了 4 项获得健康建筑标识的优秀项目作为"健康建筑示范基地"，通过开展基地示范教育工作，为行业发展提供借鉴，引导健康建筑高质量建设。

5　编制思考

结合《标准》2016 版应用以来发现的问题，适应行业社会的变化，融合最新的技术理念，《标准》2021 版在修订过程中主要做出如下思考与调整：

（1）深化以人为本，提升平疫结合基本属性

虽然《标准》2016 版中已将平疫结合纳入健康建筑的基本属性，但在此次新冠肺炎疫情防控中仍显现出长期居家时用户舒适性不足、应急储备不足、缺少应急空间等问题。针对以上系列问题，该标准修订过程中从降低交叉感染、提升居家舒适性、提升生活便利性、提升健身与交流环境、提升绿化人文环境、提升智慧生活体验六个方面入手，深化以人为本，进一步提升了建筑平疫结合的基本属性。

（2）强化跨界融合，提升营养、心理、行为、智慧等元素与健康建筑理念融合

修订编制组在原核心团队基础上，强化了心理学、食品营养、体育健身、主动健康、智慧建筑等领域专家组成，强化了中式厨房、人体工学、全龄友好等专项研编，实现了包含建筑、暖通、给水排水、景观、规划、声学、光学、建材、卫生、心理、毒理、智慧、营养、健身、管理、行为十六项建筑领域与健康相关领域融合。

（3）参考 2000 栋建筑的实践反馈，优化指标体系

结合实践反馈的可行性、适用性、引领性以及条文难度等方面的反馈意见，优化完善指标体系。如：细化了空气章节关于甲醛、TVOC 等污染物在设计阶段选材、预评估的计算原理及方法；细化了生理等效照度的设计目标、原理以及通过视觉照度计算生理等效照度的计算方法；明确了建筑配套健身设施数量的配备比例具体计算方式；提升了照明系统智能化控制在不同建筑类型中的适用性；细化了建筑内有关食品供应服务的具体管控内容等。

（4）融入新技术、新理念，增设"主动健康""健康建筑产品"等新内容

标准修订过程中，融入主动健康新理念，以人的生命健康为核心目标，围绕构建人与自然生命共同体，通过在建筑中加载医疗器械级的健康信息自动感知、储存、智能计算、传输、预警等设施装置的集成系统，实现对建筑使用者的健康风险干预，创造健康价值、应对健康危机等。另外，《标准》2021 版引入了健康建筑产品的理念，具体指以促进使用者的全面健康、提升建筑健康性能为目标，符合健康建筑参数要求的装饰装修材料、家具家电部品、设备设施等建筑产品。以支撑健康建筑各项健康理念的实施、各项健康性能的实现。

（5）提升标准普适性，结合最新行业政策发展、国标修订情况，简化标准使用程序、优化指标体系

一方面，为兼顾我国健康建筑理念在不同地域的普及推广，增设了健康建筑评价等级，由 2016 版的三级变为四级。另一方面，结合我国绿色建筑的全国推广，健康建筑在程序上与绿色建筑标识脱钩、取消不参评项，简化标准使用程序。再一方面，结合《室内空气质量标准》GB/T 18883、《民用建筑工程室内环境污染控制标准》GB 50325 等系列标准的制修订，优化完善室内 $PM_{2.5}$ 年均浓度、室内 PM_{10} 年均浓度、室内热环境等指标体系。

6　结语

回顾过去，我国健康建筑行业已初步形成标准制定引领工程建设发展，科学研究提供理论技术支撑，组织机构建立推动领域发展，标识评价带动项目落地实施，学术交流合作推动技术进步的良好局面，技术水平和工程规模居于世界前列。立足当下，我们应当在现有工作基础上不断总结、继续深耕，在理论及应用方面进行更为全面的探索和创新，逐步完善规范和标准体系，形成涵盖研发生产、规划设计、施工安装、运行维护的全产业链条，推进研发成果的规模化应用。展望未来，在党和国家的指引下，健康建筑必将实现更高质量的发展，在增强人民群众获得感、提高人民健康水平、贯彻落实健康战略建设等方面，发挥更加积极的作用。

作者：王清勤[1]；孟冲[1,2]；盖轶静[2]；赵乃妮[1]；李国柱[1]；刘茂林[1]（1 中国建筑科学研究院有限公司；2 中国城市科学研究会）

团体标准《健康养老建筑技术规程》解读

Explanation of the Group Standard *Technical specification for healthy building for the aged*

1 编制背景

随着我国人口老龄化日益加剧，养老建筑行业在我国飞速发展，养老问题已普遍受到人们的重视。目前，正值我国人口老龄化加速发展的关键时期。第七次人口普查结果显示，我国60岁及以上人口数量达到2.64亿人，占总人口数的18.7%，比第六次人口普查上升了5.44%，人口老龄化程度进一步加深。当前，我国人口再生产类型进入低出生率、低死亡率、低自然增长率的阶段，人口老龄化主要表现出人口数量大、人口老龄化增长速度快、人口预期寿命越来越长、家庭规模越来越小、劳动年龄人口负担越来越重等特点，我国人口老龄化问题已经迫在眉睫。国家出台了一系列相关政策，积极应对人口老龄化问题，如《国务院关于印发"十三五"国家老龄事业发展和养老体系建设规划的通知》《国务院办公厅关于进一步扩大旅游文化体育健康养老教育培训等领域的消费意见》《关于推进老年宜居环境建设的指导意见》等。

中共中央、国务院于2016年10月印发了《"健康中国2030"规划纲要》（以下简称《纲要》），明确提出"推进健康中国建设，是全面建成小康社会、基本实现社会主义现代化的重要基础，是全面提升中华民族健康素质、实现人民健康与经济社会协调发展的国家战略"，纲要提出了包括健康水平、健康生活、健康服务与保障、健康环境、健康产业等领域在内的10余项健康中国建设的主要指标。在党的十九大报告中再次提出"实施健康中国战略"的号召。

为构建健康的养老体系，实现"健康中国"战略，推进老年宜居环境建设，为养老建筑的健康发展提供有力的技术支持，依据中国工程建设标准化协会《关于印发〈2020年第一批协会标准制订、修订计划〉的通知》（建标协字〔2020〕14号），中国建研院、清华大学建筑设计研究院有限公司等24家单位，制定了《健康养老建筑技术规程》T/CECS 1110—2022（以下简称《规程》）。

2 技术内容

2.1 指标体系与等级划分

《规程》共分为8章，主要技术内容包括：1. 总则；2. 术语；3. 技术指标；4. 策划；5. 建筑设计；6. 设备设计；7. 施工与交付；8. 运营管理。《规程》的体系框架见图1。

《规程》是在深入调查研究，认真总结实践经验，参考有关国外和国内先进标准，并广泛征求意见的基础上制定的。编制组以老年人的实际需求为出发点，围绕养老建筑无障碍设施、室内环境、文娱健身和医养设施配置、照料服务等方面，对数十个养老建筑项目进行了实地调研，并发放了纸质和网络调查问卷，对养老建筑的痛点问题进行了深入的梳理和分析，并以中国建研院科研基金项目《绿色健康养老建筑关键技术研究》为理论基础，提出了养老建筑的健康指标参数，

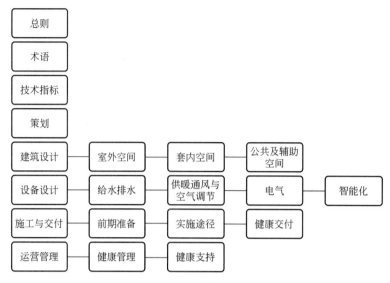

图 1 《规程》体系框架

以及策划、设计、施工、交付、运营管理等各阶段的技术措施，引导养老建筑达到健康性能的要求，提升老年人居住环境水平，推进健康养老建筑发展建设。

《规程》适用于新建、改建和扩建健康养老建筑的策划、设计、施工和运营。

2.2 主要技术内容

《规程》的总则，对规程的适用对象做出了规定，指导健康养老项目运用本规程进行策划、设计、施工、交付和运营。术语一章提出了养老建筑的定义，即为老年人提供居住、生活照料、医疗保健、文化娱乐等方面专项或综合服务的建筑通称，包括老年养护院、养老院、老年日间照料中心、老年公寓、养老社区建筑等。健康养老建筑的定义为在满足养老建筑功能的基础上，为建筑使用者提供更加健康的生活与工作环境、设施和服务，促进建筑使用者身心健康、实现健康性能提升的养老建筑。

技术指标，针对老年人生理特征和实际需求，提出了健康养老建筑防滑、声环境、光环境、室内污染物浓度限值、室内材料和家具污染物释放量、热湿环境、水质和门窗气密性等的技术指标参数。

策划，对健康养老项目的项目定位与目标分析、建筑设计概念方案、主要功能产品分类指标和技术经济可行性分析提出了要求，并提出了既有社区适老化改造和既有建筑改建为养老建筑时需要进行评估的项目。

建筑设计，包括室外空间、套内空间、公共及辅助空间设计。室外空间章节对规划布局、无障碍设计、室外活动场地设计、景观设计、室外标识系统设计等方面做出了详细规定。套内空间指老年人住宅的套内空间和老年人照料设施中生活用房的居室，该节对套内流线设计、无障碍设计、室内细部设计、空间尺寸等提出了具体技术措施。公共及辅助空间设计包含室内空间设计、室内环境设计和卫生防疫设计，涵盖了无障碍设计、标识系统设计、色彩设计等，以及交通空间、文娱健身用房、康复医疗用房和员工用房等的健康设计技术措施和卫生防疫要求等内容。

设备设计，包括给水排水、供暖通风与空气调节、电气和智能化设计。给水排水提出了热水供应、卫生洁具、水质在线监测和直饮水等的具体要求。供暖通风与空气调节提出了空气净化与杀菌、空气品质与热湿环境保障、防止传染病交叉感染和空调设备噪声控制等技术措施。电气提出了室内外光环境、开关插座安装高度及安全用电要求。智能化提出了紧急求助报警、安防系统和智能化设备等技术措施。

施工与交付，包括前期准备、实施途径和健康交付。明确了施工阶段各方责任，提出了施工前期准备的要点。倡导减少施工废弃物产生，提倡采用工业化建造方式，并减少对周边的影响。交付前应做好无障碍、养老设施和防滑等专项验收。

运营管理，包括健康管理和健康支持两部分内容。提出了建立健康管理保障体系、环境管理、设备设施管理和公共卫生应急管理体系，为老年人提供生活照料、膳食、心理支持和医疗保健等健康保障。

3 亮点与创新点

《规程》是健康建筑与养老建筑技术体系的必要补充，针对健康养老建筑的特点、老年人的生活习惯和特殊需求等编制的健康养老建筑技术标准，便于更有针对性地指导策划、设计、施工、运营，促进市场健康发展，为老年人提供良好的环境品质。

（1）提出一系列健康养老建筑的设计指标参数

基于中国建研院科研基金项目《绿色健康养老建筑关键技术研究》的研究成果，以及大量实际项目走访调研、问卷调查的结果，针对老年人感官功能衰退、身体机能老化、思维能力退化等生理特征，提出了有利于老年人健康的室内声环境、光环境、热湿环境、污染物浓度等设计参数。例如，针对老年人热感觉偏冷的生理特征，提出了健康养老建筑主要房间温湿度要求，见表1。

健康养老建筑主要房间温湿度 表1

房间名称	夏季		冬季	
	温度（℃）	相对湿度（%）	温度（℃）	相对湿度（%）
生活用房	26～28	≤70	22～24	≥30
厨房	≤28	—	≥18	—
淋浴间	≤28	—	平时：≥20 洗浴时：≥25	—
公共卫生间	≤28	—	≥20	—
公共浴室	≤32	—	≥25	—
公共食堂	26～28	≤70	22～24	≥30
文娱与健身用房	26～28	≤70	20～24	≥30
康复与医疗用房	26～28	≤70	22～24	≥30

（2）全面精细梳理套内空间的建筑设计

首先，《规程》在现行规范基础上，适当提高了相关标准，规定了套内空间各个位置的尺寸，比如玄关区通道净宽不宜小于1.20m，室内通过式走道净宽不应小于1.10m，阳台净宽不宜小于1.20m，主要空间净高不应低于2.50m，此外还规定主要居室距外部建筑间距不宜小于18m等。

其次，对健康养老建筑设计细节进行了精细化研究和建议，比如玄关位置的更衣、换鞋、收纳等空间及设施，卫生间马桶、洗手盆、厨房操作台的舒适性设计等。

最后，对老年人照料设施的居室（分单人、双人）的使用面积、开间净宽的低限进行了研究和规定，对床边护理、急救操作空间的尺度和设施进行了精细化研究等。《规程》要求老年人照料设施的居室，每间居室宜按不小于 $9m^2$/床确定使用面积；单人间居室使用面积不宜小于 $12m^2$，双人间居室使用面积不宜小于 $18m^2$；居室开间净宽不宜小于 3.30m。居室布置示意图如图 2～图 4 所示。

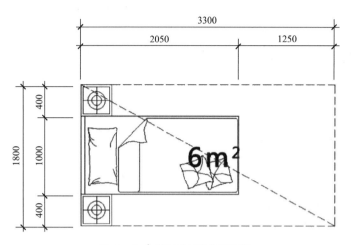

图 2　$6m^2$/床空间尺度示意图

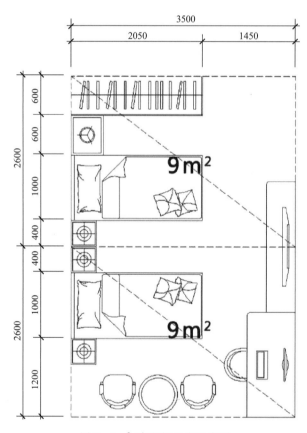

图 3　$9m^2$/床空间尺度示意图

（3）提出康复医疗与卫生防疫设计

《规程》关注健康养老建筑的空间设计技术和性能优化技术，将养老建筑设计规范、建筑性能设计标准及康复医疗建筑相关规范中关于养老建筑的内容集结在一起，并针对养老设施深化细化

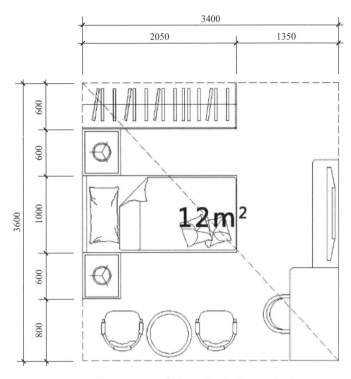

图 4 使用面积 $12m^2$/间的单人间布置示意图

具体技术要求。将《健康建筑评价标准》T/ASC 02 中的相关内容深化为健康养老建筑的具体技术要求和量化指标，充分体现"健康养老"这一具有创新性的主题，突出多学科知识融合，提升养老建筑总体效果。健康养老建筑中的康复医疗设施设置举例见图 5。

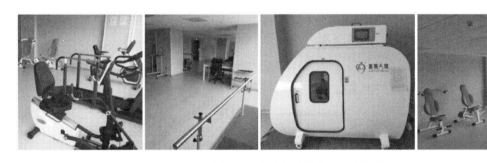

图 5 健康养老建筑康复医疗设施

老年人为传染病的高危易感人群，应做好突发公共卫生事件时的防护工作。《规程》在健康养老建筑的空间设计和设备设计中专门考虑了卫生防疫要求，例如设置符合防疫要求的空间单元、电梯应进行洁污分流设计、设置通风平时/疫情切换等。其中，为实现平时/疫情切换通风模式，在各房间集中新风送、回风支管上设置电动密闭阀，平时阀门开启，疫情期间关闭，各房间各自形成单独的室内空气循环系统，利用可开启外窗或自然通风器，提供人员所需新风量。系统示意图如图 6 所示。

此外，《规程》还要求设置在突发公共卫生事件时的运营管理制度，提供符合老年人和健康养老建筑特征的管理保障。

（4）充分体现人文关怀

除了考虑到老年人的实际需求，本规程还注重工作人员的身心健康。设置员工餐厅、员工健

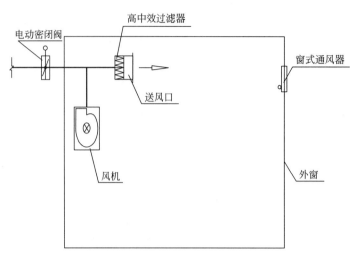

图 6　室内空气循环系统示意图

身空间，有助于增强员工身体素质、规律作息、提升工作热情、建立员工的企业归属感。在健康施工方面，专门强调了与周边居住或办公人员的有效沟通，从而降低对其不利影响，充分体现了以人为本的原则。

（5）强调养老建筑的健康交付

《规程》设置了健康交付条文，强调了交付是建造的组成部分，是施工的后续节点。应进行无障碍和养老设施专项质量验收，验收合格后开展健康养老建筑效果评估，入住前应进行室内环境质量调查，调查内容应包括声学效果，热舒适性，陈设，工作场所光线水平和质量，异味、不通风和其他空气质量问题，清洁与维护，布局等。

（6）关注健康管理与健康支持

《规程》建立健全以促进健康为目标的养老服务体系，设置健康运营管理章节，强调以尊重老年人的个人意愿和生活习惯为前提，开展运营管理与服务。建立符合养老需求的健康管理制度，包括运营管理保障体系、环境管理、设备设施管理和公共卫生应急管理体系。除快递收发、安保巡逻、送药上门、提醒用药和给药护理、提供共享助行器械等基本生活照料服务外，还注重满足老年人健康膳食、心理慰藉和基本医疗保健的需求，要求销售和供应的食品应源头可溯、种类丰富多样，提供健康饮食教育，定期举办促进生理健康、心理健康的讲座和活动，定期组织老年人体检。

4　社会影响与展望

党的十九大报告明确指出："中国特色社会主义进入新时代，我国社会主要矛盾已经转化为人民日益增长的美好生活需要和不平衡不充分的发展之间的矛盾"。加之人口老龄化的加剧，老年人居住环境水平亟待提升，健康养老建筑技术标准必不可少。《规程》紧密结合政策方向和老年人对住所环境的需求，可在养老建筑项目中进行推广实践，切实指导健康养老建筑的策划、设计、施工和运营管理等各环节，为养老建筑项目提供增值服务。《规程》体现了技术标准的可靠性、经济合理性和先进性，体现了健康养老建筑领域的新技术和新方向，填补了健康建筑和养老建筑领域在这方面的空白，开拓养老建筑新领域，开发养老建筑新热点。

5　结语

总体而言，随着我国老年人口的不断增多，未来我国健康养老市场需求也将会大幅增加，我国健康养老行业的发展前景是非常深远广阔的。《规程》从养老建筑的建设和运营层面，综合考量健康技术的适用性和经济性，从项目策划、设计施工、设施配置、管理服务等方面综合考虑，提升养老建筑的健康性能，创造舒适宜居的养老居住环境。《规程》将推动建立健全健康养老建筑技术体系、相关的关键技术、配置指标等，为从事养老行业相关的专业人员、管理人员、咨询人员提供指导依据，也对国内健康养老建筑发展起到重要的示范引导作用。

作者：曾宇[1,2,3]；裴智超[1,2,3]；孔蔚慈[1,3]（1 中国建筑科学研究院有限公司建筑设计院；2 国家建筑工程技术研究中心；3 北京市绿色建筑设计工程技术研究中心）

团体标准《建筑碳中和评定标准》解读

Explanation of the Group Standard *Building carbon neutrality assessment standard*

1 编制背景

2020 年 9 月在第 75 届联合国大会上我国政府提出了"双碳"目标，2020 年中央经济工作会议上又将碳达峰碳中和列入年度重点任务，目前我国各行业各领域都在"双碳"目标的指引下掀起了广泛而深刻的变革。在住房和城乡建设部印发的《"十四五"建筑节能与绿色建筑发展规划》中提到"十四五"时期是落实 2030 年前碳达峰、2060 年前碳中和目标的关键时期，同时也提出了"聚焦达峰，降低排放"的基本原则。

从目前建筑行业发展来看，2021 年 12 月 23 日中国建筑节能协会、重庆大学发布的《2021 中国建筑能耗与碳排放研究报告：省级建筑碳达峰形势评估》中公布了 2019 年全国建筑全过程能耗总量为 22.33 亿吨标准煤、碳排放总量为 49.97 亿吨二氧化碳，占全国碳排放的比例为 49.97%。研究发现，2005～2019 年间全国建筑全过程能耗总量由 9.34 亿吨标准煤上升到 22.33 亿吨标准煤，扩大了 2.4 倍，年均增长 6.3%；全国建筑全过程碳排放总量由 22.34 亿吨二氧化碳上升到 49.97 亿吨二氧化碳，扩大了 2.24 倍，年均增长 5.92%（图 1），由此看来建筑行业的减碳势在必行。

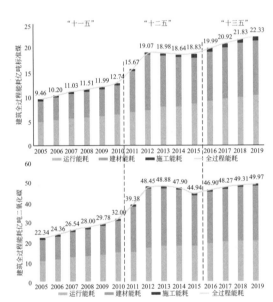

全国建筑全过程能耗与碳排放总量变化趋势

建筑全过程能耗与碳排放总量变化的阶段性特点趋于一致：

- "十一五"期间：建筑能耗年均增速6.1%；碳排放年均增速7.4%；

- "十二五"期间：建筑能耗在2011年和2012年出现异常值，异常值来源于建材能耗，年均增速8.1%；碳排放年均增速7.0%；

- "十三五"期间：增速明显放缓，建筑能耗年均增速4.3%；碳排放年均增速2.7%。

图 1　2005～2019 年全国建筑全过程能耗与碳排放总量变化趋势

此外，自 2011 年国家发展和改革委员会成立碳排放权交易市场以来，天津作为国家七个碳排放权交易试点之一，制定完善了《天津市碳排放权交易管理暂行办法》，建立了配额管理、监测报告核查和交易管理的相关制度，开发建设了注册登记系统、排放信息报告系统、交易系统等支撑系统。2020 年天津碳交易总量位列全国第二，且总成交金额也位列全国第二（图 2）。

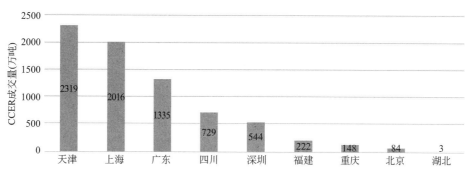

图 2　各试点省市 2021 年 1～10 月 CCER 成交量

基于上述情况，为了尽快推进建筑领域的碳达峰、碳中和，聚焦 2030 年前城乡建设领域的碳达峰目标，2021 年 9 月《建筑碳中和评定标准》T/TJKCSJ 002—2022（以下简称《标准》）在天津市勘察设计协会申请立项并展开编制工作，编制组通过紧紧抓住降能需、提能效、优化建筑用能结构、增碳汇及增加可再生能源利用等高效减排技术措施来实现建筑的低碳设计、高效运维和可持续发展，为建筑领域全面开展"双碳"工作提供评价及参考依据。

2　技术内容

2.1　标准概述

《标准》主要包括 7 个章节：1. 总则；2. 术语；3. 基本规定；4. 建筑能耗、设备能效与室内环境指标；5. 设备能效与室内环境检测；6. 碳排放核算；7. 碳中和结果评定。《标准》的框架结构见图 3。

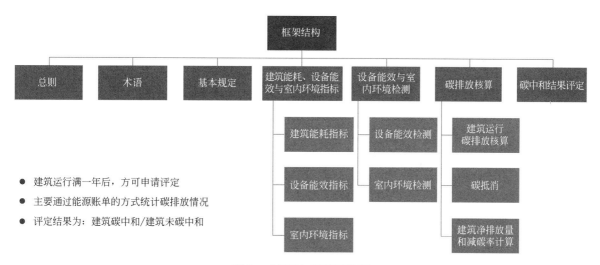

图 3　《标准》框架结构图

第 1 章"总则"主要是从编制目标、适用范围、技术内容、方向引导等方面进行了总体阐述。第 2 章"术语"是结合标准内的核心技术内容，规定了包括建筑碳中和、建筑碳排放、碳抵消、碳排放因子、绿色金融等 11 个关键概念。第 3 章"基本规定"中首先明确了具体的评定对象——单栋建筑或建筑群，也可以是建筑内具有明确可描述边界且独立用能计量的建筑单元，考虑到大量的租赁办公用房或持有建筑部分楼层产权的企业项目有申请建筑碳中和评定的需求，故本标准编制时创新性提出可以对建筑内部区域进行评定；其次规定了参评对象应运行一年以上的具体要求，以确保取得民用建筑和工业建筑一个完整日历年或连续 12 个日历月的累积相关数据；最后对申请评定方的相关工作和所提交资料的真实性与完整性提出了要求。

在技术内容方面，第 4 章对建筑能耗、设备能效以及室内环境三方面均提出了指标性要求，在建筑能耗指标中首先明确了能耗核算边界，然后对新建民用建筑、改造民用建筑和工业建筑都提出了具体的指标要求；在设备能效和室内环境指标方面，抓住几个对能耗影响比较大的关键性指标提出要求，比如空调系统的冷热源机组的能效、主要功能房间的照明功率密度、非透光围护结构内外表面温差值以及室内二氧化碳浓度，同时为了强调节能减碳要在保证室内人员舒适的前提下开展还对主要功能房间温度提出了指标要求。第 5 章对相关检测提出的要求是基于检测复核第 4 章中的部分指标和核算第 6 章减碳量时提出的，同时还明确规定了凡是能够通过产品说明书、型式检验报告、节能验收报告及运行记录等证明资料得到验证的且与现场复核一致的，可不再进行相关检测的原则。第 6 章对碳排放核算优先使用的方法和需要准备的材料做了规定，给出了建筑运行碳排放的计算方法、建筑净碳排放量的计算方法和减碳率的计算方法。第 7 章是对建筑碳中和结果评定时提出的要求，第一是申请碳中和评定的建筑既要满足第 4 章的指标要求也要按照第 6 章做具体的碳排放计算，这样可以实现真正意义上的碳减排，如果采用了碳抵消则应在相应的机构足额注销且需要获得相关证明；第二是对申请建筑碳中和评定的申报方提出了提交项目资料的说明，考虑到本标准依据能源账单来计算建筑碳排放，而运行管理是很关键的环节，为了引导项目及早制定运行管理手册，故增加了建筑运行管理手册的要求；第三是对评价方在开展评价工作时提出了具体要求。

2.2 编制中的几点说明

（1）建筑碳排放核算范围

本标准核算的建筑碳排放仅指建筑运行阶段的二氧化碳（CO_2）排放。建筑运行能耗约占建筑全生命周期能耗的 80%，且与建筑围护结构、机电系统设计、施工质量、机电设备能效和运行管理等都有密切联系，所以本标准重点关注各类建筑运行阶段能源消费活动的碳排放；同时基于《中国能源统计年鉴》《天津市统计年鉴》等官方数据统计天津市 2010～2019 年各类建筑的能源消耗情况时发现（图 4），建筑领域的能源消耗量统计包含了建筑本体消耗与建筑内人员行为的消耗，是无法拆分的，所以在核算建筑碳排放时需要依据运行产生的能源账单，这其中也就包括了全部工作、生活等人员的行为对建筑能耗产生的影响。虽然根据《IPCC 国家温室气体清单指南》（2006）需要计算和评估的温室气体包括二氧化碳（CO_2）、甲烷（CH_4）、氧化亚氮（N_2O）、氢氟碳化物（HFCs）、全氟化碳（PFCs）和六氟化硫（SF_6）等，但在建筑运行过程中二氧化碳（CO_2）是建筑碳排放的主要部分，所以本标准建筑碳排放核算仅为建筑运行阶段的二氧化碳排放量的计算。

（2）建筑能耗指标的确定

为了避免单纯采用绿电或核证减排量抵消建筑碳排放的做法，《标准》对各类建筑均提出了需要满足的相关指标要求，同时为了优化建筑用能结构，降低碳排放，还提出了可再生能源利用率的要求。其中对新建民用建筑各类运行能耗指标的要求均不低于甚至高于国家或地方相关标准中的要求；对于改造民用建筑，考虑到建筑基础条件差异较大，无法按照统一标准要求，故只对建筑自身改造后的本体节能率提出要求，或通过可再生能源系统的利用达到节能减排的目的，对可再生能源利用率提出要求，但无论采用哪种方式都需要满足一定的减碳率要求；对于工业建筑，考虑到工业厂房层数较少、屋顶面积较大，用地内有大量的空置场地可铺设新能源设备，所以对

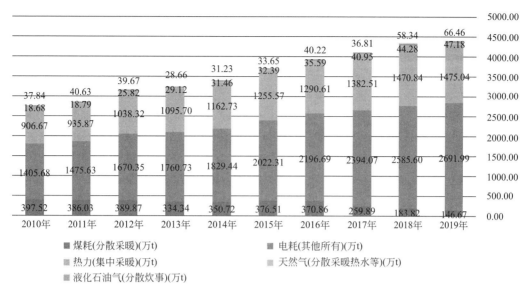

图 4　天津市重点领域（建筑）碳达峰预测研究

新建和改造的工业建筑均提高了可再生能源利用率的要求，对于改造的工业建筑还提出了减碳率的要求。

3　亮点与创新点

（1）时效性

《标准》编制紧跟国家政策要求的同时，与新颁布的相关规范标准紧密结合，确保标准的要求不低于甚至高于国家或地方相关标准要求；同时在整体内容方面首次在建筑领域标准中融合了时下国家热点的碳排放权交易、绿色金融等跨行业技术内容，符合国家碳达峰碳中和总体战略要求，具有时效性和创新性。

（2）先进性

《标准》首次提出了建筑减碳量和减碳率的概念，结合民用建筑、工业建筑各自的特点又制定了相应指标要求，同时配合国家推进可再生能源系统利用的大政方针，提出了可再生能源利用率的指标要求；评价主体不仅限于新建建筑，对改造建筑也提出了要求，推动了既有建筑、工业建筑的绿色化改造，为行业低碳转型和城市更新提供了技术支撑。

（3）科学性

建筑碳中和评定方法是以结果为导向的评定，从建筑实际发生的能源账单出发，没有权衡判断、模拟工况等程序，提倡全方位控制建筑能源消耗以及行为节能，倒逼建筑项目加强运维管控，切实降低建筑的碳排放水平，评定结果也更加科学准确。

（4）融合性

《标准》编制的评定过程是从前期的设计到最终的运行管理，从建筑碳排放的计算到周边建筑碳汇的计算，从碳信用的交易取证到最后碳中和结果的评定，整体评定流程形成了闭环，同时又引入绿色金融的理念，加入碳汇交易、绿证交易等碳减排领域认证流程，实现了多部门多领域的跨界融合，具有创新性和引领性。

4 结语

《标准》的编制是规范建筑领域碳中和措施和效果的重要举措，可根据项目具体情况，对建筑能耗指标、设备能效指标、室内环境指标、建筑碳排放核算及碳抵消等方面进行综合评定，让有意推行和实施碳中和的企业和机构有明确的标准可遵循，同时有利于增强企业和机构对自身低碳战略规划和碳管理的能力。对于消费者而言，《标准》的出台便于他们对低碳企业、产品、服务等有更好的辨别，反过来又激励企业推行碳减排活动，从而实现碳中和的良性循环。

《标准》的编制有效规范了建筑领域实现建筑碳中和的评定方法，提升了建筑碳中和认定的科学性，引导企业和机构实现建筑低碳运行，提高碳管理能力，对于助力建筑领域实现碳达峰、碳中和具有重要意义。

作者：张津奕；李宝鑫；何莉莎；宋晗（天津市建筑设计研究院有限公司）

团体标准《绿色建筑检测技术标准》解读
Explanation of the Group Standard *Technical standard for testing of green building*

1 编制背景及现状

绿色建筑的定义是：为人类提供一个健康、舒适的活动空间，同时最高效率地利用资源，最低限度地影响环境的建筑物。随着经济的快速发展，人们"回归自然"的健康意识也在逐年增强，对生活环境的追求也在不断提高。调研结果表明，未来绿色建筑适合用"十三五""十四五""十五五"三个五年来实现三个转变——从节能建筑到绿色建筑的转变，从单体建筑到区域建筑的转变，从"浅绿"到"深绿"的转变。

绿色建筑在实际运行过程中的效果如何，是否真正绿色，一些新技术在绿色建筑实际使用中的性能如何，这些都需要通过绿色建筑检测来进行判定。在大力开展绿色建筑推广工作的同时，取得绿色建筑评价标识的建筑越来越多。随着绿色建筑评价工作的深入展开，在评审专家组进行评价时，可能会出现缺乏充分的证明数据资料支持评价结果的现象，必须要进行绿色建筑检测才能获得相关必要的数据，由此来支撑评审专家的评定结果。在绿色建筑工程验收的过程中，也需要相关的检测报告来作为验收的依据。

在《绿色建筑检测技术标准》T/CECS 725—2020（以下简称《标准》）立项前，我国绿色建筑相关的国家标准共计十余部，其中检测标准仅有 1 部，即中国城市科学研究会标准《绿色建筑检测技术标准》CSUS/GBC 05—2014。与绿色建筑检测技术相关的标准规范，如《民用建筑工程室内环境污染控制规范》GB 50325、《声环境质量标准》GB 3096、《居住建筑节能检测标准》JGJ/T 132、《公共建筑节能检测标准》JGJ/T 177、《照明测量方法》GB/T 5700 等，在部分参数的检测方法上缺乏对于绿色建筑的针对性以及适用性，需要经过改进后才能用于绿色建筑检测。同时，部分参数（如热岛强度等）没有检测标准及方法。在这样的背景下，编制一本对绿色建筑检测工作起到指导作用的标准就具有重要意义。

另外，《绿色建筑评价标准》GB/T 50378—2014 自 2015 年 1 月 1 日起实施后，绿色建筑评价工作对绿色建筑检测技术提出了更高和更全面的要求。因此需要依据新修订的评价标准开展更系统和全面的研究，制定出与评价标准相适应的检测技术标准。

为贯彻国家绿色发展理念，规范绿色建筑运行评价及验收检测过程中所涉及的检测方法，为科学、客观和公正地评价绿色建筑的实际运行状态提供依据，根据中国工程建设标准化协会《关于印发〈2016 年第二批工程建设协会标准制订、修订计划〉的通知》（建标协字〔2016〕084 号）的要求，规范编制组经广泛调查研究，认真总结实践经验，参考有关国外和国内先进标准，并在广泛征求意见的基础上，制定本标准。

从《标准》立项至今 6 年来国内绿色建筑的发展现状来看，相比于立项时，绿色建筑的数量和质量都得到了跨越式的提升。根据住房和城乡建设部数据显示，截至 2021 年，我国累计建成绿色建筑 85 亿 m^2，全国新建绿色建筑面积由 2012 年的 400 万 m^2 增长至 20 亿 m^2，占新建建筑的比例达到了 84%。按计划，到 2025 年，这个比例要达到 100%。所以通过检测标准来规范检测工作，利用相关检测数据和报告为绿色建筑的快速发展保驾护航至关重要。

2 标准基本情况

2.1 主要内容

《标准》按照前期调研资料，按照专业划分，共分为 13 章和 6 个附录，主要技术内容包括：总则、术语、基本规定、室外环境检测、室内环境检测与监测、围护结构热工性能检测与核查、暖通空调系统检测、给水排水系统检测、照明与供配电系统检测与核查、可再生能源系统监测与检测、监测与控制系统核查、建筑年供暖空调能耗和能耗指标检测与核查、安全耐久性检查。

（1）总则：说明了绿色建筑检测的目的、适用范围及与其他规范相协调的内容。

（2）术语：列出了本标准主要常用术语的定义以及常用符号的说明。

（3）基本规定：对确定绿色建筑检测的项目、方法和数量的基本原则，检测报告与检测结果的内容格式以及检测机构应具备的条件做出了规定。

（4）室外环境检测：对室外环境检测所包括的项目、各项目的检测数量及方法做出了规定。

绿色建筑室外环境检测项目宜包括建筑场地土壤氡浓度、电磁环境、室外空气质量、光污染、环境噪声、室外风环境及热岛强度等。当需要进行绿色建筑施工场地评价时，宜进行施工场地的污废水排放、废气排放、光污染及环境噪声检测。

（5）室内环境检测与监测：对室内环境检测与监测所包括的项目、各项目的检测数量及方法做出了规定。

绿色建筑室内环境检测项目宜包括室内声学环境、室内光环境、室内热湿环境、室内空气质量以及室内通风效果等。

绿色建筑室内空气质量监测指标宜包括新风量、温度和相对湿度等物理指标；二氧化碳、一氧化碳、TVOC、甲醛、臭氧等化学指标；PM_{10}、$PM_{2.5}$ 和菌落总数等微生物指标。

（6）围护结构热工性能检测与核查：对围护结构热工性能检测与核查所包括的项目、各项目的检测数量及方法做出了规定。

围护结构热工性能检测与核查应根据建筑物所在气候区以及检测目的等因素确定检测项目，宜包括非透光围护结构热工性能和建筑整体气密性能的现场检测以及透光外围护结构热工性能的核查。

（7）暖通空调系统检测：对暖通空调系统检测所包括的项目、各项目的检测数量及方法做出了规定。

绿色建筑暖通空调系统检测项目宜包括供暖空调系统冷源性能、锅炉效率、单位风量耗功率以及耗电输热（冷）比。

（8）给水排水系统检测：对给水排水系统检测所包括的项目、各项目的检测数量及方法做出了规定。

绿色建筑给水排水系统检测项目宜包括水平衡、供水压力、非传统水源利用率、水质、卫生器具用水效率。

（9）照明与供配电系统检测与核查：对照明与供配电系统检测与核查所包括的项目、各项目的检测数量及方法做出了规定。

绿色建筑照明与供配电系统检测与核查内容包括照度与照明功率密度检测、显色性与眩光检测与核查、灯具效率与效能核查、供配电系统核查。

（10）可再生能源系统监测与检测：对可再生能源系统监测与检测所包括的项目、各项目的检测数量及方法做出了规定。

绿色建筑可再生能源系统监测与检测内容应包括太阳能热利用系统监测与检测、太阳能光伏系统监测与检测、地源热泵系统监测与检测。

（11）监测与控制系统核查：对监测与控制系统核查所包括的项目、各项目的核查数量及方法做出了规定。

绿色建筑监测与控制系统宜包括供配电及照明监控系统、供暖通风和空气调节监控系统、给水排水监控系统、建筑围护结构监控系统、室内空气质量监控系统、电梯和自动扶梯监控系统以及可再生能源长期数据监测系统。

（12）建筑年供暖空调能耗和能耗指标检测与核查：对建筑年供暖空调能耗和能耗指标检测与核查所包括的项目、各项目的检测与核查数量及方法做出了规定。

（13）安全耐久性检查：对建筑安全耐久性检查所包括的项目、各项目的检查数量及方法做出了规定。

绿色建筑安全检查或检测项目宜包括地基基础、主体结构、门窗幕墙及配件、围护结构等力学性能检测，以及防护功能产品、防滑措施、步行交通系统照明等防护功能检测。

绿色建筑耐久性检查或检测项目宜包括管线分离、主体结构、外墙、建筑外保温系统、屋面、建筑部品部件、建筑结构材料、装饰装修材料等耐久性检测。

2.2　亮点与创新点

（1）《标准》明确了绿色建筑检测项目的抽样数量。

当前，在绿色建筑运行检测过程中经常碰到抽样数量不明确的问题，给从事绿色建筑检测的技术人员带来了一定的困惑。一些项目如果按照现有的工程验收标准进行抽样就会导致检测数量过多，不仅检测周期会延长，检测成本也会随之增加，这对于推动我国绿色建筑的发展是不利的，与我国发展绿色建筑的理念也是相违背的。

《标准》针对绿色建筑的特点，从经济性、科学性以及可操作性方面综合评估绿色建筑的检测抽样数量问题，并且对各种检测项目参数明确了合理的抽样数量和降低抽样数量的方法原则，使绿色建筑检测有据可依，同时又不至于使增量成本太高。

（2）《标准》明确了检测项目的具体检测指标。

检测指标是检测参数的重要组成部分，选择的检测指标太多容易造成检测费用过高，选择的检测指标太少则无法正确评价检测对象，因此要根据绿色建筑的特点，明确相关检测参数的检测指标。

在现有绿色建筑检测工作中，碰到的最大问题就是室外空气质量指标、污水排放指标以及中水水质指标等均不明确。因为现有的相关标准规范并没有说明针对绿色建筑需要对以上项目所包含的哪些指标进行检测。在《标准》编制过程中，编制组着重考察了绿色建筑中污染源排放特点以及水质处理工艺和使用要求，明确绿色建筑中应该检测的指标内容，以达到降低检测成本并且合理评价绿色建筑性能的目的。

（3）《标准》明确了检测项目的检测工况。

检测工况是评判检测结果的基础，选择合适的检测工况，对于检测参数的评价具有重要意义。目前现有检测标准中所规定的检测工况对于绿色建筑检测而言不具适用性。《标准》依据绿色建筑实际运营特点，明确了各种参数的检测工况要求，使检测结果具有评价的依据。

（4）《标准》增加了绿色建筑新产品和新技术的检测方法。

在绿色建筑推进过程中，涌现出大量的节能环保产品和绿色生态技术，并且其中的大部分在绿色建筑中应用甚广。这些产品和技术使用效果如何，必须要做进一步的检测和验证，但目前绿色建筑中的很多产品和技术并无相关检测方法，如自然导光技术、自然通风技术等。在《标准》编制过程中，通过现有的技术研究基础，增加了导光筒照明、拔风井以及无动力拔风帽等产品和技术的检测方法，并且在实际项目进行实践，以达到检测和验收的目的。

3　标准的先进性

《标准》编制组结合绿色建筑评价及验收所需的各项指标及目前我国绿色建筑检测技术发展的实际情况，全面总结了我国近年绿色建筑评价及验收过程中所存在的问题和经验，借鉴了国外先进技术与相应标准规范，并在编制过程中开展了相关专题调研工作，取得了相应的研究成果并应用于标准条文编写，更加全面系统地提出和规范了绿色建筑运营评价及验收检测所涉及的检测项目、数量和方法。《标准》主要技术指标设置合理，能满足绿色建筑评价及验收工作的需要，操作适用性强，对中国城市科学研究会标准《绿色建筑检测技术标准》CSUS/GBC 05—2014 进行了补充，进一步填补了绿色建筑检测工作的空白领域，为科学、客观和公正地评价绿色建筑的实际运营状态提供了依据。

4　标准实施

《标准》于 2020 年 7 月 20 日批准发布，自 2021 年 1 月 1 日起施行以来，应用于绿色建筑评价及验收相关的检测工作中。通过规范检测的项目、数量及方法，以实际检测的数据对绿色建筑实际运营效果进行评价，以判断其是否满足当初的设计要求。同时，通过对建筑中各种相关指标的检测，能够及时发现建筑建设初期以及后期运行过程中所存在的问题，对于提高建筑的舒适性及降低能耗具有重要意义。

对绿色建筑评价所涉及的指标进行检测，能够使绿色建筑的评价工作更加规范化和客观化，将建筑的各项性能指标以具体的数值形式进行展现，通过对指标量化的方式，减少了评价工作中的主观判断，从而使得评价及验收工作能够更加科学、客观、公正，对于推动我国绿色建筑事业的发展意义重大。

《标准》是《绿色建筑评价标准》GB/T 50378—2019 实施后首部用于指导绿色建筑检测的标准。编制组经过广泛调查研究，认真总结实践经验，参考有关标准，并在征求意见的基础上，编制了本标准。但因绿色建筑中所涉及的专业领域较多，相关参数的检测方法标准众多。今后随着《绿色建筑评价标准》GB/T 50378—2019 的实施以及后续修订、绿色建筑技术的提升以及相关标准更新，《标准》需结合相关检测技术的发展再进行相应的修订。

5　结语

随着我国绿色建筑的推行，绿色建筑工程的专项验收将在全国范围内纳入工程验收中。将来绿色建筑检测技术的团体标准以及相关地方标准也会相继出台，将会顺应当前绿色建筑发展的迫切需求。今后用于绿色建筑运营阶段的各类检测，将为绿色建筑检测提供重要参考依据，规范整个绿色建筑行业的检测活动，为绿色建筑朝着健康有序的方向发展保驾护航，确保我国整个建筑行业节能减排工作的顺利落实。但是随着绿色建筑事业的不断发展，一些新的节能环保技术将会大量涌现并且广泛应用到建筑中，针对这些新技术，就需要研究新的检测方法并将其规范化，从而能够更好地适应新技术的发展需求，推动我国绿色建筑事业的进一步发展。

　　未来进一步研发集成化的检测设备，提高检测精度，使其能够满足相关参数的检测要求，对于提高检测效率、降低检测成本、及时监督绿色建筑技术的实施情况以及推动绿色建筑的健康发展至关重要。

　　作者：袁扬；赵盟盟（建研院检测中心有限公司）

团体标准《近零能耗建筑检测评价标准》解读

Explanation of the Group Standard *Testing and evaluation standard for nearly zero energy building*

1 编制背景

近年来，近零能耗建筑作为国际上快速发展的能效高且体验舒适的建筑，是未来应对气候变化、节能减排的重要途径。发展近零能耗建筑，可提高室内舒适度、提升建筑品质、延长建筑使用寿命、推动建筑节能产品产业升级和转型。

我国近零能耗建筑受世界范围内建筑节能技术全面迈向更高节能目标发展的影响，在政府国际合作项目和市场需求的双重推动下，在短短的几年时间内发展势头迅猛。然而当前近零能耗建筑领域的检测技术还处于研究阶段，标准制定存在空白。随着近零能耗建筑评价工作的开展，在对此类建筑进行评价时，可能会出现缺乏充分的数据资料支持评价结果的现象。同时，近零能耗建筑建成后，在保证室内环境舒适的前提下，是否达到相关的设计参数和用能指标，对近零能耗建筑的发展至关重要。因此，在检测技术的支撑下，开展近零能耗建筑的标识认证研究，并在此基础上开展相关的标识认证工作，将直接影响近零能耗建筑在未来的健康发展。为提高建筑品质，推动建筑节能转型升级，《近零能耗建筑检测评价标准》T/CECS 740—2020（以下简称《标准》）应运而生。

《标准》根据中国工程建设标准化协会《关于印发〈2018 年第一批协会标准制订、修订计划〉的通知》（建标协字〔2018〕015 号）的要求，由中国建研院牵头，会同行业协会、研究机构、高校、设备厂家等制定。标准自 2018 年立项，历经启动、征求意见，送审、报批阶段，于 2020 年 8 月 10 日发布，2021 年 1 月 1 日起实施。

2 标准基本情况

2.1 编制思路

《标准》借鉴了国内外相关标准和工程实践经验，与国内现行相关标准相协调，科学性高。《标准》结合长期测试与短期测试，首次确定了涉及近零能耗建筑室内环境、围护结构、新风设备及可再生能源 4 个方面共计 17 个项目的检测方法并给出了相应的判定依据。结合近零能耗建筑的特点，首次提出户用热回收新风机组、环控一体机的现场检测方法。同时首次建立了近零能耗建筑在设计、施工、运行阶段的评价评估方法，可操作性强。《标准》中规定的检测与评价方法经示范工程实测数据验证后所需的成本较低，经济性好。

2.2 主要内容

《标准》共分为 9 章，主要技术内容包括：1. 总则；2. 术语；3. 基本规定；4. 能效指标计算；5. 室内环境检测；6. 围护结构检测；7. 新风设备检测；8. 可再生能源检测；9. 评价。

第 1 章总则明确了《标准》的制定目的、适用范围及共性要求。

第 2 章术语规定了与近零能耗建筑检测及评价活动相关的主要名词定义。

第 3 章基本规定明确了《标准》在开展检测与评价活动时应遵循的基本原则。

第 4 章能效指标计算确定了进行近零能耗建筑能效指标计算时采取的方法与工具。并对施工及运行阶段建筑能耗的监测提出了要求。近零能耗建筑能效指标计算应采用近零能耗建筑设计与评价工具，实际能耗数据应以现场表具计量的数据和补充检测的数据为基础进行计算。近零能耗建筑设计与评价工具应参照《近零能耗建筑技术标准》GB/T 51350—2019 的规定进行选取。设计及运行阶段能效指标的计算及实际能耗数据的提取如表 1 所示，能效判定依据参照《近零能耗建筑技术标准》GB/T 51350—2019 第 5 章。

近零能耗建筑能效指标计算及实际能耗提取　　表 1

项目	设计阶段		运行阶段	
	指标	范围	指标	范围
居住建筑	建筑供暖年耗热量、供冷年耗冷量、建筑综合能耗值和可再生能源利用率	供暖、通风、供冷、照明、生活热水、电梯和可再生能源	公共部分:公共区域的供暖空调能耗、照明能耗及电梯等关键设备能耗的分项计量数据	按照公共部分和典型户部分分类分项提取
			典型户部分:供暖供冷、生活热水、照明及插座的能耗	
公共建筑	建筑本体节能率、建筑综合节能率和可再生能源利用率		冷热源、输配系统、供暖空调末端、生活热水系统、照明系统及电梯能耗	按照用能核算单位和用能系统进行分类分项提取

注：数据中心、食堂、开水间等特殊用能单位的能耗监测数据应单独计算。

第 5 章室内环境检测确定了近零能耗建筑室内温度、湿度、新风量、$PM_{2.5}$ 浓度、噪声、CO_2 浓度及照明等方面的检测方法及合格判定指标。各项指标的检测方法及判定依据如表 2 所示。

近零能耗建筑室内环境检测方法及判定依据　　表 2

项目	检测方法	判定依据
温度	公共建筑:《公共建筑节能检测标准》JGJ/T 177	冬:≥20℃ 夏:≤26℃
	居住建筑:《居住建筑节能检测标准》JGJ/T 132	
湿度	公共建筑:《公共建筑节能检测标准》JGJ/T 177	冬:≥30% 夏:≤60%
	居住建筑:采用温湿度自记仪，类比公共建筑室内湿度检测布点方法	
热桥部位内表面温度	热电偶法	在室内外计算温度条件下,围护结构热桥部位的内表面温度不应低于室内空气露点温度,且在确定室内空气露点温度时,室内空气相对湿度应按 60% 计算
新风量	独立新风口:《通风与空调工程施工质量验收规范》GB 50243——风口风量法	①居住建筑主要房间的新风量不应小于 30m³/(h·人);②公共建筑:符合《民用建筑供暖通风与空气调节设计规范》GB 50736 的规定
	全空气空调系统:$L_x = \sum L_i \times r$ L_x——检测区域新风量,m³/h; L_i——检测区域第 i 个送风口风量,m³/h; r——检测区域所属全空气空调系统新风量与总风量比值	

项目	检测方法	判定依据
PM$_{2.5}$浓度	《通风系统用空气净化装置》GB/T 34012	室内 PM$_{2.5}$浓度 24h 平均值宜不超过 37.5μg/m^3
噪声	《民用建筑隔声设计规范》GB 50118	①居住建筑:昼间应小于等于 40dB(A),夜间应小于等于 30dB(A); ②酒店类建筑:应满足现行国家标准《民用建筑隔声设计规范》GB 50118 中室内允许噪声级一级的要求; ③其他建筑类型:满足《民用建筑隔声设计规范》GB 50118 中室内允许噪声级高要求标准的规定
CO$_2$浓度	采用 CO$_2$浓度测试仪,类比室内温度、湿度检测布点方法	①人员长期停留区域宜≤900×10^{-6}ppm; ②人员短期停留区域宜≤1200×10^{-6}ppm
照度	《照明测量方法》GB/T 5700 《建筑照明设计标准》GB 50034	①建筑的室内照度应符合《建筑照明设计标准》GB 50034 的相关规定; ②建筑的照明功率密度应符合《建筑照明设计标准》GB 50034 规定的目标值

第 6 章围护结构检测确定了非透光围护结构热工缺陷、外墙（屋面）主体部位传热系数、热桥部位内表面温度和隔热性能的检测方法及合格判定指标；透光围护结构外窗和幕墙传热系数的实验室检测方法及合格判定指标；建筑整体气密性的检测方法及合格判定指标。各项指标的检测方法及判定依据如表 3 所示。

近零能耗建筑围护结构及建筑整体气密性检测方法及判定依据　　表 3

项目		检测方法	判定依据					
非透光围护结构热工性能	围护结构热工缺陷	红外热像仪法	受检内表面因缺陷区域导致的能耗增加比值应小于 5%,且单块缺陷面积应小于 0.3m^2					
	主体部位传热系数	热流计法	受检部位传热系数的检测值应小于或等于相应的设计值,且应符合国家现行有关标准的规定					
	热桥部位内表面温度	热电偶法	在室内外计算温度条件下,围护结构热桥部位的内表面温度不应低于室内空气露点温度,且在确定室内空气露点温度时,室内空气相对湿度应按 60% 计算					
	围护结构隔热性能	自然通风房间	夏季建筑外墙和屋面的内表面逐时最高温度均不应高于室外逐时空气温度最高值					
		空调房间	夏季建筑外墙和屋面的内表面逐时最高温度不应高于室内逐时空气温度最高值 2℃					
透光围护结构热工性能	外窗传热系数	实验室检测——《建筑外门窗保温性能分级及检测方法》GB/T 8484	居住建筑					
			气候分区	严寒地区	寒冷地区	夏热冬冷地区	夏热冬暖地区	温和地区
			传热系数 K [W/(m^2·K)]	≤1.0	≤1.2	≤2.0	≤2.5	≤2.0
	幕墙传热系数	实验室检测——《建筑幕墙保温性能分级及检测方法》GB/T 29043	公共建筑					
			气候分区	严寒地区	寒冷地区	夏热冬冷地区	夏热冬暖地区	温和地区
			传热系数 K [W/(m^2·K)]	≤1.2	≤1.5	≤2.2	≤2.8	≤2.2
			严寒地区和寒冷地区外门透光部分宜符合外窗的相应要求					

续表

项目	检测方法	判定依据					
建筑整体气密性	压差法	居住建筑					
		气候分区		严寒地区	寒冷地区	夏热冬冷地区	夏热冬暖地区	温和地区
		气密性指标	换气次数 N_{50}	≤0.6		≤1.0		
		公共建筑						
		气候分区		严寒地区	寒冷地区	夏热冬冷地区	夏热冬暖地区	温和地区
		气密性指标	换气次数 N_{50}	≤1.0		—		

第7章新风设备检测确定了常用于近零能耗建筑的热回收新风机组、环控一体机的现场检测方法及合格判定指标。各项指标的检测方法及判定依据如表4所示。

近零能耗建筑新风设备检测方法及判定依据　　　　表4

项目	检测方法		判定依据			
热回收新风机组性能检测	额定风量大于3000m³/h——现场检测	新风量、排风量、输入功率检测:《公共建筑节能检测标准》JGJ/T 177	①显热回收机组的显热交换效率在热量回收工况下不低于75%或在冷量回收工况下不低于70%; ②全热回收机组的全热交换效率在热量回收工况下不低于70%或在冷量回收工况下不低于65%; ③居住建筑新风单位风量耗功率应小于0.45W/(m³/h),公共建筑新风单位风量耗功率应符合现行国家标准《公共建筑节能设计标准》GB 50189 的相关要求			
		新风进口、送风出口、回风进口温湿度:温湿度自记仪				
	额定风量小于等于3000m³/h——实验室检测	《空气-空气能量回收装置》GB/T 21087				
环控一体机性能检测	实验室检测		能效指标	额定制冷量 CC(W)	CC≤4500	4500<CC≤7100	7100<CC≤14000
				全年能源消耗效率[(W·h)/(W·h)]	4.50	4.00	3.70
	热回收性能检测同热回收新风机组		热回收性能判定同热回收新风机组			
	现场检测		居住建筑新风单位风量耗功率应小于0.45W/(m³/h),公共建筑新风单位风量耗功率应符合现行国家标准《公共建筑节能设计标准》GB 50189 的有关规定			

第8章可再生能源检测确定了应用于近零能耗建筑的太阳能光电系统、太阳能热利用系统、地源热泵系统及空气源热泵系统的检测内容及方法。各项指标的检测方法及判定依据如表5所示。

第9章评价建立了近零能耗建筑设计、施工、运行的全过程评价体系,并确定了各阶段的评价方法及提交材料。设计评价是施工评价的基础,运行评估是施工评价的保证。若建筑在施工完成后开始施工评价,则应先完成设计评价后,再进行施工评价。若建筑在投入使用1年后开始运行评估,则应先完成施工评价后,再进行运行评估。

设计评价在施工图设计文件完成后进行,重点评价建筑采取的"近零能耗设计方法",包括施工图审核与建筑能效指标计算。

近零能耗建筑可再生能源系统检测方法及判定依据　　　　表 5

项目	太阳能光电系统	太阳能热利用系统	地源热泵系统	空气源热泵系统		
检测指标	系统发电量	生活热水供热量	热泵机组制热(制冷)性能系数	热泵机组制热性能系数		
	光电转换效率	供暖系统供热量	热泵系统制热(制冷)能效系数			
		空调系统供冷量				
检测方法	《可再生能源建筑应用工程评价标准》GB/T 50801			实验室检测——现场不具备检测条件	热水型	《低环境温度空气源多联式热泵(空调)机组》GB/T 25857
					热风型	《风管送风式空调(热泵)机组》GB/T 18836
				现场检测	①典型制热工况下；②机组负荷率宜达到80%以上；③室外干球温度宜不高于当地冬季通风室外计算温度	
判定依据		系统制冷能效系数	系统制热能效系数	低环境温度名义工况下的性能系数COP	热风型	≥2.00
		≥3.4	≥3.0		热水型	≥2.30
	常规能源替代量					

　　施工评价在建筑竣工验收前进行，重点评价建筑采取的"近零能耗施工措施"，包括现场检测与现场核查。现场检测包括建筑围护结构热工性能、建筑整体气密性、热回收新风机组性能和环控一体机性能检测。

　　运行评估在建筑投入使用 1 年后进行，重点评估建筑采取的"近零能耗运行管理方法"，公共建筑运行规律可循，监测系统完善，应对其进行运行评估。居住建筑运行情况复杂，监测成本高，宜对其进行运行评估。对于能耗监测系统和分项计量系统设置不完善的建筑，应有选择地补充现场检测。

2.3　亮点与创新点

（1）首次建立近零能耗建筑全过程评价体系。

　　《标准》首次建立了设计评价、施工评价及运行评估全过程的近零能耗建筑评价评估体系。第 9 章评价建立了近零能耗建筑设计、施工、运行的全过程评价体系，并确定了各阶段的评价方法及要求。

　　设计评价应在施工图设计完成后进行，并应符合下列规定：1）重点核查施工图中的围护结构关键节点构造及做法是否满足保温隔热及气密性要求，包括外保温构造、门窗洞口密封、气密层保护措施，厨房及卫生间通风应采取节能措施等；2）居住建筑能效指标核算应包括供暖年耗热量、供冷年耗冷量、建筑综合能耗值和可再生能源利用率；公共建筑能效指标核算应包括建筑本体节能率、建筑综合节能率和可再生能源利用率。

　　施工评价应在建筑竣工验收前进行，需要对建筑围护结构热工性能、建筑整体气密性、热回收新风机组性能和环控一体机性能进行检测，并判定检测结果是否符合本标准要求。

　　运行评估应在建筑投入使用 1 年后进行。包含室内环境检测和实际能效指标评估。

（2）首次明确评价过程涉及的检测项目，并给出检测方法及判定指标。

《标准》提出近零能耗建筑在室内环境、围护结构、新风设备及可再生能源 4 个方面共计 17 个项目的检测方法并给出了相应的判定依据。

第 5 章室内环境检测确定了近零能耗建筑室内温度、湿度、新风量、$PM_{2.5}$ 浓度、噪声、CO_2 浓度及照明等方面的检测方法及合格判定指标。第 6 章围护结构检测确定了非透光围护结构热工缺陷、外墙（屋面）主体部位传热系数、热桥部位内表面温度和隔热性能的检测方法及合格判定指标；透光围护结构外窗和幕墙传热系数的实验室检测方法及合格判定指标；建筑整体气密性的检测方法及合格判定指标。第 7 章新风设备检测确定了常用于近零能耗建筑的热回收新风机组、环控一体机的现场检测方法及合格判定指标。第 8 章可再生能源检测确定了应用于近零能耗建筑的太阳能光电系统、太阳能热利用系统、地源热泵系统及空气源热泵系统的检测内容及方法。

（3）首次提出户用热回收新风机组、环控一体机的现场检测方法。

《标准》结合近零能耗建筑的特点，首次提出户用热回收新风机组、环控一体机的现场检测方法。热回收新风机组、环控一体机作为近零能耗建筑中重要的暖通空调设备，明确其检测指标及判定依据对于评价近零能耗建筑设备能效具有重要影响。针对热回收新风机组，按照显热或全热回收机组的不同，兼顾居住和公共建筑评价需求，提出以显热或全热交换效率、新风单位风量耗功率作为评价指标；针对环控一体机，兼顾居住和公共建筑评价需求，提出以新风单位风量耗功率、全年能源消耗效率作为评价指标。

3　标准的先进性

3.1　与国内标准的对比

《近零能耗建筑技术标准》GB/T 51350—2019 自 2019 年 9 月 1 日起实施。作为我国首部引领性建筑节能国家标准，其为我国近零能耗建筑的设计、施工、检测、评价、调适和运维提供了技术引领和支撑。该标准虽涵盖近零能耗建筑检测与评价内容，但表述相对宽泛，操作性不强。《标准》在其基础上，通过详实的理论基础研究，结合示范工程实测数据调研，确定了涉及近零能耗建筑室内环境、围护结构、新风设备及可再生能源 4 个方面共计 17 个项目的检测方法并给出了相应的判定依据，并结合近零能耗建筑的特点，首次提出户用热回收新风机组、环控一体机的现场检测方法。同时首次建立了近零能耗建筑在设计、施工、运行阶段的评价评估方法，可操作性强。《标准》中规定的检测与评价方法经示范工程实测数据验证后所需的成本较低，经济性好。

3.2　与国外标准的对比

《标准》编制组专门对欧洲 PHI 发布的《被动房标准》的体系布局、要素构成以及条文内容架构进行了研究。《被动房标准》对建筑物能耗指标做了详细规定。针对新建建筑根据可再生一次能源的需求和产量，将被动房划分为普通级、优级和特级三个级别。而《标准》结合我国规模化发展近零能耗建筑的实际需求，根据建筑特点和用能需求的差异，分别提出了公共建筑和居住建筑的能效指标。针对这两类建筑，以不同的能耗指标分别将参评建筑判定为超低能耗建筑、近零能耗建筑、零能耗建筑。相比于《被动房标准》，《标准》的判定指标更加细化，更符合我国近零能耗建筑技术发展水平，更有利于分阶段逐步推广我国超低能耗建筑、近零能耗建筑、零能耗建筑规模化发展。

《标准》对近零能耗建筑的检测及评价工作具有指导意义。同时《标准》技术内容合理、可操作性强，与现行相关标准相协调，达到了国际先进水平。

4 标准实施

《标准》旨在对近零能耗建筑进行系统性的检测及标识评价工作，规范近零能耗建筑检测工作，指导近零能耗建筑项目的评价，推动我国近零能耗建筑的健康发展。《标准》的实施为超低能耗建筑、近零能耗建筑、零能耗建筑检测提供了具体方法与判定依据，并指导超低能耗建筑、近零能耗建筑、零能耗建筑的评价工作，以推动我国近零能耗建筑的健康发展为契机，充分响应国家"双碳"战略。《标准》实施至今，已指导山东、山西、河南、河北等地近百项近零能耗建筑的检测与评价工作，参评项目囊括居住建筑和公共建筑，覆盖我国五大气候区，助力室内环境品质大幅提升、建筑能耗大幅下降。以《标准》为主要依据制定的 CABR《近零能耗建筑系统》认证方案已指导青岛、郑州等地区开展多项超低能耗建筑、近零能耗建筑评价及认证工作。同时围绕《标准》发布论文 10 余篇、获得专利 2 项、取得软件著作权 1 项，相关成果得到《中国气候与生态环境演变：2021》的引用，这是目前国内最新和最为全面的有关气候与生态环境变化评估的专著，可为国内及国际社会认识中国气候与生态环境变化过程、判识影响程度、寻求减缓途径提供重要的科学依据。未来随着"双碳"战略在建筑领域的深入实施，《标准》还将在指导检测、评价、标识及认证项目的同时，辐射带动近零能耗建筑设计与咨询板块，推动近零能耗建筑上下游全产业链发展。

5 结语

《标准》聚焦近零能耗建筑的检测与评价，在广泛而全面的理论研究的基础上，通过示范工程实测数据调研，并在技术性与经济性间寻求最佳平衡点，形成了兼顾科学性、操作性与经济性的近零能耗建筑检测技术与评价体系。作为《近零能耗建筑技术标准》GB/T 51350—2019 的配套标准，《标准》的制定将为完善我国近零能耗建筑技术体系，推动近零能耗建筑健康、快速地发展发挥积极作用。

作者：金汐；孙峙峰；王东旭（建科环能科技有限公司）

团体标准《主动式建筑评价标准》解读

Explanation of the Group Standard *Assessment standard for active house*

1　编制背景

1.1　主动式建筑产生的背景与意义

随着 20 世纪 60 年代以来人们能源和环境意识的觉醒，绿色建筑理念兴起，人们对生态建筑、气候适应性建筑、被动式建筑、建筑机电能效、室内健康舒适环境等方面进行了大量研究与实践。为保证绿色建筑性能在项目中整体实施，绿色建筑评价标准应运而生。国际上第一个绿色建筑评价标准英国 BREEAM 于 1990 年推出，随后美国 LEED、日本 CASBEE、中国绿标、德国 DGNB 等绿色建筑评价标准先后发布，并被广泛应用于实践项目。

欧洲国家经历了二十多年的绿色建筑实践后，着手对实践项目进行调查研究，发现绿色建筑在节约能源和减少环境影响方面起到一定作用，却给室内环境舒适性带来负面影响。比如提高围护结构气密性有利于建筑节能，但造成了室内自然通风量不足，危害使用者的健康；为减少围护结构能耗损失而减少透明外窗面积，造成天然采光缺乏，降低了室内光环境品质。根据欧盟对影响用户健康因素的调查，建筑被排在第一位。这些现象引起了国际建筑业界对绿色建筑发展的反思。2002 年，主动式建筑国际联盟成立，旨在探求整体观的可持续建筑，并在国际绿色建筑发展成果基础上提出主动式建筑概念——以人为本，强调舒适性、能源和环境之间的平衡，发布了国际主动式建筑评价标准（以下简称"国际 AH 标准"）。国际 AH 标准的影响力从丹麦迅速传播到北欧、欧洲、北美，乃至亚洲地区。

1.2　主动式建筑的引进与本土化

我国于 2006 年推出了以"四节一环保"（节地、节能、节水、节材和环境保护）为核心的绿色建筑评价标准，并于 2014 年和 2019 年进行了两次修订，推出了由安全耐久、健康舒适、生活便利、资源节约、环境宜居五类指标组成的绿色建筑评价标准，为我国绿色建筑向高品质发展奠定了基础。同时，我国绿色建筑需要吸纳国际上的先进经验，引进先进理念。

主动式建筑对于舒适、能源、环境之间的平衡与我国建筑向高品质方向发展相契合。中国建筑学会于 2017 年成立了主动式建筑学术委员会，旨在把国际主动式建筑理念引进国内，推广主动式建筑理念，提升建筑室内环境质量、能源效率和环境效益，实现健康舒适、节约资源和保护环境。国际主动式建筑引入国内后面临着诸多问题，如适用建筑规模和类型与国内建筑有差异、参照标准不同、评价指标的可行性等问题。中国建筑学会主动式建筑学术委员会组织来自国内建筑产、学、研各领域的绿色建筑专家和学者，紧密结合我国的气候、经济、产业类型、居住生活习惯和规范标准等，调研和总结了主动式建筑实践经验，参考国内外有关标准，在广泛征求意见的基础上，编写了《主动式建筑评价标准》T/ASC 14—2020（以下简称《标准》）。《标准》在国际 AH 标准基础上，对主动式建筑的定义为：在建筑的设计、建造、运营维护的全寿命期内，通过建筑的可感知与可调节能力，实现健康舒适、节约资源与保护环境的综合平衡，促进使用者身心愉悦的一种建筑。

2 标准基本情况

2.1 标准编制思路

《标准》在编写前经各位参编人员充分讨论，达成一致共识：新标准应保留国际 AH 标准的内涵和基本框架，要适应中国国情，适应中国建筑特点和市场发展水平。同时，新标准作为行业标准，要有前瞻性，引领行业发展。编制中要考虑到适用范围广，提倡建筑技术适用性和低成本技术，确保新标准能适用于不同规模和类型的建筑。新标准要简便实用，充分发挥设计师的能动性。主动式建筑应遵循以人为本的原则，优先采用设计技术及策略实现主动式建筑性能指标，在技术措施的选择上，做到被动优先、主动优化、综合平衡。

2.2 标准内容

《标准》遵循行业标准编制规则，从总则、术语、基本规定等方面给出了标准的编制目的、专业术语解释和基本应用要求；以主动式建筑的主动性、舒适、能源、环境四个一级指标分别为独立章节给出了评价要求。《标准》的内容框架见图 1。

2.2.1 基本规定

（1）适用范围

《标准》适用于新建、改建和扩建的民用建筑，适用于单栋建筑、建筑群或建筑中的独立功能区域。

（2）评价方法

《标准》采用控制项、评分项和优选项对每类一级指标展开评价。控制项是主动式建筑的必需项，以满足国家标准和体现主动式建筑理念为基本要求。评分项是对性能表现量化的得分项，所有评分项由主动感知、主动调节、热湿环境、天然采光、空气质量、建筑能耗、建筑产能、节约用水、环境荷载 9 个二级性能指标构成（图 2）。优选项则是引导、鼓励项。主动式建筑要求控制项必须全部满足，评分项每项不少于 1 分，优选项参评项数不少于 20%。控制项 17 项，评分项 9 项，优选项 19 项。

2.2.2 主要内容

（1）主动性

随着现代信息技术和智能技术的发展，建筑对室内外环境的状态从被动适应向主动适应进化。该标准在国际标准基础上增加了主动性指标。建筑主动性能指为适应室内外环境变化，满足使用者的需求，通过主动设计策略赋予建筑本身的感知和调节的能力。建筑主动性能包括建筑主动感知性能和建筑主动调节性能。建筑主动感知性能包括舒适、能源、环境等重要参数自动感应知晓的能力。建筑主动调节性能是指建筑对室内环境的主动调节能力。

主动性的控制项要求建筑具有对室内外环境参数的感知功能。主动性的评分项分为主动感知和主动调节两个方面，主动感知性能从室内、室外的感知参数数量进行评价；主动调节性能从温湿度调节、照度调节、CO_2 浓度调节、$PM_{2.5}$ 浓度调节和室内噪声水平调节等在主要功能房间面积占比进行赋分评价。主动性的优选项从建筑适应性、适变性和建筑环境艺术等方面鼓励建筑师

| 总则 | 目标：健康舒适
适用范围：新建、改建和扩建的民用建筑
原则：以人为本，被动优先，主动优化，综合平衡 | |

| 基本规定 | 评价对象：单栋、建筑群、独立功能区
评价阶段：设计评价和运行评价
评价要求：被动优先，主动优化，
　　　　　综合平衡 | 指标构成：4个一级指标，9个二级指标
合规标准：全装修，控制项全部达标，
　　　　　评分项1分以上，参评项20%以上
特殊情况：仅一项评分项不满足，可审定
　　　　　评分项4分以上，可单项评价
申请评价：建筑使用手册，用户培训 |

评价指标

	控制项	评分项	优选项
主动性	1.主动感知室内外环境参数 2.主动调节能力 3.显示环境参数和控制状态	1.主动感知室内外环境参数和感知空间面积占比(5分) 2.主动调节室内环境参数空间面积占比(5分)	1.读取、公示、分析功能 2.引导社交设计 3.适应性设计 4.适变性设计 5.朴实自然设计 6.绿植、健身、文艺设施
舒适	1.天然采光专项设计 2.室内太阳直射 3.混合照明设计 4.热湿环境设计 5.自然通风 6.室内噪声等级合规	1.天然采光系数和均匀度(5分) 2.室内热湿环境：作用温度和相对湿度(5分) 3.室内空气质量：CO_2和$PM_{2.5}$浓度(5分)	1.视景窗 2.卫生间、楼梯间充足采光 3.可调节空调末端 4.室内气流组织优化 5.可调节外遮阳 6.室内声学设计 7.可调高度座椅、工作台面
能源	1.符合国家节能标准 2.被动式节能设计 3.可再生能源设计 4.建筑气密性专项设计 5.热桥专项设计	1.建筑能耗性能(5分) 2.建筑产能(5分)	1.机电设备能效 2.自然通风降温
环境	1.全寿命环境影响分析及优化建筑设计 2.节水型用水器具 3.非传统水源	1.建筑碳排放指标(5分) 2.节约用水率(5分)	1.可再循环材料、可再利用材料、利废建材 2.绿色标识建材 3.减少施工影响环境 4.可持续建材技术

图1　《标准》内容框架

因地制宜设计。

（2）舒适

人们一生生活在室内的时间占90%以上，室内舒适性直接关系到人们的生活质量和工作效率。室内舒适性包括声环境、光环境、热环境和空气质量等。舒适的评价指标包括天然采光、室内热湿环境、室内空气质量等。控制项要求对室内进行天然采光专项设计、室内热湿环境设计、利用自然通风等。在评分项方面，对天然光的采光系数、均匀度等指标给出了评分规则；室内热

图 2　主动式建筑二级性能指标雷达图

湿环境采用作用温度和空气相对湿度进行评价；室内空气质量采用室内 CO_2 浓度和 $PM_{2.5}$ 浓度进行评价。在优选项方面，鼓励优先考虑建筑视野、卫生间楼梯间天然采光、建筑可调节遮阳、室内家具的舒适性等。

（3）能源

建筑能耗约占社会总能耗的 40%，是节约能源和减少碳排放的大户。建筑节能成为实现社会可持续发展的关键环节，是绿色建筑不可回避的话题。能源控制项从整体上提出被动节能设计及措施优先原则，对建筑围护结构节能设计、建筑气密性设计和围护结构热桥处理提出了要求；另外，对可再生能源设计进行综合考虑。建筑能耗受多种因素的影响，主动式建筑简化评价指标，以结果为导向，提出了以建筑能耗指标（以国家标准《民用建筑能耗标准》GB/T 51161 的约束值和引导值为基准的节能率）和建筑产能指标作为评分指标（建筑产能占建筑能耗的比值）。能源优选项鼓励建筑机电设备采用节能型产品，建筑采用自然通风降温技术。

主动式建筑的能源评价以节能率和产能率为导向，利用控制项和优选项分别限制和鼓励设计师在设计过程中发挥主观能动性去结合项目实际情况设计。

（4）环境

建筑活动是人类影响自然环境的大规模活动，消耗了大量自然资源，我们需要对建筑活动进行正确评价和引导。《标准》从建筑全寿命期环境影响和节约用水方面进行环境评价。环境控制项要求主动式建筑应从全寿命期环境影响分析方面进行优化设计，节约用水从节水器具和非传统水源利用方面进行约束。环境评分项提出了两个指标：环境荷载和节水率。为适应国内建设发展条件，环境荷载采用建筑碳排放量进行评价。约束值和先进值以国家现行标准为基准，对碳排放量进行评价。节水率以对比国家现行节水标准的年节水率进行评价。环境优选项鼓励建筑采用可再循环材料、可再利用材料和利废建材，以及绿色建材标识认证的建材和绿色施工。

3　标准的先进性

《标准》基于国际 AH 标准的理论和内涵，借鉴其他绿色建筑评价标准，形成了自身特点和优势，在丰富绿色建筑内涵、简便性能设计、绿色建筑整体观等方面具有先进性。

3.1 与国内外同类标准对比

当前绿色建筑评价标准在国内常见的有 BREEAM、LEED、PassiveHouse 和《绿色建筑评价标准》GB/T 50378（简称绿建国标），各标准对比见表1。

国内外绿色建筑评价标准对比 　　　　　　　　　　　　　　　表 1

对比项目	国外标准				国内标准	
	BREEAM	LEED	PassiveHouse	国际 AH 标准	绿建国标	《标准》
产生年份	1990	1998	1988	2002	2006	2020
理念	因地制宜，平衡效益		高能效建筑	舒适性、能源和环境的综合平衡	高质量的绿色建筑	舒适性、能源和环境的综合平衡
比较版本	2016	2022	2014	2014	2019	2020
本土适用性	国际标准	地区优先项		欧标，建筑类型少	国标	国标
评价等级	1星、2星、3星、4星、5星	认证、银级、金级、铂金级	合格	合格	基本级、1星、2星、3星	合格
评价指标	1. 管理； 2. 身心健康； 3. 能耗； 4. 交通运输； 5. 水； 6. 材料； 7. 废弃物； 8. 土地使用和生态； 9. 污染	1. 整合过程； 2. 选址与交通； 3. 可持续场地； 4. 用水效率； 5. 能源与大气； 6. 材料与资源； 7. 室内环境质量	1. 采暖需求； 2. 制冷需求； 3. 一次能源； 4. 气密性； 5. 热舒适性	1. 舒适； 2. 能源； 3. 环境	1. 安全耐久； 2. 健康舒适； 3. 生活便利； 4. 资源节约； 5. 环境宜居	1. 主动性； 2. 舒适； 3. 能源； 4. 环境

（1）与国际绿色建筑评价标准对比

绿色建筑评价标准是以可持续理念为核心形成的对建筑绿色性能的评价标准。BREEAM、LEED 把建筑能耗和环境作为重要评价内容。各标准在发展过程中内容不断丰富，同时一个评价体系又衍生出多个评价体系。绿色建筑评价成为一个复杂的系统。比如 BREEAM 是世界上第一个绿色建筑评价标准，最初用于绿色建筑性能评估，现在演变成一个管理体系。对于设计师来说，形成了壁垒，他们需要花大量时间去熟悉评价标准要求。PassiveHouse 主要评价指标关注于能效，从严格意义上来说，不属于完整的绿色建筑评价标准。

《标准》以设计师为主要使用对象，做到标准简洁易于操作。《标准》聚焦于核心指标，对于细化的指标不做过多规定。另外，《标准》不分评价等级，简化了标准的管理要求。主动式建筑只要通过设计优化达到主动式的要求，不做等级划分。如果有特别优秀的主动式建筑，可以参加国内和国际主动式建筑的评奖活动。国际标准应用于国内项目时，往往会遇到国外绿建标准所采用的是标准所在地应用的标准，给项目推广应用带来许多不便。《标准》则是完全本土化的标准，与国内标准无缝衔接。

（2）与国内绿色建筑评价标准对比

现行国家标准《绿色建筑评价标准》GB/T 50378—2019 是国内绿色建筑项目最广泛使用的评价标准。该标准经历了 2006 版和 2014 版，目前使用的为第三版。绿色建筑的内涵从原来的"四节一环保"提升到以人为本的"安全耐久、健康舒适、生活便利、资源节约、环境宜居"五个绿色性能指标。相比绿建国标，两个标准都强调被动设计，室内热湿环境、空气质量、能源和环境要求基本一致，而《标准》是个简化版的绿色建筑评价标准。该标准评价指标简化为主动性、舒适、能源、环境，无等级划分，标准条款少，计算方法简便，但在建筑的主动性、采光舒适性、全寿命期的优化设计方面比绿建国标更严格。

《标准》与绿建国标两者相辅相成。绿建国标内容丰富全面以及在国内项目中的普及应用，可以为主动式建筑发展提供建筑品质的基本保障。主动式建筑的性能导向和灵活性可以为设计师在绿色建筑方面提供更大的发展空间。如《标准》考虑到项目实际情况的复杂性，规定当仅有 1 项得分在 1 分以下时，可进行审定；当 9 项二级指标中的某项表现特别优秀，如天然采光、建筑产能、环境荷载等达到 4 分以上时，可申报单项评价。

3.2 亮点与创新点

从以上国内外绿色建筑评价标准的对比，可以看到绿色建筑评价标准围绕绿色目标殊途同归。而《标准》在绿色理念和指标项的制定方面有其独特性和创新点。

（1）丰富主动式建筑内涵

《标准》传承了国际 AH 标准的精髓，但为适应当前绿色建筑发展趋势和技术进步，在原有的舒适、能源、环境三个基本指标基础上增加了主动性，把建筑的主动感知和主动调节能力，以及建筑师的主观设计能力纳入评价内容。

（2）以建筑设计为导向

在控制项中明确了针对关注指标的专项设计，如舒适控制项中的天然采光专项设计。简化了评价方法，如采用作用温度代替 PMV-PPD 计算，采用建筑采光系数代替动态模拟等。简化了评价参数，如对室内空气质量采用 CO_2 浓度和 $PM_{2.5}$ 浓度，简化了通常采用的氨、甲醛、苯、TVOC、氡等污染物浓度。

（3）以性能为导向

《标准》的得分项是以量化的性能指标进行评价，这一点不同于绿色建筑评价标准（以定性技术措施为主）。这样《标准》的条文表现为以建筑的绿色性能为导向，条文简洁而不简单。如建筑节能率相比与国家民用建筑能耗指标，避免了因节能措施对建筑个体的特殊性考虑不周而显得过于教条，把主动选择权让位给设计师，以最终的节能率作为评价标准。

（4）全寿命期设计

主动式建筑把建筑设计对舒适、能源、环境的影响融入设计过程中，在控制项方面明确要求进行被动式设计、天然采光专项设计、全寿命期环境影响优化设计等。在项目前期综合考虑施工阶段和运行阶段的能源和环境要求。

4 标准实施

《标准》于 2020 年 12 月发布实施。作为源于西方发达国家经本土化的建筑行业标准，它为我国建筑向高品质发展提供了一种新思路，也为我国建筑与国际发达国家建筑标准接轨开辟了新途径。

4.1 标准实施情况

《标准》实施过程中从人才培养、标准宣传、实践活动、国内外交流等方面开展了一系列活动，为标准在国内落地发展打下了坚实的基础。

（1）人才培训

主动式建筑的发展需要更多的专业人士认知和掌握主动式建筑的理念和要求。主动式建筑联盟在北京、上海、南京、广州、成都等城市开展了 AHAP（主动式建筑咨询师）培训工作，先后有 300 余人获得专业认证，学员们普遍反映主动式建筑带给他们对绿色建筑的全新认识。

（2）公众宣讲

主动式建筑专家近年来活跃于国内大型建筑论坛，邀请建筑行业有影响力的人士参与主动式建筑专题研讨，让更多的人士了解到发展可持续建筑的新思路。另外，主动式建筑专家受邀走向高校，给大学生们宣讲主动式建筑理念。

（3）评价认证

为推动主动式建筑在国内的快速发展，开启了主动式建筑评价认证工作，由中国城市科学研究会绿色建筑研究中心和中国房产协会受理申请。通过评价的项目，同时获得主动式建筑国际联盟认可，有资格参与主动式建筑国际联盟组织的 AH 奖项评选。

（4）竞赛活动

每年度组织 ActiveHouseAward 中国区主动式建筑竞赛活动。竞赛围绕中国"双碳"战略目标，将绿色低碳、健康舒适和环境可持续理念融入建筑全寿命期内，倡导以建筑使用者的身心愉悦为最终目标。竞赛活动受到业界关注，参赛作品数量逐年增加，涌现出许多优秀作品。国内优秀作品推荐走出国门，参加国际竞赛活动。

4.2 标准存在的问题及解决办法

《标准》得到了业界权威人士的肯定，也受到主动式建筑国际联盟的认可。《标准》在实施过程中得到了业主、设计师和用户等多方反馈意见，对发现的一些问题做出处理。

（1）评价指标要求工程化

国际 AH 标准中的指标参照往往来自欧盟标准或国际标准。这些标准在国内普及程度低，有些指标在我国建筑工程项目中较少使用。如《标准》第 5.2.2 条中的作用温度，简化了室内热环境的评价，但在实际项目中较少使用。《标准》第 7.2.2 条中的总碳排放约束值和先进值，虽然有明确的定义，但在工程项目实际操作中比较复杂。编制中指标应尽量以我国现行标准指标为参照，既可避免标准的复杂化，又能让标准更好地融入国内标准体系。对于引进的新指标，需要后期做研究工作，为工程应用提供简便方法和参考资料。

（2）评价标准要求技术导则

主动式建筑在推广普及过程中，受到市场好评，特别是对于业主即为用户的客户，他们更加关心室内舒适性和运行阶段成本节约，但面对标准条文，不知道如何去实现。这就需要主动式建筑咨询师和设计师能够根据项目条件和业主需求把结果转化为技术措施要求。从目前来看，《标准》提供了结果，但还未能给出实现的技术导则、相关的技术产品要求、成本造价等。当然这些要求超出了一个评价标准的要求。为了促进主动式建筑在国内的推广，建立经验性技术系统和技术产品库、培训主动式建筑设计咨询专业人士库等相关的配套工作需要后续展开。

5 标准编制后的思考

《标准》编制完成是国内主动式建筑发展的一个重要里程碑。回顾《标准》的编制过程，以及对它未来发展做如下思考。

5.1 标准的适用性

《标准》是以可持续理念为核心的一种绿色建筑评价标准。它提倡以人为本，尽量利用软技术实现建筑在舒适、环境、能源方面的综合平衡。它的小而精、非大而全的特点，决定了它并非适用于所有项目，在一些中小型项目中它的适用性更强。比如要求可再生能源产能达到建筑能耗的2.5%，这对于中小型项目安装太阳能能够实现；但对于大型商业公建项目，较难实现。对于某些经济条件不允许，但理念相同的，应该鼓励。

5.2 标准的未来发展

（1）融入设计

《标准》是对主动式建筑性能结果的评价，把更多的设计能动性留给设计师。标准应该对设计流程进行评价，虽然在设计内容上因项目而异，但主动式建筑设计流程是相通的。未来应将主动式建筑评价转变为设计过程的一种设计管理方法或工具。

（2）标准信息化

专业技术人员通过学习把主动式建筑理念和方式贯彻设计过程中。可采取如下措施：发展建立信息化平台，进行专业考试，项目可通过平台智能化审核评审材料。这有助于促进项目评审流程快速得到反馈，把评价过程与设计过程融为一体，给主动式建筑带来更大的发展。

（3）引入新理念

随着科技发展和人文进步，人们对绿色建筑有了更深层次的认识，绿色建筑逐渐向整体建筑观发展。绿色技术不只是实现绿色性能，同样具有社会和人文属性。绿色建筑技术指标与使用者的行为有密切联系。这启示设计师把用户活动纳入绿色设计范畴。绿色建筑不是毫无个性的房子，它同样能够给人们带来身心愉悦和美感。

6 结语

《标准》秉承可持续理念，参照国际 AH 标准框架，基于我国气候、环境、资源等条件建立一种绿色建筑评价体系。

（1）主动式建筑是以人为本，通过建筑的可感知与可调节能力，实现健康舒适、节约资源与保护环境的综合平衡，促进使用者身心愉悦的一种建筑。

（2）相比国内外绿色建筑评价标准，《标准》丰富了国际 AH 标准的内涵，以性能结果为导向为设计师提供更多能动空间，简便易操作。

（3）《标准》是主动式建筑在国内发展的里程碑。为推动主动式建筑的发展，还组织开展了主动式建筑专业咨询师培训、主动式建筑评估认证、公众宣传、主动式建筑竞赛等活动，获得了建筑业界专业人士的认可，成为活跃于我国建筑界的一类新型绿色建筑。

（4）《标准》在未来发展中将会通过信息化技术与建筑设计更深入融合。主动式建筑吸收了绿色建筑整体观理念，把社会和人文属性融入其中。《标准》将会在我国建筑向高品质发展的大潮中，繁荣绿色建筑创作。

作者：李建强[1]；郭成林[2]；王红丽[2]（1 上海建筑设计研究院有限公司；2 威卢克斯（中国）有限公司）

团体标准《智慧建筑设计标准》解读
Explanation of the Group Standard *Standard for design of artificial intelligence building*

1　编制背景

继 2016 年首个智慧城市国家标准《新型智慧城市评价指标》GB/T 33356—2016 出台以来，在该领域已出台多项国家标准。智慧建筑作为智慧城市的基础单元，目前相关标准的建设仍处于相对落后的状态。

为切实贯彻"创新、协调、绿色、开放、共享"的新发展理念，在以物联网、大数据、云计算为代表的新技术快速发展，数字化已成为行业共识的今天，通过对其关键技术的研究，促进智慧建筑建设及标准化工作健康、有序、可持续发展。为适应新科技推动及响应智慧城市建设之发展，在原有智能功能基础上进行提升"智慧功能"是完全必然的，《智慧建筑设计标准》T/ASC 19—2021（以下简称《标准》）的推出将构建全新的技术体系来满足新时代智慧城市的要求。

智能建筑的标准从设计、审图到施工、验收，普遍较好地遵循了现有规范，并同时遵循了地方、行业的相应标准、规定。良好的规范体系在智能建筑前几个版本时代（图 1）发挥了重要的引领、规范作用，为智能建筑工程建设提供了质量保障。

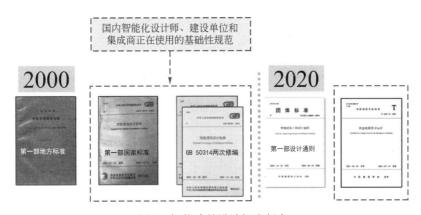

图 1　智能建筑设计标准版本

按照《智能建筑设计标准》GB 50314—2015 的定义，智能化系统分为信息化应用、智能化集成、信息设施、建筑设备管理、公共安全、机房工程六大类系统，每个系统大类含有众多子系统。随着技术的发展，子系统的数量还在不断增加，大部分系统的结构都分为三个核心部分，即"现场层-传输层-管控层"，智能建筑的痛点（图 2）主要集中在管控层，包括管理软件的壁垒、存储和算力的浪费（重复建设）、信息孤岛化（数据库设施重复建设且不互通），没有落实"系统集成"的初衷，各种智能化系统不断积累着大量的数据，因为"信息壁垒"而形成一个个数据的孤岛。在大数据、云计算、AI、5G 及 WiFi6 等技术迅速落地的今天，在全面朝着"智慧化"迈进的当前，亟须改变思路以破此困局。而在智慧建筑的建设链条上，设计行业的责任重大，因此须编制相应标准以适应新技术浪潮。

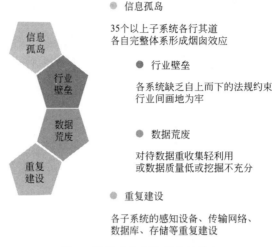

● 信息孤岛

35个以上子系统各行其道
各自完整体系形成烟囱效应

● 行业壁垒

各系统缺乏自上而下的法规约束
行业间画地为牢

● 数据荒废

对待数据重收集轻利用
或数据质量低或挖掘不充分

● 重复建设

各子系统的感知设备、传输网络、
数据库、存储等重复建设

图 2　智能建筑普遍存在的痛点

2　技术内容

2.1　标准适用范围

（1）《标准》适用于新建、改建和扩建的智慧建筑的设计。

（2）智慧建筑设计应体现以人为本，满足功能实用、技术先进、措施可靠、运维安全、运营规范和经济合理的要求。

（3）智慧建筑设计除应符合本标准外，尚应符合国家现行有关标准的规定。

2.2　技术架构

（1）智慧建筑应根据不同建筑的功能需求、基础条件和应用方式做结构化模块设计，实现智慧场景组合的架构形式。

（2）智慧建筑的技术架构应着眼于长期规划，根据建筑功能、使用、管理和维护需求配置平台层和应用层，具备兼容性和扩展性，并适应创新应用开发。

（3）构建全新的标准技术架构（图3），包括感知执行层、网络传输层、智慧平台层和智慧应用层等，通过技术架构的标准化，快速推进建筑物或建筑群的数字化，指导智慧建筑的整体建设具有可参照的架构和实施落地；聚集智慧建筑应用场景思维，梳理关键技术的标准协议和接口，形成标准＋平台＋生态的即插即用应用逻辑，包括智慧通行、智慧安防、智慧消防、智慧供能、环境控制、智慧指挥等全应用场景。

（4）建筑大脑按照模块化原则建设，包括建筑操作系统和场景应用等模块，以满足建筑物的数据赋能应用为目标，适配建筑物的建设规模、业务性质和运行管理模式及系统接入与扩展，同时满足建筑物的规模和功能需求，支持公有云、私有云或者混合云等部署模式。

2.3　智慧应用

（1）智慧建筑设计应根据建筑物功能和使用要求选择相应的智慧应用场景。

（2）智慧应用场景（图4）包括智慧通行、智慧安防、智慧运维、环境控制、智慧供能、智慧消防、智慧指挥等场景。

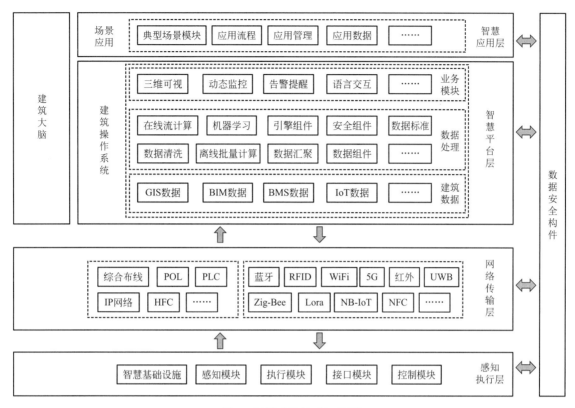

图 3　智慧建筑技术架构图

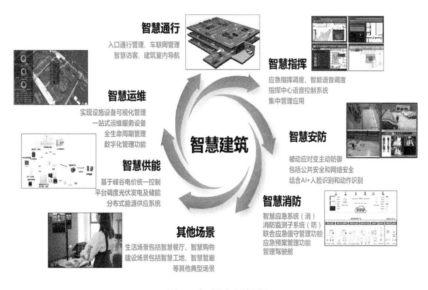

图 4　智慧应用场景

3　亮点与创新点

3.1　标准亮点

（1）构建了一个开放性的智慧建筑建设的标准技术架构，通过技术架构的标准化，快速推进建筑物或建筑群的数字化，指导智慧建筑的整体建设具有可参照的架构和实施落地。

（2）聚集智慧建筑应用场景思维，梳理关键技术的标准协议和接口，形成了标准＋平台＋生态的即插即用应用逻辑。

3.2 标准创新点

（1）打破了智能建筑普遍存在的系统集成与各智能化子系统之间的信息壁垒及数据孤独的技术问题，构建了一个开放性的智慧建筑建设的标准技术架构。

（2）首次创新提出了建筑大脑和建筑操作系统的概念，对未来智慧建筑的建设具有指导意义，为智慧建筑的规划和设计提供了依据。

（3）创新提出了基于建筑大脑技术体系的信息安全技术，同步申请和获授权相关专利（图 5）并在重点项目中进行了示范应用。

图 5 相关专利授权

4 标准实施

《标准》在编制过程中通过广泛调研，借鉴了国内外相关标准和工程实践经验，开创性构建了智慧建筑技术的新框架。《标准》的编制对未来智慧建筑的建设具有指导意义，为智慧建筑的规划和设计提供了依据。《标准》技术内容科学合理、可操作性强，与现行相关标准相协调，达到了国际先进水平。

《标准》的编制思路符合国家智慧社会与智慧城市的发展战略，技术功能定位先进合理，内容完整新颖，设计方法与建筑功能和智慧技术应用水平密切配合，具有良好的工程设计指导价值和可操作性。《标准》于 2021 年 7 月 1 日正式实施。

《标准》提出的建筑大脑技术体系的信息安全技术，已在华建集团和华为技术有限公司、腾讯云计算（北京）有限责任公司、上海东浩兰生信息科技有限公司等社会单位的重点项目中进行了示范应用。华为技术有限公司、讯飞智元信息科技有限公司、ABB（中国）有限公司等标准参编单位在参编的同时，定向研发了符合标准的构架产品和场景应用模块，其中作为实践案例之一的绿地外滩中心，智慧平台的建设和使用给项目的营销和实际运营带来了巨大的提升。

以兰生大厦这一标准落地项目为例，面对现代智能化楼宇发展的趋势以及日益提高且不断变化的客户需求，通过 AI、IoT、BIM 等各类高新技术增强既有建筑的管理和服务能力，从建筑基础单体出发，为智慧城市和城市数字化转型服务，项目获得住房和城乡建设部科技示范工程项目、上海市建设协会 2020 年度"示范项目、创新技术"成果奖等奖项。

5　其他

《标准》的落实响应了国家数字化、智慧化发展技术经济政策，规范了智慧建筑工程设计，一方面解决了原有智能建筑"信息孤岛"的问题，另一方面利用新技术建立建筑的数字底板，提升智慧建筑和智慧城市的精细化管理能力。

新型智慧建筑的构架体系与传统智能建筑有很大的差别，改变了原来垂直搭建的烟囱式的构架体系，也从根本上解决了子系统间存在的技术壁垒和数据通信困难的痛点。在国内期刊和专业论坛上发表了相关论文和演讲，整体技术在上海及全国都得到了推广和初步应用，产生的直接经济效益还处于评估阶段。

与华为技术有限公司、腾讯云计算（北京）有限责任公司、上海东浩兰生信息科技有限公司等 AI 前端供应商创新合作，真正落地"中国智造"，实现智慧建筑建设的大发展。

6　结语

《标准》以智慧建筑设计为抓手，聚集从智慧建筑应用到各设备子系统等各类国内生态伙伴，打破了国际大型垄断企业在智能建筑相关领域的技术壁垒，将增强设计人员对建筑物的科技功能、人工智能化的深入了解，具有适用性、可靠性、开放性、可维护性和可扩展性，在工程建设行业具有广泛的应用市场。

作者：沈育祥；蔡增谊；王玉宇；郭安（华东建筑设计研究院有限公司）

团体标准《智慧住区设计标准》解读

Explanation of the Group Standard *Design standard of smart community*

1 编制背景

1.1 智慧住区市场环境

伴随智慧城市的高速发展，智慧社区产业迎来了新的发展机遇。中研普华研究报告《2021—2026 年中国智慧社区行业发展前景及投资风险分析报告》指出，2020 年我国智慧社区规模为 5405 亿元，同比增长约 19%，预计 2021 年我国智慧社区市场规模将突破 5800 亿元。根据中商产业研究院《2019 中国智慧社区行业市场前景及投资研究报告》预估，2022 年我国智慧社区市场规模将达到近万亿元。

1.2 发展智慧住区的重要意义

近年来，智慧住区建设借助智慧城市建设热潮迎来了重大发展机遇期。智慧住区的诞生，是以社区居民的幸福感为出发点，以物业管理服务的人性化为风向标，旨在打造住区新形态，提供迎合居民需求的服务，加快高标准、云住区的建设。

智慧住区以住宅为主，业态单一，是职能上小于街道办事处、大于居民委员会辖区的功能区域。基于互联网思维建设的"智慧住区"之所以越来越受到人们的关注，在于其能够为人们的生活提供更多便利、改善人们的居住生活质量、提高人们对幸福生活的满意度。

1.3 立项背景

基于上述背景，由中国建标院和广东天元建筑设计有限公司牵头，会同国内多家科研、设计、施工、产品生产单位，共同商议申报了中国工程建设标准化协会标准《智慧住区设计标准》T/CECS 649—2019（以下简称《标准》），《标准》于 2015 年 5 月正式立项。

《标准》的制定目标是完善我国在智慧住区新建、改建、扩建方面的设计规定，填补智慧住区在设计标准方面的空白，有利于提升住区物业管理水平，有利于改善居民生活质量，有利于智慧城市的大发展，推动智慧住区通过建立感知系统，捕捉和处理住区运营的海量信息，辅以决策判断系统，为住区各方的有效互动提供良好的生态环境。

2 标准基本情况

2.1 编制思路

基于对物业管理、居民生活和智慧城市的需求分析，在理清智慧住区的建设思路后，《标准》编制工作组提出了可集成性、可操作性、安全性、可靠性、可扩展性等设计原则，制定智慧住区的总体架构，剖析智慧住区管理平台的核心功能，根据智慧住区的工程规模、建设标准、配套设施、住户需求、维护管理条件等综合确定感知系统的类型。《标准》的编制基于互联网思维，旨在打造住区设计新形态，迎合居民对幸福生活的追求，加快建设高标准云住区。

2.2　主要内容

《标准》共分为6章，主要技术内容包括：1. 总则；2. 术语；3. 基本规定；4. 管理平台；5. 感知系统；6. 机房。下面对各章节予以简要介绍。

第1章总则，明确了《标准》的编制目的、适用范围等。为规范智慧住区的设计要求，做到技术先进、安全可靠、经济合理、节约能源、确保质量，制定本标准。并规定智慧住区设计应纳入智慧城市的总体规划，应与总体规划协调一致。

第2章术语，纳入规定的术语是在本标准中出现的、容易引起歧义的专业术语，参照有关标准规范和技术文献给出的定义。一共包括3个术语：智慧住区、感知设备和感知系统。

第3章基本规定，首先提出智慧住区的总体架构，智慧住区总体架构由感知系统设施、管理平台、相关上级管理及应用组成，其中，感知系统接收来自控制终端的操作指令，感知和上传住区的状态信息，并可对住区的状态信息作出打开/关闭、参数调节等响应操作。管理平台由应用层、支撑层（云服务器）、通信层组成，应用层包括集成信息应用、管理应用和服务应用；支撑层（云服务器）包括基础应用、基础应用服务、数据服务、数据管理基础设施；通信层包括标准化协议接口、非标准化协议接口、专用协议接口。相关上级管理及应用通过第三方接口，对接入的智慧城市管理中心、城市应急管理中心、其他管理中心等提供统一业务管理和应用。

其次规定了智慧住区的设计原则，应满足可集成性、可操作性、安全性、可靠性、可扩展性。同时对智慧住区的主要设备——系统控制主机、感知设备、控制终端及云服务器等的接口和功能进行规定。

第4章管理平台，按应用层、支撑层（云服务器）、通信层进行配置。管理平台是根据各类信息资源共享、交换的实际需要以及系统复杂程度，合理选择集成联网方式。

平台的管理功能主要从住区物业管理、公共安全管理、生态环境管理、节能环保管理、出行及物流管理等方面进行了规定。

平台的服务功能主要从报事报修服务、房屋租赁服务、居家养老服务、住区文化活动服务、住区餐饮服务、住区家政服务、住区公益志愿服务、住区便民服务热线等方面进行了规定。

第5章感知系统，应根据智慧住区的工程规模、建设标准、配套设施、住户需求、维护管理条件等实际情况综合确定，同时还应符合现行国家标准《智能建筑设计标准》GB 50314的有关规定。对于新建住区的通信设施设计应执行现行国家标准《住宅区和住宅建筑内光纤到户通信设施工程设计规范》GB 50846中对住宅光纤到户的要求。安全防范系统设计应执行现行国家标准《安全防范工程技术标准》GB 50348中对电子防护系统的要求。

感知系统由信息设施、建筑设备管理、智慧消防、安全防范、应急联动、智慧家居、健康环境监测等系统组成，并就感知系统及子系统的横向集成和纵向级联框架进行了规定。对每个系统及子系统的设计要点进行了规定。

第6章机房，住区的机房包括信息接入机房、控制室、弱电间及弱电竖井等，并宜按现行国家标准《智能建筑设计标准》GB 50314中的机房工程进行设计。当住区住宅建筑的消防控制室与物业管理室合用时，应有独立的智慧消防系统工作区域。

2.3 亮点与创新点

（1）规范了智慧住区的总体架构。

智慧住区总体架构的组成部分主要是从功能和技术视角进行定义和划分，如图 1 所示。

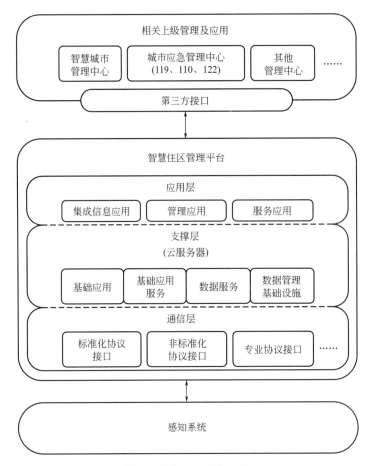

图 1　智慧住区总体架构

管理平台是智慧住区的核心，管理平台的所有信息来自于分布安装在智慧住区各个场所的感知系统，同时，智慧住区的相关信息需及时报送上级管理中心。

感知系统中的有线和无线前端设备包括传感器、执行器、摄像机、探测器、智能卡、智能插座、灯光控制器等，可以感知住区环境的状态信息，并转化成相应的数字化信息。数字化信息经网络交换机、路由器、网关等传送到物业、消防、安防、环境等管控中心。

支撑层即云服务器，仅仅是对智慧住区设计方案提供商而言的，主要对感知数据进行统一存储、汇聚与分类、推送与展示等；而对于最终用户来讲，这部分是透明的。透明意味着最终用户不用关心所传输的业务内容，传输网络设备只是起到传输通道的作用，把所需传输的业务内容完好地传输到目的节点，同时保证传输的质量即可，且不对传输的业务进行任何处理。在传输过程中，对最终用户而言看不见传输网络，相对而言是透明的。

通信层通过标准化协议、非标准化协议、专用协议等数据库接口，实现与感知系统的数据通信。

第三方接口指智慧住区管理平台应具备接入第三方服务器的能力。对于最终用户来讲，其接入功能是透明的。透传设备相当于黑箱子，传输业务内容进出是一模一样的。

（2）制定了智慧住区的设计原则。

智慧住区设计应纳入智慧城市的总体规划，并与总体规划的指标体系协调一致；同时满足可集成性、可操作性、安全性、可靠性、可扩展性的要求。

1）可集成性要求

智慧住区除子系统、系统的集成设计外，还应将系统与上一级管理系统进行集成设计。系统集成应采用国际、国内通用的接口和通信协议。系统集成时，应根据管理要求，合理规划各类、各级用户和设备的控制管理权限。系统集成联网由多级管理系统和多个子系统构成，任一子系统的故障不应影响系统和其他子系统的正常运行；任一系统的故障不应影响其他系统的正常运行；上级管理系统的故障不应影响下级管理系统的正常运行。

2）可操作性要求

设备的安装和设置应便于用户操作，符合人体工程学及行为操作习惯。系统操作应包容不同年龄层次用户的认知和需求，人机交互界面操控应体现人性化。系统操作不仅要满足年轻人对时尚的要求，同时也应考虑老年人的操作需求和习惯。人机交互界面需提供语音、体感等多种操控方式。

3）安全性要求

系统应具备基础网络及信息安全保障措施。为了防止非法用户对网络设备的入侵以及对用户信息的窃取，系统安全设计需具备一定的安全性，除了借助传统的口令密码方式外，还应结合生物识别、硬件设备绑定等方式提高安全防护性能。选用安全型设备，并保障公共场所设备的安全性。

4）可靠性要求

为保障系统控制的可靠性，系统应同时支持手动和自动控制操作，尤其是涉及消防联动控制。系统宜采用储备冗余、主动冗余设计。系统通过部署不间断电源（UPS）来提高其使用的可靠性。

5）可扩展性要求

系统应采用模块化设计，根据用户的不同需求进行灵活组合和扩展。系统应支持远程升级和维护，同一品牌的系统应支持新旧设备的兼容。

（3）对智慧住区管理平台进行了详细规定。

智慧住区管理平台架构按图2所示的应用层、支撑层（云服务器）和通信层进行配置。

管理平台是根据各类信息资源共享、交换的实际需要以及系统复杂程度，合理选择集成联网方式。现有的集成联网方式有下列五种：

1）通过不同感知系统设备之间的信号驱动实现的简单联动方式。

2）通过不同感知系统管理软件之间的通信实现的感知系统联动方式。

3）通过管理平台实现对感知各系统的集中控制与管理的集成方式。

4）通过对多级智慧住区管理平台的互联，实现大范围、跨住区的级联方式。

5）根据智慧住区管理的需要，管理平台与其他业务系统进行集成、联网的综合应用方式。

（4）对感知系统、子系统的横向集成和纵向级联进行了规定。

感知系统、子系统的横向集成和纵向级联规定相对较多，在此以安全防范系统为例，对集成架构（图3）设计进行阐述。

安全防范系统包括电子周界防护、电子巡查、视/音频监控、出入口控制、停车库（场）管理、访客对讲、入侵和紧急报警等子系统，集成设计步骤如下：

首先，实施安全防范系统内集成，包括子系统的集成设计和系统的集成设计。

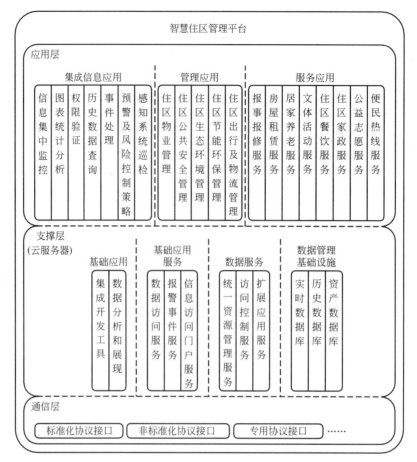

图 2　智慧住区管理平台架构

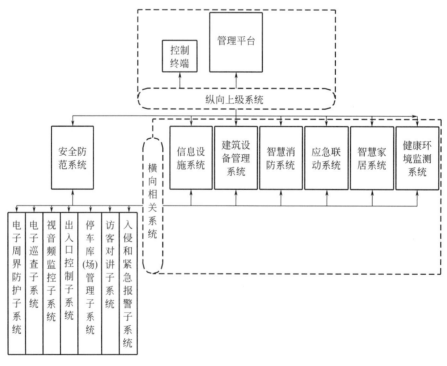

图 3　安全防范系统集成架构

其次，考虑安全防范系统与信息设施、建筑设备管理、智慧消防、应急联动、智慧家居、健康环境监测等系统的横向集成设计。

第三，安全防范系统与智慧住区管理平台的纵向集成设计。

最后，根据安全防范管理业务需求、系统资源联网共享、事件快速处置响应和系统运行安全可控等要求，选择系统集成与联网方式，确定系统架构。

基于安全防范系统的集成架构设计示例，其余感知系统可参照此思路进行设计。

3 标准的国际先进性

智慧社区最早可以追溯到 2008 年，IBM 在美国提出并启动了世界上第一个智慧社区项目，随后微软、思科等科技公司都成为推动"智慧社区"建设的重要力量。自此，智慧社区逐步由概念走向项目实施落地。

到了 2015 年，谷歌在加拿大多伦多开始 Quayside 社区改造计划，意图借助谷歌前沿技术建设一个更智能、更绿色、更包容的城市，成为全世界可持续社区的典范。这一项目的启动标志着发达国家已经开始在"智慧社区"的基础上探索"未来社区"的建设模式。尽管 Quayside 社区改造计划由于当地居民对于数据隐私的担忧，再加上新冠肺炎疫情来袭经济发展的不确定性，于 2020 年 5 月宣布流产了。但它在全球范围内启发并掀起了智慧社区建设的新一轮高潮，并指导了后续一系列"未来城市"实践的技术方向，例如从我国的国家级新区——雄安新区（2017 年启动）到日本丰田汽车打造的智能城市 Woven City（2020 年启动）概莫能外。

新加坡的社区建设和管理一直走在世界前列，其经验值得我们研究与探索。从最早"居者有其屋"的组屋计划，到"邻里中心"计划，再到"智慧社区"计划，构成了新加坡"社区迭代"模式的发展脉络。新加坡"邻里中心"的发展模式，包含了"城市规划"与"社会治理"两个层面的内涵，将社区治理的理念融入了组屋的建设与规划中，实现了由"居者有其屋"向"居者乐其屋"的飞跃。之后，在"邻里中心"的基础上提出了"智慧市镇"，目标是为新加坡居民提供一个安全、舒适、便捷、现代化的社区环境。具体实践方面，新加坡建屋局于 2018 年宣布为全国 24 个市镇推出市镇设计指南，确保现有市镇在发展和翻新过程中不会流失特征和历史特色。新加坡建屋局目前已推出三个市镇的设计指南，包括榜鹅、白沙和登加。

早在 2010 年，日本出现大量共享住宅。共享住宅，作为一种创新的居住模式而应用在"未来社区"的邻里场景中，提供了更加灵活、有吸引力的居住生活场景。而后"可持续智慧社区"的出现，实现了从住宅向社区再向城市整体解决方案的转变。日本智慧社区建设，是一个内涵不断丰富的动态发展过程。日本智慧社区注重弹性建设，更多的是以节能减排和智慧防灾为重点，这与日本能源缺乏以及灾害频发的国情紧密相关。

我国智慧社区的发展处于逐年递增的趋势。2010～2015 年，全国布局，呈现多元化发展局面；2016～2018 年，市场发展迅猛；2019 年，技术深耕、系统升级、有质量的增长；2020 年，全年销售规模 5405 亿元；2021 年，智慧社区市场规模突破 5800 亿元，实现规模利润双增长；2022 年，预计销售规模将达到近万亿元。

尽管国外许多发达国家在智慧社区的建设项目实施方面有很多探索和案例，但至今没有编制和发布标准规范。截至目前，《智慧住区设计标准》T/CECS 649—2019 是国内外唯一一本发布实施的标准，达到了国际领先水平。

4 标准实施

4.1 标准实施情况

《标准》发布实施后，为从事智慧住区设计的从业人员提供了设计依据，全国 1000 多个智慧住区均依据《标准》开展设计工作；同时，《标准》为甲方指明了智慧住区的建设方向，为智慧住区的建设标准化提供了设计支撑。

4.2 社会经济效益

《标准》的发布实施，使智慧住区的设计有了技术依据，有助于设计单位进行智慧住区管理平台和功能的设计、进行感知系统的选用及集成设计，从而确保工程质量，最终实现住区的智慧化和可持续发展。

智慧住区是高效运行的物业管理与"互联网＋"时代的居民个性化定制需求相互作用的市场产物。从市场衍生而来的智慧住区，不仅囊括了传统住区的所有功能，同时，通过互联网建立线上和线下、有形和无形、虚拟和现实相结合的管理与服务模式，将人、物、智能感知系统连接起来，以此反哺物业办公、收费、管理等高效运行和"互联网＋"时代的居民足不出户缴费、网购、诊疗等多重需求。

传统物业管理存在诸如纸质办公、效率低、人工成本高、物业与居民沟通受限、报修问题解决慢、物业缴费五花八门、业主档案易丢失、物业财务管理混乱、物业服务漏洞百出等问题，《标准》的发布实施促使住区及其物业必须做出改变，引入先进的智慧化管理理念。

"互联网＋"时代的到来，注定居民足不出户就能交纳水、电、物业费，报修生活配套设施，实现网络购物、远程诊疗、网课教育等。《标准》的发布实施有助于智慧住区建设要"以人为本"，充分考虑人的实际生活，提供个性化的定制服务。

城市发展中面临许多亟待解决的问题，如人口膨胀、住区安全管理、住区居家养老、居民健康管理、出行交通拥堵、环境保护、资源重整再利用、居民生活空间拓展等，住区作为城市的基本单元，是解决城市突出问题的助力点。《标准》在全国范围内实施推广应用，必将在智慧住区的良性发展方面产生较好的社会效益和经济效益。

4.3 存在的问题与解决措施

（1）管理平台级联

当相邻住区需要联网管理，或者同一房地产开发企业对不同地区的自持住区需要联网管理，或者同一物业管理公司对不同地区的住区需要联网管理时，如何通过对多个、多级管理平台进行级联，实现大范围、跨住区的横向信息共享和联网管理控制，对《标准》的内涵和外延提出了巨大的挑战。图 4 给出了管理平台级联的解决方案。

（2）管理平台综合集成联网

当政府机关的家属院、军区大院、保密机构等智慧住区与当地政府、行业、企事业等机构之间有管理平台联网需求时，如何实现管理平台的综合集成联网？解决方案是通过专网的边界安全交互系统，实现政府机关的家属院、军区大院、保密机构等智慧住区与当地政府、行业、企事业等机构之间指定信息的共享。综合集成联网方式参见图 5。

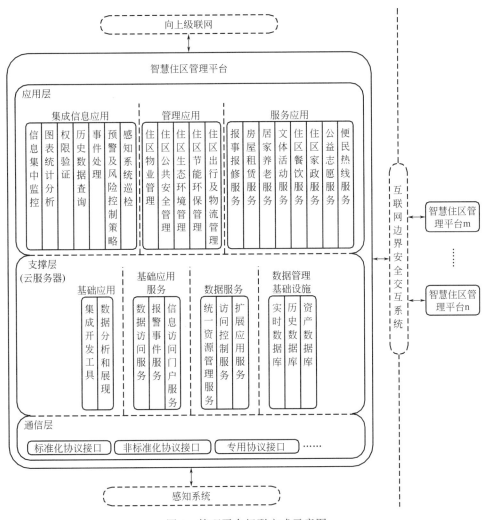

图 4　管理平台级联方式示意图

注：虚线框内的"感知系统""向上级联网""互联网边界安全交互系统"，可根据各自管理的需要，进行选择性设置

5　标准编制的综合考量

智慧住区建设并非是纯科技的堆砌，而是在技术层面渗透了人文关怀的超级综合体和生态体系。为此，《标准》编制不但要抓住智慧住区的建设重点和建设模式，还要立足长远发展的思路，统筹考虑智慧住区的可持续发展理念。

（1）建设重点

智慧住区是通过建立感知系统，捕捉和处理住区运营的海量信息，辅以决策判断系统，为住区各方的有效互动提供良好的生态环境。

（2）建设模式

以数字化、网络化、智能化、互动化和协同化为基本特征，构建科学、智慧、人本、和谐的住区感知系统和管理体系。

（3）价值体现

智慧住区以居民需求为导向，以服务居民为手段，以提升居民生活质量为目标，最终实现住区的智慧化和可持续发展。

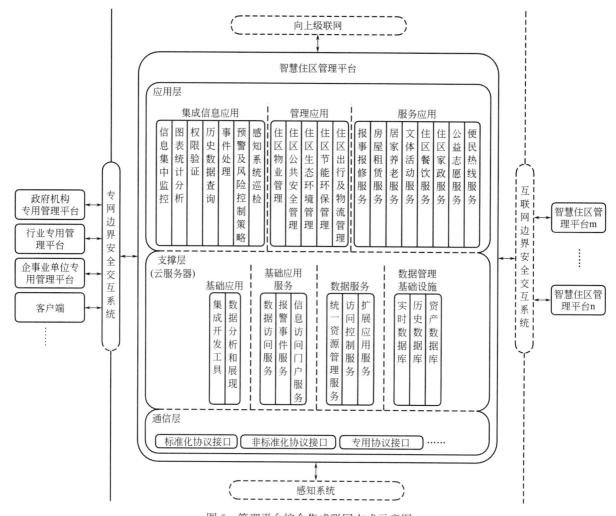

图 5 管理平台综合集成联网方式示意图

注：虚线框内的"感知系统""向上级联网""互联网边界安全交互系统"，可根据各自管理的需要，进行选择性设置

总而言之，智慧住区的建设思路是以人为本，优化居民的生活方式，根除居民生活的后顾之忧，激发居民的创新意识和能动性。

6 结语

《标准》的编制是按照体系、平台、系统、子系统的层次，进行全文协调和统一。《标准》与《智慧住区建设评价标准》T/CECS 526—2018 相辅相成，要求从设计阶段起就重视星级评价体系并开展预评估工作，使最终建设完成的智慧住区所取得的星级标识实至名归；同时，智慧住区作为智慧城市的基本构成单元之一，《标准》也将成为支撑智慧城市顶层设计不可或缺的组成部分。

智慧住区未来的发展方向是通过功能集成、网络集成、软件界面集成等技术，将各个分离的设备、功能、信息等集成到统一的管理平台，使资源达到充分共享，实现集中、高效、便利的管理。

系统集成实现的关键在于统一接口和通信协议，以解决设备、子系统、系统和管理平台等之间的互联、互操作问题，保证信息的有效提取和及时送达。需对网络性能和任务调度策略进行规划和优化，确保系统之间、平台之间对各类事件信息的快速传递和有效响应。根据信息安全的相关要求，考虑感知系统传输网络与其他业务系统网络之间的边界安全管控措施和感知系统自身网络的不同安全域之间的安全管控措施，合理规划感知系统内、外安全边界及安全管控措施，选择安全可控的硬件产品和软件产品。根据智慧住区管理要求，系统集成时需要考虑用户授权策略、控制优先级策略、设备资源受控权限的协调策略、并发访问时共用资源（如网络带宽）的保障协调策略等，从而合理规划各类、各级用户和设备的控制管理权限。根据用户工作的习惯性、操作控制的专业性、业务处理的易用性和信息显示的直观性等因素，选择适宜的客户端界面，支持多种客户端应用。

未来智慧住区的发展必将聚焦于搭建住区综合服务平台，通过强化信息化来创新服务模式，实现由被动接受服务模式向主动推送、融合服务模式的转变，提升住区居民的生活便利性、安全性；调动居民参与积极性，丰富服务内容，扩展服务渠道，完善住区治理结构，提升资源使用效率；基于智慧城市市民服务平台，通过互联网与物联网技术的融合，完善住区综合服务平台，以住区综合服务平台为服务载体，提供政务延伸服务，完善住区公共服务、互助互动服务等。

作者：张霄云（中国建筑标准设计研究院有限公司）

团体标准《钢筋桁架混凝土叠合板应用技术规程》解读

Explanation of the Group Standard *Technical specification for concrete composite slabs with lattice girders*

1 编制背景

钢筋桁架混凝土叠合板具有整体性能好、抗裂性能优、刚度较大等特点，在装配式结构中广泛应用。然而，在当前钢筋桁架混凝土叠合板的应用实践中，桁架预制板普遍采用四周出筋或板端出筋形式（图1）。吊装时，预制板的外伸钢筋极易与其他构件发生碰撞，且后浇带式拼缝需在拼缝处支模（图2）。后浇带处常由于胀模导致底板不平整（图3），需人工凿除，增加了人工成本和施工时间。

图 1　板端出筋预制板　　　　图 2　后浇带支模　　　　图 3　后浇带底部不平整

目前的钢筋桁架混凝土叠合板存在着经济性差、效率低等问题，成为行业痛点之一，既有标准及图集也未能有效解决相关问题。因此，亟需编制一部应用技术标准，系统研究解决钢筋桁架混凝土叠合板应用中存在的突出问题，提升装配式结构的施工质量、效率和经济性。

《钢筋桁架混凝土叠合板应用技术规程》T/CECS 715—2020（以下简称《规程》）编制组集合了国内有代表性的装配式混凝土结构研究、设计、生产和施工单位，先后开展了预制板不出筋的板端支座节点试验（图4）、密拼叠合板受弯性能试验（图5）和密拼双向板堆载试验（图6），以及相应的设计方法研究，充分验证了密拼钢筋桁架叠合板的安全性与可靠性。

图 4　板端支座节点试验　　　　图 5　密拼叠合板受弯性能试验　　　　图 6　密拼双向板堆载试验

2　技术内容

2.1　接缝选取

对后浇带式整体接缝和密拼式整体接缝的双向板进行的加载试验结果表明，板底塑性铰线走势与现浇双向板基本一致，接缝对两个方向的内力分布影响有限。在进行内力计算时，可忽略整体接缝的影响，直接按整体现浇双向板计算内力、变形，并进行配筋设计。

当区格板长宽比不大于 2 时，如采用密拼式分离接缝，桁架叠合板整体仍表现出一定的双向板受力特性，尤其是在弹性阶段。实际上，桁架叠合板的受力状态处于单向板和双向板之间，板的配筋设计和导荷都会比较复杂，因此，推荐采用整体接缝，并按双向板进行设计。

当区格板长宽比大于 2 时，桁架叠合板受力接近于单向板。由于密拼式分离接缝构造简单，生产和施工方便，故推荐采用密拼式分离接缝，并按单向板进行设计。

2.2　构件设计

对于桁架预制板板厚，《规程》规定："桁架预制板厚度不宜小于 60mm，且不应小于 50mm"。预制板厚度要求与《混凝土结构通用规范》GB 55008—2021 一致。

对于钢筋桁架的布置，主要从桁架预制板力学性能、预制板吊运、预制板安装等方面出发，做了详细规定："钢筋桁架宜沿桁架预制板的长边方向布置。钢筋桁架上弦筋至桁架预制板板边的水平距离不宜大于 300mm，相邻钢筋桁架上弦筋的间距不宜大于 600mm。钢筋桁架下弦筋下表面至桁架预制板上表面的距离不应小于 35mm。钢筋桁架上弦筋上表面至桁架预制板上表面的距离不应小于 35mm"。

《规程》附录 B 中明确了桁架预制板短暂设计状况包括脱模、运输、堆放、吊运、安装和混凝土浇筑，施工验算内容包括混凝土应力、纵筋应力、变形、桁架上弦筋应力和腹杆应力。进行内力及变形计算时，可采用弹性方法、有限元分析法或简化条带法；进行应力及刚度计算时可采用等效截面法。

钢筋桁架兼作吊点可避免另外设置专门吊点，减少生产工序，节约成本。对于兼作吊点的桁架筋，除应符合桁架下弦筋埋深不小于 35mm 外，《规程》还对吊点上弦筋焊点质量、吊索与桁架预制板水平夹角、起吊时的混凝土立方体试块抗压强度做了明确规定。此外，当桁架下弦筋位于板内纵筋上方时，还应在吊点位置桁架下弦筋上方设置至少 2 根直径不小于 8mm 的附加钢筋。根据吊点试验结果，《规程》给出了单个吊点的承载力标准值：当腹杆钢筋为 HRB400、HRB500、CRB550 或 CRB600H 时，吊点承载力标准值为 20kN；当腹杆钢筋为 HPB300、CPB550 时，吊点承载力标准值为 15kN。吊点的施工安全系数不应小于 4.0，吊点承载力标准值除以施工安全系数即为承载力设计值。

2.3　密拼式整体接缝设计

行业标准《装配式混凝土结构技术规程》JGJ 1—2014 第 6.6.5 条条文说明指出，当后浇层厚度较大（大于 75mm）时，可将其作为整体接缝，预制板通过接缝和后浇层组成的叠合板可按照整体双向板进行设计。

试验证明，密拼式整体接缝构造设计可实现内力（弯矩及剪力）的连续传递。据此，《规程》对密拼式整体接缝的构造（图 7）做了详细规定，具体构造要求包括：

（1）后浇混凝土叠合层厚度不宜小于桁架预制板厚度的 1.3 倍，且不应小于 75mm。

（2）接缝处应设置垂直于接缝的搭接钢筋，搭接钢筋总受拉承载力设计值不应小于桁架预制板纵向钢筋总受拉承载力设计值，直径不应小于 8mm，且不应大于 14mm；接缝处搭接钢筋与桁架预制板底板纵向钢筋对应布置，搭接长度不应小于 $1.6l_a$，且搭接长度应从距离接缝最近一道钢筋桁架的腹杆钢筋与下弦筋交点起算。

（3）垂直于搭接钢筋的方向应布置横向分布钢筋，在搭接范围内不宜少于 2 根，且钢筋直径不宜小于 6mm，间距不宜大于 250mm。

（4）接缝处的钢筋桁架应平行于接缝布置，在一侧纵向钢筋的搭接范围内，应设置不少于 2 道钢筋桁架，上弦筋的间距不宜大于桁架叠合板厚度的 2 倍，且不宜大于 400mm；靠近接缝的桁架上弦筋到桁架预制板接缝的距离不宜大于桁架叠合板板厚，且不宜大于 200mm。

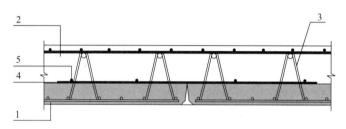

图 7　密拼式整体接缝构造示意图

1—桁架预制板；2—后浇叠合层；3—钢筋桁架；4—接缝处的搭接钢筋；5—横向分布钢筋

进行密拼式整体接缝正截面受弯承载力计算时，截面高度取叠合层混凝土厚度，受拉钢筋取接缝处的搭接钢筋，整体接缝处的受弯承载力不应低于接缝处的设计弯矩。

2.4　密拼式分离接缝设计

密拼式分离接缝的构造（图 8）相对简单，具体要求如下：

（1）接缝处紧贴桁架预制板顶面宜设置垂直于接缝的附加钢筋，附加钢筋伸入两侧后浇混凝土叠合板的锚固长度不应小于附加钢筋直径的 15 倍。

（2）附加钢筋截面面积不宜小于桁架预制板中与附加钢筋同方向钢筋面积，附加钢筋直径不应小于 6mm，间距不宜大于 250mm。

（3）垂直于附加钢筋的方向应布置横向分布钢筋，在搭接范围内不宜少于 3 根，横向分布钢筋直径不应小于 6mm，间距不宜大于 250mm。

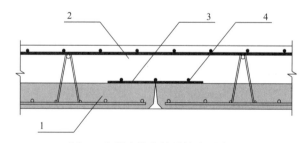

图 8　密拼式分离接缝构造示意图

1—桁架预制板；2—后浇叠合层；3—附加钢筋；4—横向分布钢筋

2.5　无外伸纵筋的板端支座设计

支座节点受弯性能试验和子结构抗震试验结果均表明，板端纵向钢筋不伸入支座并设置搭接

钢筋的支座节点具有足够的安全性和可靠性。据此,《规程》提出了桁架预制板纵向钢筋不伸入支座的构造要求,如下:

(1) 后浇混凝土叠合层厚度不应小于桁架预制板厚度的 1.3 倍,且不应小于 75mm。

(2) 支座处应设置垂直于板端的桁架预制板纵筋搭接钢筋,搭接钢筋截面面积应满足板端正截面受弯承载力计算要求,且不应小于桁架预制板内跨中同方向受力钢筋面积的 1/3,搭接钢筋直径不宜小于 8mm,间距不宜大于 250mm;搭接钢筋强度等级不应低于与搭接钢筋平行的桁架预制板内同向受力钢筋的强度等级。

(3) 对于端节点支座,搭接钢筋伸入后浇叠合层锚固长度 l_s 不应小于 $1.2l_a$,并应在支承梁或墙的后浇混凝土中锚固,锚固长度不应小于 l'_s;当板端支座承担负弯矩时,支座内锚固长度 l'_s 不应小于 $15d$ 且宜伸至支座中心线;当节点区承受正弯矩时,支座内锚固长度 l'_s 不应小于受拉钢筋锚固长度 l_a(图 9a)。对于中节点支座,搭接钢筋在节点区应贯通,且每侧伸入后浇叠合层锚固长度 l_s 不应小于 $1.2l_a$(图 9b)。

(4) 垂直于搭接钢筋的方向应布置横向分布钢筋,在一侧纵向钢筋的搭接范围内应设置不少于 2 道横向分布钢筋,且钢筋直径不宜小于 6mm。

(5) 当搭接钢筋紧贴叠合面时,板端顶面应设置倒角,倒角不宜小于 15mm×15mm。

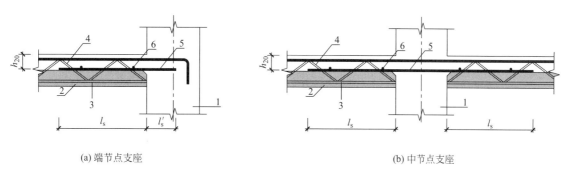

(a) 端节点支座　　　　　　　　　　　　　　　　(b) 中节点支座

图 9　无外伸纵筋的板端支座构造示意图

1—支承梁或墙;2—桁架预制板;3—桁架预制板纵筋;4—钢筋桁架;5—支座处桁架预制板纵筋搭接钢筋;6—横向分布钢筋

进行板端拼缝受弯承载力计算时,若板端截面承受负弯矩作用,截面高度可取叠合板厚度;若板端截面承受正弯矩作用,纵筋搭接钢筋可作为受拉纵筋计算,有效截面高度取搭接钢筋中心线到叠合层上表面的距离。

板端受剪承载力按下式计算:

$$V_R = 0.07 f_c A_{c2} + 1.65 A_{sd} \sqrt{f_c f_y}$$

式中　V_R——板端受剪承载力设计值(N);

　　　A_{c2}——桁架叠合板后浇混凝土叠合层截面面积(mm²);

　　　A_{sd}——垂直穿过'桁架叠合板板端竖向接缝的所有钢筋面积(mm²),包括叠合层内的纵向钢筋、支座处的搭接钢筋;

　　　f_c——混凝土轴心抗压强度设计值(MPa);

　　　f_y——普通钢筋抗拉强度设计值(MPa)。

2.6　桁架预制板的密拼式接缝构造及其施工

桁架预制板的密拼式接缝,可采用底面倒角和倾斜面形成斜坡(图 10a)、底面设槽口和顶面设倒角(图 10b)、底面和顶面均设倒角(图 10c)等做法。

当板底无吊顶且采用腻子及乳胶漆装修时,可采用图 10(a)所示的底面倒角和侧面倾斜面

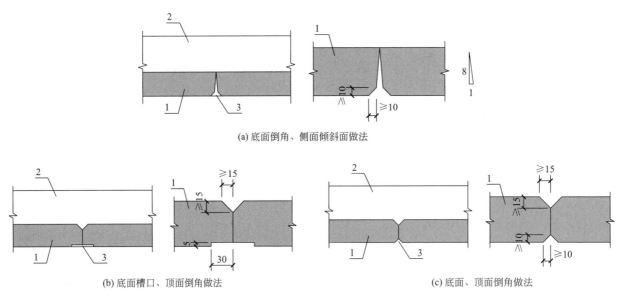

(a) 底面倒角、侧面倾斜面做法

(b) 底面槽口、顶面倒角做法　　　　　　　　(c) 底面、顶面倒角做法

图 10　桁架预制板密拼式接缝构造示意图

1—桁架预制板；2—后浇混凝土叠合层；3—密拼式接缝

形成两道连续斜坡的构造，其中底面倒角尺寸不宜小于 10mm×10mm，倾斜面的坡度不宜小于 1:8，连续斜坡内应采用柔性抗裂砂浆分层嵌填，且接缝处侧面倾斜面高度范围内嵌缝宜一次性施工完毕，再进行接缝处底面倒角高度范围内嵌缝施工。须注意，接缝嵌填应在叠合层混凝土浇筑完毕并拆除临时支撑架体后进行。也可采用图 10（b）所示的底面设槽口和顶面设倒角的构造，其中顶面倒角尺寸不宜小于 15mm×15mm，以使接缝处搭接钢筋具有足够的保护层厚度，底面槽口深度宜取 5mm，长度宜取 30mm。在槽口处粘贴网格布，并加刮弹性腻子，可对拼缝形成有效遮盖。

当板底有吊顶或无装修需求时，可采用图 10（c）所示的底面和顶面均设倒角的构造，其中底面倒角尺寸不应小于 10mm×10mm，顶面倒角尺寸不宜小于 15mm×15mm，其接缝可外露不嵌填。

3　亮点与创新点

针对目前钢筋桁架混凝土叠合板应用过程中存在的双向板多采用后浇带式拼缝、桁架预制板四面出筋、构件生产安装成本高、施工质量难保证等痛点，《规程》参考总结国内外相关标准和工程实践经验，通过理论分析和试验研究，提出三项关键技术，即：密拼叠合板、板端不出筋、桁架筋兼作吊点。这三项关键技术即为《规程》的亮点与创新点。对这三项关键技术，通过构件设计、板缝节点设计、支座节点设计等条文，提出了相应的设计方法和构造要求。此外，《规程》还对桁架预制板的吊装、运输、安装及质量检验提出了更为具体的要求，可全面指导工程实践。

4　标准实施

《规程》于 2020 年 6 月批准发布，自 2020 年 12 月 1 日起施行。《规程》实施以来，已在上海、江苏、安徽、山东等省市多个项目应用。

下面以麓园 9 号楼为例，介绍各项关键技术在实际项目中的实施情况。麓园 9 号楼项目位于江苏省南通市海门区，建筑高度 8.6m，共 2 层，其二层楼面及屋面均采用密拼钢筋桁架混凝土叠合板。楼面及屋面均按双向板设计，采用密拼式整体接缝。桁架预制板构件底板厚 50mm，采用四边不出筋设计，板侧采用底面倒角、侧面倾斜面做法，如图 11 所示。

(a) 四边不出筋预制板　　　　　　　　　　(b) 板边倒角

图 11　钢筋桁架预制板

桁架预制板接缝按密拼式整体接缝设计，接缝施工如图 12 所示。板端支座采用不出筋支座构造，如图 13 所示。

图 12　密拼式整体接缝　　　　　　图 13　板端不出筋支座

5　结语

《规程》首次全面系统地完善了钢筋桁架混凝土叠合板应用标准，创新性地解决了长期以来困扰行业的预制板钢筋外伸、密拼式接缝不适用于双向板等问题。《规程》面向工程实际需求，为密拼叠合板的应用提供了坚实的技术支撑，预期可以创造可观的经济效益与良好的社会效益。

作者：程志军[1]；赵勇[2]；马智周[1]；胡杰[1]（1 龙信建设集团有限公司；2 同济大学）

团体标准《装配式混凝土结构套筒灌浆质量检测技术规程》解读

Explanation of the Group Standard *Technical specification for inspection of sleeve grouting quality of precast concrete structure*

1 编制背景

建筑工业化是我国建筑业创新发展的必然方向，装配式建筑以其施工效率高、构件质量好、节省人工、绿色低碳等诸多优点，近年来得到了大力推广。2016 年，国务院《关于大力发展装配式建筑的指导意见》指出，要以京津冀、长三角、珠三角三大城市群为重点推进地区，因地制宜发展装配式建筑。2022 年住房和城乡建设部发布的《"十四五"建筑业发展规划》提出，到"十四五"末装配式建筑占新建建筑的比例要达到 30% 以上。在持续推进建筑工业化的背景之下，全国采用装配式建造方式的项目数量成倍增加，其中装配式混凝土建筑占比仍最大，2020 年新开工装配式混凝土建筑面积达 4.3 亿 m^2。

目前，我国已建和在建的装配式混凝土建筑中，预制构件受力钢筋的连接方式有套筒灌浆连接、浆锚搭接连接和机械连接等，其中套筒灌浆连接的应用最为广泛。但这种连接属于隐蔽工程，实际工程中由于预制构件制作精度存在偏差、现场施工人员操作不规范、灌浆设备不配套等原因，导致连通腔爆浆、套筒出浆孔不出浆、套筒内浆体回流等质量问题时有出现，影响装配式混凝土结构安全。

在当前我国装配式建筑快速发展的大背景下，上海建科集团股份有限公司从"十二五"末就开始布局从新型结构体系、结构检测评估到缺陷综合治理的产业链关键技术研发，经过多年研发与实践，目前已在检测技术和缺陷整治技术方面取得重要突破，并主编了我国首部专门针对套筒灌浆质量检测的全国性技术标准《装配式混凝土结构套筒灌浆质量检测技术规程》T/CECS 683—2020（以下简称《规程》），实现了套筒灌浆质量检测管控、性能评估与提升成套关键技术的产业化发展和标准化应用，对促进装配式混凝土建筑的健康、稳定和持续发展具有重要意义。

2 技术内容

《规程》主要适用于装配式混凝土结构钢筋连接用灌浆套筒灌浆质量的现场检测，包括总则、术语、检测、预埋传感器法、预埋钢丝拉拔法、钻孔内窥镜法及 X 射线数字成像法等内容。第 3 章"检测"主要规定了检测分类与检测方法、检测程序与要求、检测方式、检测数量与检测位置、检测报告等要求。第 4～7 章则重点介绍了经过实验室与工程实践反复验证后的 4 种套筒灌浆饱满性检测方法，综合应用这 4 种方法，可满足实际工程施工及验收阶段、使用阶段的套筒灌浆饱满性检测要求。

2.1 预埋传感器法

（1）技术原理及优势

预埋传感器法是灌浆前在套筒出浆孔预埋阻尼振动传感器，灌浆过程中或灌浆结束后 5～

8min 内，通过传感器数据采集系统获得的振动能量值来判定灌浆饱满性的方法，如图 1 所示。预埋传感器法可用于施工及验收阶段检测套筒灌浆饱满性，检测结果易于判别，发现问题可及时补灌，可实现施工过程控制。

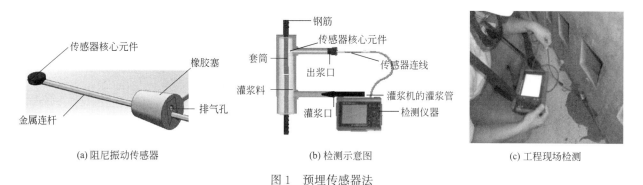

(a) 阻尼振动传感器　　　　(b) 检测示意图　　　　(c) 工程现场检测

图 1　预埋传感器法

（2）检测流程

1）将传感器沿套筒出浆孔水平伸至套筒内靠近出浆孔一侧的钢筋表面位置，橡胶塞在出浆孔紧固到位；

2）灌浆前，应通过灌浆饱满性检测仪检测传感器在工作状态下的初读数；

3）灌浆结束后 5～8min 内，应再次检测传感器的读数。

（3）判定准则

当传感器振动能量值不小于 0 且不大于 150 时，应判定灌浆饱满；当传感器振动能量值大于 150 且不大于 255 时，应判定灌浆不饱满。

对于首次灌浆不饱满的套筒应立即进行二次灌浆，并应进行复测。

2.2　预埋钢丝拉拔法

（1）技术原理及优势

预埋钢丝拉拔法是灌浆前在套筒出浆孔预埋高强不锈钢钢丝，灌浆结束后自然养护 3d，对预埋钢丝进行拉拔，通过拉拔荷载值来判定灌浆饱满性的方法，如图 2 所示。预埋钢丝拉拔法可用于施工及验收阶段检测套筒灌浆饱满性，简单可行，拉拔后可结合内窥镜对灌浆缺陷进行校核。

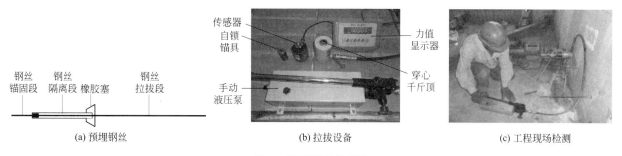

(a) 预埋钢丝　　　　(b) 拉拔设备　　　　(c) 工程现场检测

图 2　预埋钢丝拉拔法

（2）检测流程

1）确定钢丝隔离段的长度和橡胶塞在钢丝上的位置；

2）灌浆前在套筒出浆孔预埋钢丝；

3）灌浆结束后自然养护 3d，对预埋钢丝实施拉拔，直至钢丝被完全拔出。

（3）判定准则

取同一批测点极限拉拔荷载值中 3 个最大值的平均值，该平均值的 60% 记为 a，该平均值的 40% 记为 b；当测点极限拉拔荷载值大于 a 且不小于 1.5kN 时，应判定灌浆饱满；当测点极限拉拔荷载值小于 b 或小于 1.0kN 时，应判定灌浆不饱满；其他情况应进一步结合内窥镜校核结果进行判定。

对于预埋钢丝拉拔法检测灌浆不饱满的套筒，应进行注射补灌。

2.3 钻孔内窥镜法

（1）技术原理及优势

钻孔内窥镜法是在套筒出浆孔或其他位置钻孔形成孔道，伸入内窥镜前视镜头判断是否存在灌浆缺陷，用侧视镜头对缺陷进行三维空间成像，并用测距镜头测量缺陷深度的方法，如图 3 所示。钻孔内窥镜法可用于施工及验收阶段、使用阶段检测套筒灌浆饱满性，直观简便，在出浆孔钻孔后可通过内窥镜直接测量灌浆缺陷深度。

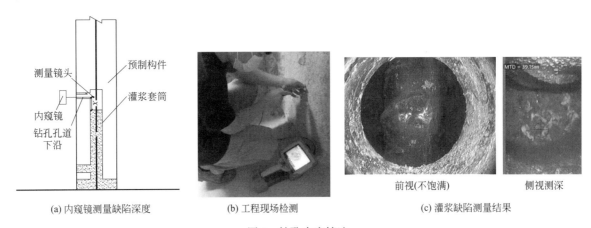

(a) 内窥镜测量缺陷深度　　　　　(b) 工程现场检测　　　　　(c) 灌浆缺陷测量结果

图 3　钻孔内窥镜法

（2）检测流程

1）钻头应对准套筒出浆孔，钻头行进方向应始终与出浆孔管道保持一致；

2）当钻头碰触到套筒内钢筋或套筒内壁发出钢-钢接触异样声响，或钻头到达预先计算得出的指定深度时，应停止钻孔；

3）先清孔，再沿钻孔孔道底部伸入内窥镜探头观测是否灌浆饱满，如不饱满则测量灌浆缺陷深度。

（3）判定准则

当套筒内灌浆料界面不低于内窥镜测量镜头伸入位置时，应判定灌浆饱满；当套筒内灌浆料界面低于内窥镜测量镜头伸入位置时，应判定灌浆不饱满并测量灌浆缺陷深度。

对于钻孔内窥镜法检测灌浆不饱满的套筒，应进行注射补灌；对于钻孔内窥镜法检测灌浆饱满的套筒，也宜通过注射浆体填充钻孔孔道。

2.4 X射线数字成像法

（1）技术原理及优势

X射线数字成像法是用X射线透照预制混凝土构件，通过平板探测器接收图像信息进行数字成像，并通过《规程》中提出的归一化灰度值来判定套筒灌浆饱满性和灌浆密实性的方法，如图 4

所示。X 射线数字成像法可用于施工及验收阶段、使用阶段检测套筒灌浆饱满性和灌浆密实性，无需预埋检测元件，对结构无损伤，成像清晰度高且可基于灰度进行定量识别。

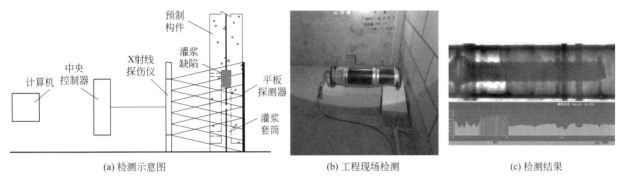

| (a) 检测示意图 | (b) 工程现场检测 | (c) 检测结果 |

图 4　X 射线数字成像法

（2）检测流程

1）平板探测器和 X 射线探伤仪就位，前者置于预制构件的一侧，并紧贴构件表面，后者置于预制构件的另一侧；

2）将 X 射线探伤仪与中央控制器相连，通过中央控制器设置检测参数；

3）开始检测，X 射线探伤仪发射 X 射线，穿透构件在平板探测器上实时成像；

4）进行图像采集，通过计算机远程实时接收图像。

（3）判定准则

当套筒灌浆区归一化灰度值不小于 0 且不大于 0.65 时，应判定灌浆饱满；当套筒灌浆区归一化灰度值不小于 0.85 且不大于 1.0 时，应判定灌浆不饱满；当套筒灌浆区归一化灰度值介于 0.65～0.85 之间时，可结合其他检测方法综合判定，或通过局部破损法进行验证。

3　亮点与创新点

《规程》所提出的预埋传感器法、预埋钢丝拉拔法、钻孔内窥镜法与 X 射线数字成像法 4 种套筒灌浆饱满性检测方法，分别适用于施工中质量控制及施工后检查，可全面解决实际工程中施工及验收阶段、使用阶段全过程的套筒灌浆饱满性检测难题，为在建及已建工程的套筒灌浆质量管控提供了全过程解决方案。

此外，《规程》主编单位上海建科集团股份有限公司还系统研究了各类灌浆缺陷对套筒灌浆连接接头、预制混凝土构件（柱、剪力墙）、装配整体式框架结构受力性能的显著性水平影响；提出了钻孔注射补灌技术与配套的施工工法，通过试验验证了补灌修复后接头、构件和结构的受力性能均可达到无缺陷试件的水平；同时对注射补灌技术进行自动化与智能化升级，研发了便携式智能补灌仪，如图 5 所示。《规程》也提出了可用注射补灌技术整治套筒灌浆不饱满的缺陷。

通过套筒灌浆质量检测管控、性能评估与提升成套关键技术实现了套筒灌浆施工中隐蔽工程的缺陷可检测、性能可评估和质量可恢复。

4　标准实施

《规程》的技术成果已经在全国 90 余个项目、超 200 万 m² 的实际工程中进行了应用，实现了技术专利化、专利标准化、标准产业化的良性发展模式，为有效消除装配式建造中的质量与安全

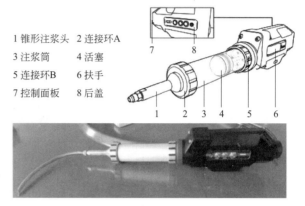

1 锥形注浆头　2 连接环A
3 注浆筒　　　4 活塞
5 连接环B　　 6 扶手
7 控制面板　　 8 后盖

(a) 注射补灌　　　　　　　　　　　(b) 便携式智能补灌仪

图 5　注射补灌技术

隐患提供了关键技术支撑，可有效保障全国装配式混凝土建筑的健康发展，产生了良好的经济、社会和环境效益。

其中，上海某地块开发建设项目作为国内第一个采用全过程套筒灌浆质量检测与管控的大型工程，通过预埋传感器法进行灌浆过程中检测，一次性灌浆成功率提高了 30% 以上，经过二次灌浆后 100% 满足要求。上海某产业区公共租赁住房项目采用钻孔内窥镜法检测套筒灌浆饱满性，并通过注射补灌技术对灌浆不饱满的套筒进行整治，全面提升了灌浆质量水平。

5　思考与展望

（1）检测是确保套筒灌浆质量的手段，而非最终目的。规范好产业链前端预制构件制作、现场吊装及灌浆施工等工序，并有效利用检测技术，才能更好地保障工程质量。

（2）"十四五"期间，产业发展更加强调智能建造与新型建筑工业化协同发展，可借助数字化与智能化手段，进一步对《规程》中的检测与整治技术进行升级优化。

（3）随着城市建设的快速发展，目前既有装配式混凝土结构已面临安全性检测和抗震鉴定的需求，可开展相关研究并为《规程》修订提供支撑。

6　结语

《规程》率先系统研发了预埋传感器法、预埋钢丝拉拔法、钻孔内窥镜法、X 射线数字成像法 4 种套筒灌浆饱满性检测方法，可全面满足实际工程施工及验收阶段、使用阶段的套筒灌浆饱满性检测需求，其中事中检测主推预埋传感器法，事后检测主推钻孔内窥镜法。综合应用管理手段、施工措施、检测技术、缺陷智能整治装备等，可有效、全面保障装配式混凝土结构关键部位的施工质量。

作者：李向民；许清风；肖顺；王卓琳；高润东（上海建科集团股份有限公司）

团体标准《装配式建筑部品部件分类和编码标准》解读

Explanation of the Group Standard *Standard for classification and coding of prefabricated building component parts*

1　编制背景与原则

1.1　编制背景

根据中国土木工程学会发布的《2017 年中国土木工程学会标准研编计划（第一批）》（土标委〔2017〕14 号）的要求，由住房和城乡建设部科技与产业化发展中心会同有关单位共同承担了《装配式建筑部品部件分类和编码标准》T/CCES 14—2020（以下简称《标准》）的编制工作。

1.2　编制原则

（1）原则一：统一性与协调性

贯彻执行国家现行有关法律、法规和方针、政策。注意标准的统一性与协调性，避免与现行法律法规、相关标准之间出现矛盾，给标准实施造成困难。标准适用范围要明确，避免因标准涵盖领域过宽，导致标准无实质性技术内容。

（2）原则二：科学性与系统性

充分调研、了解装配式建筑部品部件分类原则，《标准》应符合科学性、系统性、可扩延性、兼容性与综合实用性的要求。即选用部品部件最稳定的本质特征作为分类基础和依据，并按其属性或特征以一定的排列顺序予以系统化，当有新的部品部件出现时，不打乱已建成的分类体系，同时，为下级分类进行延拓细化创造条件；本分类方法与国际标准、国家标准协调一致；分类要从系统工程的角度出发，把局部问题放到系统中处理，达到系统最优。

（3）原则三：唯一性与可扩充性

装配式建筑部品部件编码原则应符合唯一性、合理性、可扩充性、简明性、适用性与规范性的要求。在部品部件编码中，一个代码只唯一表示一个编码对象；代码结构与分类体系相适应；代码应留有适当的后备容量，以便不断扩充需要；代码结构应尽量简单，长度尽量短，以便节约电脑存储空间和减少代码出错率；代码尽可能反映对象的特点；在分类编码标准中，代码结构及编写格式应统一。

2　标准基本情况

2.1　标准编制的必要性

BIM——建筑信息模型（Building Information Modeling）或者建筑信息管理（Building Information Management）是以建筑工程项目的各项相关信息数据作为基础，建立起三维的建筑模型，通过数字信息仿真模拟建筑物所具有的真实信息，具有信息完备性、信息关联性、信息一致性、可视化、协调性、模拟性、优化性和可出图性八大特点。BIM 通过参数模型整合各种项目的相关信息，在项目策划、运行和维护的全生命周期过程中进行共享和传递，使工程技术人员对各种建筑信息作出正确理解和高效应对，为设计团队以及包括建筑运营单位在内的各方建设主体提供协同工作的基础，在提高生产效率、节约成本和缩短工期方面发挥了重要作用。装配式建筑部品部件的分类、编码是不同使用方采用 BIM 技术的底层协议。只有采用统一的分类与编码体系，BIM 信息才能在不同软件平台及使用者之间共享和传递，因此《标准》的编制对装配式建筑的发展有重要意义。

《标准》的制定正是为了解决 BIM 技术在装配式建筑中应用时存在底层编码不统一的问题。《标准》的编制可以解决以下问题：

（1）现有标准分类方法单一

现有建筑分类和编码标准基本按照线分类方法进行。线分类方法又称为层级分类法，是将分类对象（即被划分的事物或概念）按所选定的若干个属性或特征逐次地分成相应的若干个层级的类目，并排成一个有层次的、逐渐展开的分类体系。线分类方法的结果是将分类对象组织成一个树形结构，在这个结构里有大类、中类、小类，甚至于还有细类等，每一个类别都存在着隶属关系，例如中类隶属于大类。线分类方法的优点：层次性好，分类科学，能较好地反映类目之间的逻辑关系；符合传统分类习惯，既适合于手工处理，又便于计算机处理。线分类方法的不足：揭示分类对象特征的能力差，无法满足确切分类的需要；分类表具有一定的凝固性，分类结构弹性差。

对于装配式结构部品部件的设计、生产、施工和运营均采用了 BIM 的方式，每个部品部件都包含大量的信息。以一个预制钢筋混凝土楼梯为例，设计人员关心该楼梯的基本尺寸、受荷情况、材料强度及配筋等信息；制造企业关心该楼梯的材料型号、价格、材料统计及生产工艺等；安装企业关心该楼梯的生产商、安装方法、连接做法及吊装重量；运营企业关心楼梯质量、耐久性、维护方法及质量追溯方法等。一个预制构件要包含大量不同信息，现有的建筑分类和编码标准对例子中的预制钢筋混凝土楼梯所包含的大量信息已经无法全面涵盖，现有标准已经不能满足 BIM 设计的要求。

（2）缺少装配式建筑部品部件的分类与编码标准

随着装配式建筑的快速发展，政府与相关企业越来越重视装配式建筑部品部件库的建立。除了企业自行开发使用的部品库以外，部分省市为了提高保障性住房的建设质量和品质、降低建设成本，以保障性住房为依托建立了部品材料库，并作为保障性住房建设材料部品采购平台。据统计，多个平台、多种部品库都在建立与发展。但这些平台及部品库没有基于一个统一的分类和编码标准，形成了各自为政、互不兼容的局面，建筑信息不能有效流转，不能供不同环节使用，最终造成大量人力、物力的浪费。无法统一成全国性的平台或部品库，使得 BIM 设计的效率大打折扣。因此，针对装配式建筑部品部件的特点建立全国统一的分类和编码标准尤为必要和急迫。

（3）装配式建筑部品部件分类编码的科学性

通过大量的编码理论基础性研究，并多次征求行业专家意见，形成了线分类＋面分类的方法。基于此产生了《标准》的编码方法。该方法采用线分类与现有标准相协调，解决分类的逻辑性和连贯性；采用面分类解决装配式建筑部品部件信息繁杂、无序、无限扩充等特性。该分类与编码方法已在山东联房的部品部件库中进行应用，较好地满足了部品部件库编码唯一性、简洁性和无限扩充性的要求。如果《标准》能在全国范围内进行推广，可使不同平台、部品部件库互联互通，不同厂家的软件、硬件（射频扫描、二维码扫描）设备均能实现信息的读取、写入等操作，体现 BIM 设计在全产业链的优势。

2.2　主要内容

《标准》的主要技术内容包括总则、术语与参考标准基本规定、部品部件分类规定、部品部件编码规定、应用方法及附录。明确了装配式建筑部品部件的分类方法与层级关系，其分类按层级依次分为一级类目"大类"、二级类目"中类"、三级类目"小类"、四级类目"细类"。采用"部品部件标准码"和"部品部件特征码"的组合编码方式。定义了编码逻辑运算符号及其应用，规定了装配式建筑部品部件信息的归档顺序。编制了装配式混凝土建筑部品部件标准码及其类目名称表、钢结构建筑部品部件标准码及其类目名称表、木结构建筑部品部件标准码及其类目名称表、竹结构部品部件标准码及其类目名称表、装饰装修部品部件标准码及其类目名称表、装配式建筑部品部件普通特征码及其类目名称、装配式建筑部品部件输入特征码及其类目名称。

2.3　分类方法与编码规则

（1）分类方法与编码规则

沿用《建筑信息模型分类和编码标准》GB/T 51269 中的组合规则，该标准中附表 A.0.5 列出了建筑信息模型分类的建筑元素（简称"附表 A.0.5"）。为在复杂情况下精确描述对象，将"＋""/""＜""＞"等运算符号与多个编码一同使用，如"＋"用于将同一表格或不同表格中的编码联合在一起，表示两个及以上编码含义的集合。混凝土结构表示为 14-20.20.00，外阳台表示为 14-10.20.51.06，混凝土结构的外阳台表示为 14-20.20.00＋14-10.20.51.06。

扩充预制部品部件编码。编制附表 A.0.5 未提及且无法组合的部品部件，如 14-20.20.03 表示板，在其后添加 2 位数字表示矩形板，即 14-20.20.03.01。

采用组合编码方式。BIM 模型需要不同维度的信息以适应不同的应用者，采用传统编码技术难以满足信息编码的新要求。在 BIM 应用研究基础上，按照计算机编程规律，研究采用部品部件"标准码"＋"特征码"的组合编码方式。

确定编码结构。编码由表代码和八位分类标准码构成，如预制混凝土框架梁表示为 30-01.10.20.10，其中表代码为 30，标准码为 01.10.20.10，表代码与标准码之间用"-"连接。同时，各级代码采用 2 位阿拉伯数字表示，各级代码的容量为 100，从 00～99。如预制混凝土框架梁编码 30-01.10.20.10 的编码结构如图 1 所示。

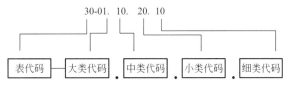

图 1　预制混凝土框架梁编码结构

创新采用特征码。在对类型和基本属性进行描述时，大量信息可采用特征码方法进行描述。装配式建筑部品部件特征码采用"穷举型特征码"与"输入型特征码"进行描述，如 0201 表示"抗震参数""甲类建筑，6 度设防"（图 2）。对于可以穷举的属性归为"穷举型特征码"，直接用 00～99 数字表示；对于不可穷举的属性归为"输入型特征码"，用 3 位数 000～999 数字表示，例如 051 表示部品部件的设计单位，采用括号"（ ）"并直接赋值的方法说明设计院的名称，如"（北京交大建筑勘察设计院有限公司）"，如图 3 所示。装配式建筑部品部件特征码使用灵活，扩充性良好。

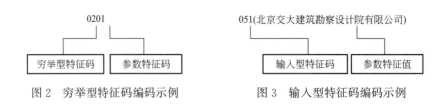

图 2　穷举型特征码编码示例　　　　　图 3　输入型特征码编码示例

（2）建筑部品分类编码在 BIM 模型中的应用

在制定分类编码规则的基础上，开发软件工具生成和存储编码，便于建筑专业人员在使用时调取编码信息，如图 4 所示。

图 4　分类编码体系结构

在 C♯ 环境下，利用 Revit 已有的 API 进行二次开发，实现建筑部品分类编码在 BIM 模型中的应用。

当每一个建筑部品都被赋予唯一的编码属性时，就会形成一个部品库，按照主体结构材质的不同，可以分为混凝土部品库、钢结构部品库和木结构部品库，通过软件的开发实现信息交互共享。图 5 是完整的示意图。

图 5　部品库建立示意图

2.4　应用示例

《标准》采用《建筑信息模型分类和编码标准》GB/T 51269—2017 中的符号体系，在此基础上增加了"："用于"装配式建筑部品部件标准码"与"装配式建筑部品部件特征码"的分割。"（）"用于说明属性参数值的内容，可用于标准码后，也可位于输入型特征码后，便于计算机编程与应用。示例：30-01.10.20.10：0221.051（北京交大建筑勘察设计院有限公司），该编码表示的含义：由北京交大建筑勘察设计院有限公司设计的甲类建筑 6 度抗震设防的预制混凝土框架梁。

装配式建筑的建设过程涉及建设单位、设计单位、预制构件生产单位、施工单位、监理单位等多方主体，由于建筑本身特有的规模大、建造周期长、使用年限久等特点，装配式建筑的工程质量安全问题贯穿建筑的全生命周期，编码要涉及全产业链，比一般行业和产品要复杂得多。

部品赋码，标准码＋特征码，例如：混凝土板；连接方式为套筒连接。则其编码为：30-1.10.40.10＋41-04.50.25.10。

设计信息特征编码，例如：混凝土强度等级为 C30；构件所在位置为标准层；设计单位为中建设计院；设计人为陈仲达。则其编码为：1203.0104.048（中建设计院）.050（陈仲达）。

生产信息特征编码，例如：构件生产企业为济南平安建设；生产时间为 2019 年 6 月 20 日。则其编码为：055（济南平安建设）.071（20190620）。

运输信息特征编码，例如：运输商为济南平安建设；运输开始时间为 2019 年 6 月 29 日 13 点45 分。则其编码为：058（济南平安建设）.072（201906291345）。

施工信息特征编码，例如：构件施工单位为山东聊城建设集团，施工负责人为陈庆鹏，监理单位为山东监理有限公司；施工安装时间为 2019 年 7 月 5 日，安装环境温度为 35℃。则其编码为：061（山东聊城建设集团）.063（陈庆鹏）.064（山东监理有限公司）.074（20190705）.075（35℃）。

举例：30-1.10.40.10＋41-04.50.25.10；1203.0104.048（中建设计院）.050（陈仲达）.055（济南平安建设）.071（20190620）.058（济南平安建设）.072（201906291345）.061（山东聊城建设集团）.063（陈庆鹏）.064（山东监理有限公司）.074（20190705）.075（35℃）。

3　标准的先进性

《标准》规范了装配式建筑部品部件的分类和编码，为推进 BIM 在装配式建筑中的应用提供了依据，有利于推动装配式建筑部品部件全过程信息在全行业的高效传递和共享，提升装配式建筑工程项目的效率和效益。《标准》可操作性强，总体上达到了国内领先水平。

4　标准实施

《标准》已内置于装建云的"产业链（质量）追溯系统"，截至 2021 年底已应用于 788 个装配式建筑项目，通过质量追溯系统等对其部品部件进行赋码，分布于湖南、江苏、山东、辽宁等 18 个省市。截至 2021 年底，共产生构件生产信息 4454090 条，构件检验信息 3471873 条，构件入库信息 2079658 条，运输过程信息 1926537 条，构件进场检验信息 490907 条，吊装信息 923321 条，装配信息 1223678 条。

5　结语

通过对国外较为成熟完整的建筑信息分类与编码体系的研究，综合考虑我国的国家规范和建筑特点，提出了我国建筑部品部件的分类与编码，从而基于 BIM 的二次开发实现编码入库，进一步建立部品数据库，达到建筑全生命周期的信息共享，推进工业化建筑在我国的快速发展。

作者：刘美霞；王广明（住房和城乡建设部科技与产业化发展中心）

团体标准《工业化建筑机电管线集成设计标准》解读
Explanation of the Group Standard *Design standard for mechanical, electrical and plumbing pipelines integrated in industrialized buildings*

1 编制简介

1.1 编制背景

近年来，随着劳动力成本的上升、节能环保要求的不断提高，国家相继出台了一系列支持和推进建筑工业化发展的政策和指导性文件，如 2011 年住房和城乡建设部印发的《建筑业发展"十二五"规划》，2013 年国务院办公厅出台的《绿色建筑行动方案》，2014 年中共中央、国务院印发的《国家新型城镇化规划（2014—2020 年）》，2016 年《中共中央国务院关于进一步加强城市规划建设管理工作的若干意见》等文件中，都对工业化建筑提出不断深入发展的要求。

为积极响应国家宏观政策的要求，2016 年 7 月，国家"十三五"重点研发计划项目——建筑工业化技术标准体系与标准化关键技术（项目编号：2016YFC0701600）获科学技术部立项通过，上海建筑设计研究院有限公司（以下简称上海院）承担了该研发计划项目中的分子课题《工业化建筑机电管线集成设计标准研制》的研究工作。

2021 年 3 月 15 日，习近平总书记主持召开中央财经委员会第九次会议，研究实现碳达峰、碳中和的基本思路和主要举措，会议精神明确了碳达峰、碳中和工作的定位，尤其是为今后 5 年做好碳达峰工作谋划了清晰的"施工图"。《工业化建筑机电管线集成设计标准》T/CCES 28—2021（以下简称《标准》）的编制，也是围绕贯彻落实党中央、国务院关于碳达峰碳中和的重大战略决策，按照《中共中央 国务院关于完整准确全面贯彻新发展理念做好碳达峰碳中和工作的意见》的要求，聚焦 2030 年前碳达峰目标的背景下进行的一项重要编制工作，意义重大。

1.2 编制预研

在《标准》编制前，我国对于工业化建筑的研究工作主要集中在建筑与结构专业，关于工业化建筑中机电管线的设计还停留在预留洞与预埋套管的阶段，对于机电管线集成设计的技术研究尚为空白。为完成编制工作，研编小组调研了大量示范工程、生产制造企业以及研究单位，掌握了较为充分的编制材料，逐步形成和完善了与工业化建筑机电管线集成设计相关的完整技术体系，并逐步纳入《标准》的条文中。

预研的主要工作聚焦在研究工业化混凝土居住建筑和公共建筑中机电管线的集成技术，特别是工业化混凝土居住建筑和公共建筑中可复制单元的机电管线集成技术，以利于机电管线集成设计技术能够早日形成技术标准，有助于加速解决我国工业化建筑机电管线集成程度不高等问题，进而迅速推广和发展在工业化建筑领域中机电管线的集成技术。

2　标准内容

2.1　标准概述

工业化建筑，是指采用构件预制化生产、装配式施工为生产方式，以设计标准化、构件部品化、施工机械化为特征，整合设计、生产及安装等全部产业链，实现建筑产品节能、环保、全生命周期价值最大化的可持续发展的新型建造方式的建筑。而机电管线集成，是指将机电管线综合排布，采用标准化连接技术和敷设方式，满足工业化建筑建造要求的管线综合技术。工业化建筑主要包括钢筋混凝土、钢结构及木结构三种，《标准》以钢筋混凝土工业化建筑作为重点研究对象，将工业化建筑分为可复制单元与不可复制单元两种。可复制单元是指诸如医院病房、宾馆客房、学校教室、学生宿舍、住宅等在一个工程项目中会大量重复出现的标准单元；不可复制单元是指医院的诊室等非病房区域、宾馆的餐厅等非住宿区域、住宅小区的配套设施等在一个工程项目中不会重复大量出现的非标准单元。

《标准》全面阐述了机电管线集成的技术问题，填补了国内装配式建筑领域机电设计方面的空白，特别是解决了以往协会团体标准中绝大多数采用分专业表述技术性条文的弱点，采用机电全专业的表述方式充分体现了标准的整体性和完整性，也有利于工程技术人员的使用，并重点关注了专业之间的相互协调问题，在标准审查会上被评审专家认定为处于国际先进水平。

2.2　条文汇总

《标准》共分为6章，正文条文共计159条，另附条文说明62条。具体条文与章节分布情况见表1。

《标准》章节分布

表1

章编号	章名称	正文条文数量	条文说明数量
第1章	总则	4	2
第2章	术语与参考标准	43	4
第3章	机电管线集成设计	21	4
第4章	给水排水管线集成设计	38	22
第5章	供暖通风与空调管线集成设计	28	20
第6章	电气与智能化管线集成设计	25	10
	合计	159	62

2.3　要点介绍

《标准》条文主要集中在第2～6章，其中第2章对工业化建筑、机电管线集成等术语进行了定义；第3章对机电管线集成设计的原则及建筑信息模型（BIM）设计的相关内容进行了介绍；第4～6章分别介绍了给水排水、供暖通风与空调、电气与智能化三个专业的管线集成设计相关内容。

《标准》第1章为总则，明确了标准适用于由装配式混凝土结构体系建造的工业化建筑中采用机电管线集成设计的民用建筑。对此，有如下两方面的解释：

第一，装配式混凝土结构体系建造的工业化建筑应遵循建筑全寿命期的可持续性原则，并应做到标准化设计、工厂化生产、装配化施工、一体化装修、信息化管理和智能化应用。

第二，由于钢结构和木结构体系建造的工业化建筑与钢筋混凝土结构体系建造的工业化建筑在土建领域差别很大，机电管线在材料选用和施工安装等方面会有较大差异。传统而言，钢结构和木结构在预制部品部件生产领域的难度较钢筋混凝土结构低很多，同时钢结构和木结构在与机电管线的整合度方面也相对简单；且钢结构和木结构体系建造的工业化建筑中机电管线的安装方法多可以借鉴钢筋混凝土结构体系建造的工业化建筑中机电管线的安装方法。因此，在工业化建筑领域，我们的研究重点多聚焦在钢筋混凝土结构体系方面。

《标准》第 2 章主要介绍了一些专用名词的解释，这些术语有引自国家现行标准的内容，也有经过多年研究由编制组自己整合的内容，特别介绍术语"机电管线集成 integration for mechanical, electrical and plumbing（MEP）pipelines"，此条术语属于创新的内容，也是本标准通篇紧扣主题的要点，编制组将其定义为：将机电管线综合排布，采用标准化连接技术和敷设方式，满足工业化建筑建造要求的管线综合技术。

《标准》第 3 章表述的是机电管线集成设计内容，该章属于提纲挈领性的部分，也是机电各专业针对本专业特点经过提炼后形成共性的条文，虽然多为技术规定或设计原则，但非常重要，特别是为工程技术人员指明了设计的方向。

《标准》第 4 章表述的是给水排水管线集成设计，该章属于细分专业的部分，由给水排水专业针对本专业特点经过提炼后形成的条文。与第 3 章不同，本章多为具体技术规定，为工程技术人员明确了工业化建筑给水排水专业的设计要求。

《标准》第 5 章表述的是供暖通风与空调管线集成设计，该章属于细分专业的部分，由供暖通风与空调专业针对本专业特点经过提炼后形成的条文，为工程技术人员明确了工业化建筑供暖通风与空调的设计要求。

《标准》第 6 章表述的是电气与智能化管线集成设计，该章属于细分专业的部分，由电气与智能化专业针对本专业特点经过提炼后形成的条文，为工程技术人员明确了工业化建筑电气与智能化的设计要求。

3 技术要点与分析

3.1 集成技术的特点及优势

从全产业链、全生命周期看工业化建筑，机电管线及设施的资源累计消耗量会随着建筑物年限的延长，占据越来越大的比例。据不完全统计，当建筑物使用到 75 年时，设备工程的资源累计消耗量将大幅度超过土建工程，因此延长工业化建筑中的部品使用年限，降低装修更替频率，将大幅度降低资源消耗量。具体的方法是统筹机电专业集成设计，采用优质和性能更加可靠的机电管线和设施。

经过机电管线集成设计后，机电管线布置更加紧凑合理，其主要效益体现在空间利用率提高、施工周期大幅度缩短、材料损耗明显减少三个方面。同时大幅度促进低碳环保型建筑物的诞生，更对机电管线与建筑物同寿命的全生命周期保证提供了支撑。此外，全天候施工是另一个重要的作用，特别适宜于寒冷地区或是特定地区、特定条件下的建筑施工。机电管线经集成设计后，具有如下三点重要的优势：

（1）空间利用率提高。在水平方向，如集成的机电管线位于吊顶内时，实际减小的空间尺寸为 10% 以上。在垂直方向，针对管井内的竖向管道布置，如采用集成设计后，减小的平面尺寸为

15%～25%。

（2）施工周期大幅度缩短。集成设计的机电管线大多数都能实现在工厂内预加工和预装配。对于普通的集成化设计，施工周期能有效压缩30%～50%，而对于集成度更高的集成卫生间或集成厨房等，施工周期能缩短70%甚至更多。

（3）材料损耗明显减少。由于大量采用在工厂内预加工和预装配的新型工作方式，使得在施工现场安装的管材和配件损坏几乎为零。给水排水和暖通专业的用材损耗约为10%～15%，电气专业的用材损耗约为5%。

3.2　给水排水管线集成技术

给水排水专业的管线集成技术，主要有同层排水技术、整体卫生间、整体厨房等，在此着重介绍同层排水管道方面的内容。

《标准》第4.3.3条规定：卫生间排水管道集成设计宜采用同层排水系统。

本条规定的原因是：同层排水系统产权明确，排水系统的布置、检修可以全部在自家完成，不会干扰到别的住户；且由于楼板上没有预留排水孔洞，卫生器具的布置相对自由；同层排水有助于降低排水噪声，减小对下层住户的影响。

同层排水系统应根据建筑功能、建设标准、土建条件、卫生器具布置、装修要求等因素选择沿墙敷设同层排水系统或地面敷设同层排水系统；卫生间宜采用一字形或L形布置，坐便器应靠近排水立管，并应与排水立管在同一墙面（图1）。

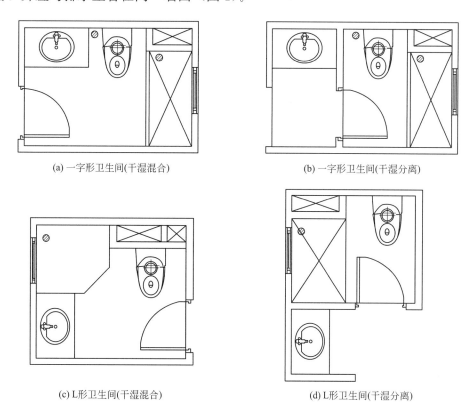

(a) 一字形卫生间(干湿混合)　　　　(b) 一字形卫生间(干湿分离)

(c)L形卫生间(干湿混合)　　　　(d)L形卫生间(干湿分离)

图1　一字形和L形卫生间布局示意图

采用不降板同层排水系统时，住宅卫生间内卫生器具应采用一字形或L形布局，并应采用专用排水管件以满足设计要求。

根据调研，目前国内设计规范对不降板同层排水系统尚无确定的定义，通常可通过沿墙敷设排水横支管或充分利用地面面层高度在垫层内敷设排水管道和地漏等措施来达到不降板的目的。国内有部分省市认为卫生间、厨房、阳台等处地面低于房间地面的落差不大于 50mm 时，即能达到不降板同层排水系统的条件。这种做法需采用较为特殊的技术措施及专用排水管件，如卫生间内卫生器具布置成一字形或 L 形，采用自带水封的废水排水汇集器、L 形地漏等。当采用此种做法时，还应满足废水排水汇集器的检修和排水管道敷设坡度等技术要求。不降板同层排水系统做法见图 2。

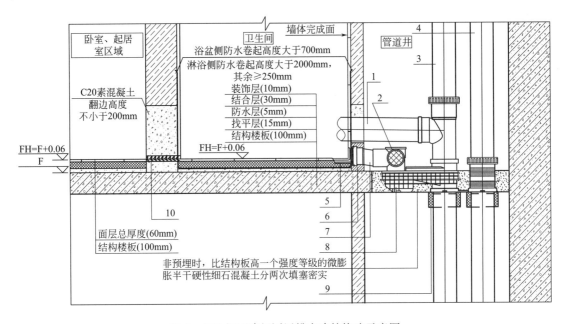

图 2 卫生间不降板同层排水建筑构造示意图

1—接便器污水管；2—积水排除器；3—排水立管；4—通气立管；5—L 形侧排水地漏；6—防水密封处理；
7—地漏较位器；8—废水排水汇集器（金属材质）；9—阻火圈（根据设计需要）；10—过门石

3.3 供暖通风与空调管线集成技术

对于供暖通风与空调专业的管线集成技术，在此着重介绍装配式支吊架和低温地板辐射供暖系统干法施工的相关内容。

《标准》第 5.1.6 条规定：水管和风管集成设计应采用装配式支吊架，支吊架应安装在承重结构上。

本条规定了水管和风管集成设计应采用装配式支吊架。在空调工程中，使用最多的空调末端设备当属风机盘管。为了更好地指导风机盘管机组吊装，课题组研发了一种风机盘管装配式吊架。该装配式吊架包括预埋锚固件、型钢，型钢通过螺母固定在预埋锚固件上。预埋锚固件一端预埋至楼板内，另一端具有螺纹；型钢两端上部具有垂直于型钢长向的长条形圆孔，下部具有多个等间距且平行于型钢长向的长条形圆孔。预埋锚固件穿过型钢两端上部的预留长条形圆孔，通过螺母将型钢紧固在预埋锚固件上；风机盘管吊杆穿过型钢下部的预留长条形圆孔，通过上下螺母将吊杆固定在型钢上。该装配式吊架结构简单、稳定，生产加工便利，安装方便，可以适应各种不同厂家、不同规格风机盘管的吊装，具有良好的通用性；同时还可以重复使用；此外，还大大简化了施工流程。课题组同时还申报了专利：一种风机盘管吊架，专利号：ZL201821351520.7。

《标准》第 5.2.3 条规定：低温地板辐射供暖系统宜采用干式工法施工。

干式工法摒弃了传统地暖施工复杂、工艺烦琐、现场施工随意性大、产品质量易受施工水平影响等，根据房间尺寸进行工厂预制，实现地暖系统产品化（如预制沟槽系列）。采用预制沟槽系列产品（图3、图4）时，现场无需回填养护，施工快捷，同时又避免了因工人安装水平所造成的安全隐患。《装配式建筑评价标准》GB/T 51129—2017中规定，地暖系统采用干式工法施工可得7~10分。

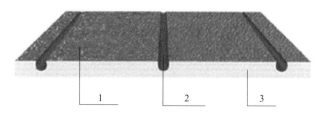

图3　预制沟槽系列地暖
1—O态压花铝板；2—预制沟槽；3—保温基板

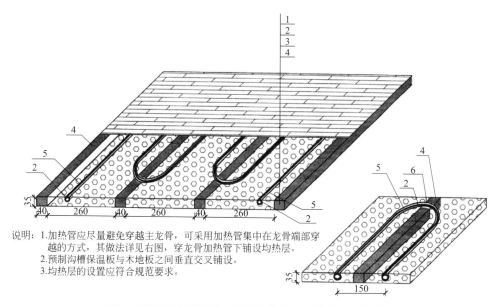

说明：1.加热管应尽量避免穿越主龙骨，可采用加热管集中在龙骨端部穿越的方式，其做法详见右图，穿龙骨加热管下铺设均热层。
2.预制沟槽保温板与木地板之间垂直交叉铺设。
3.均热层的设置应符合规范要求。

图4　预制沟槽保温板（地板木龙骨型）供暖地面构造图
1—木地板；2—加热管；3—预制沟槽保温板；4—木龙骨；5—预制沟槽；6—龙骨开槽

3.4　电气与智能化管线集成技术

电气管线在工业化建筑内的敷设方式极为重要，主要采取以下三种方式：

（1）一体化集成电气管线设计，遵循模块化、标准化的设计原则，部分或全部机电安装管线在工厂预制完成，与建筑构件融为一体，然后送至现场进行拼接组装而成。

（2）电气管线与建筑结构体系采用分离设计，其主要是利用外墙与室内装饰面层之间的空隙敷设电气管线，仅有少部分电气管线预埋在现场叠合楼板内，省去了在结构体内预留预埋设备管线的过程，降低了建筑构造对各专业的配合度要求。

（3）电气管线预制在预制混凝土墙体内，装配式管线在工厂预制完成后送至工地，与预埋在现场叠合楼板二次现浇层上的电气管线进行精确拼装与对接。预制在预制混凝土墙体内的电气管线，需要借助BIM模型对机电管线进行三维校审，通过BIM模型中的三维表达使设计人员以三维直观方式观察了解设计的成果，从中找出错漏碰缺与专业间的冲突。之后BIM再调整模型，进行再验证以确认其预制构件能够完全符合要求。工厂的安装工人按照设计图纸，根据统一的标准对各预制板、墙中的线、盒、箱、套管、洞等进行精确定位的预留预埋。

4 结语与展望

随着工业化建筑建设的不断深入，机电管线集成技术的选择和应用将更趋灵活，应根据不同的建筑类型和选用的材料，确定适合的管道材料以及安装和连接方式，才能真正做到快速、安全和高效；同时对工业化建筑的分解和部品部件的拆分也应该有完整的理解，以便机电管线集成技术的应用能与预制构件实现完美的结合。相信随着各项技术和标准的不断完善，工业化建筑机电管线集成技术会在不久的将来取得飞速的发展。另外，还需紧密结合 BIM 技术的应用，将设计、拆分、研发和生产结合起来，极大提高施工现场机电安装的效率、精度和质量，有效降低现场材料和人工的损耗，从而真正实现机电集成技术在装配式建筑中大发展。

此外，机电设施的装配率统计是另外一个重点研究的领域，给水排水专业在设备及管道的装配率方面进行了深入而广泛的研究，创新性地提出了给水排水管道总的装配率计算方法。

本文对《标准》进行了全面的介绍，因为很多内容都是首次提出，如有不当之处，恳切希望得到广大读者的批评指正。

作者：戴鼎立；赵俊；胡洪；陈艺通；殷春蕾（上海建筑设计研究院有限公司）

团体标准《全方位高压喷射注浆技术规程》解读

Explanation of the Group Standards *Technical code for omnibearing high pressure jet grouting*

1 编制背景与思路

1.1 编制背景

随着城市化进程的加快，老城区土地资源普遍稀缺，同时国内沿海城市逐步向海边或围海造田的区域发展，这些地区通常环境条件恶劣、地质条件差，对地基承载力和变形控制提出了更高的要求，滩涂处理也越来越受到重视。全方位高压喷射注浆技术的出现，较好地解决了传统地基加固方法（如高压旋喷注浆法、深层搅拌法、SMW工法等）施工过程中产生的地表隆起、地面开裂以及对周边建筑物、构筑物、地铁、隧道和市政管线的影响等问题。全方位高压喷射注浆技术是在传统高压喷射注浆工艺的基础上，采用独特的多孔管和前端造成装置，实现了孔内强制排浆和地内压力监测，并通过调整强制排浆量来控制地内压力，使深处排泥和地内压力得到合理控制，地内压力稳定，从而降低了施工过程中出现地表变形的可能性，大幅度减少了对环境的影响，而地内压力的降低也进一步保证了成桩直径。该技术作为一种微扰动的施工技术，解决了传统加固方法的难题，开拓了地基加固范围的新市场。

全方位高压喷射注浆技术最初是为了解决水平喷射施工中的排浆和环境影响问题而开发出来的，之后由于其独特优势和工程需要，又应用到倾斜和垂直施工中，作为一种新型地基加固工法，在上海等地已有许多应用，技术发展成熟，但国内此前尚无相应标准规范对该技术进行统一全面的规定及指导，仅在国家标准《建筑地基基础工程施工规范》GB 51004、上海市工程建设规范《市政地下工程施工质量验收规范》DG/TJ 08—236 等规范中稍有提及。2019 年上海市地方标准《全方位高压喷射注浆技术标准》DG/TJ 08—2289—2019 的出版发行，使全方位高压喷射注浆技术在上海地区有了统一的标准，但其中设计内容较少，同时也未能应对全国范围内复杂多样的地域特征，需要在编制适用于全国范围的标准过程中加以补充；其次，全方位高压喷射注浆技术近几年应用越来越多，规模越来越大，而现有的为数不多的相关标准规范从内容到质量检验均满足不了现在的要求。因此，编制一本针对全国范围的全方位高压喷射注浆技术的标准规范显得迫在眉睫。

1.2 编制思路

针对上述问题，根据中国土木工程学会《关于〈全方位高压喷射注浆技术规程〉等 4 项土木工程学会标准立项编制的通知》（土标委〔2018〕7 号）的要求，由上海市基础工程集团有限公司、上海隧道工程有限公司为主编单位，共计 15 家单位组成规程编制组，开展《全方位高压喷射注浆技术规程》T/CCES 20—2021（以下简称《规程》）的编制工作。其目标是规范国内全方位高压喷射注浆技术的施工，填补全方位高压喷射注浆技术在工程建设标准中的空白，促进全方位高压喷射注浆技术的发展和应用，提高工程质量，加快施工进度，统一标准。

2 主要内容

2.1 内容简介

《规程》属于中国土木工程学会标准，主要技术内容包括：1. 总则；2. 术语、符号与参考标准；3. 基本规定；4. 设计；5. 施工；6. 质量检验；附录。《规程》从设计、施工与质量检验等方面对全方位高压喷射注浆技术提出了具体要求。《规程》针对支护结构、截水帷幕、地基加固等不同使用目的，分别对设计要求进行了规定，为相关设计人员将全方位高压喷射注浆技术应用于施工蓝图中提供了指导及依据；同时，《规程》从材料与设备、施工准备、浆液制备、成孔施工、喷射施工、地内压力控制、工程监测、信息化施工、施工安全与环境保护等方面规定了施工条件和施工参数等，为全方位高压喷射注浆技术的施工前期筹划及施工过程提供了指导意见；《规程》的质量检验部分针对施工前检验、施工中检验以及验收检验三个方面对喷射注浆的质量检验提出了技术要求。《规程》的主要内容框架见图 1。

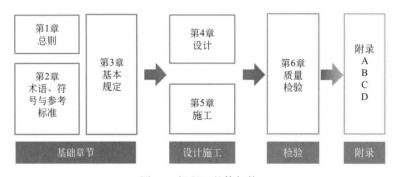

图 1 《规程》整体架构

2.2 主要技术内容

第 1 章为总则，共有条文 3 条，分别为 1.0.1 条的编制目的，1.0.2 条的适用范围，1.0.3 条的执行相关标准要求。

第 2 章为术语、符号与参考标准，对《规程》中采用的术语和符号给出定义或含义，以及列出《规程》中涉及的参考标准。

第 3 章为基本规定，包括全方位喷射注浆设计施工前应具备的文件资料、土层适用性、设备选型、施工参数选用原则、施工原材料检验要求、施工期间的保护措施和监测要求等内容。

第 4 章为设计，包括全方位喷射注浆设计的一般规定，支护结构、截水帷幕、地基加固等的设计依据、计算方法、布置要求等内容。

第 5 章为施工，包括专项施工方案的制定、材料与设备、施工准备、浆液制备、成孔施工、喷射施工、地内压力控制、工程监测、信息化施工、施工安全和环境保护等的具体技术要求。

第 6 章为质量检验，包括喷射注浆质量检验的检验时间要求、检验批的规定要求等一般规定，以及施工前检验、施工中检验、验收检验的检验内容、检验要求和检验方法。

附录部分共有 A、B、C、D 四个附录，分别为喷射注浆设备选型、隧道洞口地基加固设计计算、喷射注浆施工记录、喷射注浆检验批质量验收记录。

以下对《规程》中的一些关键指标和关键技术措施作出简要说明。

（1）《规程》第4.1.2条对喷射注浆的设计有效直径做了规定，强调设计的有效直径应根据拟建场地水文地质条件、喷射注浆压力、喷射注浆深度或长度等经现场试验确定，且不宜超过3600mm。这是因为，在同样的地质条件下，喷射流量越大，作用时间越长，其破坏力就越大，因此可以通过增大喷射流量、延长喷射时间等措施来增大有效直径。所以在对设计有效直径进行规定时，应强调现场试验的重要性，具体的技术参数均应通过非原位工艺性试验进行确定。

（2）《规程》第4.1.8条对喷射注浆的单根水泥土增强体的水泥掺量做了规定，强调水泥掺量不宜低于40%。水泥掺量与有效直径正相关，单根增强体的水泥用量决定了有效直径，因此设计水泥用量应根据单根增强体进行计算。按单根增强体计算时，水泥掺量不宜小于40%。工程中也常用投影计算水泥用量，水泥掺量应根据增强体布置要求按比例增加。

（3）《规程》第4.3.2条对用作悬挂截水帷幕的喷射注浆时的流土稳定性提出验算要求。众所周知，当深基坑工程无法满足承压水突涌稳定性时，需要采取降压及隔水措施。对于承压水较厚的区域，难以完全隔断承压水，最常采用的就是坑内降压与坑边设置悬挂截水帷幕相结合的方案。悬挂截水帷幕就是截水帷幕底部未进入相对隔水层，帷幕底部深于降压井一定深度，其主要作用是延长承压水的绕流补给路径，减小坑外承压水降幅，从而减小坑内降压对周边环境的影响。本条提出悬挂截水帷幕的深度应根据渗流稳定性计算、周边环境控制要求和基坑降水环境影响分析确定。对渗透系数不同的非均质含水层，可以采用数值方法进行渗流稳定性分析。

（4）《规程》第5.1.2条、第5.1.3条分别规定了喷射注浆的施工参数、有效直径、工艺性试桩的要求。喷射注浆的有效直径需要通过试验进行确定，同时可以通过改变步进提升速度、喷射流压力和流量等设计参数进行调整。水泥浆液喷射流压力和流量参数代表喷射流的能量，步进提升与回抽参数代表喷射流的作用时间，单次步进、钻杆转数决定了喷射次数和单次喷射时间，同轴压缩空气压力和流量参数影响喷射流在泥浆中的能量衰减，都是保证增强体质量的关键参数。《规程》第5.1.2条给出的施工参数和有效直径均是建立在可靠的工程经验和试验研究结果之上的，施工单位在进行施工参数的确定时可根据本条规定进行选取。第5.1.3条对工艺性试桩的数量进行了规定，不应少于2根。

（5）《规程》第5.2.3条提出了对于喷射注浆施工设备的要求，包括压力、流量、速度以及各项功能的控制要求等。全方位高压喷射注浆技术的顺利实施很大程度上依靠设备和材料的选择与管理，全方位高压喷射注浆施工设备应包括：钻机、前端总成装置、多孔管、排浆阀门控制油泵、地内压力监控设备、自动数据显示记录仪、高压泥浆泵和高压水泵、自动拌浆设备、空气压缩机，如图2～图6所示。

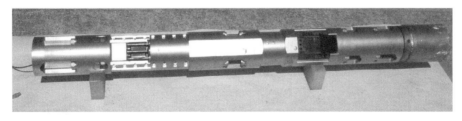

图2　前端总成装置

（6）《规程》第5.4.3条对喷射注浆的浆液水胶比提出了要求，在不同土层中水胶比的要求各不相同，素填土、黏性土、粉土、砂土地层水胶比宜取1.0，软弱淤泥质土层水胶比宜取0.8，用于止水帷幕时，水胶比不应大于1.3。当水胶比小于1.0时，会造成浆液稠度大、喷射困难等，所以一般在软弱淤泥质土层中为了提高增强体的强度水胶比取小于1.0；当水胶比大于1.3时，会造

图 3　全方位高压喷射注浆工法主机

图 4　高压泥浆泵（GF-120SV）

图 5　空气压缩机

图 6　地内压力监控设备

成固结体强度低、不成形等，所以工程中最常用水胶比为 1.0。根据施工经验，增强体强度与水胶比反相关，当工程仅用于止水作用时，如盾构始发与接收端土体加固，可适当提高水胶比，具体参数可通过非原位工艺性试验确定。

（7）《规程》第 5.6.3 条、第 5.6.4 条分别对喷射施工时钻杆提升和回抽的搭接长度、中断后搭接长度以及中断时的施工措施等提出了要求。喷射施工时，钻杆不能一次提升或回抽完成施工，需要分段拆杆，因此为了保证增强体的整体性，《规程》规定搭接长度不应小于 100mm。若停喷时间过长增强体会硬化，为保证增强体的连续性和均匀性，恢复喷射时，要求从停喷浆面以下 0.5m 开始提升喷射，因此规定后续施工注浆体搭接长度不应小于 500mm。当喷射施工中断超过 2h 时，为避免浆液凝固及土体坍塌引起埋钻，钻具需要一直保持旋转的状态，并提升至一定高度，或将钻杆全部拆除。

（8）《规程》第 5.7.2 条、第 5.7.3 条分别对地内压力的监测以及相关应对措施提出了要求。众所周知，全方位高压喷射注浆技术最大的优势之一就是可以做到对地内压力良好的控制，因此在喷射施工时，应对地内压力进行实时监测，并根据监测结果实时调整施工参数。当出现地内压力异常增大、排浆量小或不排浆的情况时，可能是排泥管路发生堵塞，此时就需要采取排堵措施，如排堵无效，则须拆除钻杆，清理完成后重新下杆至停工位置以下 500mm；当出现地面冒浆，但地内压力正常的情况时，可能是因为地内压力控制系数设定偏大或同轴高压空气量偏大、排泥管路堵塞等，此时需分析地面监测数据，若地面有隆起趋势，应适当调整地内压力控制系数，若地面无变化，则检查同轴高压空气流量仪计量是否准确，如计量准确，适当减小同轴高压空气量，若排泥管路堵塞，应进行排堵处理；当出现排浆管仅排水不排浆的情况时，可能是因为地内压力值偏小、地层有空隙或者地内压力值偏大并持续上升、回浆口堵塞，此时需停止提升钻杆并保持喷射，至排浆正常或进行排堵处理；当出现喷射压力突然下降的情况时，可能是因为泵损坏或管路出现泄漏，此时需要先确认泵的状态，若良好，应检查管路、钻杆的泄漏情况，逐根拔出钻杆并检查破损情况；当出现喷射压力陡增，超过最高限值，流量为零的情况时，可能是因为喷嘴堵塞，此时需要通过泄压阀泄压后，拆除钻杆疏通喷嘴。

（9）《规程》第 6.4.3 条提出了对于喷射注浆增强体完整性、强度、抗渗性、承载力的检验要求。质量验收应根据具体情况选定检验方法。钻芯法是检验固结体质量的常用方法，选用时需以不破坏固结体和有代表性为前提。因水平钻芯法难度大，所以对于水平增强体仍采用竖向点状取芯检测的方法。抗渗性可通过取芯试验进行检验，也可通过现场渗透试验进行检验。现场渗透试验可采用抽水试验，也可采用注水试验。抽水试验可通过在截水帷幕两侧分别布置观测井和降水井，根据两边的水位差确定抗渗性。注水试验可通过在截水帷幕中心钻孔，注水后观测水位变化速率确定抗渗性。静载试验用于建筑地基处理后检测地基承载力；现场条件难以实施时，也可以采用标准贯入试验、圆锥动力触探等方法辅助检测。开挖检查法难以对深层固结体的质量进行检查，可在浅层增强体质量验收中采用。

3　先进性和创新性

从全方位高压喷射注浆工艺的角度来说，该工艺实施以来，在多方面体现出其优越的先进性和创新性。此前国内主要采用深层搅拌桩、高压旋喷桩以及压密注浆等传统施工工艺进行地基加固处理，但深层搅拌桩、高压旋喷桩等工法只适用于在常规地层垂直向施工，其加固直径、深度很难满足各种复杂工况下的施工要求，且对周边环境影响较大。全方位高压喷射注浆工艺的引进，很好地解决了此类施工难题。

与传统旋喷工艺相比，全方位高压喷射注浆技术具有如下优点：（1）可以进行水平、倾斜、垂直各方向、任意角度的施工，特别是其特有的排浆方式，使其在富水土层、需进行孔口密封的情况下进行水平施工变得安全可行；（2）喷射流能量大，作用时间长，再加上稳定的同轴高压空气的保护和对地内压力的调整，使得该技术成桩直径更大，由于直接采用水泥浆液进行喷射，其桩身质量更好；（3）通过地内压力监测和强制排浆的手段，对地内压力进行调控，可以大幅度减少施工对周边环境的扰动，并保证超深施工的效果；（4）采用专用排泥管进行排浆，有利于泥浆集中管理，施工场地干净，同时对地内压力的调控，也减少了泥浆"窜"入土壤、水体或是地下管道的现象；（5）转速、提升、角度等关系质量的关键问题均为提前设置，并实时记录施工数据，尽可能地减少了人为因素造成的质量问题。全方位高压喷射注浆技术占用场地小，可以垂直、倾斜和水平施工，有利于环境保护，大幅拓宽了应用范围，显示出该工法在缩短工期、降低工程造价方面的明显优势，体现出其优越的先进性及经济合理性。

《规程》在编制过程中，除了参考现行相关标准的技术规定外，为适应我国建筑业转型升级的稳步发展，提升产业绿色竞争力，对规程中涉及质量控制、安全及环境保护的内容做了规定。《规程》基于施工现场各要素相互之间及其与周边环境各要素的时空关联，从要素一体化控制的角度建立了安全与环境保护标准，一是在地内压力控制方面，给出相应地内压力计算及应对措施要求；二是在周边环境监测方面，明确监测项目内容、监测频率、监测方法、监测报警值等；三是在信息化施工方面，对自动采集、实时监控记录、数据分析等提出要求；四是在安全施工和环境保护方面，对试喷的安全规定、注浆材料的管理、废弃泥浆的处理等提出要求。

4 标准实施及应用

全方位高压喷射注浆技术，也就是我们所说的 MJS 工法，1993 年起源于日本，于 2008 年从日本引进我国，此后在国内迅速应用起来。据不完全统计，每年应用总量约 10 万 m³，并在逐年增长，已在上海、广州、南京、天津、杭州、苏州、福州、宁波、长沙、深圳、珠海等地区有工程实例，多用于 30m 以上深度及保护建（构）筑物和地下管线的地基处理施工。目前国内案例最大直径已达 4.2m，垂直方向、水平方向施工长度已达 60m，相应标准规范的编制应运而生。

《规程》自 2021 年 7 月 1 日起实施。《规程》为国内全方位高压喷射注浆技术的设计、施工及验收提出了系统的规范及指导，保证了工程质量和安全。在《规程》的推广应用中，主编单位在相关管理部门的指导支持下，开展了多次宣贯及培训活动，在上海等地进行了《规程》的宣贯指导授课，并发表了相关论文等。

《规程》已在国内多个省市已建和在建的大量地下工程施工中得到了成功应用，取得了显著的经济和社会效益，同时也为国内地下空间发展、岩土工程技术不断创新突破提供了重要的技术基础和保障。

5 结论与展望

全方位高压喷射注浆工艺未来将会得到更加全面的发展，在水平、倾斜施工的应用方面，如地铁旁通道、端头井、跨铁路、建筑纠偏等情形；在垂直施工的应用方面，如超深度施工，跨障碍大桩径施工，旧房屋、地下管线及特殊性保护要求区域的止水加固施工等情形，都将发挥出全方位高压喷射注浆工艺的技术优势。同时，《规程》通过对目前的全方位高压喷射注浆技术进行科学系统的分析，提出施工中不同材料、设备的施工要求，具备了较强的适用性，且《规程》根据当前该技术的施工实际情况，加入了近年来新进的、成熟的、可靠的先进技术和适用的科研成果，更加有利于提高施工生产效率，有利于生态环境保护。

《规程》的编制，体现了行业的意志和行为，对于引导行业健康发展、规范行业竞争、确定行业战略地位有着重要的影响和作用。《规程》的编制虽由国内众多有经验的单位参与，但毕竟有限，难免不够全面。地基处理相关内容面广点多，技术发展迅速，《规程》发布实施后，尚应继续进行全方位高压喷射注浆技术的总结和其中一些新型施工方法的研究，特别是适用的土层范围以及施工技术的参数指标应不断完善，以期与国家经济发展的步伐相协调。编制组也将在《规程》执行过程中持续收集资料，广泛调研，随技术进步对《规程》不断增补、修订，使得《规程》日臻完善，从而提高我国地基处理施工水平，促进行业技术不断进步。

作者：李耀良；王理想；卢秀丽（上海市基础工程集团有限公司）

团体标准《装配式医院建筑设计标准》解读

Explanation of the Group Standard *Standard for design of assembled hospital*

1　编制背景

习近平总书记在党的十九大报告中指出："中国特色社会主义进入新时代，我国社会主要矛盾已经转化为人民日益增长的美好生活需要和不平衡不充分的发展之间的矛盾"。在过去的几十年里，我国医院建筑高速发展取得了巨大的进步，但是当前大多数医院仍采用以手工作业为主的传统建造方式，工业化程度低，高能耗高污染，建筑品质不高。

大力发展装配式建筑，是深化供给侧结构性改革、加快建筑产业优化升级的重大举措。2016年国务院办公厅发布《大力发展装配式建筑的指导意见》，发展装配式建筑成为建筑行业转型升级和以科技引领道路的有力推手。

装配式医院建筑采用绿色的建造方式，为患者创造更好的医疗服务，选用健康适老、通用易维护的建筑部品部件，是与人民群众追求日益增长的美好生活需要相匹配的。装配式医院是顺应医疗空间发展需求而进行建造技术、设计理念的革新。尤其是 2020 年新冠肺炎疫情以来，装配式建筑充分发挥了快速建造、高品质等优势，成为各地修建、改建应急医疗设施的主要模式。

近年来，设计、建设、生产、施工等相关单位在装配式医院建筑领域不断进行积极尝试，行业蓬勃发展，但是装配式建筑及医院建筑的相关标准规范中没有针对"装配式医院"发展需求的专用标准，缺乏专项标准规范来指导探索阶段的装配式医院建筑设计。2019 年 10 月 30 日，中国工程建设标准化协会下发《关于印发〈2019 年第二批协会标准制订、修订计划〉的通知》（建标协字〔2019〕22 号），批准由中国建标院主编工程建设标准《装配式医院建筑设计标准》T/CECS 920—2021（以下简称《标准》），归口管理单位为中国工程建设标准化协会建筑产业化分会。

2　技术内容

《标准》的主要内容包括：总则、术语、建筑设计、结构系统、外围护系统、设备与管线系统、内装系统。

（1）总则

总则主要给出了《标准》编制的目的、适用范围以及与现行标准协调要求。

《标准》规定的装配式设计要求适用于新建、改建和扩建的医院，并倡导"标准化设计""工厂化生产""装配化施工""一体化装修"及"信息化管理和智能化应用"的可持续发展理念。

（2）术语

给出了"装配式医院建筑"的术语和定义，与现行装配式建筑标准相协调，强调四大系统采用预制部品部件集成的装配式理念。

此外还对装配式医院建筑设计中常用、核心术语进行了规定，包括"建筑系统集成""集成设计""标准化设计""弹性设计""医疗功能单元模块""集成手术室"等。

（3）建筑设计

本章强调了装配式医院建筑要进行技术策划，应结合设计条件及设计依据，明确装配式建筑技术目标，合理确定装配式建造方案。

对装配式医院建筑设计的基本原则、系统集成设计内容、原则等做了规定，对装配式医院的模数协调、模数网格选择、定位方法、公差确定等相关内容进行了规定。在标准化设计方面，对优先尺寸确定原则、平面设计标准化原则、柱网体系优先尺寸、医疗用房空间优先尺寸（图1）、病房集成卫生间优先尺寸、楼（电）梯走道空间尺寸、建筑层高等进行了规定。

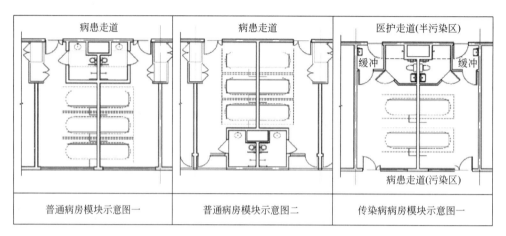

| 普通病房模块示意图一 | 普通病房模块示意图二 | 传染病病房模块示意图一 |

图1　病房模块示意图

根据医疗工艺设计和装配式建筑的生产、运输、安装等条件，将结构系统、外围护系统、设备与管线系统、内装系统等进行集成设计，并应进行全过程、全专业的协同设计。集成设计和标准化设计要遵循少规格、多组合的原则，门诊、病房以及部分医技用房等采用模块及模块组合的设计方法，部品部件的连接采用标准化接口。

为满足建筑全寿命期的功能适应性和维护便捷性的要求，规定了弹性设计：宜采用大空间、灵活可变的布局方式；设备用房及管井区宜相对集中布置；宜采用设备与管线系统、内装系统和主体结构相分离的布置方式。

（4）结构系统

本章针对医院建筑的功能需求和长寿命功能弹性的特点，对装配式医院的结构设计提出了原则性的要求。对集成化设计、柱网、预制体系、构件排布等提出了具体的设计要求。

规定了装配式医院建筑可采用装配式混凝土结构、装配式钢结构和钢-混凝土混合结构，对装配率要求较高的医院建筑，宜采用装配式钢结构体系。并对结构构件、降板、减隔震等要求进行了规定。

考虑医院的功能发展，结构竖向构件布置、钢结构的防腐和防火均宜满足建筑功能的弹性设计。规定了采用装配式混凝土结构和装配式钢结构形式楼板的选用。对手术室、检查室等提出了明确的舒适度要求。

结构宜采用标准化的规则柱网，装配式混凝土结构的墙柱及平面布置应考虑结构部（构）件的排布，装配式钢结构的构件可采用耐候钢、耐火钢等高性能钢材。

（5）外围护系统

本章结合装配式医院建筑的外立面设计特点与外围护系统的设计要求，在通用性设计的基础上规定了适用于装配式医院建筑特点的设计要求。

规定了外围护系统设计应包括的内容。要求外围护系统分格尺寸宜与室内的隔墙、吊顶、设备管线的设置进行模数协调。宜采用工厂化生产、装配化施工的部品，并应按非结构构件部品设计。外墙围护部品应便于运输和吊装。

屋面围护系统设计宜对天窗、送排风设备、太阳能、医用设备室外机等设备设施进行一体化设计。

（6）设备与管线系统

本章对装配式医院设备与管线系统的标准化原则、空间布局、与主体结构及内装系统的集成、标准化接口、给水排水、暖通空调、电气及智能化、医用气体及医院物流传输系统等方面提出了要求。

设备与管线宜与主体结构相分离，并应方便维修更换，在维修更换时不应影响主体结构安全。设备机房、管道井、竖向及水平管道空间应与不同功能单元的模块化空间尺寸相协调。部品与配管之间、配管与主管网之间、部品之间的连接接口应进行标准化设计，方便维护与更换。敷设于楼地面的架空层、吊顶空间、装配式隔墙内的空调及通风、给水排水、供暖、电气及智能化等设备管线应与内装系统集成设计，并应便于检修，检修口的设计宜标准化。

（7）内装系统

本章针对医院建筑的功能弹性、管线分离、工业化部品等特点，对装配式医院的内装设计提出了原则性的要求。

按照模数协调原则，统筹建筑设计与部品生产之间的尺寸。按照模块化与通用化的原则，应选择标准化部品。内装部品的选型宜在设计阶段进行，应选用易安装、易更换、可循环使用的集成部品。

内隔墙应选用装配式隔墙，吊顶宜选用模块化集成吊顶，医疗功能区不宜采用架空地板，地面面层应选用耐腐蚀、耐酸碱性、易清洗、弹性防滑的材料。

相同属性的医疗空间宜进行集成设计，手术室、影像用房的开间、进深及布局等宜进行标准化设计，地面、墙面、吊顶、固定设施、控制面板、设备与管线等宜进行模块化设计。卫生间集成设计应考虑部品规格、组合方式、安装顺序及衔接措施，并应按照生产与安装的要求优化设计。

3　亮点与创新点

《标准》是第一部针对医院装配式建设方式的设计标准，填补了我国在装配式医院建筑设计领域技术标准的空白，对医院建筑设计指导意义重大。

（1）目标导向驱动

通过理论研究及工程实践经验，将高品质低能耗、一体化集成、长寿命功能弹性等装配式建筑技术特征与医院门诊、医技、病房等功能需求充分融合，明确装配式建筑在医院建筑的应用趋势。

1）标准化通用化

病房、门诊诊室等空间标准化程度高；复杂的医技功能需要空间开放通用。结合医院功能需求，科学选择适宜的装配式技术体系，将可以充分发挥装配式建筑优势。

2）快速灵活建造

日新月异的医疗设备和新型的治疗方式在为患者提供更好服务的同时，现代医院建筑需要不断调整功能布局以满足建筑空间扩容与功能变化的要求。快速搭建的应急医院设施作为装配式医院的一个特殊类型，将在提升医院设施平战结合、城市公共卫生韧性方面发挥更大的作用。

3）建筑品质精良

随着我国经济水平的不断提高，医院建设进入高质量发展阶段，医疗建筑更需要利用工业化的优势，为患者创造健康环保、品质优良、通用适老的就医空间。

坚持科学性、先进性和实用性相结合，梳理和明确标准的适用范围，科学选择适宜的部位、功能以及设计方法进行装配式建造，以满足装配式医院建筑新建、改建和扩建的要求。

（2）特色系统构建

将装配式建筑系统性特征和我国现有成套装配式技术体系与医院建筑功能需求相结合。基于装配式建筑的主体结构、外围护结构、内装系统、设备与管线系统，全面构建装配式医院建筑系统，提出适用于装配式医院建筑设计的相关技术要求，规范和指导装配式医院建筑设计。

以往装配式建筑规范的相关条文更多聚焦于住宅建筑类型，而与公共建筑尤其是医院建筑的针对性则较弱，《标准》则进一步分析了医院建筑与装配式住宅、其他类型建筑的区别（图2）。比如强调弹性设计，以应对医院功能更复杂、性能要求更高、布局更新更频繁以及特殊的应急需求等；再比如医院较住宅建筑的厨卫房间比例低，但洁净房间则有很高占比和特殊的技术要求。

图 2　医院建筑特殊设计要求

（3）创新理念引领

随着可持续发展理念的强化，更多关注医院建筑长寿安全、功能弹性、建筑防灾、绿色建造等建筑设计基本问题，不断强化适用于装配式医院建筑的设计理念，体现医院建筑设计的基本要求。

1）弹性化设计

装配式医院建筑更加注重建筑全生命周期的功能适应性，保持建筑的长久生命力。在主体结构不变的前提下，医院建筑设计应适应未来空间的改造和功能布局，持续满足人们对医疗空间的需求。注重合理的结构体系、空间的灵活可变、空间的集约与开放。

2）性能化设计

装配式医院建筑遵循可持续性原则，对四大系统进行集成，以实现建筑功能完整、性能优良。注重提升医院建筑绿色性能、综合性能、耐久性能。

3）系统集成化

装配式建筑可以说是一个系统集成建筑产品。装配式医院建筑也需要以系统化、产品化的思维重新定义建筑体系，更加关注系统之间、部品部件之间的协同问题。建筑师需要转变角色，成为统筹建筑项目的集成师和生产项目的产品经理，建筑设计将以建筑产品体验导向的思维去主导项目进行系统集成，其将成为决定装配式医院建筑成败的技术核心。

（4）形式创新开放

明确《标准》的服务人群为医院建筑设计师，目的是指导设计师进行装配式建筑设计。

1）内容有侧重

《标准》所规定的内容侧重于装配式的相关要求，医疗相关要求见医院建筑规范；主要供建筑专业使用，结构、机电相关专业内容见各专业相关规范；内容着重点在于更迫切需要建筑师所关注的标准化设计、模数协调、模块组合、弹性可变、管线分离等设计问题，以及医院建筑设计尤其需要注意的降板、舒适度、干法施工、部品集成等装配式建造问题。

2）表达有创新

考虑到建筑师群体的图纸敏感性特征，改变以往标准以文字为主的特点，增加大量图表、示例融入条文及条文说明，便于建筑师理解条文要求，达到了形象化表达标准、提高可读性的目的。

4　标准实施

《标准》经中国工程建设标准化协会建筑产业化分会组织审查批准发布，自2022年5月1日起施行。

《标准》将直接应用于装配式医院建筑的设计中，为设计、生产、施工提供理论依据和技术规定。既可保证装配式医院建筑的结构安全可靠、建筑功能合理、施工使用绿色，又可减少能源消耗，节约材料和资源。

随着全球低碳潮流和我国政府对建设资源节约型、环境友好型社会的要求，高品质绿色发展成为未来医院建设的重要趋势。装配式建筑具有低能耗高品质、全寿命期可控、集成一体化建造等优势，使医院建筑具有整体性和可持续性，强调建筑的系统绿色化和绿色集成。

《标准》将装配式建造理念及要求与医院建筑相结合，实现了装配式医院的人性化、本土化、低碳化、长寿化、智慧化，填补了我国在装配式医院建筑设计领域的标准空白，使装配式医院建筑设计有据可依。对于指导和规范装配式医院建筑设计发挥重要的作用，为医院建筑项目改扩建、快速建造、高品质建造提供有力支撑，保障人民生活的正常秩序和社会的安定。

《标准》符合我国建筑工业化与可持续发展战略的要求，其实施后的经济效益和社会效益显著。

5　结语

我国地域广阔，地区经济发展不均衡，医院建筑设计情况复杂多样，因此，该标准条文难以规定的面面俱到，这就需要设计者和建设者更好地理解条文规定，在满足该标准最低要求的基础上，根据当地的、自身的实际情况适当调整设计和建设目标。随着该标准的实施，编制组还要注意收集反馈信息，研究新的需求变化，为下次标准修订提供依据。

现代医院建筑是建筑领域专业性、综合性较强的一类建筑形式，涵盖了建筑、卫生等诸多学科门类，任何学科和技术的进步都会对医院建设发展产生影响。随着医疗事业的发展和对医院建设标准需求的提升，精准、有针对性的装配式医院建筑所需的专用系列工程标准及其配套产品标准亟须创新完善，从而推动装配式医院建筑建设行业发展。

作者：张建斌；杜志杰（中国建筑标准设计研究院有限公司）

团体标准《医学隔离观察设施设计标准》解读

Explanation of the Group Standard *Design standard of quarantine and medical observation facility*

1 编制背景

自 2020 年新冠肺炎疫情发生以来，随着疫情防控工作逐步深入，全国疫情防控进入规范化、常态化。2021 年，境外疫情持续扩散蔓延，我国多地接连发生局部聚集性疫情，甚至在同一省份或城市出现多个源头导致的多条传播链。为贯彻落实"外防输入、内防反弹"策略和国务院应对新冠肺炎疫情联防联控机制一系列部署要求，各地新建或利用现有设施改造了一批医学隔离观察设施，以满足重点人员隔离管控的要求。

2021 年 5 月，针对医学隔离观察临时设施的建设，国家卫生健康委员会、住房和城乡建设部联合发布了《医学隔离观察临时设施设计导则（试行）》，用以指导和规范相关的建设工作。全国各地为提升应对重大突发公共卫生事件能力，也相继出台了一些医学隔离观察设施建设的要求。随着疫情防控工作的持续深化，各地还有许多规划建设和改造的项目，迫切需要有相应的设计标准来提供全方位的技术支持。为进一步满足医学隔离观察的需求，有效解决入境人员、密接人员、次密接人员的集中隔离问题，需要从选址、规划布局、建筑、结构、机电系统等各个方面明确相应的技术要求，为医学隔离观察设施的建设提供技术指导和支持。

在此背景下，根据中国工程建设标准化协会《关于印发〈2021 年第二批协会标准制订、修订计划〉的通知》（建标协字〔2021〕第 20 号）的要求，由中国中元国际工程有限公司牵头，北京市医院管理中心、中国疾病预防控制中心、深圳市建筑工务署、中国建筑西南设计研究院有限公司、北京禹涛环境工程有限公司、中恒哈特（北京）机电工程技术有限公司、北京首控电气有限公司等多家专业单位共同参与组成编制组，迅速开展了《医学隔离观察设施设计标准》T/CECS 961—2021（以下简称《标准》）的编制工作。

2 编制过程

《标准》编制工作启动后，各编写单位和专家通力协作、积极参与，一方面广泛收集国家和地方发布的相关文件、资料，另一方面结合已建成和正在建设的项目和具体工程实践总结经验，在内部开展了多次交流讨论，为快速推进标准的编写工作付出了巨大的努力。

2021 年 11 月 27 日，《标准》研讨、审查会采用线上线下相结合的方式在北京顺利召开（图 1）。住房和城乡建设部标准定额司、国家市场监督管理总局标准创新管理司、国家卫生健康委员会规划发展与信息化司、中国工程建设标准化协会等部门的领导出席了会议，并对标准的编制工作提出了指示和要求。

审查组听取了编制组对标准编制情况的介绍和对有关技术内容的说明，对《标准》内容进行了逐条评审，就医学隔离的具体定义及划分标准、相关专业污染物处理及新建和改造项目建设的具体技术要求、隔离建筑的人文关怀等问题进行了充分的研讨，并形成了相关意见和建议。

图1　《标准》研讨、审查会

审查组一致认为：《标准》编制符合工程建设标准编写规定，送审资料齐全，符合审查要求；《标准》针对新冠肺炎等呼吸道类传染病疫情的防控需要，在总结项目实践经验的基础上，提出了新建、改建、扩建医学隔离观察设施的具体设计要求，具有很强的现实意义和实用价值；《标准》与现行相关标准相协调，详细规定了选址规划、功能布局、结构体系、机电系统等技术内容，科学合理、可操作性强，填补了国内空白，达到了国际先进水平。

3　编制原则与章节内容

3.1　编制原则

（1）合法原则

《标准》的编制严格遵循国家相关法律法规，做到依法办事，确保编制的标准合法有效。

（2）科学原则

《标准》的编制坚持严谨的工作态度和科学的工作方法，前期充分调查、研究、讨论，以科学的研究支撑标准内容，经过充分分析论证，确保最终形成的标准科学有据。

（3）因地制宜原则

《标准》的编制充分考虑经济发展的因素和我国东、中、西部发展的现状，使编制的标准既能满足东部地区实际需求，又能满足中、西部地区快速发展的需要，合理制定规划布局和各机电系统设计要求，做到实事求是，因地制宜。

（4）适应发展原则

随着疫情防控形势的变化和医学隔离观察需求的增长，医学隔离观察设施的新建、改建、扩建工作任务日益增加，人民群众对医学隔离观察设施建设标准提出了更高的要求。《标准》的编制着眼于疫情防控的实际需要，并兼顾未来使用功能的转换。

（5）"平疫结合"原则

本次新冠肺炎疫情的暴发暴露出我国现状公共资源在突发公共卫生事件中应急储备不足、应急反应能力不足等短板。《标准》的制定应能指导新建及改造医学隔离观察设施项目既能在突发公共卫生事件背景下为广大人民群众提供高效、便捷、人性化的医学隔离观察条件，又能在平时实现资源有效利用和共享。

3.2 章节内容

《标准》共分为 10 章，具体内容见表 1。

《标准》章节框架

表 1

序号	章名称	主要内容
1	总则	规定标准制定依据、意义、适用范围、必须遵循的原则以及总体要求等纲领性内容
2	术语	主要定义本标准内提及的与医学隔离观察设施建设相关的部分关键用语含义
3	基本规定	主要说明医学隔离观察设施设计和建设的总体要求等纲领性内容
4	选址和总平面	主要说明医学隔离观察设施建设项目对场址选择和规划布局的要求
5	建筑	主要说明医学隔离观察设施各功能单元用房平面布局、空间尺度、装饰装修等方面的设计要求
6	结构	主要说明医学隔离观察设施建设项目结构体系和选型、构件等方面的设计要求
7	给水排水	主要说明医学隔离观察设施建设项目给水、排水、热水、饮用水、消防用水、污水处理等系统的设计要求
8	供暖、通风及空调	主要说明医学隔离观察设施建设项目供暖、通风、空调系统的设计要求
9	电气	主要说明医学隔离观察设施建设项目在电源、电气设备的选择与安装、安全电源系统、照明设计以及防雷接地等方面的设计要求
10	智能化	主要说明医学隔离观察设施建设项目信息设施系统、信息化应用系统、公共安全系统、智能化集成系统和机房工程的设计要求

4 创新点

（1）"以目标为导向"的设计要点

《标准》从选址、总平面和建筑平面布局，到结构体系选择、机电系统设置，各条文的编写均"以目标为导向"，在满足国家及地方医学隔离观察相关工作流程要求的基础上，做到环境安全、生物安全、结构安全、消防安全、质量可靠和经济合理。《标准》明确提出"医学隔离观察设施应按照医学隔离观察区、工作服务区、卫生通过区合理分区，各区的建筑布局、机电系统设置应满足疫情防控管理要求，综合考虑设计使用年限、建设周期等因素，合理确定结构形式。应急医学隔离观察设施宜优先采用装配式、单元式、模块化结构等，医学隔离观察设施的标识系统应明确指示隔离人员入住、转运、离开的流线和工作人员工作服务、巡视的流线。"

（2）充分体现"医学隔离观察"特色

医学隔离观察设施（quarantine and medical observation facility）不同于医疗设施，是指各地区新建或改造的具备人员集中隔离和医学观察条件的建筑及其配套设施，对入境人员、密接人员、次密接人员、中高风险地区人员等，通过健康监测、核酸检测等方式，进行一定时间的集中隔离和医学观察。

目前已经建设或规划建设的医学隔离观察设施，规模从几十人到上千人不等，应结合具体条件和方案，合理配置相应功能。在有条件的情况下，宜提供快递接收、生活用品配送等服务。出入口附近宜设置车辆洗消场地、物资接收区、消毒区、警卫室、管理办公室及休息室。

考虑到隔离人员、工作人员在一段时间内封闭管理的要求，医学隔离观察设施应为隔离人员提供实用、方便的生活居住环境，应为工作人员提供安全、便捷的工作条件。场地环境、材料、室内色彩等的设计和选择，应适应使用人群的生理和心理需求。隔离观察单元应以单人房间为主，对于老年人、未成年人、孕产妇、患有基础性疾病等不适宜单独隔离的人员，应考虑隔离人员和陪护人员共同居住的需求，可设置一定比例的多人房间。为满足隔离人员基本的生活、居住需求，隔离观察房间应采用适宜的面积，并应提供洗漱、厕位、淋浴等基本设施和相应的存储空间。有条件的，可提供一定的运动空间。

（3）明确"因地制宜"的建设原则

医学隔离观察设施的设计应根据疫情防控工作的实际要求，结合当地资源情况、项目的选址、建设条件、管理模式等具体情况，因地制宜地确定建设规模、技术方案和技术措施。

在疫情防控过程中，应根据实际需要，合理测算和确定该地区所需的医学隔离观察设施的规模，充分利用现有资源；针对具体情况，确定采用新建还是改建、扩建方式；采用合理的平面布局、结构体系和机电系统，满足医学隔离观察的相关要求。

改建和扩建的医学隔离观察设施应遵循安全至上的原则，应对环境影响、现有建筑设施和机电系统进行充分的评估，确保环境安全、建筑结构安全、隔离人员和工作人员安全、设施设备运行安全和消防安全。

另外，还需根据当地的建筑材料和建筑资源情况，就地取材，采用适宜的建造方案和建设技术，以满足建造的时效性要求。

（4）提出"分区分单元"的布局理念

《标准》明确提出"医学隔离观察设施可划分为医学隔离观察区、工作服务区、卫生通过区等"，并明确了各区的房间构成，同时指出"医学隔离观察区可根据规模及管理需要，按照建筑、楼层、区域等，划分为多个隔离观察单元，同一隔离观察单元宜安排同一类型的隔离人员"。医学隔离观察设施宜按照隔离观察单元规模配置管理用房、服务用房、储藏间、必要的设备机房、垃圾暂存间、污洗间等，并应采取安全管理措施；还应合理规划隔离人员、工作人员、物资配送及垃圾运输流线。

（5）倡导"智慧管理"

《标准》明确指出"医学隔离观察设施应充分利用信息化手段，加强安全防范、健康监测、感染控制、物资登记配送、设备运行维护等全流程的动态管理。"具体可包括：设置视频安防监控系统，在设施出入口、医学隔离观察区、隔离观察单元出入口及走廊等重要部位应设置监控摄像机；宜按隔离观察单元设置双向对讲系统；宜充分利用人工智能和物联网应用技术，实现"无接触式"体温监测、心理疏导、场所消毒、物资配送、重点人群体征监测和污物跟踪管理等安全防疫功能。

5　编制思考

近些年，工程建设标准领域正在进行改革，国家强制性标准正在进行研究和整合，鼓励更多的团体标准、行业标准在设计和建设领域发挥更大的作用。作为医疗行业多项国家标准规范的主编和参编单位，中国中元国际工程有限公司积极支持中国工程建设标准化协会的标准编制工作，从社会需求出发，按照疫情常态化防控工作要求，快速组织并完成了《标准》的编制。同时，希望通过加强行业交流，结合标准的使用情况，在合适的时机，可以把团体标准转化为行业标准，促进标准化领域的改革和创新。

作者：梁建岚（中国中元国际工程有限公司）

团体标准《住宅卫生防疫技术标准》解读

Explanation of the Group Standard *Technical standard for sanitation and epidemic prevention of residential building*

1 编制背景

各种自然灾害、传染性疾病等社会突发公共卫生事件不断发生。从 2003 年的 SARS，到禽流感、中东呼吸综合症，再到现在的新冠肺炎，这些新出现的传染病和不明原因疾病，以其独具的生物学特性，对人类健康构成严重威胁，也暴露出住宅建筑在卫生安全方面的不足。

中共中央、国务院于 2016 年 10 月印发了《"健康中国 2030"规划纲要》，明确提出"推进健康中国建设，是全面建成小康社会、基本实现社会主义现代化的重要基础，是全面提升中华民族健康素质、实现人民健康与经济社会协调发展的国家战略"。现阶段，我国已逐步出台了健康建筑结合居住建筑相关的规定和标准规范，如《健康住宅建设技术规程》CECS 179：2009、《健康住宅评价标准》T/CECS 462—2017。

国际上有 WHO 提出的"健康住宅 15 条"、美国的 WELL V1 和 WELL V2 评价体系等，此外，美国设立了国家健康住宅中心并以"健康之家"建设计划指导住宅建设，法国通过立法和政策支持等手段发展健康住宅，日本出版了《健康住宅宣言》指导住宅建设与开发。然而，住宅卫生防疫方面的技术标准目前仍处于空白。

根据中国工程建设标准化协会《关于印发〈2020 年第一批协会标准制订、修订计划〉的通知》（建标协字〔2020〕14 号）的要求，由中国建研院牵头，联合中国中建设计集团有限公司、北京市建筑设计研究院有限公司、北京市住宅建筑设计研究院有限公司、天津市建筑设计研究院有限公司、同济大学建筑设计研究院（集团）有限公司、哈尔滨工业大学、北京市疾病预防控制中心、华润置地有限公司、万科企业股份有限公司、朗诗控股集团有限公司等单位，编制了《住宅卫生防疫技术标准》（以下简称《标准》）。

2 框架和主要内容

2.1 框架

《标准》共分为 5 章，主要内容为：1. 总则；2. 术语；3. 小区环境；4. 建筑设计；5. 运营管理。《标准》内容框架见图 1。

编制组经过广泛调查研究，认真总结实践经验，参考有关国外和国内先进标准，并在广泛征求意见的基础上制定该标准。从小区环境、建筑设计、运营管理等方面，针对住宅卫生防疫的关键问题，提出了适宜的住宅卫生防疫技术措施。《标准》的编制对于提升住宅卫生防疫性能、推动健康安全的人居环境建设具有十分重要的意义。

《标准》具有"全、准、平、疫"四大特点，对住宅项目进行全过程和全专业指导，涵盖场地规划、建筑设计和运营管理，包括规划、建筑、景观、给水排水、暖通、电气、装修等专业。《标

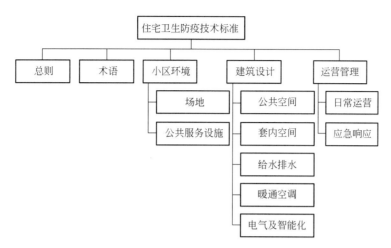

图1 《标准》内容框架

准》针对住宅卫生防疫关键问题，既考虑了常态化疫情防控状态下的卫生环境和疾病预防技术要求，也满足疫情时期防控救治的应急需求，可有效应对突发公共卫生事件。

2.2 主要内容

（1）总则及术语

《标准》在"总则"一章中提出了标准的原则和适用对象，即：为提升住宅卫生防疫性能及服务管理水平，引导健康安全的人居环境建设，制定本标准。

《标准》在"术语"一章中提出了住宅卫生防疫的定义，即在住宅的设计、建造与运营管理过程中，通过技术措施控制疾病源头、减少传播途径、保护易感人群，提供健康卫生的建筑环境。同时随着新冠肺炎疫情向常态化防控的转变，平疫结合、平疫转化两个词语不断地出现在人们的生活中。平疫结合，即既满足常态化时期正常使用需求，又考虑突发公共卫生事件时期防控救治需求的措施；平疫转换，即当发生突发公共卫生事件时，由平时使用功能转入疫情防控防治功能的转换措施。

（2）小区环境

居住社区在疫情防控期间承担了非常重要的角色，因此加强社区安全、家庭防护，让住宅具有安全健康的品质、保障住宅卫生防疫与健康安全的性能成为建设领域关注的焦点。"小区环境"一章从场地和公共服务设施两部分做了技术指引。"小区环境"主要内容框架见图2。

场地中涵盖了出入口集散场地、无接触配送快递存取柜放置场地、交通流线设计的便捷高效、清晰明确的标识系统、绿化环境和室外活动场地规划设计等内容。

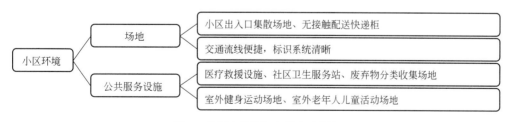

图2 "小区环境"主要内容框架

例如：居住小区入口在设计时考虑平疫转换，提供可变换功能的集散场地，以满足疫情时期搭建临时设施的需求，场地进深≥6m，面积≥地上建筑面积的1‰，且不应少于60m²（图3）。

"公共服务设施"一节中包括了医疗救援设施的要求、室外健身运动场地的规模及设施的设

图 3　居住小区出入口集散场地

置、室外老年人及儿童活动场地的设计、社区卫生服务站的要求、废弃物分类收集场地等小区内公共设施的布置要求。

（3）建筑设计

新冠肺炎疫情的暴发，使得人们对住宅的生活方式和观念产生了巨大变化。"建筑设计"一章从公共空间、套内空间、给水排水、暖通空调、电气及智能化方面对建筑防疫设计进行指导。"建筑设计"主要内容框架见图 4。

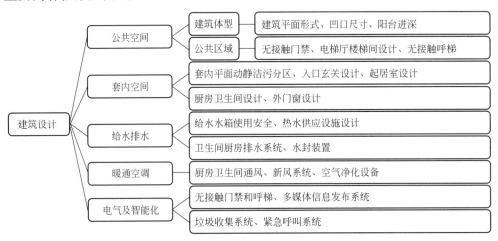

图 4　"建筑设计"主要内容框架

"公共空间"一节中分为建筑体型和公共区域。"建筑体型"规定了建筑平面形式、建筑凹口设计和阳台进深；"公共区域"包含住宅单元入口智能化无接触门禁系统、电梯厅及楼梯间的采光通风环境、楼梯电梯设计等。小区住宅公共空间是病毒传播最为高发的区域，本节从两方面对公共空间设计进行引导，可有效降低病毒传播的概率。例如：出入口处采用智能化无接触门禁系统、电梯采用无接触的呼梯方式（图 5），旨在降低疫情期间的接触式感染风险。

图 5　无接触门禁、无接触呼梯

"套内空间"一节从套内入口玄关设计、起居室设计、套内居住空间设计、套内厨房卫生间设计、套内晾晒空间和门窗设计等方面，明确了住宅套内防疫设计需注重的空间性能。套内设计应充分考虑到居家隔离或居家办公的使用需求。例如：卫生间采用干湿分离设计，洗手盆与其他卫生器具分别布置在不同空间，这样同一时间使用洗手盆和其他卫生器具互不干扰（图6）；入口玄关预留空间满足消毒用品或设备的摆放及使用（图7）。

图6 卫生间干湿分离

图7 入口玄关消毒、快递物品暂存

"给水排水"一节注重生活给水水箱设计、热水供应设施、管道直饮水系统、水质在线监测系统、非传统水源管道、排水系统设计、卫生器具和地漏的排水管设计、水封装置、公共卫生间器具和景观水体等方面。例如：存水弯和有水封地漏的水封高度不应小于50mm，存水弯、水封盒、水封井等的水封装置能有效地隔断排水管道内的有毒有害气体窜入室内（图8）。

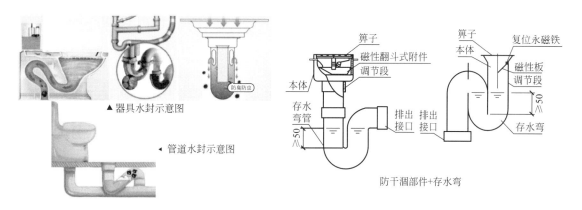

图8 管道水封示意图

"暖通空调"一节整合了电梯轿厢通风装置、地下车库通风及CO检测系统、厨房卫生间通风补风设计、新风系统、空气净化设备等方面。应从设计的源头，精心考虑，合理设计公共管网和设施，避免污染的空气和水源通过公共途径传播导致交叉感染的事件。例如：厨房采用窗用通风器，保证抽油烟机有效的排气，而常规的开启外窗补风在气候恶劣时（如大风、大雨或室外气温较低等）易对室内环境产生不利影响。

"电气及智能化"一节考虑了入口体温检测系统、无接触门禁系统、无接触呼梯、小区多媒体信息发布系统、垃圾收集智能检测系统、小区紧急求助报警系统、健康与疫情物联网数据采集分析系统等内容。疫情下推动小区智能化云居时代，公共空间的"无接触"设计尤为重要，依托智慧数据平台，通过手机居民行为和生活习惯使得生活更为便捷。例如：多媒体信息发布系统的建立，可实现实时发布防疫信息、与居民生活密切相关的信息及物业管理信息。

（4）运营管理

运营管理是防疫过程中最为关键的一环。《标准》"运营管理"章节重点从日常运营和应急响应两部分进行规定。"运营管理"主要内容框架见图 9。日常运营包括小区道路管理、室内外公共区域清洁和消毒、空调通风系统和净化设备检查与清洁、给水排水系统检测、生活垃圾收集运输和分类管理、公共信息发布制度等内容；应急响应包括弱势群体的生活保障、小区出入口管理、配送物品临时存放和领取、日常生活物资的运送、公共区域消毒、小区巡逻减少聚集、中水管理等内容。

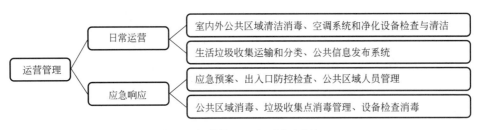

图 9 "运营管理"主要内容框架

3 亮点与创新点

通过对相关标准、资料、项目的调研，深入分析目前住宅建筑在卫生防疫方面存在的问题和需求，形成改善住宅建筑的规划、设计和物业管理为主要内容的技术标准，《标准》主要包括以下创新点：

（1）全专业全过程控制

《标准》对住宅项目的场地规划、建筑设计和运营管理进行全过程指导、控制；全专业指引设计，包括规划、建筑、景观、给水排水、暖通、电气、装修。

（2）准确把握住宅防疫关键

住宅卫生防疫的关键点包括场地空间需求、医疗救援、避免接触的门禁、电梯、照明、快递柜、垃圾收集点、居家办公和临时隔离需求、防止空气排水道等交叉感染等方面。《标准》准确细致量化了关键技术点，如场地进深面积、通风窗截面设计、卫生间存水弯水封高度、集中生活热水温度、不循环供水管长度、新风系统新风口排风口与污染物排放口间距、常态化防疫室内外公共区域清洁消毒频次等。

（3）常态化防疫要点

《标准》大部分条文为常态化疫情防控状态下的技术要求，同时考虑由平时使用功能可以便捷转换到疫情防控时期的需求。例如：每日应对室内公共区域的单元门、楼梯扶手、电梯轿厢等设施进行卫生清洁、擦拭消毒；每日应对室外公共座椅、儿童娱乐设施、运动健身设施等进行卫生清洁、擦拭消毒等。

（4）满足疫情时期防控需求

《标准》满足疫情时期防控救治使用需求，可有效应对突发公共卫生事件。例如：居住小区人行与车行出入口均应设置疫情防控检查点，对所有进入小区范围内的人员进行身体健康状况筛查；快递员、外卖员等配送的物品应送至指定存放区域进行临时存放，由居民自行领取；居家医学隔离人员的食品、蔬菜、药品等由社区或物业人员送至入户门口等。

在《标准》审查会上，专家组一致认为《标准》技术内容科学合理、可操作性强，具有针对性、先进性和创新性，与现行相关标准相协调，达到了国际水平。

4　结语

在疫情肆虐的当下，住宅设计不仅要思考如何应对突发疫情，更要考虑常态化防疫对住宅小区的需求，未来住宅建设应以健康安居环境为主导思想。目前国内的住宅建筑普遍存在建筑硬件卫生防疫性能不足、居住安全保障技术缺失、应急改造的可操作性不强、社区卫生防疫风险应对不当等问题，《标准》的发布和实施填补了这一空白。《标准》对于完善住宅卫生防疫性能，提高社区物业服务管理水平，从而全面推动健康安全的城乡人居环境建设可持续发展，具有十分重要的意义。住宅项目可参考《标准》指标要求，选择适宜的技术措施，提升住宅防疫性能，推动健康安全的人居环境建设。

作者：曾宇[1,2,3]；束星北[1,3]；裴智超[1,2,3]；朱超[1,2,3]；张钦[1,3]（1 中国建筑科学研究院有限公司建筑设计院；2 国家建筑工程技术研究中心；3 北京市绿色建筑设计工程技术研究中心）

团体标准《海绵城市系统方案编制技术导则》解读

Explanation of the Group Standard *Technical guideline for the drafting of systematic scheme of sponge city*

1 编制背景

2015 年 10 月，国务院办公厅印发的《关于推进海绵城市建设的指导意见》（国办发〔2015〕75 号）中提出具体工作目标：通过海绵城市建设，综合采取"渗、滞、蓄、净、用、排"等措施，最大限度地减少城市开发建设对生态环境的影响，将 70％的降雨就地消纳和利用。到 2020 年，城市建成区 20％以上的面积达到目标要求；到 2030 年，城市建成区 80％以上的面积达到目标要求。

2021 年 4 月 25 日，财政部、住房和城乡建设部、水利部联合发布的《关于开展系统化全域推进海绵城市建设示范工作的通知》中提到，全域系统化推进海绵城市，力争通过 3 年集中建设，推动全国海绵城市建设迈上新台阶。

我国在推进海绵城市建设的过程中始终高度重视规划的引领作用。《关于推进海绵城市建设的指导意见》（国办发〔2015〕75 号）明确提出"坚持规划引领"的基本原则，要求各地"因地制宜确定海绵城市建设目标和具体指标，科学编制和严格实施相关规划"。住房和城乡建设部印发的《海绵城市专项规划编制暂行规定》（建规〔2016〕50 号）明确指出"海绵城市专项规划是建设海绵城市的重要依据，是城市规划的重要组成部分"。住房和城乡建设部对全国 30 个试点城市的海绵城市规划编制工作更是高度重视，将规划编制的科学性、合理性纳入试点工作年度考评和最终验收的关键指标。

随着建设的推进，海绵城市建设碎片化的问题逐步凸显。很多城市的海绵城市建设片面地集中在源头减排层面，没有将水系、管网、小区、道路、绿地进行系统梳理和整体规划设计，导致无法保证项目实施后实现"小雨不积水、大雨不内涝、水体不黑臭"的目标，达不到解决涉水"城市病"的初衷。实施部门迫切需要一个海绵城市系统方案，提出科学经济、目标可达的解决措施。住房和城乡建设部也高度重视海绵城市系统方案的编制工作，在国家海绵城市建设试点绩效考核中明确要求以目标导向和问题导向编制科学的海绵城市系统方案。

海绵城市系统方案（图 1）介于海绵城市建设专项规划和单体工程设计之间的规划设计环节，从流域或排水分区尺度，分析城市涉水问题和成因，提出海绵城市建设系统工程方案，在规划建设体系中起承上启下的作用。海绵城市系统方案发挥了指导海绵城市近期建设的作用，包括对规划目标的阶段性分解和近期指标的落实，成为海绵城市近期建设目标、发展布局、主要工程项目等实施的重要依据，同时指导工程落地，并系统评估各类项目实施后海绵城市近期建设目标的可达性。

为了规范海绵城市系统方案的编制，指导编制单位更好地系统性梳理区域存在的主要问题，编制"源头减排、过程控制、系统治理"相结合的方案，建立保证效果长期稳定实现的保障措施，编制了《海绵城市系统方案编制技术导则》T/CECS 865—2021（以下简称《导则》）。《导则》于2021 年 5 月 25 日经中国工程建设标准化协会发布，并于 2021 年 10 月 1 日起开始实施。

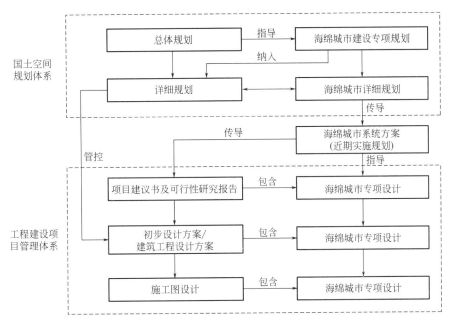

图 1 海绵城市系统方案在规划建设体系中的位置

2 技术内容

《导则》的技术内容包括：总则、术语、基本规定、本底条件分析和现状问题评估、目标和指标、工程方案、保障措施、系统方案成果。

（1）总则

规定了《导则》制定的目的、适用范围和与其他标准协调性的要求。

（2）术语

给出了海绵城市系统方案、排水分区和部分指标的定义。其中，海绵城市系统方案的定义系首次提出，解释了其定位、目标和主体内容等。

（3）基本规定

首先，提出了海绵城市系统方案定位、编制原则、与相关规划协调性、编制内容、编制范围等基本要求。其次，通过总结试点城市建设经验，提出了排水分区划分的原则和步骤。最后，提出了模型构建在海绵城市系统方案编制过程中的作用和使用要求。

（4）本底条件分析和现状问题评估

本底条件的精准分析是开展海绵城市系统方案编制的基础性工作和先决条件。提出了海绵城市系统方案中本底条件分析的技术要求，并重点提出了水生态、水环境、水安全、水资源问题的评估内容，为后续海绵城市目标和指标的确定提供依据。

（5）目标和指标

为了科学指导各城市完成海绵城市建设目标，本章在本底条件分析和现状问题评估的基础上，合理确定近、远期建设的目标和指标，并与海绵城市建设专项规划衔接；另外，分别提出了"四水"目标对应的海绵城市建设指标，包括年径流总量控制率等 9 项。

（6）工程方案

规定了海绵城市系统方案应包含水生态保护与修复方案、水环境改善方案、水安全保障方案、非常规水源利用方案等，并分别对上述内容提出了具体的编制要求。

为了提高海绵城市建设目标和指标的科学性和可实施性，进一步提出了方案应进行多目标统筹，并提出了多目标统筹的技术手段和要求。更为重要的是，应针对多目标统筹优化后的方案，按源头减排、过程控制和系统治理对拟建项目进行分类，形成项目清单和分布图。

（7）保障措施

本章分别对组织、建设运营模式、制度、资金、监测等方面提出了技术要求。

（8）系统方案成果

系统方案作为规划体系中承上启下的重要环节，《导则》提出了系统方案成果中说明书、图纸、专题研究报告等的内容要求。

3　亮点与创新点

随着试点城市的积极实践和成功建设，专项规划、详细规划、系统方案的规划编制体系，已被证实是科学有效的方式。海绵城市系统方案是衔接海绵城市建设专项规划和工程建设管理体系的重要技术支撑，能够有效地保证海绵城市建设目标科学分解、逐级落位，指导海绵城市近期建设实施，保障海绵城市建设片区达标，促进系统化推进海绵城市建设。《导则》在编制过程中做出了以下三项主要贡献：

（1）提出排水分区划分原则和步骤

排水分区划分是开展海绵城市系统方案编制的重要工作内容，是开展源头雨水径流控制、制定工程建设方案、明确竖向管控要求、开展海绵城市监测和评估的基础工作。对于现状建成区和规划新建区域，排水分区划分有所差异，《导则》提出了排水分区划分时应遵守的一些基本原则，以更好地支撑海绵城市系统方案的编制。同时，海绵城市系统方案编制的研究范围，重点集中在城市建设区域，排水分区边界往往不能与河流水系等天然流域分区完全保持一致，《导则》提出应根据现状和规划排水系统的服务范围进行确定，还应考虑到海绵城市建设管理的需求，与城市道路和用地布局结合，合理确定排水分区边界。

（2）提出多目标统筹要求

海绵城市系统方案应对水生态提升、水环境整治、水安全治理及水资源综合利用等方案进行多目标统筹，提出综合项目清单、项目分布图、近期建设项目清单、项目建设时序以及投资估算费用，同时提出近期建设模式建议。

（3）构建保障体系

保障体系是为确保海绵城市系统方案有效落地，海绵城市建设项目有序、按时、保质开展，对未来开发建设形成行之有效的管控制度，确保海绵城市整体建设效果达到目标要求提出的相关措施与建议。《导则》提出保障体系应从组织、模式、制度、资金、监测以及其他管理等方面提出技术、经济政策与对策相关措施与建议。

4　标准实施

随着海绵城市建设理念的实践，目前我国已有 50 余个位于不同气候带的城市开展了海绵城市建设，其中西安等 35 个城市制定了海绵城市建设专项规划；青岛等 25 个城市开展了海绵城市建设项目设计，支撑投资超过 300 亿元。《导则》实施后，对于各地的海绵城市系统方案编制具有直接指导作用，同时直接指导各地海绵城市建设项目各阶段相关内容，确保工程建设的系统性和落地性，避免重复建设和资源浪费，优化各地的财政支出，将会带来直接的经济效益。而且《导则》

实施后，海绵城市系统方案将会更加科学地连接水生态、水环境、水安全和水资源等海绵城市建设的各方面，每个单体项目所发挥的作用更丰富，优化政府投资。

各地海绵城市系统方案可实质性推动本区域的海绵城市建设项目落地实施，项目建设所带来的景观环境的提升、生态产品的供给扩大和居民获得感与幸福感的增强，产生了明显的社会效益。目前国内海绵城市系统方案编制内容、深度和可实施性不一，《导则》的编制对于规范海绵城市系统方案编制工作，提高海绵城市建设系统方案编制水平，指导建设项目各阶段海绵城市相关内容，确保工程建设的系统性和落地性具有重要的积极意义。同时，《导则》对于上位规划和其他相关规划的编制也有借鉴意义，而且对推进当下水环境整治、排水防涝补短板、节约用水和污水提质增效等也有积极意义。

上海临港新片区是全国最大的海绵城市试点区（图2），在上海市全市海绵城市建设专项规划的基础上，由临港新片区建设主管部门牵头编制了新片区的海绵城市建设规划，并提出了重点建设区域的海绵城市建设系统方案，构建了包含宏观层面（市级）、中观层面（区级）、微观层面（区块）的三级海绵城市规划体系。随后，新片区在规划的指引下，科学有效地完成了海绵城市建设。新片区海绵城市建成后，区域内水系水环境质量得到了提升；同时，在台风期间，新片区表现良好，主城区、老城区均未出现明显的积水内涝情况。

利奇马台风期间　　环湖一路　　芦茂路

海洋小区　　黄日港调蓄湖　　里塘河

图2　上海临港新片区海绵城市建设效果

5　结语

因我国地域辽阔，气候条件差异较大，经济建设情况也有较大差异，相比美国、德国、日本等国家，我国海绵城市建设具有"多目标统筹""多专业协同""多区域实践"的重要特点。为了能够提升我国各城市海绵城市建设的科学性、有效性和可实施性，各城市已开始着手编制海绵城市建设专项规划，并提出了专项规划、详细规划、系统方案的规划编制体系。在全域系统化推进海绵城市建设的大背景下，《导则》的及时编制和实施，能够为城市内片区层级海绵城市建设目标的实施提供科学指导，保障海绵城市建设质量，助力我国海绵城市建设迈上新台阶。

作者：吕永鹏；杨雪；莫祖澜；李春鞠（上海市政工程设计研究总院（集团）有限公司）

团体标准《既有城市住区历史建筑价值评价标准》解读

Explanation of the Group Standard *Evaluation standard of historic buildings in existing urban residential areas*

1 编制背景

历史建筑是指经城市、县人民政府确定公布的具有一定保护价值，能够反映历史风貌和地方特色，未公布为文物保护单位，也未登记为不可移动文物的建筑物、构筑物，是城市发展演变历程中留存下来的重要历史载体。大量的历史建筑存在于既有城市住区中，对展示城市历史风貌、形成城市的建筑风格和文化特色具有十分重要的作用。加强对既有城市住区历史建筑的保护和合理利用，是践行新发展理念、树立文化自信的一项重要工作。

从 2014 年《国家新型城镇化规划（2014—2020 年）》（中发〔2014〕4 号）出台开始，国家不断出台各种政策，强调保护历史建筑及保用结合的重要性。

如何做到在城镇化建设发展中促进旧城风貌塑造、功能提升与保护性建筑的保护传承相结合，成为《国家新型城镇化规划（2014—2020 年）》（中发〔2014〕4 号）中提出的一项重要任务。规划要求按照改造更新与保护修复并重的要求，健全旧城改造机制，优化提升旧城功能。注重在旧城改造中保护历史文化遗产、民族文化风格和传统风貌，促进功能提升与历史建筑保护相结合。2014 年 10 月，《住房城乡建设部关于坚决制止破坏行为加强保护性建筑保护工作的通知》提出，充分认识加强保护性建筑保护意义，坚决制止破坏行为。在新型城镇化过程中做好保护性建筑的保护工作，对于弘扬优秀传统文化，塑造城镇风貌特色，建设体现历史记忆、地域特色和民族特色的美丽城镇具有重要意义。2016 年 2 月，《中共中央国务院关于进一步加强城市规划建设管理工作的若干意见》提出，有序实施城市修补和有机更新，解决老城区环境品质下降、空间秩序混乱、历史文化遗产损毁等问题，促进建筑物、街道立面、天际线、色彩和环境更加协调、优美。2017 年 6 月，《城市设计管理办法》对城市设计方案编制、审批、实施提出了要求，指导各地结合城市更新、城镇老旧小区改造进行城市设计，对建筑立面材料及色彩等提出了设计要求。

2017 年 9 月，《关于加强历史建筑保护与利用工作的通知》（建规〔2017〕212 号）提出，要充分认识保护历史建筑的重要意义、加强历史建筑的保护与利用，要采取区别于文物建筑的保护方式，同时探索建立历史建筑保护和利用的规划标准规范和管理体制机制。2018 年 9 月，《住房城乡建设部关于进一步做好城市既有建筑保留利用和更新改造工作的通知》（建城〔2018〕96 号）提出，高度重视城市既有建筑保留利用和更新改造，建立健全城市既有建筑保留利用和更新改造工作机制，构建全社会共同重视既有建筑保留利用与更新改造的氛围。

2020 年 7 月，国务院办公厅印发《关于全面推进城镇老旧小区改造工作的指导意见》，要求坚持保护优先，注重历史传承。兼顾完善功能和传承历史，落实历史建筑保护修缮要求，保护历史文化街区，在改善居住条件、提高环境品质的同时，展现城市特色，延续历史文脉。2020 年 10月，《中共中央关于制定国民经济和社会发展第十四个五年规划和二〇三五年远景目标的建议》提出，强化历史文化保护、塑造城市风貌，加强城镇老旧小区改造和社区建设，增强城市防洪排涝能力，建设海绵城市、韧性城市。

　　既有城市住区历史建筑具有很强的特殊性，它是介于文物建筑和既有建筑（狭义角度，指价值较低的老旧建筑）之间的建筑类型，在满足安全性的前提下可以对其进行一定强度的改造利用，以补充完善既有城市住区的功能。而改造要求必须在不破坏历史建筑价值的基础上选择适宜性技术和手段，适合历史建筑自身特点的评价标准就显得尤为重要。根据中国工程建设标准化协会《关于印发〈2020 年第一批协会标准制订、修订计划〉的通知》（建标协字〔2020〕014 号）的要求，由沈阳建筑大学等单位编制了《既有城市住区历史建筑价值评价标准》T/CECS 918—2021（以下简称《标准》）。

2　技术内容

　　《标准》共分为 4 章，主要技术内容包括：总则、术语、基本规定、评价指标。

2.1　主要内容

　　《住房和城乡建设部办公厅关于进一步加强历史文化街区和历史建筑保护工作的通知》附件《历史文化街区划定和历史建筑确定标准（参考）》中提出历史建筑确定标准为：（一）具有突出的历史文化价值。1. 能够体现其所在城镇古代悠久历史、近现代变革发展、中国共产党诞生与发展、新中国建设发展、改革开放伟大进程等某一特定时期的建设成就。2. 与重要历史事件、历史名人相关联，具有纪念、教育等历史文化意义。3. 体现了传统文化、民族特色、地域特征或时代风格。（二）具有较高的建筑艺术特征。1. 代表一定时期建筑设计风格。2. 建筑样式或细部具有一定的艺术特色。3. 著名建筑师的代表作品。（三）具有一定的科学文化价值。1. 建筑材料、结构、施工工艺代表了一定时期的建造科学与技术。2. 代表了传统建造技艺的传承。3. 在一定地域内具有标志性或象征性，具有群体心理认同感。（四）具有其他价值特色。

　　结合住房和城乡建设部对历史建筑确定的标准，《标准》在降低纳入保护体系的要求和强调历史建筑既有的基础之上，增加了改造利用后织补住区功能、传承城市记忆等的社会价值。最终确定既有城市住区历史建筑评价的主要内容为评价其五大价值：社会价值、文化价值、历史价值、艺术价值、科学价值。

2.2　历史建筑价值评价指标体系指标构成及评估内容

　　《标准》结合我国既有城市住区历史建筑的特点，构建了历史建筑的价值评价指标体系。明确了既有城市住区历史建筑价值评价指标体系的指标构成及评估内容。依据"展现城市住区特色，延续历史文脉"的要求及既有城市住区历史建筑价值评价目标，将评价指标分为社会价值、文化价值、历史价值、艺术价值、科学价值。

　　评估是根据对既有城市住区历史建筑及相关历史、文化的调查、研究，对建筑的价值、保存状况和管理条件做出的评价。评估包括：

　　（1）历史建筑的主要价值；

　　（2）对历史建筑的现有认识和研究是否充分；

　　（3）威胁历史建筑安全的因素。

　　评估应以现存实物为主，同时需要考虑非物质文化遗产。历史考证应结合现存实物。评估必须依据相关的研究成果。依据定量评价、分级评价原则制定 20 个评分项（表 1）。

既有城市住区历史建筑价值评价指标体系及分值　　　　　　　表 1

一级指标	二级指标	指标评价分值
社会价值	服务住区	5
	延续功能	5
	社会效益	5
	地缘属性	5
	区域影响	5
文化价值	地方文化代表性	5
	文化交融代表性	5
	民俗活动独特性	5
历史价值	建造时间	5
	存量稀缺度	5
	设计师的知名度	5
	历史人物(群体)关联度	5
	历史事件关联度	5
	保存原真性及完整性	5
艺术价值	建筑风格	5
	装饰构件	5
	工艺水平	5
科学价值	建筑技术先进性	5
	建筑技术创新性	5
	建筑影响力	5

2.3　既有城市住区历史建筑认定

《标准》采用定量评价方法，将各评分项评价结果及得分之和分别作为认定既有城市住区历史建筑的依据，保障既有城市住区历史建筑价值评价的科学性与可操作性。

既有城市住区历史建筑认定采用单项认定标准与单指标多项认定标准。

指定单项指标达到 5 分，即可认定为既有城市住区历史建筑。

单指标多项得分达到如下标准，可认定为既有城市住区历史建筑：

(1) 文化价值总得分 9 分及以上；

(2) 历史价值总得分 24 分及以上；

(3) 艺术价值总得分 9 分及以上；

(4) 科学价值总得分 9 分及以上。

当价值评价总分达到满分标准的 60%（满分 100 分），即 60 分，同时社会价值总得分 20 分及以上时，亦可认定为既有城市住区历史建筑。

3　亮点与创新点

《标准》充分借鉴了欧洲历史建筑评价标准和英国确认历史建筑采取的登录制。

欧洲历史建筑评价标准旨在可持续改善历史建筑的能源性能，减少其能源需求及温室气体的排放，同时避免对遗产造成价值破坏。欧洲历史建筑评价标准的使用不限于具有法定遗产名称的建筑物，其适用于所有类型和年龄的历史建筑物。其描述了为改善历史建筑的能源性能而选择适当措施的过程，提供了一个系统的程序，以便于在每个个案中作出最佳决定。其出发点和目标与《标准》类似，都是基于保护历史建筑价值，避免对其造成损害的基础上，提升历史建筑的使用性能，满足当今时代对历史建筑的发展要求。因此，欧洲历史建筑评价标准为《标准》编写的主要参考标准。在此基础上，结合我国老旧小区改造的现实需要和城市发展历程的中国特色，对具有保护价值的老建筑进行价值评价，确定保护名录。因此比欧洲历史建筑评价标准更适合我国国情，更具科学性和可操作性。

英国于 20 世纪 90 年代编制的《城乡规划法》中的"登录建筑及保护区"部分规定是选定登录建筑的主要标准。参考英国历史建筑确认采取的登录制，《标准》解决了我国一直采用的指定制中相关部门工作上的延迟性，避免了在认定过程中存在遗漏的情况，扩大了历史建筑保护的范围和类型，改变了以往偏向于保护年代久远的建筑物，而对于近现代具有地方特色的建筑保护力度不足，即厚"古"而薄"今"的现象。同时在历史建筑的指定过程中，将有效保护历史建筑的周边历史环境列为重要因素。

《标准》的创新在于聚焦既有城市住区拓展"历史建筑"的研究范围，深化"历史建筑"的内涵，与城市住区更新导向相关联，将量大面广的住区历史遗留纳入认定范围。从城市住区的层面考量历史建筑在新时期社区功能的延续和贡献，在保护修缮的目标导向上体现了我国时代特征，推进历史建筑再利用的真实意义。

4　社会经济效益

《标准》既可满足我国量大面广的既有城市住区中各种类型历史建筑在改造过程中的保护利用要求，亦可满足历史文化街区中历史建筑的保护利用要求。《标准》的出台为历史建筑保护利用提供了技术支持，其应用前景广阔，将产生巨大的经济效益和社会效益。

住房和城乡建设部办公厅《关于进一步加强历史文化街区和历史建筑保护工作的通知》（建办科〔2012〕2 号）指出：一些地方由于工作进展缓慢、存在漏查漏报等情况，拆除破坏历史文化街区和历史建筑、盗卖历史建筑构件和异地迁建等问题时有发生，对城镇风貌和文化遗产保护造成不可挽回的损失。通知要求各地要进一步加强历史文化街区和历史建筑普查认定工作，按照应保尽保的原则，对照《历史文化街区划定和历史建筑确定标准（参考）》，查漏补缺，及时认定公布符合标准的街区和建筑，纳入保护名录。《标准》将对既有城市住区内历史建筑的认定起到重要的作用，不仅能提高认定工作的效率，还能确保所有有保护价值的老建筑都能纳入到保护体系，确保其在既有城市住区更新中不被破坏。

国务院办公厅发布的《关于全面推进城镇老旧小区改造工作的指导意见》中明确：2020 年新开工改造城镇老旧小区 3.9 万个，涉及居民近 700 万户；到"十四五"期末，结合各地实际，力争基本完成 2000 年底前建成的需改造城镇老旧小区改造任务。《标准》的制定，是贯彻落实国家相关政策的要求，将为既有城市住区中历史建筑的遴选提供科学依据，以点带面带动既有城市住区整体文脉传承。

《标准》局限于既有城市住区中历史建筑的法定定义，对既有城市住区中保护性建筑的包容性不够全面，还不能全面包含所有有保护价值的老建筑。仅对历史建筑价值评价评分标准进行了规定，对于我国历史建筑保护利用设计策略及修缮后评价还需要进一步深入研究，尤其是对历史建筑绿色性能提升评价还需要继续补充完善。

5 结语

受历史环境、气候条件、经济实力和保护意识等多方面因素的影响，历史建筑表现出鲜明的建筑特色，具有独特的魅力。在当今国家对历史建筑保护利用工作高度重视之际，《标准》尝试站在宏观的角度，以促进历史建筑保护利用为出发点，提出一套适用于我国历史建筑保护利用评价的指标体系及方法。指标体系的构建及评价方法的确立将为历史建筑的保护利用提供更加科学、客观、有针对性的建议，为历史建筑保护利用方案的制定提供依据，使这些珍贵的不可再生的文化遗产在经济化的大潮中能够得到有效的保护和利用，最终实现历史建筑的物质功能延续、社会效用优化和经济价值合理利用，同时也是我国历史建筑保护利用从经验主义向科学化管理迈进过程中至关重要的一步。

作者：彭晓烈[1]；单彦名[2]；荣玥芳[3]；张威[4]；朱荣鑫[5]（1 沈阳建筑大学；2 中国建筑设计研究院有限公司；3 北京建筑大学；4 天津大学；5 中国建筑科学研究院有限公司）

企业标准《公共建筑物业基础服务认证标准》解读

Explanation of the Company Standard *Certification standard for basic property services of public building*

1　编制背景

随着新时期发展模式的迭代性转变，我国经济社会发展正经历不同于以往的深刻调整。对于服务业而言，从 2017 年开始，我国服务业增加值占 GDP 比重连续超过 50%，成为国内第一大规模产业，并且年增长速度一直高于全国 GDP 总体增速，预计到 2025 年服务业增加值占 GDP 比重将达到 60%。服务业作为经济增长的强大驱动力，发展前景广阔。但是我们也必须看到，我国服务业急需从规模型增长向质量型增长转变，支撑服务业发展的国家质量基础设施（NQI）从结构、数量和质量上看，与产业高质量发展的要求仍有较大差距。

标准化是服务业高质量发展的基础性保障。服务业质量标准化工作是强化政府宏观质量管理，增强服务型组织服务能力，促进行业质量、效益和水平提升的重要基础性工作。质量认证是国际通行、社会通用的质量管理手段和贸易便利化工具，其本质属性是"传递信任、服务发展"。随着人民对工作、居住环境及生活品质需求的提升，物业服务越来越多地引起社会的广泛关注。其中，公共建筑作为我国区域经济发展的重要载体，对物业服务提出了更新、更高的要求。虽然国家层面有《物权法》和《物业管理条例》等上位法对物业管理服务从行业角度进行整体性规范，但目前仍缺乏统一的、可操作性强的物业服务评价认证标准。基于此，从与人民工作生活息息相关、基础条件相对成熟、高质量发展社会需求强烈的公共建筑物业基础服务入手，联合业内相关专家共同研究编制了《公共建筑物业基础服务认证标准》（以下简称《标准》），旨在为公共建筑物业服务评价认证工作提供指导性技术依据，为公共建筑物业服务组织改进与提升服务能力提供规范性参考。

2　内容解析

总体来看《标准》共分为四大部分：第一部分类似于总则概述，明确了《标准》编制的目的和适用范围、物业服务和公共建筑的术语与定义；第二部分内容为认证评价指标，针对公共建筑物业的基本特点，构建了物业基础服务的三级评价指标体系；第三部分是评价指标的应用，确立了利用评价指标得出评价结果的基础算法，通过建立各级评价指标及综合评价的加权平均计算公式，给出了对各级指标数据的处理方法；第四部分为认证程序，结合认证认可行业的一般性规范化流程要求，对公共建筑物业基础服务认证流程分阶段分步骤地给予规定及其说明。

2.1　物业服务

《标准》中明确了"物业管理"的基本定义。从定义中可以看出，"物业服务"与"物业管理"是两个不同的概念。物业管理是业主通过选聘物业服务企业，由业主和物业服务企业按照物业服务合同约定，对房屋及配套设施设备和相关场地进行维修、养护、管理，维护相关区域内的环境卫生和秩序的活动。物业服务则是企业或者其他管理人根据业主的委托管理建筑区划内的建筑物及其附属设施（设备和场地）并接受业主的监督。

可见，物业管理和物业服务所涉及的主体关系和活动范围存在明显不同。从广义上讲物业管理是业主对不动产物业进行的所有管理活动，其中委托物业服务企业进行物业服务可视为物业管理活动中的一项工作内容与组织形式。物业服务是第三方的服务组织接受业主委托开展的物业管理服务行为。《标准》是针对物业服务内容评价认证所做出的一般通用性要求。

2.2 公共建筑

《标准》中规定公共建筑指供人们进行各种公共活动的建筑。具体包括办公建筑、商业建筑、旅游建筑、科教文卫建筑、通信建筑以及交通运输类建筑等建筑类型。公共建筑作为民用建筑中的重要不动产类型，承担着重要的社会功能。《标准》从公共建筑的基础功能特点和物业服务的基本需求出发，对公共建筑物业基础服务标准做出了原则性的规定。

2.3 评价指标

《标准》中评价指标的构建遵循"全面、普适、可衡量、可验证"的基本原则，按照服务资源、服务过程和服务结果的全流程闭合式思维建立起三个一级评价指标。针对各个服务阶段的内容特点，在三个一级评价指标下分别建立相应的二级评价指标，涉及每个阶段所必需的文件构成、行为活动、区域部位等内容环节。在二级评价指标的基础上作了进一步分解细化，建立起可衡量、易验证的三级评价指标，三级评价指标更加具体，由物业服务的基础工作内容组成。通过三级评价指标的构建，共同构成了一套相对完整的公共建筑物业基础服务认证评价指标体系（图1）。

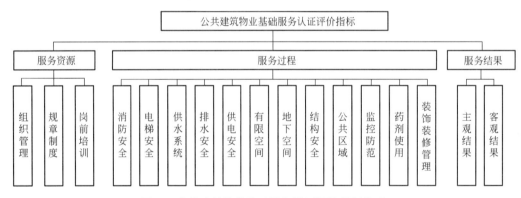

图 1　公共建筑物业基础服务认证评价指标体系

2.4 指标计算

在系统构建起公共建筑物业基础服务认证评价指标体系的基础上，《标准》对指标数据的计算处理方法做出了明确规定。首先需要根据不同的公共建筑物业服务类型，结合项目实际特点、性质与需求，对各项指标分别设定不同的分值，并赋予相应的权重系数。之后通过对三级评价指标符合性程度的评估分析和分别打分，利用加权平均求和的方法层层计算得分，最终汇总得出公共建筑物业项目的综合评价得分，作为评价认证结果直接可量化与可视化的基础依据。

2.5 认证程序

《标准》依据《合格评定产品、过程和服务认证机构要求》GB/T 27065 及其他相关标准规范的规定性要求，对公共建筑物业基础服务认证的基本程序做了规定。《标准》中规定的认证程序主要包括：认证准备工作、确立认证模式、得出认证结果和获证后的监督。

（1）认证准备

在认证准备阶段，需要明确认证评价的对象及受理服务认证申请。申请服务认证的组织应按照材料清单要求向认证机构真实、完整地提交规定的基本信息，认证机构据此进行前期评审，评估申请组织的主体资格、基础能力以及其他法律法规所要求具备的基本条件，做出申请组织是否符合受理条件的判断。在此基础上，认证机构与申请组织本着平等自愿的原则签订服务认证协议，在协议中双方书面确认认证所覆盖的内容范围，明确双方的责任、权利、义务。《标准》对服务认证协议的基本内容也通过附录的形式做了详细具体的规定。

（2）认证模式

采取科学、恰当、适用的认证模式是质量认证工作顺利实施的前提。同样，在公共建筑物业基础服务认证工作开展前，认证机构首先需要确立开展服务认证所应采取的认证模式。由于《标准》是类似于通则的一般框架性要求，所以在真正开展认证业务过程中还应依据具体的认证实施规则及双方协议来实际确立相应的具体认证模式，以此来保障认证项目的执行。《标准》中提供了三种可供选取采用的服务审查模式：公开的服务特性检验（模式 A）、既往服务足迹检测或感知验证（模式 B）、顾客调查或功能感知（模式 C）。物业服务认证应针对特定对象的服务特性，并根据服务类型、风险程度、技术难度等条件选择相适应的控制模式和认证模式。具体来讲，可选择审查模式中的一种或几种的组合作为认证项目所采用的认证模式。

（3）认证结果

认证结果即服务认证活动经过一系列认证程序所体现的表达成果。具体指认证机构按照认证实施规则和认证流程完成认证决定后，最终向服务认证申请方和社会所公开交付的信用背书所应体现的基本内容。针对质量认证工作的操作规律及公共建筑物业基础服务认证的项目特点，同时遵循《认证认可条例》和《认证机构管理办法》等法律法规文件对认证结果的一般性规定，公共建筑物业基础服务认证最终通过认证证书和认证标志来呈现认证结果。具体包括获得认证组织的基本信息、认证机构的信息与认证标志、认证所覆盖的范围与认证等级、认证依据、证书编号、发证日期与有效期等。认证证书基本信息按照要求需要向认证行业主管机构（认监委）信息平台进行备案，接受社会各方的信息检索验证。

（4）认证监督

为了使公共建筑物业基础服务具有持续性的质量保证能力，保持服务过程的一致性，需要对获得服务认证的组织进行过程监督。获证后的监督频次为每年一次，年度监督审查的重点为两次审查时间段内的变化情况。

3　亮点与创新点

（1）拓展了服务认证的领域范围。

服务业虽然已成为我国产值规模最大的产业形态，但是服务质量认证在我国仍处于培育起步阶段，与当前追求服务品质、促进高质量发展及构建和谐社会的要求不相适应。据中国认证认可协会（CCAA）统计（图 2），截至 2022 年 2 月，全国认证机构共发放有效服务认证证书 5.4 万张，仅占全部有效认证证书数量的 1.76%。服务认证领域也局限于体育场所服务等有限的几类国推认证，一般服务认证乏善可陈。服务认证的实施基础依赖于各领域服务评价认证标准的制定，《标准》的制定为公共建筑物业基础服务认证提供了技术依据，也有效地促进了服务认证市场领域范围的进一步拓展。

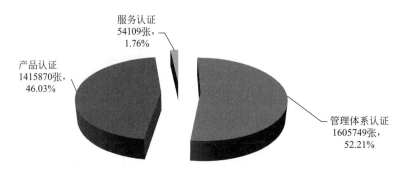

图 2　全国认证证书领域分布（截至 2022 年 2 月 CCAA 数据）

（2）构建了科学的评价指标体系。

《标准》的编制结合我国物业管理与物业服务的发展现状，以物业管理的学科理论和基础研究为技术依托，与物业服务的市场运行和工作实践充分结合。《标准》编制过程中进行了充分的调查研究，多方面听取了业内专家建议，构建出一套覆盖范围广、内容全面适用、逻辑关系严谨的评价指标体系。评价指标的设置注重通用性和可操作性，充分考虑易于执行与市场化推广，为各认证机构配套建立针对细分物业的认证实施规则提供了根本性的依据，同时也为物业服务与服务认证领域进一步向居住建筑、绿色建筑、健康建筑等方面的横向及纵向拓展奠定了基础。

4　标准实施展望

《标准》的实施有助于强化物业管理服务行业对标准化工作重要性的认识，可以充分发挥标准的引领作用，增强物业管理服务行业对国家标准化战略的理解。公共建筑物业服务涉及办公、商业、医疗、教育、交通等多个细分领域，研究建立统一的公共建筑物业基础服务标准将在物业管理行业标准化体系建设中发挥重要作用。

《标准》的实施可以加快服务认证实施路径和标准化工作激励机制的研究，有助于全社会物业服务意识的提升及城市形象的统一。当前公共建筑物业服务内容相似度高，但服务标准不统一，没有形成统一的社会服务特点。《标准》的编制将推动有关机构加快对物业服务相关运行机制的研究，为物业服务达成社会性共识奠定基础。

《标准》的实施将有助于物业服务认证工作的落地推广，从而充分发挥质量认证对服务业质量提升的重要作用。服务认证具有市场传导反馈作用，依据统一标准对供应商提供的服务进行效果评估可以起到指导作用，并有效引导业主对服务业的市场集中采购。同时，通过服务认证的监督评价作用，可以减少政府对市场的直接干预，提高市场监管效能。从更大的视角来看，服务认证信息可以作为诚信评价和征信管理的重要依据，从而可以健全市场信任机制和优化市场环境，助力我国服务业经济"走出去"，推动建立既有中国特色又与国际接轨的现代管理模式。

作者：路金波（中国建筑科学研究院有限公司认证中心）

第四篇　标准应用篇

《国家标准化发展纲要》提出，强化标准实施应用，完善认证认可、检验检测、政府采购、招标投标等活动中应用先进标准机制，推进以标准为依据开展宏观调控、产业推进、行业管理、市场准入和质量监管；按照国家有关规定，开展标准化试点示范工作，完善对标达标工作机制，推动企业提升执行标准能力，瞄准国际先进标准提高水平。

住房城乡建设进入新发展阶段，围绕住房和城乡重点工作，强化工程建设标准实施应用、创新推动工程示范引领作用、完善和提升标准水平是保障工程建设高质量发展的必然。在工程建设活动全过程中贯彻执行标准，让标准更好地在工程中得以应用，是保障工程质量的重要环节。

标准应用篇，从多角度收录了标准应用研究与分析文章 12 篇，这些标准应用经验、案例分析与思考，对提升工程建设标准质量及实施应用效果具有重要指导意义。

《绿色建筑评价标准应用实践》围绕国家标准《绿色建筑评价标准》GB/T 50378—2019 在 11 个项目上的应用情况，从安全耐久、健康舒适、生活便利、资源节约、环境宜居、提高与创新六个方面对这些建筑项目的绿色性能进行了全面评价。该评价标准在 11 个绿色建筑标识项目上的成功落地应用，将为推动我国绿色建筑高质量发展起到示范推广的作用。《中国百年住宅建设理论方法、技术标准与应用实践》回顾了中国百年住宅的发展历程，探讨了《百年住宅建筑设计与评价标准》为浙江宝业新桥风情百年住宅项目建设成为具有新时期舒适健康产品性能和全寿命期长久价值的可持续住宅，提供了有力的技术支撑。该标准对我国百年住宅的研发与实践、设计与建造，以及新型住宅工业化设计建造通用体系的构建发挥了顶层设计和积极指导作用。《绿色城市轨道交通建筑评价标准应用实践》重点介绍了上海轨道交通 14 号线在规划、设计、施工及运营的各阶段，依托于《绿色城市轨道交通建筑评价标准》贯彻执行高标准的"绿色轨交"理念，坚持以被动优先、主动辅助、以人为本、因地制宜的原则，打造了全国首条绿色地铁示范线，为未来轨道交通的绿色建设提供了技术示范。《湖北省绿色建筑评价标准应用实践》结合两个实际项目案例，印证了地方标准《绿色建筑设计与工程验收标准》DB42/T 1319—2021 对湖北省绿色建筑高质量发展的引领作用。湖北省自 2018 年以来，城镇新建民用建筑全面实施该地方标准，基本实现了绿色建筑设计阶段全覆盖。《装配整体式叠合混凝土结构地下工程防水技术规程应用实践》结合《装配整体式叠合混凝土结构地下工程防水技术规程》T/CECS 832—2021 在湖南省长沙市四个项目的实践证明该规程的应用有利于提高地下室的施工效率，提高防水施工质量，极大地减少现场人工需求，体系整体工业化程度高，大幅降低能源消耗，减少材料损耗，且工厂集中生产，有利于实现四节一环保的要求，具有积极的经济效益、社会效益及环境效益。《建设工程司法鉴定中标准应用实践》系统分析了建设工程司法鉴定标准化现状与问题，结合建设工程司法鉴定中标准的应用实例进行研究探讨，提出了建设工程司法鉴定标准体系构建的建议。《工程上浮事故相关技术标准应用实践》结合三个判决案例以及研讨过程中的思考，从工程技术和司法审判角度，剖析工程技术标准对上浮事故法律责任划分的影响。《建筑机器人 CR 认证实施规则及其认证依据标准应用

实践》 主要介绍了填补了国内外建筑机器人标准空白的系列文件《建筑机器人 CR 认证实施规则及其认证依据标准》的发布历程和应用实践情况，提出了有关思考和建议。**《建工领域检验机构能力验证族群体系应用实践》** 着重介绍了《建工领域检验机构能力验证族群体系》的引领作用。随着该标准的广泛应用，将能有效提高参加机构的技术水平、发现建工检验行业现状和薄弱点、区分机构能力水平，为行业监管机构提供技术支撑，为国家工程建设的高质量发展作出贡献。**《城镇燃气管网泄漏评估技术规程应用实践》** 着重介绍了在针对河南安阳燃气管网泄漏开展评估试验实际案例中，依据《城镇燃气管网泄漏评估技术规程》T/CCES 24—2021 中的量化指标，对燃气泄漏检测数据进行危险等级划分，进而可以划分出评估单元的危险等级，最后针对评估区域内的各评估单元风险状况得出评估结论，并给出整改建议，为燃气企业的管网安全运营和政府部门监管城镇燃气安全提供技术标准化的支撑。**《地下连续墙技术标准应用实践》** 结合上海世博 500kV 地下变电站、上海中心大厦、上海轨道交通 13 号线淮海中路站、上海市苏州河段深层排水调蓄管道系统工程 4 个案例，分析了地下连续墙技术相关国家标准、行业标准、团体标准、地方标准等在满足发展及应用的需求方面存在的问题。**《集成式卫生间技术标准应用实践》** 结合行业标准《装配式整体卫生间应用技术标准》JGJ/T 467—2018 编制时所进行的行业调研，结合所参与的工程项目经验来探讨了集成式卫生间的设计和应用要点。

标准化的经济效益要靠实施标准来获得，标准实施是工程建设标准化的关键环节。本篇通过对行业有代表性国标、行标、地标及团标工程应用、业务支撑等介绍，可以使读者更好地建立标准实施应用价值认识，从而更加明晰标准的社会价值，全面参与和支撑建筑工程标准化工作，进而强化工程建设标准实施应用，完善和提升标准水平。

Part Ⅳ   Application of Standards

It is proposed in the *National Standardization Development Outline* that we should strengthen the implementation and application of standards, improve the mechanism for applying advanced standards in certification and accreditation, inspection and testing, government procurement, tendering and bidding and other activities, and promote standard-based macro control, industry upgrading, industry management, market access and quality regulation; we should also, in accordance with the relevant regulations of the state, carry out pilot demonstration for standardization, improve the working mechanism of benchmarking and alignment, encourage enterprises to enhance their standard execution capability, and level up according to international advanced standards.

With housing and urban-rural development entering a new stage, it is necessary, by focusing on the key work of housing and urban-rural development, to strengthen the implementation and application of engineering construction standards, adopt new approaches to give play to the leading role of engineering demonstration, and improve the standard level, so as to ensure the high-quality development of engineering construction. We should implement appropriate standards throughout engineering construction activities to fulfill engineering application of the standards, which is an important link for us to assure engineering quality.

This part contains 12 research and analysis articles on the application of standards from multiple perspectives. The experience, case analysis and thoughts relating to the application of standards will be guiding for improving the quality of engineering construction standards and the effect of their implementation and application.

"Application Practices of the Assessment Standard for Green Building", based on the application of the national standard GB/T 50378—2019 *Assessment standard for green building* in 11 projects, comprehensively evaluates the green performance of these building projects in terms of safety and durability, health and comfort, living convenience, resource conservation, environmental livability, and improvement and innovation. The successful application of the assessment standard in 11 green building label projects will foster the high-quality development of green buildings in China as a demonstration for generalization. **"Theoretical Methods, Technical Standards and Application Practices in the Construction of Long-life Sustainable Housing in China"** reviews the development course of long-life sustainable housing in China, and explores how the *Design and assessment standard for long-life sustainable housing* has provided strong technical support for building Zhejiang Baoye River View Garden Long-life Sustainable Housing Project into a sustainable housing with the comfort and health product performances in the new era and lasting value in its full life cycle. The standard serves as a top-level design and active guidance in the R&D and practice, and design and construction of long-life sustainable housings in China, as well as the building of a general system for industrialized design and construction of new housings. **"Application Practice of the Assessment Standard for Green Urban Rail Transit Building"** details how the planning, design, construction and operation of Shanghai Rail Transit Line 14 conform to the high-standard "green rail transit" concept and the principles of "passive design supplemented by active design, people-orientation and adaption to local conditions" based on the *Assessment standard for green urban rail transit building*, so as to turn Line 14 into the first green subway demonstration line in China, which provides technical demonstration for the green construction of rail transit in the future. **"Application Practice of the Green Building Standard in Hubei Province"** confirms the guiding role of the provincial standard DB42/T 1319 *Design and acceptance standard for green building construction* in the high-quality development of green buildings in Hubei Province with two practical project cases. Since 2018, the provincial standard has been implemented across the board in new civil buildings in cities and towns of Hubei Province, basically achieving full coverage in green building design stage. **"Application Practice of Technical Specification for Waterproofing of Underground Works of Precast Monolithic Composite Concrete"**, based on the application of T/CECS 832—2021 *Technical specification for waterproofing of underground works of precast monolithic composite concrete structure* in four projects in Changsha City, Hunan Province, proves that the application of the specification enhances the construction efficiency of the basement, improves the construction quality of waterproofing works, and greatly reduces the on-site labor demand, and that the system is highly industrialized on the whole, thus greatly reducing energy consumption and material loss, and moreover, concentrate production in the factory is conducive to realizing the requirements of energy saving, land saving, water saving, material saving and environmental protection, and brings about positive economic, social and environmental benefits. **"Application Practice of Standards in Judicature Appraisal for Construction Engineering"** systematically analyzes the current status and problems of the standardization of judicature appraisal for construction engineering, explores with the cases that apply standards in judicature appraisal for construction engineering, and puts forward suggestions on building a system of standards in this aspect. **"Application Practice of Technical Standards in Basement Floating-up Accidents"**, with three cases subject to court decision and thoughts in the exploration process, analyzes the influence of engineering technical standards on the division of legal liability for basement floating-up accidents from the perspectives of engineering technical standards and judicial trial. **"Application Practice of the Implementation Rules for China Robot Certification of Construction Robots"** mainly introduces the issuance process and application practice of the series documents *Implementation rules for China robot certification of construction robots and reference standards for certification*, which have filled the gap of construction robot standards at home and abroad, and puts forward relevant thoughts and suggestions. **"Application Practice of Proficiency Testing Program System of Inspection Bodies in Construction Engineering Field"** focuses on the leading role of the *Proficiency testing program system of inspection bodies in construction engineering field*. With the extensive application of the standard, it will effectively improve the technical level of participating bodies, reveal the current status and weak points of the construction engineering inspection industry, differentiate the capability levels of the bodies, provide technical support for the regulators of the industry, and contribute to the high-quality development of engineering construction in China. **"Application Practice of the Technical**

Specification for Leak Assessment of City Gas Piping System" studies the case of leak assessment test for the gas piping system in Anyang City, Henan Province. In the case, the gas leak testing data was subject to hazard rating according to the quantitative indexes specified in T/CCES 24—2021 *Technical specification for leak assessment of city gas piping system*. On this basis, the assessed units were subject to hazard rating. Finally, the assessment conclusion was drawn according to the risk status of the assessed units in the assessed area, with rectification suggestions given, thus providing technical standardization support for the safe operation of the piping system of gas enterprises and the regulation of city gas safety by government departments. **"Application Practice of Technical Standards for Underground Diaphragm Wall"** analyzes the problems facing national, professional, group and provincial standards related to diaphragm wall technology in meeting the needs of development and application with the cases of Shanghai 500 kV World Expo Underground Substation, Shanghai Tower, Middle Huaihai Road Station of Shanghai Rail Transit Line 13 and the Suzhou Creek Deep Drainage Storage Pipeline System Project. **"Application Practice of Technical Standard for Assembled Bathroom Unit"** explores the key design and application points of the assembled bathroom unit based on the industry research conducted during the preparation of the professional standard JGJ/T 467—2018 *Technical standard for application of assembled bathroom unit* as well as experience gained in engineering projects.

The economic benefit of standardization depends on the implementation of the standards, the key link of engineering construction standardization. By introducing the engineering applications and supported work of representative national, professional, provincial and group standards in the industry, this part may enable readers a better understanding of the implementation and application value of standards and thus they will be aware of the social value of standards, fully involve in and support building engineering standardization, which will strengthen the implementation and application of engineering construction standards, improve and elevate the standard level.

绿色建筑评价标准应用实践

Application Practices of the Assessment Standard for Green Building

1 概述

中国绿色建筑实践工作经过十余年的发展，国家、政府及民众对绿色建筑的理念、认识和需求均大幅提高，在法规、政策、标准三管齐下的指引下，中国绿色建筑评价工作发展效益明显。截至 2019 年 12 月，全国共评出绿色建筑标识项目超过 1.98 万个，全国累计新建绿色建筑面积超过 50 亿 m²。

中国绿色建筑的蓬勃发展离不开中央和地方政府的强有力举措，多项法规、政策、标准的颁布使绿色建筑经历了由推荐性、引领性、示范性到强制性方向转变的跨越式发展。2020 年 7 月，住房和城市建设部、国家发改委、工信部等七部门联合印发《绿色建筑创建行动方案》提出"到 2022 年，当年城镇新建建筑中绿色建筑面积占比达到 70%"的创建目标。此外，中国正在积极推动绿色建筑立法，目前江苏、浙江、宁夏、河北、辽宁、内蒙古、广东 7 个省（区）已颁布地方绿色建筑条例，山东、江西、青海等省颁布绿色建筑政府规章，未来绿色建筑工作的开展将迎来更加强有力的法律支撑。

然而，中国绿色建筑的实践在绿色生态文明建设和建筑科技的快速发展进程中仍不断遇到新的问题、机遇和挑战。在此背景下，国家标准《绿色建筑评价标准》GB/T 50378（以下简称《标准》）全面贯彻了绿色发展的理念，丰富了绿色建筑的内涵，内容科学合理，与现行相关标准相协调，可操作性和适用性强，作为中国绿色建筑实践工作中最重要的标准，十余年来经历了"三版两修"。为响应新时代对绿色建筑发展的新要求，2018 年 8 月在住房和城乡建设部标准定额司下发的《关于开展〈绿色建筑评价标准〉修订工作的函》（建标标函〔2018〕164 号）的指导下，中国建研院召集相关单位开启了对《标准》第三版的修订工作。2019 年 3 月 13 日，住房和城乡建设部正式发布国家标准《绿色建筑评价标准》GB/T 50378—2019，《标准》已于 2019 年 8 月 1 日起正式实施。

2 修订概况

《标准》结合新时代的需求，坚持"以人文本"和"提高绿色建筑性能和可感知度"的原则，提出了更新的"绿色建筑"术语：即在全寿命周期内，节约资源、保护环境、减少污染，为人们提供健康、适用、高效的使用空间，最大限度地实现人与自然和谐共生的高质量建筑（对应《标准》第 2.0.1 条）。

在新术语的基础上，《标准》将建筑工业化、海绵城市、健康建筑、建筑信息模型等高新建筑技术和理念融入绿色建筑要求中，扩充了有关建筑安全、耐久、服务、健康、宜居、全龄友好等内容的技术要素，通过将绿色建筑与新建筑科技发展紧密结合的方式，进一步引导和贯彻绿色生活、绿色家庭、绿色社区、绿色出行等绿色发展的新理念，从多种维度上丰富了绿色建筑的内涵。

为了将《标准》内容与建筑科技发展新方向更好地结合在一起，基于"四节一环保"的约束，《标准》重新构建了绿色建筑评价技术指标体系：即安全耐久、健康舒适、生活便利、资源节约、环境宜居（对应《标准》第3.2.1条及第4~8章），体现了新时代建筑科技绿色发展的新要求。

此外，《标准》还针对绿色建筑评价时间节点、性能评级、评分方式、分层级性能要求等方面做出了更新和升级。《标准》的落地实施将对促进中国绿色建筑高质量发展、满足人民美好生活需要起到重要作用。

3　新国标项目应用概况

《标准》作为中国绿色建筑评价工作的重要依据，是规范和引领中国绿色建筑发展的根本性技术标准。此次修订之后的新《标准》将与《绿色建筑标识管理办法》（建标规〔2021〕1号）相辅相成，共同推进绿色建筑评价工作高质量发展。同时，《标准》发布后，为了更好地适应中国绿色建筑的发展趋势，各级地方政府、多家评价机构均积极开展基于《标准》的评价工作办法修订工作，保障评价工作顺利开展。《标准》从启动修编到发布实施，一直备受业界关注。

3.1　项目概况

截至2020年底，全国范围内已有11个项目按新国标进行评价（包含2个预评价项目）。项目的落地标示着中国绿色建筑3.0时代的到来。下文将基于中国新国标项目，结合《标准》修订重点，分析《标准》应用情况。

新国标项目基本情况列表　　　　　　　　　　　　　　　　　　表1

项目编号	建筑类型	标识星级	所在地区	气候区	建筑面积（万 m²）	最终得分
1	公共建筑	三星级	华东	夏热冬冷	0.57	88.6
2	居住建筑	三星级	华东	夏热冬冷	9.41	86.0
3	居住建筑	三星级	华东	夏热冬冷	6.23	85.7
4	公共建筑	三星级	华北	寒冷	5.35	85.0
5	居住建筑	二星级	华东	夏热冬冷	6.04	80.9
6	公共建筑	三星级	华南	夏热冬暖	13.82	84.8
7	公共建筑	三星级	华北	寒冷	2.20	90.7
8	公共建筑	三星级	华北	寒冷	2.10	94.1
9	公共建筑	三星级	华北	寒冷	2.30	90.4
10	居住建筑	一星级	华北	寒冷	21.90	67.4
11	居住建筑	二星级	华南	夏热冬冷	15.61	73.7

11个项目（详见表1）在地理上涵盖了华北、华东和华南等地区，在气候区上覆盖了寒冷地区、夏热冬冷地区和夏热冬暖地区，在建筑功能上囊括了商品房住宅、保障性住房、综合办公建筑、学校、多功能交通枢纽、展览建筑等多种类型。从项目的得分情况及标识星级可以看出，三星级标识项目占比较大，该批项目的功能定位、绿色性能综合表现均具有较强的代表性，从一定程度上体现了《标准》引导中国建筑行业走向高质量发展的定位。

3.2 应用情况

此次《标准》修订中建立的评价指标体系从五大方面全面评价建筑项目的绿色性能，图1展示了11个新国标项目在"安全耐久、健康舒适、生活便利、资源节约、环境宜居、提高与创新"六大章节最终得分雷达图，为分析《标准》评价指标体系的实践情况，将资源节约章节得分换算为百分制后研究。

5类绿色建筑性能指标的得分情况体现了各要素综合技术选用情况与成效水平，同时也在一定程度上体现了不同章节的得分难易差别。可以看出九个项目的5类绿色建筑性能指标得分整体较为均衡，除了作为建筑基础要素的"安全耐久"（平均得分率68%）外，"健康舒适（平均得分率78%）"和"生活便利（平均得分率64%）"两个章节作为体现绿色建筑以人为本、可感知性的特色指标，也具有较高的得分率，可见新国标项目在选用技术体系及实践落地的过程中更加关注绿色建筑性能的健康、舒适、高质量等特性。

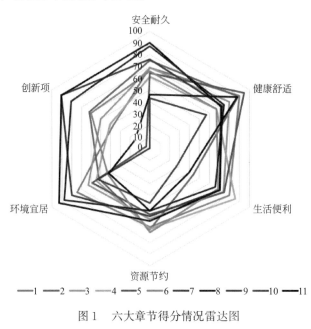

图1 六大章节得分情况雷达图

（1）安全耐久性能

11个新国标项目的"安全耐久"章节平均得分率为68%。安全作为绿色建筑质量的基础和保障，一直是建筑行业最关心的基本性能。此次修编，在"以人为本"的理念的引导下，《标准》从全领域、全龄化、全寿命周期三个维度对绿色建筑的安全耐久性能提出了具体要求。《标准》将该章节评分项分为"安全"和"耐久"两个部分，其中新增条文数占比70%，相比于上一版标准，《标准》新增的12条均为针对强化人的使用安全的条文，如"4.1.6条对卫生间、浴室防水防潮的规定""4.1.8条对走廊、疏散通道等通行空间的紧急疏散和应急救护的要求""4.2.2条对保障人员安全的防护措施设置的要求"等。

以《标准》4.2.2条为例，条文提出绿色建筑采取保障人员安全的防护措施，从主动防护和被动设计两个层面全面提高人员安全等级。某高层公共建筑项目通过在七层以上建筑中采用钢化夹胶安全玻璃、在门窗中采用可调力度的闭门器和具有缓冲功能的延时闭门器的方式防止夹人伤人事故的发生。

（2）健康舒适性能

"健康舒适"章节主要评价建筑中空气品质、水质、声环境与光环境、室内热湿环境等关键要素，重点强化对使用者健康和舒适度的关注，同时提高和新增了对室内空气质量、水质、室内热湿环境等与人体健康息息相关的关键指标的要求。此外，通过增加室内禁烟、选用绿色装饰装修材料产品、采用个性化调控装置等要求，更多的引导开发商、设计建设方及使用者关注健康舒适的室内环境营造，以提升绿色建筑的体验感和获得感。

11 个新国标项目均以打造健康舒适的人居环境为目标，通过采用科学高效的采暖通风系统、全屋净水系统、高效率低噪声的室内设备、高隔声性能的围护结构材料、有效的消声隔振措施、节能环保的绿色照明系统等方式提升绿色建筑中室内环境的健康性能，进而提高用户对建筑绿色性能的可感知性。

（3）生活便利性能

"生活便利"章节侧重于评价建筑使用者的生活和工作便利度属性，《标准》将其分为"出行与无障碍""服务设施""智慧运行"和"物业管理"。作为 11 个新国标项目中得分率第三位的指标，该章节从建筑的注重用户及运行管理机构两个维度对绿色建筑的生活便利性提出了全面的要求。全章共设置 19 条条文，具体包括对电动汽车和无障碍汽车停车及相关设施的设置要求、开阔场地步行可达的要求、合理设置健身场地和空间的要求等，此外顺应行业和社会发展趋势，进一步融合建筑智能化信息化技术，增加了对水质在线监测和智能化服务系统的评分要求。

11 个新国标项目通过采用新型智能化技术打造便利高效的生活应用场景，某综合办公建筑通过采用建筑智能化监控系统，实现了对建筑室内环境参数的监测（包括室内温湿度、空气品质、噪声值等），同时还将对暖通、照明、遮阳等系统智能控制的功能集成起来。智能化的建筑监控系统结合完善的物业管理服务，为绿色建筑中用户、运营方提供了更加便利的绿色生活方式。某绿色住宅项目中采用智慧家居系统，实现了对建筑内灯光场景一键调用、全区覆盖智能安防、可视对讲搭配 APP、移动设备端多渠道操作、室内外环境数据实时监测发布、电动窗帘一键开关等功能，智能系统在住宅中的多维度应用让用户享受到现代生活气息，全面提升了建筑中用户的幸福感和感知度。

（4）资源节约性能

"资源节约"章节包含"节地、节能、节水、节材"四个部分，在 2014 版"四节"的基础上，《标准》在"基本规定"中增加了对不同星级评级的特殊要求，如提高建筑围护结构热工性能或提高建筑供暖空调负荷降低比例、提高严寒和寒冷地区住宅建筑外窗传热系数降低比例、提高节水器具用水效率等级等。

此外，除了沿用和提高 2014 版的相关技术指标，《标准》还提出了创新的资源节约要求，如在"节能"中，《标准》新增提出应根据建筑空间功能设置不同的分区温度，在门厅、中庭、走廊以及高大空间等人员较少停留的空间采取适当降低的温度标准进行设计和运营，可以进一步通过建筑空间设计达到节能效果。以建筑中庭为例，其主要活动空间是中庭底部，因此不必全空间进行温度控制，而适用于采用局部空调的方式进行设计，如采用空调送风中送下回、上部通风排除余热的方式。

（5）环境宜居性能

"环境宜居"章节相比于"健康舒适"而言更加关注建筑的室外环境营造，如室外日照、声环境、光环境、热环境、风环境以及生态、绿化、雨水径流、标识系统和卫生、污染源控制等。绿色建筑室外环境的性能和配置，不仅关系到用户在室外的健康居住和生活便利感受，同时也会影响到建筑周边绿色生态和环境资源的保护效果，更为重要的是，室外环境的营造效果会叠加影响建筑室内环境品质及能源节约情况。因此，"环境宜居"性能有助于提高建筑的绿色品质，让用户感受到绿色建筑的高质量性能。

以营造舒适的建筑室外热环境为例，《标准》控制项 8.1.2 条中要求住宅建筑从通风、遮阳、渗透与蒸发、绿地与绿化四个方面全面提升室外热环境设计标准，公共建筑则需要计算热岛强度。此外，《标准》在控制项中新增了对建筑室内设置便于使用和识别的标识系统的要求。由于建筑公共场所中不容易找到设施或者建筑、单元的现象屡见不鲜，设置便于识别和使用的标识系统，包括导向标识和定位标识等，能够为建筑使用者带来便捷的使用体验。在某学校建筑项目中，为确保学生及教职工的使用便利和安全，项目采用对教学楼内不同使用功能的房间设置醒目标识标注房间使用功能，对于机房、泵房及控制室等功能房间，设有"闲人免进""非公勿入"等标识的方式打造宜居的教学办公环境。

（6）提高与创新性能

为了鼓励绿色建筑在技术体系建立、设备部品选用和运营管理模式上进行绿色性能的提高和创新，《标准》设置了具有引导性、创新性的额外评价条文，并单独成章为"提高与创新"章节。其中，在上一版《标准》的基础上，此次修订主要针对进一步降低供暖空调系统能耗、建筑风貌设计、场地绿容率和采用建设工程质量潜在缺陷保险产品等内容进行了详细要求。

将 11 个新国标项目"创新与提升"章节得分汇总，取各项目条得分平均分与条文满分之比为"平均得分比例"，取各条文中 9 个项目得分数量比例为"条文得分率"，绘得如图 2 所示。

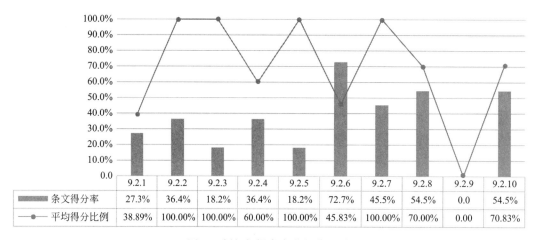

	9.2.1	9.2.2	9.2.3	9.2.4	9.2.5	9.2.6	9.2.7	9.2.8	9.2.9	9.2.10
条文得分率	27.3%	36.4%	18.2%	36.4%	18.2%	72.7%	45.5%	54.5%	0.0	54.5%
平均得分比例	38.89%	100.00%	100.00%	60.00%	100.00%	45.83%	100.00%	70.00%	0.00	70.83%

图 2　创新与提高章节得分汇总

"条文得分率"表示条文中各项目的得分比例，以"9.2.1 采取措施进一步降低建筑供暖空调系统的能耗"为例，"条文得分率"27.3% 表示 11 个项目中有三个项目此条评价得分；"平均得分比例"表示 11 个项目各条文的平均得分占该条文满分的比例，9.2.1 条满分 30 分，项目平均得分12 分，"平均得分比例"38.9%。两项指标的差异表示了各条文得分的难易和分值高低的分布情况。

分析图 2 可知，9.2.2、9.2.3、9.2.5、9.2.6 及 9.2.7 条，由于条文设置了不同等级的加分要求，出现了得分率与平均得分比例的差值，其中 9.2.3 条差异最大，表示该条文虽具有较高的平均得分比例，但是由于目前参评的项目中场地包含废弃场地及旧建筑的情况较为少见，因此该条文的得分率不高。

以 9.2.6 条"应用建筑信息模型（BIM）技术"为例，此条在"提高与创新"章节中具有最高的得分率。应用 BIM 技术的要求是在 2014 版的基础上发展而来的，同时《标准》中增加了对BIM 技术的细化要求。高得分率表示 11 个项目中采取 BIM 技术建造的项目占比较大，同时也反映了 BIM 技术在中国建筑行业的发展应用现状。以 11 个新国标项目中保障性住宅项目为例，该项目采用了装配式主体结构、围护结构、管线与设备、装配式装修四大系统综合集成设计应用，预制装配率达到了 61.08%，装配率达到了 64%，在充分发挥标准化设计的前提下，项目通过采用 BIM 技术，对各专业模型进行碰撞检查，将冲突在施工前已提前进行解决优化，确保了建筑项目的施工品质，实现了构件预装配、计算机模拟施工，从而指导现场精细化施工的目标。

提高与创新项 9.2.7 条要求参评项目"进行建筑碳排放计算分析，采取措施降低单位建筑面积碳排放强度"。11 个项目中，共有 5 个项目参评，平均得分率达 100%，体现了参评建筑项目在我国力争 2030 年实现碳达峰、2060 年实现碳中和的背景下，正在积极探索从建筑业层面推动减碳行动，同时通过参与《标准》评价工作进一步规范建筑碳排放计算分析方法和结果，为下一步建筑行业碳减排研究提供一线数据和经验。

4　关于新国标应用的几个突出特点

4.1　科学的评价指标体系提升了绿色性能

为提高绿色建筑的可感知性，突出绿色建筑给人民群众带来的获得感和幸福感，满足人民群众对美好生活的追求，《标准》修订过程中全面提升了对绿色建筑性能的要求，通过提高和新增全装修、室内空气质量、水质、健身设施、全龄友好等以人为本的有关要求，更新和提升建筑在安全耐久、节约能源资源等方面的性能要求，推进绿色建筑高质量发展。表 2 展示了 11 个项目在 16 个关键绿色建筑性能指标的成效平均值。

关键绿色建筑性能指标列表

表 2

关键性能指标	单 位	性能平均值
单位面积能耗	$kW \cdot h/(m^2 \cdot a)$	60.76
围护结构热工性能提高比例	%	30.11%
建筑能耗降低幅度	%	26.17%
绿地率	%	28.73%
室内 $PM_{2.5}$ 年均浓度	$\mu g/m^3$	19.12
室内 PM_{10} 年均浓度	$\mu g/m^3$	20.19
室内主要空气污染浓度降低比例	%	20.56%
室内噪声值	dB	40.37
构件空气声隔声值	dB	49.66
楼板撞击声隔声值	dB	57.50
可调节遮阳设施面积比例	%	70.41%
室内健身场地比例	%	1.80%
可再生利用和可再循环材料利用率	%	11.99%
绿色建材应用比例	%	36.43%
场地年径流总量控制率	%	74.64%
非传统水源用水量占总用水量的比例	%	32.15%

其中，在营造健康舒适的建筑室内环境方面，11 个绿色建筑项目的室内 $PM_{2.5}$ 年均浓度的平均值为 $19.12\mu g/m^3$，室内 PM_{10} 年均浓度的平均值为 $20.19\mu g/m^3$。相比于中国现阶段部分省市室内颗粒物水平而言，新国标项目的室内主要空气污染（氨气、甲醛、苯、总挥发性有机物、氡等）浓度降低平均比例超过 20%。可见其室内颗粒物污染得到了有效的控制。室内平均噪声值为

40.37dB，满足《标准》5.1.4 条控制项对室内噪声级的要求。在资源节约方面，11 个绿色建筑项目的围护结构热工性能提高平均比例为 30.11%，建筑能耗平均降低幅度为 26.17%，高于《标准》7.2.8 条满分要求。在提高绿色建筑生活便利性能方面，11 个绿色建筑项目的平均室内健身场地面积比例 1.8%，远高于《标准》6.2.5 条 0.3%的比例要求。

《标准》通过科学的绿色建筑指标体系和提高要求的方式，达到大幅提升绿色建筑的实际使用性能的目的。

4.2 合理的评价方式确保了绿色技术落地

为解决中国现阶段绿色建筑运行标识占比较少的现状，促进建筑绿色高质量发展，《标准》重新定位了绿色建筑的评价阶段。将设计评价改为设计预评价，将评价节点设定在了项目建设工程竣工后进行，结合评价过程中现场核查的工作流程，通过评价的手段引导中国绿色建筑更加注重运行实效。

11 个新国标项目中除两个预评价项目外的 9 个标识项目均处于已竣工/投入使用阶段，评价机构在现场核查的过程中全面梳理项目全装修完成情况、重大工程变更情况、外部设施安装质量、安全防护设置情况、节水器具用水效率等级、能耗独立分项计量系统、人车分流设计、无障碍设计等关键绿色技术的落实情况，并形成"绿色建筑性能评价现场核查报告"，为后期项目专家组会议评价奠定工作基础。

此外，为兼顾中国绿色建筑地域发展的均衡性和进一步推广普及绿色建筑的重要作用，同时也为了与国际上主要绿色建筑评价标准接轨，《标准》在原有绿色建筑一二三星级的基础上增加了"基本级"。"基本级"与全文强制性国家规范相适应，满足《标准》中所有"控制项"的要求即为"基本级"。

同时为提升绿色建筑性能，《标准》提高了对一星级、二星级和三星级绿色建筑的等级认定性能要求。申报项目除了要满足《标准》中所有控制项要求外，还需要进行全装修，达到各等级最低得分，同时增加了对项目围护结构热工性能、节水器具用水效率、住宅建筑隔声性能、室内主要空气污染物浓度、外窗气密性等附件技术要求。11 个新国标项目中 8 个为三星级项目，2 个为二星级项目、1 个为一星级项目，11 个项目均满足对应星级的基本性能要求，其中"围护结构热工性能的提高比例，或建筑供暖空调负荷降低比例"一条中，所有项目均采用降低建筑供暖空调负荷比例的方式参评，平均降低比例为 17.00%；"室内主要空气污染物浓度降低比例"平均值为 20.56%。在《标准》基本绿色建筑性能的指引下，项目更加关注能效指标、用水品质、室内热湿环境、室内物理环境及空气品质等关键绿色性能指标，为提升绿色建筑项目可感知性提供了保障。

4.3 以人为本的指标体系提高了用户感知度

在全新的评价指标体系中，"安全耐久"和"资源节约"章节侧重评价建筑本身建造质量和节约环保的可持续性能，"健康舒适""生活便利"和"环境宜居"章节则更加关注人民的居住体验和生活质量。指标体系的重新构建，凸显了建设初心从安全、节约、环保到以人为本的逐渐转变。

"以人为本"作为贯穿《标准》的核心原则体现在绿色建筑 5 大性能的多个技术要求中。在"安全耐久"章节中，《标准》通过设置多条新增控制项的方式提高了对建筑本体及附属设施性能的要求、对强化用户人行安全、提高施工安全防护等级的要求等。在"健康舒适"和"环境宜居"章节中，《标准》针对建筑室内外环境提出了全维度的技术要求，如温湿度、光照、声环境、空气质量、禁烟等，此类技术要求的增加和提升大幅度提高了用户对绿色性能的感知度，进而强化了人民在建筑中的幸福获得感。从 11 个新国标项目在"健康舒适""生活便利"章节中取得的较高得分率可以看出，项目更加重视建筑中以人为本的技术性能，为新时代绿色建筑高质量发展起到了示范作用。

5　结束语

绿色建筑标准作为建筑提升品质与性能、丰富优化供给的主要手段，是践行绿色生活、实现与自然和谐共生的重要硬件保障，同时也必将成为全产业链升级转型和生态圈内跨界融合的促成要素。《标准》的颁布实施承载了新型城镇化工作、改善民生、生态文明建设等方面绿色发展的重要使命，11个新国标绿色建筑标识项目的落地为推动中国绿色建筑高质量发展起到了示范推广的作用。

从《标准》正式发布以来，历时一年半时间，中国绿色建筑行业在《标准》的引领下向着高水平、高定位和高质量的方向稳步转型。《标准》作为住房和城乡建设部推动城市高质量发展的十项重点标准之一，不仅为中国建筑节能和绿色建筑的发展指明了新的方向，同时也充分体现了建筑与人、自然的和谐共生。绿色建筑作为人类生活生产的主要空间，未来势必将与智慧化的绿色生活方式相结合，为居民提供更加注重绿色健康、全面协同的建筑环境，从而真正实现绿色、健康可持续发展。

作者：孟冲[1,2]；韩沐辰[2]（1 中国建筑科学研究院有限公司；2 中国城市科学研究会）

中国百年住宅建设理论方法、技术标准与应用实践
Theoretical Methods, Technical Standards and Application Practices in the Construction of Long-life Sustainable Housing in China

1 总体情况

1.1 面向未来的我国住宅可持续发展课题

伴随着城镇化进程加速发展，住宅大规模批量建设、过度开发产生的环境问题日益凸显，我国建筑业受限于长期以来传统的生产方式，所产生的高能耗、高污染、高废物正在破坏着人与自然的和谐关系。

我国普通建筑和住宅设计使用年限为 50 年，然而实际住宅平均使用寿命只有 30～40 年，远低于国外发达国家的建筑寿命水平。大拆大建的背后是每年高达近万亿的财富损失。因此，推进建筑长寿化是解决我国既有住宅问题与未来住宅发展的当务之急，也是实现我国建设从资源消耗型向资产持续型转变的重大课题。

现阶段我国建筑业以传统生产建造方式为主，存在着工业化生产与产业化水平不高、建设方式粗放、技术创新不足、劳动力短缺、建筑安全质量存在隐患等问题。分析其原因，当前我国现代建筑产业化发展中的相关设计建造体系尚未完全确立，生产建造技术集成化程度低、缺乏完善的质量控制技术与建筑部件部品生产供应。因此，住宅建设应重点围绕建筑生产技术革新和建筑产业升级，促进我国建筑业摆脱传统路径的依赖和束缚，在建筑产业现代化发展中实现从传统人工"建造"阶段到现代工业"制造"阶段的跨越。

目前我国住宅产品供给在适用性能、环境性能、经济性能、安全性能、耐久性能等方面不尽如人意。从居住角度表现为墙皮脱落、卫生间漏水反味、房间隔声差、室内空气质量不佳、收纳空间不足和适老生活不便等问题。由于住宅设计建造思维与技术手段落后，项目建成投入使用后缺少可改造性和未来适应性，且不利于设备管线的维护更新。在我国房地产业进入存量与增量并行的时代，应从可持续发展建设的角度重新审视我国住宅产品供给模式，树立一种对社会形成长远资产、对每个居住者形成长久价值的建筑产品，构建面向未来的人居生活环境。

1.2 百年住宅的创立与发展

纵观国际可持续建设模式和住宅技术体系发展，以欧美国家为代表的"开放建筑"（Open Building）和以日本为代表的 SI 住宅（Skeleton and Infill）的理论方法不断演进，其建筑体系与技术实践也得到了长足发展。基于当前我国社会经济发展水平和建筑产业现代化发展，以开放建筑和 SI 住宅为基础，探索建筑产业现代化发展背景下的建设供给模式，构建绿色可持续建设体系，围绕住宅建筑系统集成的研发与实践，可促进我国建筑业生产建造方式转型升级与住宅建设发展模式转变。

2010 年，在中日百年住宅国际高峰论坛上，中国房地产业协会向全社会、全行业发起了《建设百年住宅的倡议》。2012 年 5 月 18 日，中国房地产业协会和日本日中建筑住宅产业协议会共同

签署了《中日住宅示范项目建设合作意向书》，就促进中日两国在住宅建设领域进一步深化交流、合作开发示范项目等达成一致意见，提出建设以建筑产业化的生产方式建设的长寿化、高品质、低能耗的"中国百年住宅"新型产品。项目实施委托中国建设科技集团股份有限公司（集团）的中国建标院负责示范项目的组织管理、技术研发和设计实施工作，并签约开展了第一批示范项目。2014 年第一个百年住宅示范项目上海绿地南翔崴廉公馆竣工，引起了全行业和社会的广泛好评；2015 年第二批、2017 年第三批示范项目陆续签约或建成；截至 2021 年底，全国示范项目总建筑面积已达百余万平方米。百年住宅以新理念、新模式、新标准、新体系引领我国当代新型住宅建设模式转型升级，力求通过突破我国长期以来建筑业传统生产建造方式束缚，解决我国城乡人居环境的建设瓶颈，实现面向未来的绿色可持续发展建设，见图 1。

1.3　百年住宅的理论方法与建设模式

梳理国际可持续建筑理论方法及住宅设计建造技术可以看到，开放建筑作为影响当代可持续建设发展模式和建筑工业化的基础性理论，其独特性在于以建设环境层级划分的思维将建筑问题纳入到更广阔的社会经济与人居环境系统中，实现了建筑主体的营建系统向填充体系统的多维度空间环境演进。日本建筑构法理论及其建筑通用体系，推动了世界建筑工业化和开放建筑方法从设计建造转向建筑生产论。随后产生了以建筑生产合理化思路解决住宅工业化技术与居住适应性问题的 KEP 体系、以系列化为典型特征的 NPS、作为日本住宅可持续建设的基础性成果 CHS 和标志性成果 KSI 住宅。基于此，20 世纪末日本进行了"环境共生住宅""资源循环型住宅"等一系列可持续住宅实践建设。21 世纪以来，日本政府提出的"200 年住宅"构想和长期优良住宅建设标准，构建了基于 SI 住宅体系的可持续发展建设模式和住宅建设技术，以实现具有能够沿用到下个 100 年的品质和与城市街区相协调的人居环境建设。

中国百年住宅正是基于国际视角的开放建筑和 SI 住宅绿色可持续建设理念与方法，聚焦结合我国建设发展现状和住宅建设供给方式，探索提出的一种面向未来的新型住宅建设模式与产品供给。以可持续居住环境建设理念为基础，通过建设产业化，实现建筑的长寿化、品质优良化、绿色低碳化，建设更具长久价值的人居环境，见图 2。

1.4　百年住宅的设计评价标准与通用体系

在百年住宅的 10 年发展中，《百年住宅建筑设计与评价标准》T/CECS—CREA 513—2018（以下简称《标准》）是其研发与实践的顶层设计。《标准》由中国工程建设标准化协会、中国房地产业协会统筹负责，中国建标院主编，联合全产业链 60 余家单位共同完成，于 2018 年 8 月 1 日起实施。《标准》的编制明确了百年住宅基本理念，构建了中国百年住宅设计标准和评价标准，将指导今后我国百年住宅的研发与实践、设计与建造，见图 2。

基于 SI 住宅体系，百年住宅构建了新型住宅工业化设计建造通用体系。以系统工程的思维与方法为指导，实现主体结构、外围护、设备管线与内装的系统集成，见图 2。其系统集成还体现在协同建筑、结构、机电和装修等全专业集成；统筹策划、设计、生产、施工和运维等全过程集成。

创立与发展	科研创新	学术交流	示范推广

国民经济和社会发展第十一个五年计划（2006～2010）
百年住宅的创建与探索

- 2006 国家"十一五"科技支撑计划课题《绿色建筑全生命周期设计关键技术研究》公寓示范项目
- 2008 住房和城乡建设部《中日JICA住宅合作研究》二十周年日本SI技术调研，国际可持续住宅调研
- 百年住居 LC（Lifecircle Housing System）工业化住宅体系
- 2010 住房和城乡建设部《CSI 住宅建设技术导则》发布
- 行业标准《装配式住宅建筑设计规程》立项（即《装配式住宅建筑设计标准》JGJ/T 398-2017）

学术交流：
- 2006 第二届中日建筑住宅技术交流会（中国·昆山）
- 2008 第三届中日建筑住宅技术交流会（日本·东京）中日技术集成性住宅
- 2009 第八届中国国际住宅产业博览会：主题示范展"明日之家1号"；"百年住居"的可持续住居理念——北京·雅世合金公寓为原型
- 首届中国房地产科学发展论坛：提高住宅品质和使用寿命
- 2010 中日百年住宅高峰论坛（中国·杭州）提出"建设百年住宅"倡议
- 第九届中国国际住宅产业博览会：主题示范展"明日之家2号"

示范推广：
- 2006 中日合作 北京雅世合金公寓技术集成项目
- 2010 中日合作 北京众美公共租赁住房技术集成项目

国民经济和社会发展第十二个五年计划（2011～2015）
百年住宅的研发与实践

- 2011 国家"十二五"科技支撑计划项目《保障性住房工业化设计建造关键技术研究与示范》
- 住房和城乡建设部《公共租赁住房优秀设计方案汇编》出版
- 中日合作公租房标准化和部品化研发
- 《公共租赁住房产业实践》出版
- 2012 《中国百年建筑评价指标体系研究》出版
- 《建筑学报》住宅工业化特辑出版
- 国家标准设计《老年人居住建筑》图集、适老化部品研发
- 2013 住房和城乡建设部《建筑产业现代化建筑与部品体系研究》启动
- 标准院《中国百年住宅技术体系研究》启动
- 2014 著作《绿色保障性住房建设与发展研究——全国保障性住房推进绿色建筑建设工作与产业化实践研究报告》出版
- 《建筑学报》住宅内装工业化专辑出版
- 住房和城乡建设部《绿色保障性住房建设技术导则》发布
- 山东省《关于大力推进新型城镇化的意见》提出建设百年住宅
- 系列著作《SI 住宅与住房建设模式》出版
- 2015 住房和城乡建设部《建筑产业现代化国家建筑标准设计体系》发布
- 国家标准设计《装配式混凝土结构住宅建筑设计示例（剪力墙结构）》等九本系列图集发布

学术交流：
- 2011 第十届中国国际住宅产业博览会·中国住宅设计与技术趋势研究
- 2012 中日住宅产业会议：中国房地产协会和日本日中建筑住宅产业协议会签署《中日住宅示范项目建设合作意向书》，首批百年住宅示范项目签约
- 中国可持续居住与住宅产业化技术发展论坛（中国·北京）：住宅建造与品质保障
- 日本、韩国、新加坡、中国台湾、中国香港住宅工业化调研
- 2013 中国可持续居住与住宅产业化技术论坛（中国·北京）：建筑长寿化与适老化
- 住房和城乡建设部全国保障性住房建设会议
- 2014 第六届中国房地产科学发展论坛（中国·天津）：国际开放建筑
- 第六届中日建筑住宅技术交流会（中国·上海）
- 中欧建筑节能政策与战略研讨会：保障性住房标准化与工业化
- 第十三届中国国际住宅产业博览会："明日之家"首个内装工业化样板间亮相——上海绿地百年住宅为原型
- 欧美开放建筑与可持续住宅研究调研
- 第二届中美房地产高峰论坛（美国）
- 2015 第七届中国房地产科学发展论坛（中国·天津）：中国百年住宅产业联盟成立，第二批百年住宅示范项目签约
- 苏黎世开放建筑国际大会中国开放建筑主题演讲
- 中日装配式混凝土技术交流会（中国·上海）
- 第十一届国际绿建大会：内装工业化样板间

示范推广：
- 2011
- 第1批 2012 上海·绿地 上海绿地南翔威廉公馆
- 第1批 2013 浙江·宝业 浙江宝业新桥风情
- 第1批 2014 江苏·新城 江苏新城帝景
- 第2批 2015 山东·鲁能 山东鲁能领秀城公园世家
- 第2批 北京·泽信 北京丰科建泽信公馆
- 第2批 北京·实创 北京实创青棠湾

国民经济和社会发展第十三个五年计划（2015～2020）
百年住宅的多样性发展

- 2016 百年住宅项目入选中国科协创新驱动助力工程示范项目
- 住房和城乡建设部《建筑产业现代化发展纲要》发布
- 首开寸草学知园项目：既有建筑的 SI 体系研发
- 《装配式建筑必读》出版
- 2017 百年住宅项目入选中国科协创新驱动助力工程示范项目
- 北京市《北京城市总体规划（2016年-2035年）》明确：2020年前建立百年住宅标准并进行试点推广，2035年新建住宅全面实施百年住宅标准
- 行业标准《装配式住宅建筑设计标准》JGJ/T 398-2017发布
- 《建筑设计资料集》（第 3 版）出版-工业化住宅专辑
- 国家标准设计《住宅内装工业化设计—整体收纳》17J509-1发布
- 科研《国际可持续社区对比研究》
- 2018 协会标准《百年住宅建筑设计与评价标准》T/CECS-CREA 513-2018发布
- 著作《百年住宅——面向未来的中国住宅绿色可持续建设研究与实践》出版
- 国家标准设计《〈装配式住宅建筑设计标准〉图示》18J820发布
- 协会标准《绿色住区标准》T/CECS-CREA 377-2018发布
- 上海市《住宅室内装配式装修工程技术标准》DG/TJ 08-2254-2018发布
- 北京市《居住建筑室内装配式装修工程技术规程》DB11T 1553-2018
- 著作《中国建筑学会·建筑学学科发展报告》出版：建筑工业化发展战略研究
- 2019 行业标准《装配式内装修技术标准》（报批稿）
- 协会标准《城镇公寓建筑设计规程》启动
- 河南省住房和城乡建设委员会《河南省百年住宅工程技术标准》启动
- 北京市住房建设规划（2020-2035）相关百年住宅指标实施规定
- 2020 北京市住房和城乡建设委员会《保障性住房百年住宅标准研究》启动

学术交流：
- 2016 第八届中国房地产科学发展论坛暨第三届中美房地产高峰论坛（中国·常州）：新型建造
- 开放建筑发展与实践国际论坛（中国·北京）
- 第七届中日建筑住宅技术交流会
- 首届既有住宅改造产业化技术国际论坛（中国·北京）：日本 UR 都市机构 JS 日本综合住生活株式会社
- 北欧可持续住宅调研
- 2017 第九届中国房地产科学发展论坛（中国·成都）：第三批百年住宅示范项目签约
- 第十五届中日住宅区问题国会议（日本·东京）：首开寸草学知园既有住宅工业化建造体系
- 十八大"砥砺奋进的五年"大型成就展：北京青棠湾公租房入选央企创新就展：中国建设科技集团"新四化"标杆住宅"绿色·科技·宜居"样板间
- 内装工业化样板间参展新加坡Build Tech Asia 亚洲建筑技术展
- 2018 第十届中国房地产科学发展论坛（中国·大连）："百年住宅研究与实践成果"发布仪式
- 中国房地产优采供应链管理创新大会：百年住宅部品供采平台发布
- 第九届中国人居环境高峰论坛（中国·晋江）：绿色可持续社区研究
- 2019 第十一届中国房地产科学发展论坛（中国·上海）：绿色健康·智慧宜居
- 第十八届中国国际住宅产业及建筑工业化产品与设备博览会：中国明日之家2019展区、健康智慧未来家新锐设计展区
- 第二届养老健康产业跨海峡两岸合作共赢的论坛（台湾）

示范推广：
- 第3批 2016 山东·海尔 山东海尔世纪公馆
- 第3批 天津·天房 天津天房盛庭名景花园
- 第3批 2017 北京·当代 北京世代西山上品湾 MOMA
- 第3批 河南·碧源 河南碧源碧府
- 第3批 2018 北京·城建 北京城建朝青知筑
- 申报中 2019 西安·金泰 西安金泰项目
- 申报中 2020 重庆·合谊 重庆合谊项目

图 1　中国百年住宅的发展历程

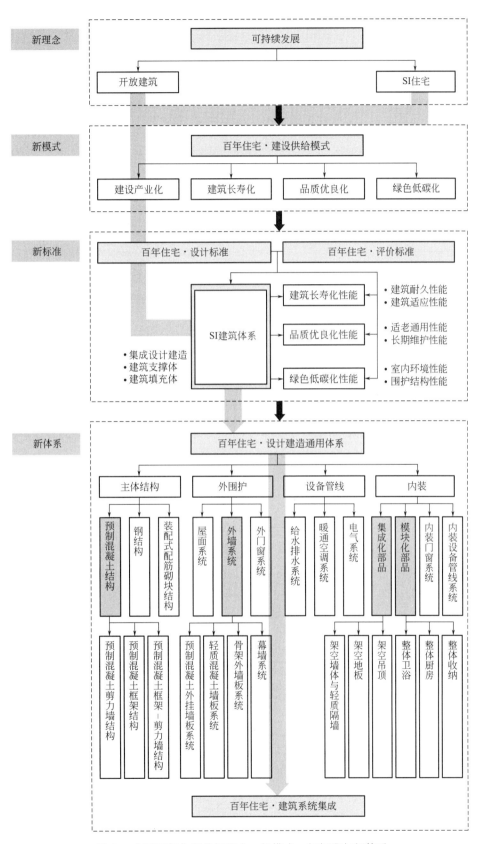

图 2 中国百年住宅的新理念、新模式、新标准与新体系

2 标准应用概况

百年住宅示范项目集结国内外建筑设计单位、科研院所、开发企业以及相关部品企业、施工企业，跨领域、跨行业协同实践，促进科技转化与推广应用，实现了行业上下游产业链的全面对接。百年住宅产业联盟以地产龙头和品牌领军企业的绿地集团、宝业集团、新城集团、鲁能集团、天房发展集团、海尔地产集团、泽信集团、实创高科、当代置业集团、碧源集团和北京城建地产等开发企业为示范项目实施主体，并通过一系列百年住宅体验馆和工法样板间作为技术交流窗口，推广了百年住宅的可持续建设技术的创新性成果。

3 应用特点

基于《标准》的实施，百年住宅示范项目实现从技术策划、规划设计、部品生产、施工安装到使用维护全过程的统筹，同时从技术层面也具有以下几个特点：

3.1 长寿化与适应化设计建造集成技术

百年住宅针对住宅的长寿化提出了建筑物理性寿命和功能性寿命的建设目标，前者针对建筑主体结构，后者针对建筑的功能使用是否满足变化中的居住适应性需求。百年住宅长寿化设计建造集成技术综合应用在主体结构、外围护、设备管线与内装系统中，其技术策略在于合理延长各系统物理寿命，同时保证在未来使用中的功能便利，见图3。特别是对于建筑的主体结构耐久性关键技术，力求使其在更长的使用周期内维持设计结构强度。而对于外围护耐久性关键技术研发，除了耐久性的增强，还包括对保温性能的增强，以被动式技术保证室内制冷和供暖的能源节约，见图3。

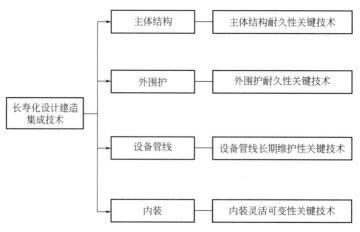

图 3 长寿化设计建造集成技术

百年住宅的适应性指在住宅主体结构不变的前提下，套内空间满足多样化家庭结构和生活方式的需求，功能布局灵活，便于改造利用。百年住宅的适应性设计建造集成技术包括标准化设计关键技术、多样化组合关键技术、家庭全生命周期关键技术等，见图4。百年住宅标准化设计采用标准化的部件部品形成标准化的内装模块、功能模块、套型模块，在此基础上进行不同的组合，形成多样化的建筑成品，并结合未来居住可能性，进行适老化、适幼化套型研发，见图4。

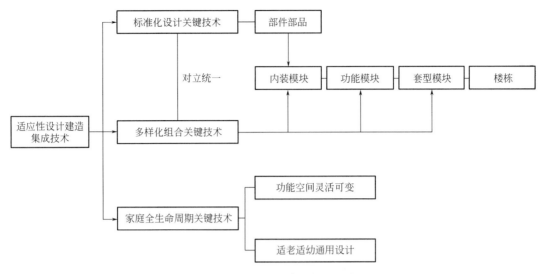

图 4 适应性设计建造集成技术

3.2 SI 产业化与内装部品装配化集成体系及工法技术

无论是长寿化集成技术还是适应性集成技术，都是基于 SI 住宅体系支撑体和填充体分离，通过大空间结构体系＋架空体系＋集中管井的关键技术组合方式，为技术实施创造了条件，见图 5。百年住宅采用 SI 住宅体系技术为整个建筑产业链的设计建造方式，解决了建设的全产业链、建筑全生命周期发展问题和住宅生产建造过程的连续性问题，使资源和效益最优化。

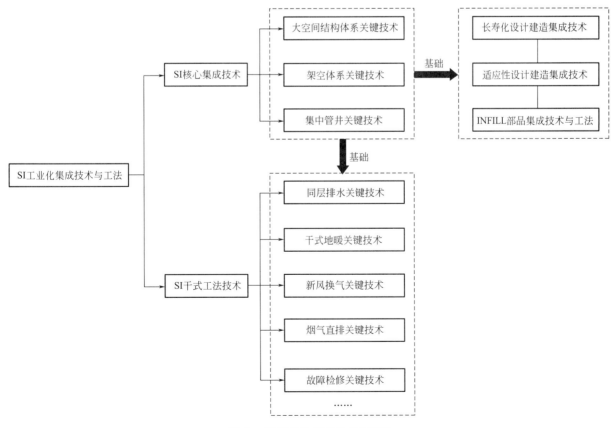

图 5 SI 工业化集成技术与工法

内装部品集成装配化技术与装配化干式工法技术包括集成化部品关键技术、模块化部品关键技术等，见图 6。与主体结构使用寿命长达几十年甚至上百年相比，百年住宅的部品更换周期要短，因此其检修更换不能影响建筑结构的安全性。系统性内装部品装配化集成技术可实现对部品的快速、便捷更换，可针对设计、施工和使用上的特点，制定日常检查维护维修计划和长期维护维修计划。

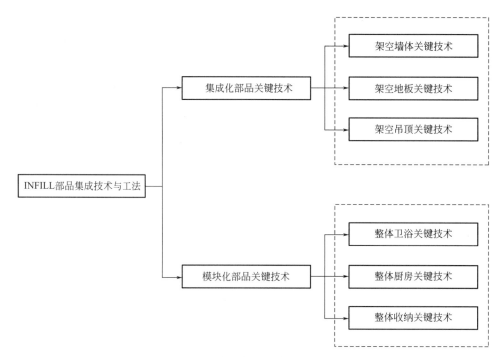

图 6　部品集成技术与工法

4　应用效果

百年住宅建设示范项目实施经历了 10 年的发展，以新理念、新模式、新标准、新体系及集成技术创新建设了绿色可持续发展建设模式下的长寿化住宅，以及我国建筑产业现代化发展中的新型住宅建造方式的转型升级，社会、经济和环境效益显著。百年住宅示范项目创新科研与实践成果包括以下几个方面：（1）以国际先进的开放建筑和 SI 住宅理论，探索了住宅建设的绿色可持续发展模式；（2）以新型住宅建设与供给方式，实现了提高建筑全生命周期的长久性能与价值的、建设产业化、建筑长寿化、品质优良化、绿色低碳化的居住产品；（3）创建了百年住宅的可持续住宅体系与顶层设计，引领了我国住宅可持续建设的新方向；（4）以新型建筑产业化的建筑体系研发为支撑，攻关了满足面向未来人居生活的整体技术解决方案，见图 7；（5）以优良部品装配化的建造集成技术创新，提高了住宅品质和居住性能；（6）实施了装配化内装体系和干式工法等成套技术；（7）落地了住宅运营维护与改造性能等集成技术；（8）探索了建设全过程中设计、生产、施工、运维等产业链环节管理与质量保障技术。

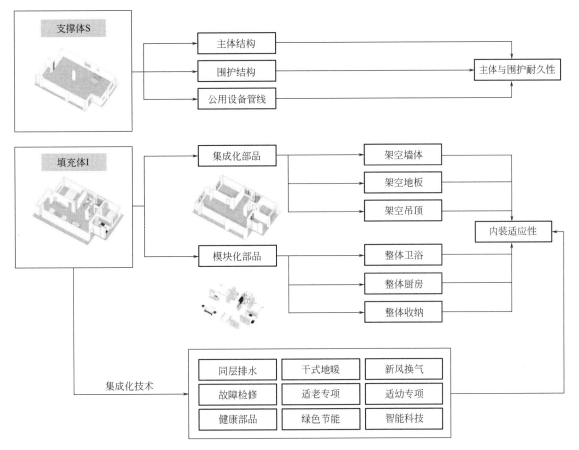

图 7　百年住宅整体技术解决方案

5　典型案例分析

5.1　项目概括

浙江宝业新桥风情百年住宅项目于 2019 年建成，位于浙江省绍兴市越西路与西郊路交叉口西北角，西临新桥江。规划总用地面积 4.12hm²，建筑面积 13.5 万 m²，地上建筑面积约 9.55hm²，共有 14 栋楼，包括 10 栋高层住宅和 4 栋高层百年住宅装配式住宅示范楼（4 号、7 号、8 号、10 号楼），容积率 2.3。项目在百年住宅建设技术体系的基础上充分发挥宝业 PC 技术与装配式内装产业化技术优势，建设具有新时期舒适健康产品性能和全寿命期长久价值的可持续住宅。不仅大幅度提高了住宅的质量和品质，满足人们日益增长的宜居空间环境需求，也在推动我国可持续住宅建筑建设上做出了创新性探索，见图 8。

5.2　项目特点

（1）高品质住区环境适应性能

项目通过高水平规划的道路交通、市政条件、建筑造型、绿地配置、活动场地和噪声与空气污染控制，确保了高品质住区环境的实现。

（2）高耐久住宅主体内装适应性能

项目采用 SI 体系，使住宅主体结构和内装部品完全分离。通过架空楼面、吊顶、架空墙体，

图 8   浙江宝业新桥风情百年住宅项目

使建筑骨架与内装、设备分离。当内部管线与设备老化时，可以在不影响结构体的情况下进行维修、保养，并方便地更改内部格局，以此延长建筑寿命；最大限度地保障社会资源的循环利用，使住宅成为全寿命耐久性高的保值型住宅。

（3）高标准住宅性能保障技术集成

项目采用隔声性能、品质优良性能、经济性能和安全性能保障技术集成系统，全方位、高标准地实施百年住宅，确保百年住宅的长久品质。

（4）国际水准百年住宅示范——主体产业化与内装产业化的双重实施

项目是宝业集团在浙江省绍兴市开发建设的首个中国百年住宅示范项目。依托宝业集团深厚的主体产业化积淀，全面实现了主体产业化与内装产业化的同步实施建设。

5.3   可持续设计方法的城市设计与住区在地性规划

浙江宝业新桥风情百年住宅项目的规划设计呼应了周围环境与场地特性，东侧和南侧是城市道路，西侧是自然河道，住区布局与建筑形态不仅要减小道路侧噪声，而且要从区位上最大化街区价值，尊重周围环境肌理。二～六栋中高层住宅共同创建出三个共享生活庭院，构筑与城市环境空间相融合、拥有城市地域意象的连续街区和社区氛围宜人的空间环境，见图 9。

5.4   SI 建筑支撑体的长寿性设计

项目采用 SI 体系，通过架空、吊顶和墙体，使建筑支撑体与内装、设备分离，全面提升了住宅的耐久性、适应性与可更新性。采用 SI 体系的项目具有低碳减排的优势，既可长期使用，又方便后期改建，从而减少环境负荷和废弃物。项目围绕德国和我国住宅主体工业化设计技术进行集成技术探索，其支撑体通过加大基础及结构的牢固度、加大钢筋的混凝土保护层厚度、提高混凝土强度等措施，提高主体结构的耐久性能，最大限度地减少结构所占空间，使填充体部分的使用空间得以释放。同时，预留单独的管线空间，不在主体结构中埋入管线，确保在检查、更换和增加新设备时不会伤及结构主体。

5.5   SI 建筑填充体的自由空间设计

项目填充体设计从家庭全寿命周期角度出发，采用大空间结构体系，提高内部空间的灵活性与可变性，为方便用户改造使用，同一套型内可实现多种变换来满足用户的多样化需求。设计重

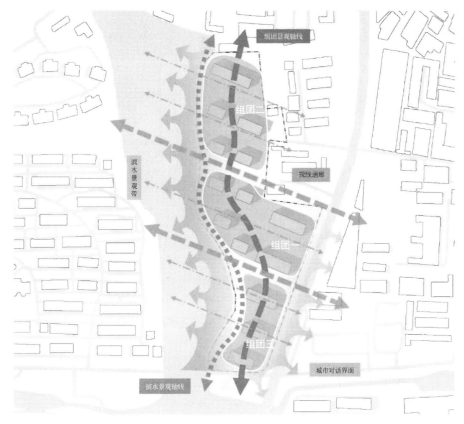

图9　规划结构图

点研发了围护结构内保温集成技术、干式地暖节能集成技术、整体卫浴集成技术、新风换气集成技术与空气源空调等十多项核心技术与集成技术，提高了住宅的性能与品质。项目将起居室（L）、餐厅（D）、厨房（K）三者融合成一体化空间，便于家人交流互动。由于套内无结构墙，隔墙可以根据居住者的不同需求设置，提高了空间分隔的灵活性和布局的变化性。入口门厅保证了洁污分区，通过收纳空间满足衣物、鞋帽存放和临时置物等需求。考虑到居住者进出门时更衣换鞋，合理组织扶手、柜体、置物板、坐凳等连续界面，便于居住者抓扶与支撑。项目中主力套型的收纳面积占套内使用面积的11.68%，在各功能空间均设有相应的柜体组合及置物架，厨卫均为标准化设计、模块化生产，质量可靠且安装便捷（图10、图11）。

图10　样板间照片

套型1：未来生活方式的家　　套型2：成长变化的家——三口之家→老年之家　　套型3：适老与育儿的家——二胎之家→照护之家

图 11　室内布局

5.6　新型建筑工业化整体技术解决方案与装配式集成设计

（1）建筑结构系统的装配式集成设计与建造

项目 4 号楼、7 号楼的装配式建筑结构系统采用德国引进的西伟德体系，又称"双面叠合板式剪力墙结构体系"，8 号楼、10 号楼的装配式建筑结构系统采用国标体系，即"装配整体式剪力墙结构体系"。两种装配式建筑结构系统提高了住宅建筑支撑体的安全性能、抗震性能和耐久性能，设计使用年限达到了 100 年以上。同时，采用 SI 体系将建筑支撑体与内装、设备完全分离（表 1～表 3）。

项目实施采用设计一体化、生产自动化以及施工装配化，其结构体系预制率高、防水理念及防水效果好、施工速度快、精度高，便于主体结构的质量控制，质量通病少，全寿命周期维护成本大大减少。叠合楼板及叠合墙板均为半预制半现浇构件，其现浇层的各连接节点均可以采取传统的钢筋混凝土连接方式，保证了结构的整体性，减少了构件及装配误差。构件自重轻，常规塔式起重机就能满足基本要求，安装容错性好，现场安装易调整，但同时具有湿作业多的缺点。国标体系即装配整体式剪力墙结构体系，从项目实施来看，与西伟德体系相比，国标体系具有现场湿作业少、安装效率高等优点，但也有构件自重较大、对塔式起重机、安装精度要求高的缺点。

建筑支撑体长寿性设计的主体结构耐久性措施　　　　　　　　　　　　　　　　表 1

全寿命期阶段	技术措施	
设计环节	在合理范围内增加混凝土保护层厚度	外墙外侧钢筋保护层示意
	提升混凝土强度等级,墙(包括连梁)柱混凝土等级为 C40,梁、板混凝土等级为 C35	
	使用能有效保护混凝土的润饰材料	
	增加水泥比例,达到 55%	
施工环节	制定保护设计尺寸的施工计划	
	采用高强度混凝土	
	使用含氯化物少的水泥和砂子	
维护环节	实行定期检验	
	有计划地修缮	

4号、7号楼德国西伟德体系的建筑支撑体实施 表2

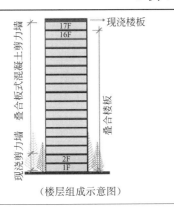

（楼层组成示意图）

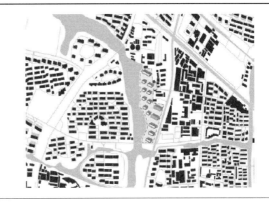

1）墙体：1~2层剪力墙采用现浇，3~17层（顶层）采用叠合板式混凝土剪力墙，叠合剪力墙210mm厚，采用60+100+50的划分，外侧的60mm和内侧的50mm剪力墙部分工厂预制，中间100mm厚部分采用现浇；2）楼板：1~17层均采用叠合楼板，17层屋面板采用现浇钢筋混凝土结构楼板；3）空调、楼梯梯段：预制；4）阳台：叠合式阳台底板采用叠合板PC预制

8号、10号楼国标体系的建筑支撑体实施 表3

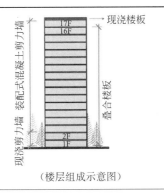

（楼层组成示意图）

1）墙体：1~2层剪力墙采用现浇，3~17层（顶层）采用装配式混凝土剪力墙；2）楼板：1~17层均采用叠合楼板，17层屋面板采用现浇钢筋混凝土结构楼板；3）空调、楼梯梯段：预制；4）阳台：叠合式阳台底板采用叠合板PC预制，装配式混凝土墙厚200mm

（2）内装系统的装配式集成设计与建造

项目采用了SI体系与干法施工集成技术，通过架空体系、同层排水、集中管线以及墙体与管线分离施工等技术，确保业主在调整室内格局及更换管线时，不会损伤到结构体系。通过日常检查和长期维护维修计划，便可使空间长久保持最佳状态，规避传统住宅维修不便、更换困难、装修大动干戈的窘境。

项目采用SI填充体部品集成体系和内装全干式工法，集成应用了整体卫浴、整体厨房、系统收纳等一系列优良部品和适老通用设计，不仅提高了工程质量，还实现了住宅在全寿命周期的可持续使用和长久价值（图12）。

（3）外围护系统的装配式集成设计与建造

项目在全面提高建筑外围护性能的同时，注重部品集成技术的耐久性。其内保温的集成技术解决方案既可解决传统外保温方式的外立面耐久性问题，又可为墙内侧的管线分离创造条件，采用树脂螺栓的架空墙体，管线完全分离，方便维修更新。双层墙面内部形成空气层，整体保温隔热效果增强，施工中不需要找平层，方便快捷（图13）。

（4）设备与管线系统的装配式集成设计建造

SI住宅户内管线敷设工程与传统住宅不同，多采用管线与主体结构分离的方法，在方便管线

基本模块

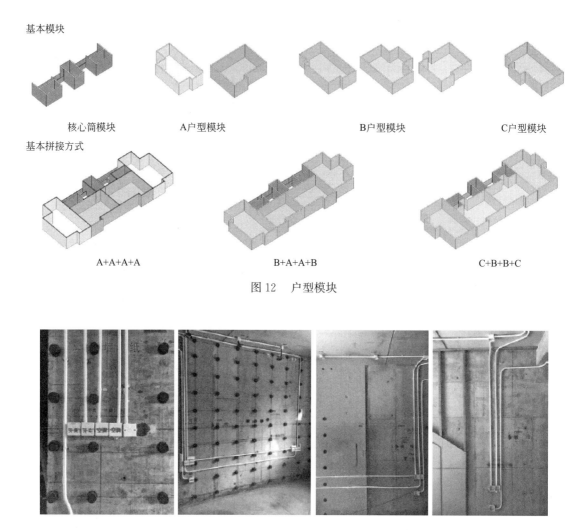

核心筒模块　　　　A户型模块　　　　　　　B户型模块　　　　　　　C户型模块

基本拼接方式

A+A+A+A　　　　　　B+A+A+B　　　　　　　　C+B+B+C

图 12　户型模块

图 13　架空墙体

更换的同时不破坏主体结构。承重墙内表层采用树脂螺栓或轻钢龙骨，外贴石膏板，形成贴面墙的构造。架空空间安装敷设电气管线、开关、插座等（图 14）。

图 14　户内管线敷设

6　应用思考

根据国家绿色发展理念与战略要求，满足人民从"有房住"向"住好房"的需求，以提高供给质量水平和降低资源环境负荷为目标，加快推动可持续住宅发展方式变革，通过建设产业化科技创新建设出长寿命、高品质、绿色低碳的好房子。百年住宅探索了一条符合时代发展、突破转型的住宅建设发展新道路。从社会角度来看，百年住宅示范项目的建设和推广，实现我国住宅从资源消耗型向资产持续型升级建设，对社会和谐、环境保护和住宅产业的可持续发展起到推动作用。从行业角度来看，建设长寿命、好性能、绿色低碳的百年住宅，是行业转型升级、提升发展质量的迫切需要。从未来需求角度来看，百年住宅作为一个新型建筑供给实践，既是社会经济转型与建筑产业现代化背景下推动住宅建造方式的创新成果，也将成为留给未来传承的优良社会资产。

作者：刘东卫；伍止超；秦姗（中国建筑标准设计研究院有限公司）

绿色城市轨道交通建筑评价标准应用实践

Application Practice of the Assessment Standard for Green Urban Rail Transit Building

1   引言

城市轨道交通作为大中型城市交通的主动脉，是高效率城市交通的核心载体。截至 2021 年 11 月，中国大陆共有 49 个城市开通运营城市轨道交通线路 250 条，运营里程 8116km，运营车站超 5200 多座。相关数据预测，到 2023 年，全国城市轨道交通运营线路总长度将近 10000km。城市轨道交通的快速发展，对能源消耗、环境舒适度提出了高要求。根据《城市轨道交通 2020 年度统计和分析报告》，2020 年，城市轨道交通总电耗能 172.4 亿 kWh，同比增长 12.9%；各城市城轨交通单位平均人公里总电能耗 0.116kWh，同比增长 52.2%；平均车公里总电能耗 4.52kWh，比上年增长 7.8%。其中北、上、广等超大城市，地铁用电量占城市总用电量超过 1.5%。随着新建线路的增加，总体能耗指标不断增长。因此，打造更安全、更健康、更节能、更环保的城市轨道交通网络，是践行新发展理念、实施健康中国战略的必然要求。

《绿色城市轨道交通建筑评价标准》T/CECS 724—2020（以下简称《标准》）是针对轨道交通的特点以及前期调研及研究分析成果，同时依托于上海轨道交通 14 号线的建设，形成的绿色轨道交通评价体系框架标准。该标准将适应未来城市轨道交通的规模化和绿色化发展需求，成为我国绿色标准体系的有益补充，对轨道交通建筑的绿色化发展具有积极意义。本文重点介绍该标准在上海轨道交通 14 号线方面应用的实践探析。

2   《标准》简介

为响应城市轨道交通的规模化及绿色化发展需求，上海市建筑科学研究院有限公司联合上海申通地铁集团有限公司技术中心及其他相关单位，联合编制国内轨道交通领域首部综合性绿色性能评价标准，中国工程标准化协会组织编制的《标准》是国内首部涵盖轨道交通领域整体的绿色评价体系的标准，评价对象包括了绿色城市轨道交通建筑中的车站和车辆基地。

绿色城市轨道交通建筑评价指标体系由安全耐久、环境健康、资源节约、施工管理、运营服务 5 类指标组成（图 1），每类指标均包括控制项和评分项，根据各自关注的性能特点，在条文设置方面各有侧重；同时，为了鼓励绿色城市轨道交通建筑采用创新的建筑技术和产品建造更高性能的绿色城市轨道交通建筑，还统一设置"创新"加分项。

3   标准应用典型案例分析

3.1   标准应用概况

上海轨道交通 14 号线西起嘉定区封浜站，途经嘉定区、普陀区、静安区、黄浦区和浦东新

图 1 绿色城市轨道交通建筑评价体系框架

区，终点止于浦东新区桂桥路站。线路自西向东，贯穿上海城区市中心。工程全长约 38.5km，全部为地下线；共设 31 座车站，全部为地下车站，全线设一个封浜车辆段。列车采用 8 节编组 A 型列车。

14 号线在规划、设计、施工及运营的各阶段，依托于《标准》，贯彻执行高标准的"绿色轨交"理念，打造绿色低碳发展的轨交示范线。14 号线以被动优先、主动辅助、以人为本、因地制宜为原则，采用大量实施便捷、效果显著的绿色技术，达到健康指标提升 20%～50%，安全指标提升 10%～20%，运行能耗降低 10%～20% 的目标要求。上述技术的运用使 14 号线建设成为一条可感知的绿色、健康、智慧、低碳地铁。车站绿色技术相关点见图 2，车辆基地绿色技术相关点见图 3。

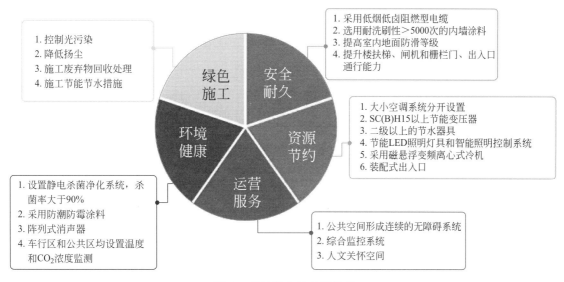

图 2 车站绿色技术相关点

3.2 标准应用特点和应用效果分析

14 号线在规划、设计、施工及运营的各阶段，综合考虑车站全寿命周期的技术经济特性，采用一系列有利于促进车站安全耐久、环境健康、资源节约、运营服务的技术措施，以下是具体技术的解析。

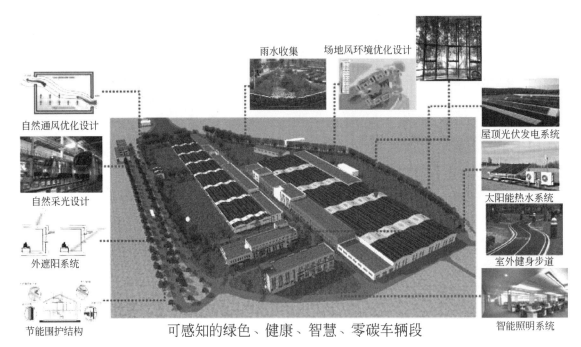

图 3　车辆基地绿色技术相关点

（1）安全耐久

1）车站安全疏散标准提升

车站在站台设置额外的动态安全储备，每侧增加设置 2.61m 的纵向乘客走行宽度，因此站台至站厅疏散楼梯的通行时间可以控制在 3.63min，比规范要求的 6min 缩短了 40%。疏散的站台至站厅楼扶梯、闸机和栅栏门、出入口的通道和楼扶梯，综合最不利断面设计通行能力比标准要求值提升了 25%。

2）车站通行能力标准提升

车站的蓄客设计标准提升，站台每位乘客所需面积从 0.5m² 提升到 0.6m²，比标准提升20%。站内站台至站厅最少设 4 组楼扶梯，至少两组上、下行自动扶梯＋两组上行扶梯。在提高数量同时，优化布点，每组楼扶梯有效站台服务长度均衡平摊，避免站台客流过度积聚。

3）耐久性材料

车站和车辆基地均使用耐腐蚀、抗老化、耐久性好的管材、管线、管件：电气系统采用低烟低毒阻燃型线缆且导体材料采用铜芯，室内给水系统采用 304 不锈钢管；出入口选用耐候性涂料氟碳烤漆铝板（陶瓷涂层），防水材料采用单组分聚氨酯防水涂料，耐久性符合现行国家标准《绿色产品评价　防水与密封材料》GB/T 35609 规定。室内装饰装修材料选用耐洗刷性≥5000 次的内墙涂料，选用耐磨性好的陶瓷地砖，有釉≥4 级。

（2）环境健康

1）静电杀菌净化系统

车站在大小系统空调箱内均设置了静电杀菌净化系统，消毒装置采用自动清洗高压静电设备，微生物净化效率 98.4%，$PM_{2.5}$ 的净化效率 98.6%，PM_{10} 的净化效率 98.6%。

2）采用防潮防霉涂料

站厅、站台、通道天花以上的结构顶板地面，站台侧墙、天花顶板，柱子顶部等范围内均喷涂仿清水混凝土防霉、防潮负离子涂料，以保证空气中细菌总数≤2500cfu/m³。

3) 车站区域内营造舒适的光环境

本站全站选用新型绿色节能 LED 照明灯具。所有灯具的控制装置均通过 CCC 认证，总谐波含量不大于 10%，驱动电源寿命≥50000h。照明灯具的色温为 4962K，一般显色指数 Ra：83.9，特殊显色指数 R9：11.4。

4) 环境监控系统设置

车站共设置风管式温湿度传感器 4 个，温湿度传感器 23 个，CO_2 浓度传感器 2 个，$PM_{2.5}$ 传感器 4 个，布置范围涵盖站厅层、站台层及车站管理用房。一体式传感器（温度、湿度、二氧化碳、PM_{10} 等）8 个，布置范围涵盖站厅层、站台层的公共区。

5) 垂直绿化植物墙

车辆基地的综合楼和维修楼设置绿化植物墙，绿化物种主要包括常春藤、扶芳藤、凌霄，绿化面积 $512.06m^2$。其场地绿化采用适合上海地区气候和土壤条件的植物，采用乔、灌、草结合的复层绿化。

6) 场地风环境和室内自然通风优化

车辆基地中的场地在冬季、夏季和过渡季工况下，建筑周边流场分布均匀。冬季建筑物周围人行区风速小于 5m/s，室外风速放大系数小于 2。夏季、过渡季（春季、秋季）室外气流通畅；50% 以上可开启外窗室内外表面的风压差大于 0.5Pa，建筑的立面压差利于自然通风。

过渡季典型工况下主要功能房间自然通风换气次数不小于 2 次/h 面积比例达到 90%。

7) 外遮阳和自然采光优化

车辆基地中的综合楼采用了横向遮阳板与阳台作为外遮阳措施，配合使用高反射率可控内遮阳窗帘，使得夏季太阳辐射得热量降低 54%，有效降低了夏季太阳辐射得热量。

运用库、检修库拥有良好的天然采光，检修库天然采光平均照度值 504lx，运用库天然采光平均照度值 724lx，综合楼和维修楼的办公空间 100% 比例的区域其采光照度值在 300～3000lx 的时数不少于 4h/d。

（3）资源节约

1) 高效制冷的水冷磁悬浮直膨式空调机组

在 14 号线的其中 2 个站点，大系统采用直膨式磁悬浮冷水机组，磁悬浮变频直膨空调机组是一种新型的自带冷源的组合式空调机组。压缩机采用的是磁悬浮无油变频离心压缩机，用磁悬浮轴承代替了传统压缩机的油润滑轴承，其摩擦损耗小，部分负荷性能优秀，喘振点低，稳定运行区间较广。

直膨式冷机是将制冷系统和空气换热系统两大换热环节集成在一起，制冷剂直接膨胀蒸发冷却带走空气余热余湿，省却了冷冻水管路系统和冷冻水泵，减少了冷量输送环节，同时机组蒸发温度相对提高，从而提高了机组的制冷效率。本项目使用的磁悬浮直膨式冷水机组能效比 *EER* 高达 4.2，*IPLV* 高达 8.58，比常规直膨机组制冷能效性能提升 15% 以上。

2) 高效电气设备

本站全站选用新型绿色节能 LED 照明灯具，设置智能照明控制系统，公共区照明、客服中心照明灯具单灯设 DALI 调光模块，配合照度传感器，使车站在运营初期地面照度维持在略高于规范要求水平，同时可根据运营需求分别设置场景及时间控制（高峰、低峰小时）；地面出入口照明灯具单灯设 DALI 调光模块，可根据室外照度传感器照度值调节亮度，确保地面照度水平满足规范要求；扶梯采用变频感应启动等节能控制措施；变压器采用 SC（B）H15 系列三相树脂绝缘非晶合金干式变压器，能效等级达到一级要求。

3）车辆基地可再生能源应用

在综合楼屋面设置太阳能集热器 96 组，共 537.6m² 集热面积，满足 92％的生活热水需求。另外，在检修库光伏安装面积约 1.9 万 m²，装机总容量 6.56MW，年均可发电量 670 万 kWh，相当于节约 2000t 的标准煤，减少约 5200t 二氧化碳排放（图 4）。

图 4　车辆基地光伏板安装图

（4）运营服务

1）人文关怀和全面的无障碍设计

14 号线是国内首次对换乘客流组织精确到分钟级，对一个行车间隔内的换乘组织进行了精确的靶向量化研究。提出了适应大客流换乘的高标准换乘要求，换乘设计标准至少提高 100％。

14 号线车站全线站内付费区均设置专用"无障碍卫生间"。15 座规划换乘车站全部实现无障碍换乘。中心城区 8 座车站实现"跨大型、复杂路口设置两处出地面的无障碍电梯"，解决无障碍人员进出和过街问题。

2）可调通风站台门与 PIS 屏双系统融合

14 号线在部分车站创新性采用将 PIS 系统高清屏与可调通风站台门一体化设计。这种安装方式避免了 PIS 屏经常被遮挡的情况，提升了装饰美观度，强化了乘客体验感。同时可调通风站台门可在非空调季节通过电动控制可调通风窗的开/关，实现车站通风系统的节能效果。

（5）创新

地铁出入口作为对城市形象的解读和延伸，其设计都遵循城市设计的基本理念，14 号线部分车站出入口采用了模块化、标准化，构件生产工业化的装配式出入口，通过现场作业机械化，避免二次装修，提高建设效率。装配式出入口牢固程度高、经久耐用、易清洁维护、绿色环保，同时通过不同构件的排列组合，可达到不同的艺术效果。

4　结语及思考

绿色城市轨道交通是未来发展方向和趋势，《标准》紧扣中国国情和轨道交通建设运营特点，提出了一套适宜城市轨道交通绿色化发展的评价技术指标体系，构建了由地铁建设特色组成的安全耐久、环境健康、资源节约、施工管理及运营服务五大绿色性能指标。上海轨道交通 14 号线为全国首条采用绿色三星级标准进行设计及建设的项目，采用了一系列的绿色低碳技术措施打造全国首条绿色地铁示范线，为未来轨道交通的绿色建设提供了技术示范。

　　《标准》中的评价指标与《绿色建筑评价标准》GB/T 50378—2019 设计理念保持一致，是在《绿色建筑评价标准》GB/T 50378—2019 的基础上根据轨道交通建筑的特色来制定相应的条款。鉴于本标准目前仅在上海地铁 14 号线全线进行了实践探索，且上海地铁 14 号线属于全线地下车站，其车站都是屏蔽门体系，因此，有必要积极推广该标准在其他地区和不同车站形式的应用。另外，由于本标准部分条款未明确区分地上车站和地下车站两种形式，故在实际应用中应根据不同的车站形式，来合理地指导标准相关条文的实施落地。

　　作者：杨建荣；方舟（上海市建筑科学研究院有限公司）

湖北省绿色建筑标准应用实践
Application Practice of the Green Building Standard in Hubei Province

1 引言

经历近 10 年的推广应用，湖北省绿色建筑得到快速发展，从"十二五"期间的快速推进，到"十三五"期间的扩面提质，全省通过制定目标计划、谋划全局工作，完善制度措施、严格监督管理，强化责任担当、狠抓工作落实，实现了建筑能效水平稳步提升，绿色建筑全面推广。为进一步完善我省绿色建筑标准体系建设，加快推动绿色发展，省住房和城乡建设厅、省质监局于 2018 年联合发布实施地方标准《绿色建筑设计与工程验收标准》DB42/T 1319，标志着湖南省绿色建筑发展迈入新阶段。

2 绿色建筑设计与工程验收标准

湖北省自 2018 年以来，城镇新建民用建筑全面实施《绿色建筑设计与工程验收标准》DB42/T 1319，基本实现了绿色建筑设计阶段全覆盖。为深入落实《湖北省绿色建筑创建行动实施方案》任务目标，与《绿色建筑评价标准》GB/T 50378—2019（以下简称《新国标》）技术体系相衔接，在结合本省发展实际，以及近几年工程经验基础上，对原地方标准进行了修订。新修订的《绿色建筑设计与工程验收标准》DB42/T 1319—2021（以下简称《新地标》），增加了部分绿色建筑技术条款，以使湖南省绿色建筑总体水平优于《新国标》基本级的要求，并于 2021 年发布实施。

3 绿色建筑相关标准应用中存在的问题

经过十多年的推广应用，湖北省绿色建筑发展取得了一些成绩，但在工程应用中也发现了一些问题。

一是绿色建筑技术落实情况不理想。"十二五""十三五"期间，湖北省共有 728 个项目获得绿色建筑标识，总建筑面积约 8492 万 m^2，超过 97% 的项目仅获得设计标识，不足 3% 的项目获得运行标识，"重设计、轻运行"的现象普遍存在。为此，湖北省发布实施了湖北省地方标准，《绿色建筑设计与工程验收标准》DB42/T 1319—2017，旨在通过开展绿色建筑工程验收，加强绿色建筑技术落地落实。经过近几年的工程实践，发现绿色建筑工程验收工作实施情况依旧不理想，主要是因为标准规定的验收方法较为复杂，部分条款与工程实际存在脱节，不便于操作实施。

二是标准技术指标体系过时。国家于 2019 年修订发布了《新国标》，更新了绿色建筑技术指标体系，原有《绿色建筑设计与工程验收标准》DB42/T 1319—2017 技术指标体系不能与之相适应。

基于上述问题，以及国家"双碳"背景下实现绿色建筑高质量发展的迫切需求，湖北省于2019年底启动了地方标准修订工作。修订后的《新地标》，实现了与《新国标》指标体系相衔接，优化了绿色性能设计，简化了工程验收流程，有利于绿色建筑标准的实施。

4　典型案例分析

4.1　绿色建筑设计——某办公项目

项目位于湖北省武汉市（图1），用地面积约2.1万 m²，总建筑面积约11万 m²，包括4栋办公楼，项目容积率3.50。项目设计执行《新地标》，分别从场地规划、建筑、结构、暖通空调、给水排水、电气等专业，对安全耐久、健康舒适、生活便利、资源节约、环境宜居五类条款指标进行了优化设计，包括绿色建筑的室内背景噪声计算、建筑构件隔声性能计算、内表面最高温度计算、围护结构结露计算、内部冷凝计算、室内自然通风模拟、公共交通分析以及水系统规划方案等内容，并提交了绿色建筑施工图审查报告。项目于2021年底通过了施工图审查，实现设计阶段优于《新国标》基本级的要求。

图1　项目图片

4.2　绿色建筑工程验收——某实验楼项目

项目位于湖北省武汉市（图2），建筑类型为公共建筑，用地面积约2.6万 m²，总建筑面积约5万 m²，地上6层，地下1层。容积率为1.73。项目按照《新地标》要求，在绿色建筑工程验收前对室内主要空气污染物浓度进行了检测，并开展了建筑能效测评工作。通过对项目的绿色建筑技术的实施情况进行核验，包括绿色建筑相关检测报告验收记录、现场检查验收记录、资料核验记录，最终形成绿色建筑工程验收意见，项目于2022年初完成了绿色建筑工程验收，确保了绿色建筑建造质量。

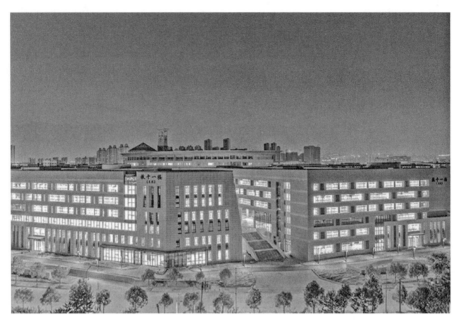

图 2　项目图片

5　结语

发展绿色建筑是湖北省城乡建设领域实现"双碳"目标的重要抓手，是推进节能减排的有效举措，是提升全民健康宜居环境的全新手段，是拉动建筑行业高质量发展的高效引擎。《新地标》充分体现了"以人为本"的技术要求，增强了使用者对绿色建筑的可感知性，在完全满足《新国标》基本级要求的基础上，结合湖北省地方特色适当增加了部分绿色建筑技术条款，以使湖南省绿色建筑总体水平优于《新国标》中基本级的要求，进一步促进湖南省绿色建筑高质量发展。

作者：黄惊；邰潆莹；毛芊；丁云；王凤予（湖北省建筑科学研究设计院股份有限公司）

装配整体式叠合混凝土结构地下
工程防水技术规程应用实践

Application Practice of Technical Specification for Waterproofing of Underground Works of Precast Monolithic Composite Concrete

1 装配式混凝土建筑成为行业趋势

由于劳动力数量下降、成本提高，以及高质量发展、建筑业"四节一环保"的可持续发展要求，装配式混凝土结构作为建筑产业工业化的主要实现路径，开始迅速发展、以装配式混凝土建筑为代表的建筑工业化也得到了越来越多的重视。国务院和部委在最近几年相继出台多项意见和政策明确推进绿色环保发展方向以及大力发展建筑工业化的决心。在市场需求和政府推动的双重作用下，装配式混凝土建筑结构的研究和工程实践成为建筑业发展的新热点。

2 装配式建筑防水技术是重点

现如今地上部分的结构工业化呈爆发性增长态势，各种技术体系相继推出，而针对装配式结构在地下工程的应用研究较少，尤其是装配式结构地下工程的防水技术在国内更是缺乏标准与实践。同时，装配式建筑由于其现场组装的特性，当用于地下室中其防水技术是最关键的技术问题。目前，国内主要的装配整体式剪力墙结构体系中，主要影响防水技术的各个体系特征在于剪力墙构件之间的接缝连接形式及其防水构造措施。其中装配整体式叠合混凝土结构由于存在连续完整的后浇叠合层，其整体防水性具有很大优势，是目前装配式混凝土结构中最具防水优势的体系。

实际调研中，虽然国内装配式建筑已在地上建筑中应用发展，但对于地下工程还存在如下问题：预制构件重量大，给构件生产、运输、吊装造成很大压力；竖向连接采用灌浆套筒连接或浆锚连接的装配建筑墙体，存在渗漏风险，且灌浆质量难以检验；构件水平缝灌浆施工管理难度大，很难避免开裂、漏水等工程通病，导致建筑整体防水性能不好。

3 装配整体式叠合剪力墙结构体系

在这种背景下，钢筋混凝土建筑的发展亟须融入工业化思维，开发能够适合工业化智能制造的建筑构件及满足混凝土建筑性能及功能要求的技术体系。目前的市场中装配整体式叠合剪力墙结构体系最具潜力，其特点是将剪力墙沿厚度方向分为三层，外侧两层预制，中间层现浇，形成"三层"结构，体系内包含连续的现浇混凝土体，解决了装配式建筑墙体开裂、渗水等质量通病，同时充分发挥了预制构件工厂自动化生产与现浇结构现场浇筑整体性好的双重优势，保证了建筑成品质量好、结构安全可靠、建筑防水性能优良的特点。该技术体系将钢筋骨架及网片预制于剪力墙模壳构件内，其预制部分既参与受力又兼做模板，可实现免外模板安装，极大地减少了现场钢筋、模板工作量、各工种交叉作业及现场人工用量，施工高效便捷；并采用可靠易检的钢筋间接搭接连接方式，空腔容错能力强，现场施工安装方便，吊装效率高，质量有保障。

4 装配整体式叠合剪力墙结构地下防水技术标准

装配整体式叠合剪力墙结构体系保证其有连续浇筑的空腔墙体，无内外贯通缝，具有天然的防水优势，在此基础上，进行了一系列关于装配整体式叠合混凝土结构地下防水技术的开发和研究工作，并同步进行相关行业标准的编制工作。

国外采用钢筋桁架叠合剪力墙的技术体系较为成熟，具有较为丰富的产品与企业指南，工程应用广泛，但国内针对装配整体式叠合结构这一大技术体系应用在地下工程的防水技术还未进行系统研究与整理，目前更无针对性的标准。现有国家标准《地下工程防水技术规范》GB 50108—2008、《地下建筑防水构造》10J301 及三一筑工联合中国建研院主编的《装配整体式钢筋焊接网叠合混凝土结构技术规程》T/CECS 579—2019 与本规程内容相关性较大；但《地下工程防水技术规范》GB 50108—2008、《地下建筑防水构造》10J301 主要针对所有地下工程，未详细说明针对装配整体式叠合混凝土结构的防水技术要求；在当下智能化数字化迅速发展的背景下，也未涉及预制构件数字化设计；《装配整体式钢筋焊接网叠合混凝土结构技术规程》T/CECS 579—2019 未详细说明装配整体式叠合混凝土结构地下室防水施工、验收及渗漏修补等技术要求。

4.1 研究内容与关键问题

（1）装配整体式叠合混凝土外设防水层做法

《装配整体式叠合混凝土结构地下工程防水技术规程》T/CECS 832—2021（以下简称《规程》）创新提出了配套装配整体式叠合结构防水做法，在大幅提高现场施工建造效率及工业化程度，减少施工现场模板及钢筋绑扎工作的基础上，结合体系特点，参考国家标准《地下工程防水技术规范》GB 50108 中防水设防要求以及现场地下室叠合外墙的施工安装要求，推荐使用密封胶、涂料、卷材类柔性外设防水做法，保证其防水效果满足要求。

（2）装配整体式叠合混凝土结构施工安装及验收要求

《规程》提出了采用装配整体式叠合混凝土结构取代传统地下室防水混凝土大量现场支模、绑扎钢筋现浇的情况，采用地下室叠合外墙预制构件，减少现场施工工作量，构件相较普通装配式墙体更轻，容易安装定位，保证精度，且构件内外表面均为模台面，平整度高，保证外设防水层的施工条件。

（3）装配整体式叠合混凝土结构防水细部构造

《规程》提出了基础导墙与地下室叠合外墙构件的接缝防水构造、地下室叠合外墙构件与构件间接缝防水构造、地下室叠合外墙与顶板接缝防水构造等防水细部构造，采用建筑密封胶密封外加防水加强层作为接缝的防水加强，其中地下室叠合外墙一侧叶板可作为顶板或基础导墙的模板，提高整体性与防水可靠性。简单可靠、技术成熟、可行性高且施工方便。

综合上述研究与试验，2020 年 12 月 25 日《规程》开始征求意见。2020 年 12 月 30 日《规程》顺利通过评审，并于 2021 年 3 月 8 日发布，2021 年 8 月 1 日开始执行。

（4）装配整体式叠合混凝土结构防水效果及施工工法验证

为验证装配整体式叠合混凝土结构地下工程叠合外墙外设防水措施及细部防水构造措施，设计模拟两层地下室外墙一级防水设防试验，叠合外墙构件拼缝采用平缝、错缝等不同拼缝方式，拼缝密封胶密封并在拼缝处设置防水加强层。预制构件采用抗渗性能为 P6 混凝土，空腔浇筑混凝土一层采用抗渗等级 P8 混凝土；二层采用抗渗等级 P8 细石混凝土。叠合外墙与基础导墙采用密封胶密封加设置防水加强层做法，并设置中埋式止水带，具体试验过程如图 1～图 4 所示。

1) 2020 年 7 月完成地下室叠合外墙构件生产（图 1）

图 1 叠合外墙构件生产

2) 2020 年 8 月完成地下室叠合外墙构件施工安装（图 2）

图 2 叠合外墙构件安装

3) 2020 年 8 月完成密封胶及外设防水施工（图 3）

4) 2020 年 9 月进行注水试验（图 4）

图 3 叠合外墙柔性防水施工　　　　　　　图 4 注水试验

试验结果表明：1）经过近 3 个月闭水试验，按照试验设计方案刚性防水＋柔性防水效果明显；2）装配整体式叠合混凝土结构安装施工节省模板、模板支撑及现场钢筋绑扎；3）预制构件表面平整度高，便于后期柔性防水层施工。

4.2 项目应用

《规程》正式发布后，随即开始在项目上开展应用实践（图5～图7）：

项目一：

建设地点：湖南省长沙市长沙县；主要功能：汽车库

结构形式：框架结构；抗震烈度：6度（0.05g）

层数：1层；面积：52798m²

地下室一层部分采用预制柱及预制外墙，其中预制墙长度为386m，589.94m³，预制柱310根。地下室层高为3.8m。

实际应用本项目构件平均安装时间为20min/块墙板。

图5　云谷地下室外墙吊装

图6　云谷地下室外墙实施过程

项目二：

项目概况：长沙市轨道交通6号线东延段

长沙市轨道交通6号线东延段土建施工项目位于长沙县黄花镇，西起黄花机场 T1、T2 站，东至黄花机场 T3 站。叠合构件使用区间为主体结构预留盾构竖井四周，该位置具有施工作业面小、单侧无施工平台、施工安全隐患大等特点。传统现浇做法施工所需技术措施非常复杂，施工周期长。而叠合空腔墙具有的免模板、少人工、速度快等优势恰好能够完美解决这些问题。

该项目采用的空腔预制墙混凝土与钢筋一次成型，构件内部形成空腔，空腔内部浇筑混凝土。其中最重的空腔预制墙构件为9.402t。最大构件尺寸为6120mm×3120mm×530mm，空腔预制墙厚度均为530mm，内外叶板厚度分别为100mm。空腔预制墙构件具体信息见表1。

空腔预制墙构件信息表　　表1

序号	空腔墙号	尺寸(长×宽×厚)	块数	空腔墙厚度	重量
1	DTQ-1	叶板 A：6120mm×2970mm×100m 叶板 B：6120mm×3120mm×100mm	2	530mm	9.319t
2	DTQ-2	叶板 A：4420mm×2970mm×100m 叶板 B：4420mm×3120mm×100mm	2	530mm	6.73t
3	DTQ-3	叶板 A：6120mm×2970mm×100m 叶板 B：6120mm×3120mm×100mm	1	530mm	8.282t

序号	空腔墙号	尺寸（长×宽×厚）	块数	空腔墙厚度	重量
4	DTQ-4	叶板 A：6120mm×2970mm×100m 叶板 B：6120mm×3120mm×100mm	1	530mm	8.86t
5	DTQ-5	叶板 A：6120mm×3035mm×100m 叶板 B：6120mm×3110mm×100mm	1	530mm	9.402t
6	DTQ-6	叶板 A：4420mm×3035mm×100m 叶板 B：4420mm×3110mm×100mm	1	530mm	6.791t

项目三：

建设地点：北京市昌平区；主要功能：汽车库

结构形式：框架结构；设防烈度：8 度（0.2g）

层数：2 层，均应用；面积：16353m²

地下室一层及二层部分采用预制柱及预制墙，其中部分预制墙柱上部有主体结构（图 7）。为北京地区首个主体结构地下部分应用预制墙柱的项目，预制墙长度为 277.58m，579.99m³，预制柱 122 根，399.30m³。地下一层、二层层高为 3.8m。

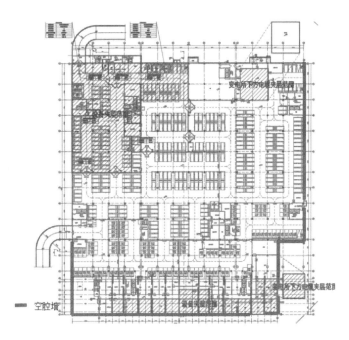

图 7 南口地下室预制墙应用范围

目前，本项目进行构件深化图设计阶段，已完成生产并进场吊装。

另有湖南娄底项目汽车库，应用面积 5685m²，地下室层数两层，其中地下一层应用预制墙柱，目前，该项目地下室应用的预制柱与叠合外墙已完成生产验收，已完成进场吊装。

5 效益与意义

《规程》是我国首部针对装配整体式叠合混凝土结构地下工程防水的技术性标准，适用于我国民用与工业建筑的装配整体式叠合混凝土结构地下工程防水的设计、施工、质量验收、维护与渗漏治理，用于工业厂房、仓储等地下室、住宅、办公、商业等各类民用建筑地下室。《规程》的实施，将为国内开展装配式叠合结构的应用提供了有力的技术支持，将有力地促进装配式建筑的发展速度与应用水平。

《规程》的提出，将大大提高地下室的施工效率，缩短地下室整体施工进度，节约社会资源；提高防水施工质量，降低渗漏风险；极大地减少现场人工需求，促进农民工向产业工人转变，有利于安全生产，推动产业技术进步；体系整体工业化程度高，大幅降低能源消耗，减少材料损耗，且工厂集中生产，有利于实现"四节一环保"的要求，具有重大的经济效益、社会效益及环境效益。

作者：盛珏（三一筑工科技股份有限公司）

建设工程司法鉴定中标准应用实践

Application Practice of Standards in Judicature Appraisal for Construction Engineering

1　引言

近年来，随着城市建设速度的不断加快，与建设工程相关的法律纠纷日渐增多，建设工程司法鉴定领域也逐渐发展起来。建设工程司法鉴定作为司法鉴定领域中一条与建筑科学交汇的分支，在实际工作中，既要依据建设领域标准规范，又需遵守司法鉴定相关法规与制度。目前还没有统一的标准约束和规范此活动，不同学科体系在协同工作时，往往产生疏漏、矛盾，影响鉴定意见的准确性，不利于案件纷争的解决。

标准以科学技术结合实践经验为基础，社会公益性为目的，具有改善、统一服务对预定目标适应性的重要作用，是引领行业良性发展的利器。建设工程司法鉴定作为新兴技术领域，面对体系中亟待完善的技术问题，十分有必要对标准体系进行系统性规划与梳理，利用标准化手段解决学科上层设计，以期助力行业的有序发展。

2　建设工程司法鉴定标准化现状与问题

长久以来，在实际工作中，建设工程司法鉴定缺乏有针对性、适用性的专用技术标准，标准体系亟待建立，工作只能综合依照建设工程质量检验检测、工程设计审核、造价咨询等工程领域相关标准"东拼西凑"进行，工作质量亟须标准化。建设工程司法鉴定服务于司法活动，具有证据性、独立性、公正性的法律特性，依托标准也应相应瞄准建设工程司法鉴定这些特性，除了与现行标准保持协调外，还应从编制原则、适用范围、技术内容框架设置等方面体现建设工程司法鉴定的独特性和技术性。

2.1　鉴定标准选用问题

建设工程司法鉴定与常规建设活动相关标准的目标不同、原则不同、适用范围不同，又受制于现场勘验条件与当事人所提供材料的限制，导致现行标准不能很好支撑鉴定工作，标准不能完全"对症"。例如，对于建设工程施工质量鉴定，一般需依据施工验收类标准。但施工验收属于过程检验，目的为保障施工质量，检验检测过程中需按标准抽查或全部检查；而施工质量司法鉴定一般为现状鉴定，鉴定目的为判断鉴定事项是否符合规范要求，检测范围需根据委托要求执行。对于建设工程设计质量鉴定，依照设计标准进行审核时，主要核查对于标准强制性条文的符合性；而在司法鉴定中，根据实际鉴定诉求，可能需要对标准中全部条文乃至条文说明进行剖析，出具鉴定意见。在进行工程事故成因鉴定时，往往会涉及结构可靠性，根据可靠性评估标准可得到建筑的可靠性等级，而成因鉴定还需出具事故原因。

正因建设工程司法鉴定与常规工程活动技术体系的不同，鉴定事项无法与适用标准进行一一对应，也尚无统一规定对标准采用进行清晰界定，鉴定活动通常需对多个工程领域类型的标准进行梳理与取舍。如：工程相邻关系鉴定可能涉及设计类标准、检测技术类标准、安全性鉴定类标准；工程修复方案鉴定可能需参照设计类标准、施工作法图集；既有建筑质量鉴定可能涉及材料设备产品标准、建筑可靠性评估标准、设计类标准、检测技术标准等。

由于标准体系的不断更新，作为鉴定依据的标准版本选择也是鉴定工作中的难点，需经验丰富的鉴定人与当事人对鉴定诉求进行深入沟通后，在对案件情形充分理解的前提下，根据设计时间、竣工验收时间、合同时间、事发时间、起诉时间等，进行灵活掌握与判断。比如，工程质量的鉴定优先依据相关合同约定标准进行鉴定；当合同没有明确约定时，需选择工程进行时期的对应标准，很可能为过期标准。当对事故成因进行鉴定时，往往需采用最新的鉴定技术进行分析，即依据现行标准。对质量进行鉴定时，通常采用从轻原则，即符合质量的基本要求即可；而事故成因、因果关系的鉴定又要依循从重原则，违反推荐性条文即可能成为导致事故发生的原因。

由于鉴定所依据的适用标准在选用时缺乏指导性文件，而需高度倚仗鉴定人经验在庞杂的标准体系中进行筛选与判断，存在主观性与随机性，因此，常常成为鉴定意见的争议焦点。

2.2 术语含义差异问题

另一方面，标准体系中的技术词汇也无法与法律词汇进行有效对应统一。2020 年版《最高人民法院关于审理商品房买卖合同纠纷案件适用法律若干问题的解释》（以下简称《问题解释》）中提到"主体结构"的概念："第九条 因房屋主体结构质量不合格不能交付使用，或者房屋交付使用后，房屋主体结构质量经核验确属不合格，买受人请求解除合同和赔偿损失的，应予支持。"而《建筑工程施工质量验收统一标准》GB 50300—2013 中明确规定了主体结构并不包含地基与基础部分。实际上，地基基础与主体结构一起组成了结构系统，共同维持建设工程的安全性与稳定性。此处《问题解释》中的条款只考虑主体结构质量，与技术体系中术语概念不吻合，意味着即使发现地基与基础质量不合格，也可以交付使用，这显然有悖于常理。再如，《问题解释》中还提到"正常居住使用"，但并没有给出明确的定义，《民用建筑可靠性鉴定标准》GB 50292—2015 中有了"使用性"的概念，在对建筑使用性进行鉴定时，应按照构件—子单元—鉴定单元的层级进行逐级鉴定，每一级对应三级鉴定评级，而评级的标准不是对于居住的影响性，而是按照使用功能的影响性进行分级。单独构件的使用性评为最低级，是否属于严重影响正常居住使用的情形？如果门、窗等围护结构的使用性评为最低级，是否也适用严重影响正常居住使用的相关条款？技术标准与《问题解释》中的"使用"概念并不能完全对应，导致条款应用时无法聚焦。

司法鉴定案件中，咬文嚼字是法庭辩论环节中经常出现的场面。上述情形均属于术语解释的模糊地带，易引发争议，影响了法律条款的实际操作性，亟待明确。因此，只有在法律与技术体系的有机结合下，提出建设工程司法鉴定标准体系才能确保术语的统一性。

2.3 标准盲点问题

另有一些情况，标准编制时出于业内共识的考虑，并未进行详细规定，但恰好成为案件的争议关键，此时只能依赖鉴定人的个人经验进行判断，缺乏有效依据致使鉴定意见的权威性大打折扣。因此，十分有必要在相关司法鉴定标准中提出盲点类问题的通用解决方案，令盲点也有法可依。

3 建设工程司法鉴定中标准的应用实例

由于鉴定机构、鉴定设备、鉴定人资质水平的参差不齐，缺乏标准化的指导，对于案件的不同理解将导致鉴定标准的选择不同，最终导致鉴定意见存在差异。

（1）由于鉴定过程只是案件审理程序中的一部分，鉴定工作只是针对鉴定申请中的专门问题出具鉴定意见，而并非站在案件全局立场。由于对选取标准的范围缺乏有效约束，当从不同的角度出发时，选取的鉴定标准可能会全然不同，从而导致大相径庭的鉴定意见。

案例1 在某现浇混凝土污水池隔墙倒塌案件中，经现场勘验，倒塌隔墙横向、纵向水平分布筋、钢筋保护层厚度均略低于设计要求。施工方发起鉴定申请，对现有施工质量与隔墙倒塌是否存在因果关系进行鉴定。

鉴定过程中，鉴定人根据申请方提供的施工质量检测结果，对污水池按照不同水位及水位差进行计算分析，通过隔墙墙身抗弯承载力与裂缝控制弯矩进行判断，在现有施工质量数据下，钢筋布置与设计偏差超过验收标准的要求，隔墙墙身不满足相关设计标准的要求。常规鉴定分析到此，已经完成了委托事项，即说明在施工质量存在缺陷下，隔墙将发生倒塌，施工方负主要责任。但如果脱离委托事项审视案件本质，现浇混凝土工程在施工过程中，钢筋布置略有偏差是常见质量缺陷，不足以导致墙身倒塌。结合设计图进行分析，原设计放大了墙顶走道板的约束作用，墙身厚度设计过小才是倒塌事故发生的根本原因。因此，站在全面分析的角度对原设计按照相关设计标准进行复核后，主要责任在设计方，施工方只需负次要责任。

（2）验证鉴定事项与标准的符合性是建设工程司法鉴定过程中最为常用的鉴定手段。但建设工程司法鉴定标准体系目前尚不完善，常规技术标准对鉴定深度、鉴定方法选用等缺乏标准化应用指导，如果对常规工程标准只是原样照搬地使用，而不结合实际情况进行深入分析与弹性掌握，只会适得其反。

案例2 某单层砖木结构住宅区30余户出现大面积裂缝，建筑群外不到4m处一栋大型办公楼正处于基坑开挖阶段，开挖深度约16m。居民推测裂缝成因与基坑开挖有关，遂申请对房屋受损成因进行鉴定。

单层砖木住宅建于20世纪80年代初，早已不符合现今标准体系对于结构承载力、构造措施的设计要求。如果仅仅依照相关标准对房屋安全性进行鉴定，根据现场勘验结果，材料强度小于设计值，屋架构件尺寸不符合设计要求，部分区域缺乏有效的构造措施，很可能得出多处缺陷不符合设计与鉴定标准要求，房屋安全性等级过低，导致裂缝出现的鉴定意见。但依据工程处理经验，通过对房屋倾斜方向测量结果、每条裂缝形态走势统计数据、裂缝出现时间点证据材料、基坑开挖模型进行多角度综合分析，可推断基坑开挖是导致房屋批量出现裂缝的主要原因，房屋质量仅是次要原因。

综合上述案例，由于建设工程标准化的缺失，鉴定人对标准的自由使用空间过大，是鉴定意见质量难以保证的重要原因。建设工程司法鉴定是工程技术与法律程序的结合，因而，它的标准体系，不仅包括技术标准同时也包含流程标准，目前，关于工程鉴定相关技术标准是不完善的，同时流程标准更是缺失。流程标准是掌控技术标准运用深度和应用范围的重要前置，这与工程技术标准体系是不同的。因此，十分有必要开展标准体系研究，组织行业内优秀鉴定机构及鉴定人，将经验固定提炼转化为标准，针对不同鉴定事项的特点量体裁衣，才能有效发挥标准的推动作用。

4 建设工程司法鉴定标准体系构建设想

在我国，建设工程司法鉴定起步至今尚不足20年，但在保障工程质量及解决纠纷方面作用需求和作用巨大，其规范化高质量发展亟待以标准化建设为重要抓手，夯实技术与管理基础，全面提升行业服务水平，提高司法鉴定公信力。

4.1 标准体系建设目标

建设工程司法鉴定标准体系当以解决建设工程领域司法鉴定实践中的专门问题为指引,从机构管理与技术控制两条路线,结合科学、合理的专业细分方式,制定既与现有建设工程体系标准相适应,又符合检验检测机构管理体系相关规定,并与国际标准接轨的专业技术标准体系,为建设工程司法鉴定机构的管理、鉴定活动的展开提供全面的指导依据。

4.2 标准体系建设设想

为了达成上述标准体系建设目标,建议从如下三个方面展开标准化探索:

(1)系统性划分专业领域

建设工程司法鉴定学科作为工程技术与鉴定科学的融合,按照建设工程专业可划分为建筑、结构、给水排水、暖通、电气、工程管理等,按照建设工程阶段可划分为规划、造价、设计、材料设备生产、施工、维护、加固改造等。该种划分对专业知识具有较高要求,对不具备工程背景的法官、律师、诉讼当事人等案件相关人员来说比较难掌握。因此,结合笔者多年从事司法鉴定工作的实践探索,建议考虑不同鉴定诉求,按照鉴定活动特点,将学科划分为建设工程质量鉴定、成因/因果关系鉴定、事故/灾损鉴定、修复方案鉴定、造价鉴定、工期/工程量鉴定,可覆盖司法鉴定诉求,便于专业的规范化管理。

(2)标准体系立体化分层

依据专业技术特点与管理体系的要求,建立通用标准、管理标准、专项技术标准的三类标准相互协同支撑鉴定工作的标准体系,并为动态分解与扩展新标准项目留有足够空间。通用标准是标准化的基础,应为标准序列中的第一部标准,为其他标准的编制制定基本原则,指导标准体系的展开。管理标准以人、机、料、法、环为要素,借鉴 CMA、CNAS 以及 ISO 标准体系对检验检测机构的管理要求,实现对鉴定意见质量进行控制和规范的目的,提升行业国际化程度。专项技术标准如前所述依据专业领域大类划分制定,并应与现有技术标准协调适应,理清各类标准应用边界,规定标准采用原则;对于缺少专业技术标准,又有一定案件量的技术领域,可根据实际鉴定需求,制定针对性的专项标准,完善技术体系。

(3)开放标准体系建设

技术创新是行业发展的驱动力,充分发挥社会团体及企事业单位的能动作用,鼓励社会组织与企事业单位制定严于国家标准、行业标准的团体标准与企业标准,可推动技术更新,提升标准化意识,拓展服务创新机制,促进鉴定市场的良性发展。

5 结语

建设工程司法鉴定专业目前尚处于初步发展阶段。随着我国标准化工作的不断推进,建设工程司法鉴定市场的不断成熟,具有针对性的标准体系的建立已是刻不容缓。司法鉴定行业的标准化工作对维护司法公正、化解社会矛盾具有重要意义,将是一项动态发展的长期工作,任重而道远。

作者:左勇志;闫续;郭伟;鲁巧稚(中国建筑标准设计研究院有限公司)

工程上浮事故相关技术标准应用实践

Application Practice of Technical Standards in Basement Floating-up Accidents

1　引言

2021 年工程界十大自媒体新闻中，浙江案、山东案、贵州案三个工程上浮事故的法院判决案例位列其中，在工程界和法律界引起了热议。三个典型案例的判决，虽都属于上浮引起的工程事故，但判罚迥异，由此引发了工程技术标准在法律责任判定中作用的激励讨论。各种论坛、线上线下研讨会不断，作为贵州上浮事故的鉴定人，笔者以案件参与人的角色参与了多场工程上浮事故与法律结合的相关研讨活动。本文结合三个判决案例以及研讨过程中的思考，从工程技术和司法审判角度，就工程技术标准对上浮事故法律责任划分的影响展开剖析。本文不做具体案例责任的判定分析，仅仅通过案例讨论这些审判案件中标准规范对于责任判定的影响。

2　工程法律和抗浮相关技术标准

2.1　法律法规关于技术标准的规定

《中华人民共和国标准化法》第二条规定"标准是指农业、工业、服务业以及社会事业等领域需要统一的技术要求，标准包括国家标准、行业标准、地方标准和团体标准、企业标准，国家标准分为强制性标准、推荐性标准，行业标准、地方标准是推荐性标准，强制性标准必须执行。"

《建设工程质量管理条例》第十九条规定"勘察、设计单位必须按照工程建设强制性标准进行勘察、设计，并对其勘察、设计的质量负责。"

《民法典》第511条当事人就有关合同内容约定不明确，依据前条规定仍不能确定的，适用下列规定：（一）质量要求不明确的，按照强制性国家标准履行；没有强制性国家标准的，按照推荐性国家标准履行；没有推荐性国家标准的，按照行业标准履行；没有国家标准、行业标准的，按照通常标准或者符合合同目的的特定标准履行。

工程建设标准是工程建设活动必须遵循的重要制度和依据，是现代国家治理体系的重要技术基础。工程建设标准的发展目标是（1）建立以工程建设技术法规（以下简称技术法规）为统领、标准为配套、合规性判定为补充的技术支撑保障新模式；（2）建立内容合理、水平先进、国际适用性强的技术法规和标准新体系；（3）建立基础研究扎实、公开服务及时、实施监督有效的技术法规和标准管理新机制；最终将现行标准中分散的强制性规定精简整合为全文强制性工程建设规范，逐步过渡为技术法规，实现与现行法律法规的深度融合。

上述法律规定是司法实践中关于工程技术标准采用的依据，由此可知工程技术标准不仅仅只有技术属性，同样具备法律属性，也是法律判定责任的重要的甚至是唯一的支撑。因此，我们工程技术人员必须重视其所承担的往往在发生相关问题或事故之后所表现出来的强烈的法律效力，这种法律效力即有可能承担民事责任，也有可能承担相应刑事责任。

2.2 抗浮相关技术标准

根据上浮案例的总结以及司法审批案例总结，在涉及工程上浮事故责任判定中，一个关键指标便是地下水位高度，其细分可以包括地下水水位、抗浮水位建议值、抗浮设防水位以及地表水等，其水位高度确定的合理性往往决定了事故责任的判定，主要涉及的技术标准包括《岩土工程勘察规范》GB 50021—2001（2009 年版）、《建筑工程抗浮技术标准》JGJ 476—2019、《高层建筑岩土工程勘察标准》JGJ/T 72—2017、《建筑地基基础设计规范》GB 50007—2011、《工程勘察通用规范》GB 55017—2021、《建筑与市政地基基础通用规范》GB 55003—2021。

《建筑与市政地基基础通用规范》GB 55003—2021 第 2.1.8 条"当地下水位变化对建设工程及周边环境安全产生不利影响时，应采取安全、有效的处置措施。"该条文表明，在进行地基基础设计时应该考虑地下水位变化的影响，其相关法律责任应该由设计单位承担。《工程勘察通用规范》GB 55017—2021 第 3.7.4 条 2、3 款要求地下水评价应包括下列内容：2 当需要进行地下水控制时，应提供相关水位地质参数，提出控制措施的建议；3 当有抗浮需要时，应进行抗浮评价，提出抗浮措施建议。该条文表明了工程勘察机构对于抗浮水位的责任。上述两个通用规范基本上总结了其他标准中关于抗浮水位相关责任的表述。

《建筑工程抗浮技术标准》JGJ 476—2019 较详细地区分了地下水位、抗浮设防水位建议值和抗浮设防水位，并说明了各参数的确定机构类型。该标准第 4.2.6 条规定工程勘察机构应该勘察地下水水位及地下水与地表水的水力联系，工程场地活动引起的变化，提供抗浮设防水位建议值等。该标准第 5 章规定抗浮设防水位分为施工期和使用期的抗浮设防水位，且应经分析论证后采用，并规定了水位预测和抗浮设防水位确定的要求。但是规范条文仅从技术角度考虑，没有明确实施的责任主体，不利于出现工程上浮事故后责任比例的判定。

上述标准为勘察、设计所应遵循的技术规范，工程事故还涉及施工质量，尤其是肥槽回填以及顶板覆土等相关因素，本文不做该方面的相关论述。

3 案例应用

下面通过三个审判案例的分析，说明工程技术标准对于工程上浮事故责任判定的影响。

3.1 浙江某工程地下室上浮事故案

该案件为浙江省高级人民法院审理判决，法院根据《岩土工程勘察规范》GB 50021—2001 第 4.1.13 条的规定，只有在场地有地下水存在的情况下，才要求论证地基土和地下水在建筑施工和使用期间可能产生的变化及其对工程和环境的影响，才需要勘察单位提出防治方案、防水设计水位和抗浮设计水位的建议。因勘察报告中明确"该场地经勘察本身无地下水存在，地下水补给来源为大气降水"，故法院判定勘察单位不承担责任。

对于设计单位，法院认为地勘报告中虽未见地下水，但设计院作为专业的设计机构，其应按照合同约定提供合理可使用的设计方案，保证工程按其设计方案施工后能够正常投入使用。设计院未全面考虑包括地表水渗入可能引发的水浮力问题导致地下室受损，在设计上存在缺陷和遗漏。综上，鉴于普降暴雨的突发性，可适当减轻设计院的赔偿责任，酌定设计院承担 90％的赔偿责任。也即设计院承担全部责任。

3.2　山东某工程地下室上浮事故案

该案件为山东省高级人民法院终审判决，法院根据《岩土工程勘察规范》GB 50021—2001（2009 年版）第 7.1.1 条规定，认为勘察单位未按照规范要求，掌握水文信息，在勘察报告中未提供地下水位变化幅度，补充说明提供的地下水位建议值不准确，是造成本案工程质量问题的主要原因，承担主要责任。法院根据《建筑地基基础设计规范》GB 50007—2002 第 6.1.1 条规定，设计单位未考虑地表水大量渗入及进行相应的抗浮设计，未尽到专业机构的合理注意义务，承担次要责任。

3.3　贵州案

该案件为贵州省毕节市中级人民法院二审判决，法院根据《岩土工程勘察规范》GB 50021—2001 中第 7.1.1 条的规定，认为勘察机构未按照该条款要求进行勘察，工程勘察不符合工程要求，未通过搜集资料和勘察工作，掌握下列水文地质条件，勘察时的地下水位、历史最高地下水位、近 3～5 年最高地下水位、水位变化趋势和主要影响因素。勘察机构承担主要责任。

4　结语

（1）工程技术活动中既要严格执行强制性标准要求，也要重视非强制性条文的法律效力，在出现工程质量问题或者事故后，非强制条文同样可能被审判机构采用作为责任划分的依据。

（2）工程技术标准越来越多，工程技术标准之间不免有些不协调的技术问题，同时还有一些法律层面上的矛盾之处，对于同一个技术问题，可能会出现依据不同的技术标准划分不同的责任归属。影响法律的判定，因此，工程技术标准在制定时如何与法律结合是一个需要关注的问题。建议在技术标准编制时充分考虑法律问题，对于重要的标准建议引入法律专业人士的意见。使技术标准尤其是强制性技术标准真正成为完善的技术法规。

（3）建议工程技术领域和工程技术人员加强基本法律法规的学习和培训，尤其针对工程的相关法律法规，在工程界真正树立起法治工程的意识，这也许是彻底解决工程建设过程中的一些乱象问题，提升工程品质的根本之道。

（4）对于工程技术原因的判定（技术责任）和法律责任不存在必然的等同性，对于此类问题的处理需要技术专业和法律专业相结合，可以有效保护自身的合法权益。

作者：马德云；左勇志；郭伟（中国建筑标准设计研究院有限公司）

建筑机器人 CR 认证实施规则及其认证依据标准应用实践

Application Practice of the Implementation Rules for China Robot Certification of Construction Robots

1　引言

目前建筑施工中，虽然已有大量机械设备参与，但更多的工序还是有赖于手工作业，导致建造周期漫长，少则数月，多至数年。而采用机器人技术，可使建造效率大幅提升。以欧美的标准民居为例，传统人工作业的平均建造周期为 6～9 个月，若采用最新的机器人 3D 打印技术，建造周期可大幅缩短至 1～2 天。建筑机器人高效的施工不仅在普通工程中能缩短工期，在应急工程如遭遇地震、恐怖袭击、泥石流等灾难后，也可以快速完成临时居所建设，保障居民的基本生存条件。建筑机器人可以使传统的古老工序现代化并提高效率。

建筑机器人作为一个具有极大发展潜力的新兴技术，有望实现"更安全、更高效、更绿色、更智能"的信息化营建，整个建筑业或借机完成跨越式发展。建筑业在我国属于支柱产业，这一庞大的内需市场为我国建筑机器人的发展壮大提供强有力的保障。数年来，我国在工业机器人、特种机器人以及机器人通用技术方面已经积累了较多的经验，并储备了大量人才，加之国家大力倡导创新的利好局势，建筑机器人未来在我国必将取得长足的发展。目前，世界上发达国家纷纷将目光投向建筑机器人，旨在增强本国在国际建筑业中的竞争力，而标准作为建筑机器人产业国际竞争的技术依据和有效手段，被各发达国家放在产业战略的重要位置。可以说各国在机器人产业领域的竞争不单是技术和市场的竞争，更是建筑机器人标准的竞争。

2016 年，国家质量监督检验检疫总局、国家发展和改革委员会、工业和信息化部等五部委联合发布了《关于推进机器人检测认证体系建设的意见》（图 1），明确以联盟的形式开展机器人检测认证，推动国家机器人认证制度的实施。同年，机器人检测认证联盟在国家认监委的指导下成立，联盟以国评中心单位为核心组建，理事长和秘书处设在上海电器科学研究所（集团）有限公司。

经过充分调研，建筑机器人作为新兴技术领域，国内乃至国际缺少权威、有效的产品认证制度，严重制约行业的规范化发展，没有权威的安全标准也使得制造商和应用方对相关安全事项不能进行充分识别。基于上述种种原因，建筑机器人的第三方认证制度应运而生。

2　相关标准情况

目前关于建筑机器人的标准化还在讨论阶段，尚未成立工作组专门进行研究。但是国际标准化组织（ISO）与建筑机器人有关的工作组目前有 2 个：ISO /TC 299 机器人和 ISO/TC 195 建筑施工机械与设备，经查询，此 2 个 TC 暂未发布建筑机器人的相关标准，缺少适用于建筑机器人的标准规范。国内与建筑机器人略有关系的 TC 调研情况见图 2，但也同样没有发布与建筑机器人直接相关的国家、行业标准。

在建筑机器人的研发及制造过程中，在最为关注的产品安全方面，主要存在以下几个问题：

国家质量监督检验检疫总局
国家发展和改革委员会
工业和信息化部
国家认证认可监督管理委员会
国家标准化管理委员会

国质检认联〔2016〕622号

质检总局 发展改革委 工业和信息化部
国家认监委 国家标准委关于
推进机器人检测认证
体系建设的意见

各直属检验检疫局，各省、自治区、直辖市及计划单列市、副省级城市、新疆生产建设兵团质量技术监督局（市场监督管理部门）、发展改革委、工信委（经委），有关中央企业：

为贯彻《中华人民共和国国民经济和社会发展第十三个五年规划纲要（2016-2020）》和《中国制造2025》文件精神，充分发挥

—— 1 ——

证活动开展定期或不定期的监督检查，适时开展机器人获证产品专项检查。

附件：机器人产品认证标志管理要求

—— 5 ——

图1　关于推进机器人检测认证体系建设的意见

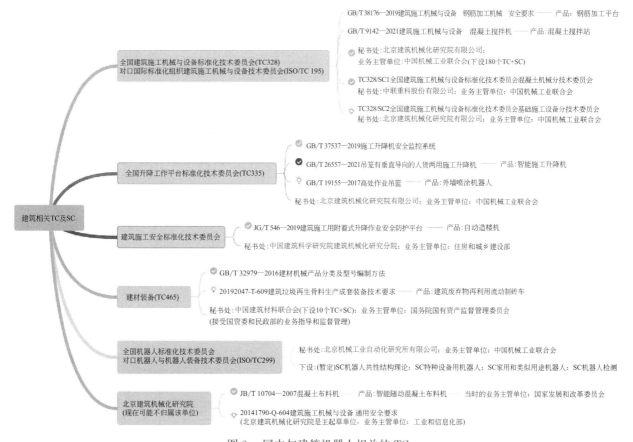

图2　国内与建筑机器人相关的 TC

（1）标准缺失：建筑机器人属于新产品、新技术，适用的 EMC、安全要求缺少统一的行业规范；

（2）参考标准不适用：经过充分分析工业环境作业机器人、服务机器人的 EMC、安全标准，其技术参数、限值范围不完全适用及符合建筑机器人的实际情况；

（3）CR 认证规则缺失：缺少建筑机器人的 CR 认证实施规则，如：建筑清扫机器人若参考服务机器人 CR 认证规则进行认证，需进一步筛选不适用条款，增加时间及整改成本；

（4）权威性不足：以企业自身的能力很难独立制定完善、适用的 EMC、安全标准，且不具备权威性。

基于以上原因，广东博智林机器人有限公司联合上海电器科学研究所（集团）有限公司在机器人检测认证联盟的指导下，组建了建筑机器人 CR 认证实施规则及其认证依据标准制定事宜，一举填补了国内外的空白。制定本系列文件共汇集了 25 家单位的 160 余项修改意见，历经施工现场调研、EMC 应用场景划分、EMC 数据采集、标准征求意见、标准评审会、标准验证等相关环节，在参考现行相关标准条文的基础上，编制和发布了建筑机器人 CR 认证实施规则及其认证依据标准（表 1），2021 年 12 月在国家认证认可监督管理委员会完成了备案公示（图 3）。

其中，安全技术规范主要包括建筑机器人的危险识别及风险评估、安全要求及保护措施、升降工作平台、使用信息。电磁兼容技术规范主要包括建筑机器人的电磁兼容（EMC）性能判据、试验条件、适用性、试验布置、试验方法、结果报告。

建筑机器人 CR 认证实施规则及其认证依据标准　　　　　　　　　　　　　　表 1

序号	文件编号	文件名称
1	CR—1—08：2021	建筑机器人　CR 认证实施规则
2	CR—1—08TS—01：2021	建筑机器人　安全技术规范
3	CR—1—08TS—02：2021	建筑机器人　电磁兼容　通用标准　抗扰度要求和限值
4	CR—1—08TS—03：2021	建筑机器人　电磁兼容　通用标准　发射要求和限值

图 3　国家认证认可监督管理委员会公示

3　标准的应用实践

2021 年期间，共针对 15 款建筑机器人展开了标准验证，覆盖混凝土地面施工、墙面喷涂、墙面打磨、地板铺贴、建筑测量等领域。经充分比较分析后，针对电压、功率、载重、运行速度、设备配置、电池等方面挑选了五款典型机器人对标准条款进行一一测试。11 月，上海电器设备检测所有限公司、广东省东莞市质量监督检测中心在博智林试验中心展开了《建筑机器人　安全技术规范》《建筑机器人 电磁兼容 通用标准 抗扰度要求和限值》《建筑机器人 电磁兼容 通用标准 抗扰度要求和限值》的验证，经问题整改后，顺利通过验证，近日将颁发国内首张建筑机器人CR认证证书。以上的实战应用也证明了建筑机器人CR认证实施规则及其认证依据标准的可行性。这也是建筑机器人发展的重要里程碑。

4 思考与建议

今后十多年内，若建筑机器人技术得以大规模投入应用，那这对于建筑业的意义绝不亚于"脱胎换骨"。机器人技术改变的不单是施工方式，而是实施营建的理念。整个建筑业体系——从设计、营造到使用、维护，将因此得到重塑，低效、危险、污染、浪费、劳动力密集等行业标签将成为历史，高效、环保、创意、智能、自动化将成为机器人时代建筑业的新标签。对应的标准制定情况必会出现井喷式增长，而如何在国际之间的建筑机器人标准之争中获得一席之地，占据一方标准发言权也是重中之重。

建筑机器人CR认证实施规则及其认证依据标准内容随着建筑机器人行业的发展有待进一步完善，如可能存在的未考虑周全的安全风险、电磁干扰的频发概率等都是后续的研究及整改方向之一。且CR认证作为国家自愿性认证制度，未来的应用前景还需国家出台相关的政策予以支持。

作者：张岗；王鹏豪（广东博智林机器人有限公司）

建工领域检验机构能力验证族群体系应用实践

Application Practice of Proficiency Testing Program
System of Inspection Bodies in Construction Engineering Field

1 引言

能力验证是利用实验室间比对，按照预先制定的准则评价参加者能力的技术活动。能力验证活动最早起源于 20 世纪 40 年代美国的临床检验领域，1984 年，ISO/IEC 发布了指南 43：1984《利用实验室间比对的能力验证》之后，各个专业领域的能力验证活动逐步进入规范化运作。2000年，伴随中国加入 WTO，能力验证由中国合格评定国家认可委员会（CNAS）首次引入国内。发展至今，能力验证不仅已成为检验检测机构质量控制、识别技术差异、促进自身技术能力提升的一种关键手段，其结果也成为各级、各地政府和行业监管、CNAS 认可及资质认定中的重要技术依据。

根据国家市场监管总局发布的 2020 年度检验检测服务业统计结果，截至 2020 年底，我国拥有各类检验检测机构 48919 家、检验检测收入约 3586 亿元，从业人员约 141 万人，全年出具检验检测报告 5.67 亿份。这其中，建工建材领域检验检测机构数量占比超过 30%。这些机构日常除对建设工程产品和材料依据相关标准或规定程序、利用仪器设备开展检测活动外，还开展大量更为复杂的检验活动，即对建设工程及工程产品和材料在检测（或不检测）和专业判断的基础上，确定其对特定要求或通用要求符合性的活动（例如：通过方案制定、专业分析、计算、系统评价等专业技能检验和提供客观证据，给出符合性判定结论的行为）。

长期以来，建工领域检验机构开展相关业务需获得国家或省级市场监管部门的资质认定；后期，部分机构会自愿向 CNAS 申请检验或检测机构认可，以期彰显其技术和管理达到了更高水准。

对于上述两种检验机构，一方面，CNAS 在其发布的《能力验证规则》CNAS—RL02：2018中规定，对于申请 CNAS 认可或已获准 CNAS 认可的合格评定机构（包括检测机构及检验机构等），寻求并参加能力验证是其责任和义务。另一方面，随着"放管服"改革的深化，国家市场监管总局对《检验检测机构资质认定管理办法》进行了修改并于 2021 年 6 月 1 日正式实施，依据修改后的《管理办法》，市场监管部门将不再受理从事建设工程质量鉴定、房屋鉴定机构（均为检验机构）的资质认定申请及颁发证书。这就意味着相当数量未获得 CNAS 认可的检验机构，为了向社会提供其技术能力的证明，会选择获得 CNAS 认可或主动寻求第三方组织的能力验证活动。

综上，CNAS 和相关检验机构对建工领域能力验证都有了更为迫切的需求，在各细分专业中对能力验证的项目和频次也提出了更高要求，建工领域检验机构能力验证项目的设计、研发及组织实施均面临全新挑战。

2 标准背景

根据 CNAS 发布的《建设工程领域检查机构认可申请指南》CNAS AI02：2020 中给出的分类，建工领域检验机构共划分了地基基础、房屋建筑工程、市政工程、交通建设工程、铁道建设工程、水利建设工程 6 个子领域，每个子领域又进一步根据专业特性划分为 41 个三级领域，每个三级领域中还对应包含了设计方案评价、施工质量控制、工程质量验收与评价等大量检验活动。

综上可见，我国建工领域检验机构不仅数量多，而且业务领域覆盖面广、涉及的检验活动种类也很复杂，由此对能力验证活动的需求也存在多元性。但与此同时，在本标准开始编制工作前，我国获得 CNAS 认可的建工领域能力验证提供者目前仅有十余家，可提供的检验领域能力验证计划仅两项，子领域覆盖率仅 3%。能力验证活动的实际供给与检验检测机构的实际需求相差甚远。

究其原因，首先是由于能力验证不同于日常的检测工作，并非每个已有的检验项目都适合作为能力验证活动组织开展；其次，检验能力验证项目设计技术难度大、开发周期长；此外，国内已有的能力验证项目研发主要是基于提供者自身的技术优势和兴趣点，项目整体研发缺乏系统性和计划性。

为解决上述问题，我们立项编制了建工检验机构能力验证族群体系标准，该体系以分类汇总和层次结构的方式，展现了建工领域检验机构能力验证项目的全貌。该体系一方面可以帮助建工领域检验机构更好地结合自身需求选择适合的能力验证活动；另一方面也可整合业内资源，引导有能力的提供者有计划、有步骤地开展能力验证项目的研发，以覆盖更多的检验子领域，满足市场需求。

3　总体情况

建工领域检验机构能力验证族群体系是指适合开展建筑工程领域检验机构能力验证活动的项目体系，该项目体系用建工领域检验机构能力验证族群表表示。在该体系的建立过程中，我们对检验机构的能力验证需求和现有项目覆盖的领域、考核的技术知识能力等进行了梳理和研判，听取了建工领域不同专业的技术专家、认可评审专家的意见，建立了对应地基基础、建筑结构、建筑装饰装修、建筑围护结构、建筑电气及建筑智能、建筑设备、建筑环境、建筑消防与安防、建筑材料及构件、建筑节能评价等领域的建工领域检验机构能力验证族群体系并编制为标准。

族群体系分为领域、子领域、类别和项目四个层次：分别是建筑工程检验的领域、子领域、子领域下的主要类别和每个类别中可开展能力验证的项目及主要内容。体系中各层次的内容均赋予了唯一性的三段式编码，便于快速查询。同时，标准中还给出了族群表代码与 CNAS 认可领域代码的对应关系，便于检验机构使用。整个族群体系包含了 10 个领域、38 个子领域和 85 个类别。表 1 给出了建工领域检验机构能力验证族群表的部分结构示意。

建工领域检验机构能力验证族群表（部分）　　表 1

领域		子领域		类别		项目及主要内容
代码及内容		代码及内容		代码及内容		
102	建筑结构	201	混凝土结构	301	工程施工质量评价	外观、裂缝、混凝土强度、保护层厚度等
				302	结构可靠性评价	安全性评价
				303	结构抗震性能评价	构造要求承载力评价
		202	砌体结构	301	工程施工质量评价	外观、缺陷、砂浆强度、块材强度等
		203	钢结构	302	结构可靠性评价	安全性评价

续表

领域		子领域		类别		项目及主要内容
代码及内容		代码及内容		代码及内容		
104	建筑围护结构	201	建筑幕墙	301	设计方案评价	性能设计评价(气密性能、水密性能、抗风压性能、层间变形等)
				302	施工质量及安全性评价	材料设计评价(型材壁厚、结构胶宽度及厚度、五金配件强度等)
						结构安全性计算评价(框架及面板的强度、变形)
						热工性能计算评价(传热系数、太阳得热系数)
						连接构造(主体与框架、框架之间、框架与面板等连接质量)
						开启部位构造(密封质量、五金件安装质量)
						材料质量(面板厚度、玻璃应力、中空玻璃密封质量、金属构件耐腐蚀性等)
						预埋件(抗拉拔强度)

4 标准的应用实践

建研院检测中心有限公司(原中国建研院建筑工程检测中心)作为国内唯一一家建工检验领域获得 CNAS 认可的能力验证提供者,2014 年首次研发并组织了"工程结构实体混凝土强度评定"能力验证计划,一举填补了国内外空白。在此基础上 2015 年研发并组织了"房屋危险性鉴定"能力验证计划。但后续由于开发方向不明确、样品设计难度高等方面因素的限制,直至《建工领域检验机构能力验证族群体系》标准开展编制工作前都没有新项目推出。

2019 年,《建工领域检验机构能力验证族群体系》标准编制工作正式启动,伴随标准构架的族群体系逐步清晰,建工领域检验机构能力验证项目的研发进入了快速发展状态。

依据标准系统的引领,我们先后开发了混凝土结构可靠性鉴定、工程施工质量等系列能力验证项目,在不同子领域能力验证的样品制备、指定值确定、评价准则建立等关键技术上都有了长足的进步,所开发的能力验证项目与族群体系的关联情况见表 2。

开发的能力验证项目与族群体系关系 表 2

领域		子领域		类别		依据族群体系开发的能力验证项目
代码及内容		代码及内容		代码及内容		(项目初次组织年份)
01	地基基础	201	地基基础工程	301	施工质量评价	低应变法检测基桩桩身完整性(2019 年)
02	建筑结构	201	混凝土结构	301	工程施工质量评价	①工程结构实体混凝土强度评定(2014 年)②混凝土结构实体(混凝土强度、钢筋保护层厚度)施工质量验收(2021 年)
				302	结构可靠性评价	①房屋危险性鉴定(2015 年)②混凝土结构房屋构件可靠性等级(2020 年)③混凝土结构房屋鉴定单元可靠性等级(2021 年)④混凝土结构房屋安全性鉴定(2021 年)
				303	结构抗震性能评价	混凝土结构房屋抗震鉴定(2021 年)
		202	砌体结构	301	工程施工质量评价	砌体结构(砌筑砖抗压和砌筑砂浆)强度评定(2021 年)
				302	结构可靠性评价	砌体结构房屋安全性鉴定(2022 年)
		203	钢结构	302	结构可靠性评价	①钢结构房屋安全性鉴定(2020 年)②钢结构房屋可靠性鉴定(2021 年)

领域		子领域		类别		依据族群体系开发的能力验证项目
代码及内容		代码及内容		代码及内容		（项目初次组织年份）
04	建筑围护结构	201	建筑幕墙	301	设计方案评价	建筑幕墙结构设计复核（2022年）
				302	施工质量及安全性评价	幕墙安全性鉴定（2020年）
		205	外墙	301	节能评价	建筑围护结构传热系数测评（2022年）

由表2可见，2020年以来，我们在《建工领域检验机构能力验证族群体系》标准引领下累计新开发能力验证项目12项，覆盖了3个领域、6个子领域和10个类别；累计有超300家次检验机构参加。

5　应用思考

《建工领域检验机构能力验证族群体系》标准的建立，一方面指明了检验机构能力验证项目的方向，大大推动了能力验证项目的研发进度、丰富了能力验证项目供给、填补了更多检验机构能力验证领域和子领域空白；另一方面，行业检验机构通过多项目、多轮次参加相关检验机构能力验证计划，对所涉标准规范要求、检验关键技术点有了更深入的理解，行业检验技术水平得到整体提高。

后续，我们希望《建工领域检验机构能力验证族群体系》标准得到更为广泛的应用，为有效提高参加机构的技术水平、发现建工检验行业现状和薄弱点、区分机构能力水平，为行业监管机构提供技术支撑，为国家工程建设的高质量发展做出贡献。

作者：张乐群；马捷（建研院检测中心有限公司）

城镇燃气管网泄漏评估技术规程应用实践
Application Practice of the Technical Specification for
Leak Assessment of City Gas Piping System

1 总体情况

《城镇燃气管网泄漏评估技术规程》T/CCES 24—2021 是燃气分会作为主编单位之一，首次编制的一部团体标准——中国土木工程学会（以下简称总会）标准，已于 2021 年 7 月 2 日被总会批准发布，并于 2021 年 10 月 1 日起实施。

1.1 编制背景

随着经济发展和城镇规模的不断扩大，城镇燃气管网覆盖面积也在日益增加。自 21 世纪天然气大举进入城镇能源市场以来，燃气管网敷设至今已有 20 年左右的时间，大部分超过了 10 年管龄，燃气泄漏呈现多发态势，极易造成火灾爆炸等恶性事故。面对这种状况，应该定期评估评价城镇燃气系统的安全状况，这就需要定期对城镇燃气管网开展燃气泄漏评估工作。

开展燃气泄漏评估工作需要建立统一量化的、行之有效的指标，就是需要有规范化的技术标准作为评估依据，这也是编制本标准的初心。

准确的评估结论首先是建立在精准高效的泄漏检测技术之上的。特别是针对城镇燃气管网开展全域性、大面积的快速泄漏检测时，应该依托更加高效更加灵敏并且能够精准定位的检测技术。

2015 年 6 月，第 26 届世界天然气大会在法国巴黎召开。燃气分会组团参加了大会，并在会议期间了解到燃气泄漏检测技术已呈现突飞猛进的发展，先进检测技术的灵敏度已经达到 ppb 级，通过空气动力学模型迅速划定检测覆盖范围，利用甲烷碳同位素测量区分燃气组分和生物甲烷，从而快速检测出燃气管道的泄漏信息。通过技术交流还得知：实时检测出来的数据和卫星定位技术相结合，可以将位置数据上传到云端，从而形成全面反映管网安全状况的泄漏云图。

燃气分会以此先进技术为依托，提出了编制本标准的想法，通过向住房和城乡建设部城建司和当时质检总局特设局等政府部门和行业监管部门汇报，并征求部分燃气企业的意见，得到了一致赞同和支持。2016 年初，我们向总会提出了编制本标准的立项申请，总会于 2017 年 8 月批准先期开展研究编制工作。2019 年 4 月批准正式立项编制。2021 年 7 月 2 日批准发布。

1.2 技术创新

本标准在编制过程中，开展了试验论证工作，将先进的激光检测技术与我国北斗精准定位技术相结合，通过技术创新，建立新算法平台，制作出比国外更加细致和精准的燃气泄漏云图（图 1），为泄漏评估提供更加直观可信的资料。

燃气泄漏云图就是对燃气管网进行全面的泄漏检测，并将原始检测数据上传至云端或相关平台，导入数据分析平台，使用平台设定的模型参数，分别对检测区域甲烷及乙烷浓度分布情况、检测轨迹、泄漏风险等进行数据分析和计算，最终产生平面（2D）或立体（3D）两种图形显示，能够全面反映燃气管网泄漏状况和泄漏点分布，实现对城镇燃气管网的整体安全评估。

图1　燃气泄漏云图

　　充分利用泄漏检测新技术和北斗卫星定位技术，以及物联网、云计算、大数据等信息化手段来加强对城市燃气管网安全管理，是政府各级管理机构和燃气管网企业的共同思路。燃气泄漏云图不仅能够促进燃气企业对管网进行全面泄漏检测，及时发现和处置安全隐患，而且还可以为政府监管相关部门提供一个燃气安全隐患管控的抓手，从而全面提高城市燃气管网安全管理水平。

　　燃气泄漏云图以三项技术应用奠定基础：其一，城镇燃气管网信息数据。目前，燃气企业已经按照国家和政府要求，进一步完善了管线资料和地理信息系统，为燃气泄漏云图提供了非常有效的基础数据。其二，我国先进的北斗卫星位置服务技术为泄漏点定位提供了大力支撑。目前全国数十个城市燃气行业建立了"北斗精准服务网"，为燃气管网的建设、日常管理、维护、应急抢修等提供了更精准的位置信息，为燃气行业应用物联网和大数据提供可靠的时空保障。其三，燃气泄漏检测技术迅速发展，为城镇管网快速全面泄漏检测提供了专业技术支撑。

1.3　社会效益和经济效益

　　（1）社会效益

　　1）规范行业行为

　　本标准提出了燃气管网泄漏检测评估程序、评估标准，对管网的泄漏状况提出公平、公正的评估结论，能够为评估单位提供有效的依据。

　　2）促进管网改造技术进步

　　对管网的泄漏状况做出科学的评估结论，促使燃气运营企业制定合理有效的改造计划，在消除隐患的前提下，节约改造资金，提高效率。

　　3）建立泄漏评估的评价体系

　　本标准规定了管网泄漏检测及泄漏评估的程序与评估的基本原则，这对于建立和实施科学、统一、公正和可操作的泄漏评估评价体系，促进管网安全性能的提升有着重要的意义。

　　（2）经济效益

　　最大限度地减少因燃气泄漏引起的火灾、爆炸等事故所造成的生命及财产损失，为社会经济运行保驾护航。

1.4 市场前景

"十三五"期间，中国城镇燃气行业发展迅速。根据《中国城乡建设统计年鉴（2019）》数据显示：截至 2019 年，国内城镇燃气管道总长度为 95.5 万 km，其中天然气供应量超过 1800 亿 m^3，天然气用气人口接近 4.7 亿人。

随着我国城镇化建设步伐的加快，天然气用量还将迎来新一轮快速增长。"十四五"时期"常住人口城镇化率提高到 65％"，城镇化率每提高一个百分点，每年将增加相当于 8000 万吨标煤的能源消费量。当前我国城镇化水平仍然偏低，新型城镇化对高效清洁天然气的需求将不断增长，加快推进新型城镇化建设将积极促进天然气利用。未来几年我国城镇天然气需求总量仍将保持快速增长。

巨大的市场潜力及广泛的应用必将给燃气管网评估工作提供广阔应用前景，同时推动《城镇燃气管网泄漏评估技术规程》T/CCES 24—2021 的科学、稳步、有效实施。

2 标准应用概况

2.1 市场应用情况

该标准发布后，评估单位依据此项标准对湖北十堰、广州、北京市昌平区等地区进行了检测及评估，经过实际验证，标准条款指标合理，具有较高的可操作性。

2.2 政府采标情况

住房和城乡建设部《关于加强城镇老旧小区改造配套设施建设的通知》中拟采用此标准。

3 应用特点

3.1 协调性

本标准与我国现行的有关标准是相互协调的。

经与相关技术标准比较可知：在检测评价方面不存在矛盾和冲突之处，而是在检测技术方面推荐更为先进、高效、灵敏的技术，并制定了针对微量泄漏需要做出进一步检测的条款规定。在评估方面制定出唯一的、详细和量化的程序要求、单元划分、危险等级划分、结论及整改建议等完善的标准条款。这些是评估技术规程所体现出的特点和填补的空白。

3.2 试验论证可靠性

本标准正式立项后，为保证其科学合理性和可靠性，针对标准的评估条款开展了试验论证工作。分别对安阳华润燃气有限公司的 300km 管线和郑州华润燃气有限公司的 620km 管线开展泄漏检测及评估工作。

根据现场试验论证结果，编制组针对泄漏信息点浓度、位置信息、管网情况、周边设施、人口密集度等多项因素进行研讨。针对泄漏信息点和评估单元的危险等级划分，进行了细化和完善；对于微量泄漏和多点泄漏，增加了仍需要进行相关检查的技术条款规定；并根据危险等级重新划分，调整完善了评估报告中整改建议的等级划分。

4　典型案例分析

开展河南安阳燃气管网泄漏评估试验。

4.1　评估区域

评估区域主要集中于安阳市文峰区，评估中低压管线近 300km。管线材质为钢管，管龄在 10 年以上，部分管龄近 20 年。将评估区域划分为 19 个面积为 1km² 里的评估单元。

4.2　评估工具

评估试验使用基于离轴积分腔输出光谱技术（OA-ICOS）的北斗高精准燃气泄漏检测系统。

4.3　评估方式

按照流程对评估区域的燃气管线，分不同时间进行至少三次以上泄漏检测，排除环境干扰因素，收集真实、完整、准确的数据。

将检测过程中的各项数据融合，包括：管线数据、检测轨迹、背景浓度、覆盖范围、空间坐标、泄漏点浓度值、疑似点浓度值、泄漏点数量与分布信息等纳入到评估分析过程中。

4.4　评估结果

根据泄漏检测数据，融合相关信息综合分析计算，生成评估区域泄漏风险云图，形成客观、准确的评估结论。

通过泄漏检测共发现燃气检出泄漏信息点 533 处，其中甲烷浓度大于 10ppm 的泄漏信息点为 35 处。根据《城镇燃气管网泄漏评估技术规程》T/CCES 24 确定检出泄漏信息点和评估单元风险等级，在泄漏风险云图（图 2）中以不同颜色区分评估单元风险等级。颜色越接近红色风险等级越高，越接近蓝色风险等级越低。

图 2　评估区域泄漏风险云图

评估区域内有四个评估单元的燃气管道泄漏存在一定危险性，需要进行复检排查，并监控浓度变化，制定修复计划。

5 结语

根据《城镇燃气管网泄漏评估技术规程》T/CCES 24 中的量化指标，对燃气泄漏检测数据进行危险等级划分，进而可以划分出评估单元的危险等级，最后针对评估区域内的各评估单元风险状况得出评估结论，并给出整改建议，为燃气企业的管网安全运营和政府部门监管城镇燃气安全提供技术标准化的支撑。

作者：李建勋（中国市政工程华北设计研究总院有限公司）

地下连续墙技术标准应用实践
Application Practice of Technical Standards for Underground Diaphragm Wall

1　总体情况介绍

随着新型城镇化开发向纵深方向发展，大规模城市综合体、超大型城市交通枢纽以及超高层建筑等地下空间的开发趋势不断升级，地下连续墙技术因其独特的优势得到越来越多的青睐。尤其是近年来，地下连续墙技术通过开发使用许多新技术、新设备和新材料，以及超深地下连续墙技术的不断升级为地下空间深度开发提供了更多可能。随着海绵城市建设脚步的日趋加快，深埋隧道施工成为重要课题，目前地下连续墙工程最深已达约150m，百米级的地下连续墙代表着该施工技术的最高水平。

地下连续墙施工工艺近几年来应用越来越多，深度越来越深，规模越来越大，对工程质量的要求也越来越高，国内目前针对地下连续墙技术也颁布施行了相应的标准，以及还有许多正在编制修订中的一系列相关标准。目前我国工程建设领域的标准按应用情况大致分为设计标准、施工标准、检测检验标准等。（1）地下连续墙技术目前没有专门的设计标准，设计要求按照现行行业标准《建筑基坑支护技术规程》JGJ 120—2012等标准的相关内容执行；（2）施工方面目前也没有专门的施工标准，目前按照相关的地基基础、基坑支护规范中的对应章节执行，由上海市基础工程集团有限公司会同其他主、参编单位编制的中国工程建设标准化协会标准《地下连续墙技术规程》正在编制过程中，拟将设计、施工、检验检测等内容涵盖其中进行编制；同时由于我国幅员辽阔，地质条件复杂，针对地下连续墙技术全国各地也颁布了相应的地方标准，如上海、广东、福建、甘肃等地，都有各自的地下连续墙标准，因地制宜地进行标准化管理；（3）检测检验要求除了按照现行国家标准《建筑地基基础工程施工质量验收标准》GB 50202—2018中的相关规定执行外，2019年12月1日施行的中国工程建设标准化协会标准《地下连续墙检测技术规程》T/CECS 597—2019也对检测要求进行了具体的规定。

综上，涉及地下连续墙技术的标准按照类型大致分为国家标准、行业标准、地方标准、团体标准等，但是现有的标准在满足发展及应用的需求方面仍存在一些亟待解决的问题，比如相关内容不符合新形势的要求，需要修订；个别特殊形式的地下连续墙标准缺失；标准与标准之间的内容有重复、有矛盾等，诸如此类的问题都督促着我们需要对这些标准不断地进行编制和修订。

2　典型案例分析

2.1　上海世博500kV地下变电站

上海世博500kV地下变电站工程位于上海市中心城区，是世博会的重要配套工程。该工程作为国内首座大容量全地下变电站，基坑直径为130m，开挖深度为34m，地下连续墙墙厚为1200mm，深57.5m，建设规模列亚洲同类工程之首，建成后将成为世界上最大、最先进的全地下变电站之一。基坑工程采用了主体结构与支护结构全面结合，基坑采用逆作施工的圆形基坑逆作法的整体方案，即"地下连续墙两墙合一＋结构梁板替代水平支撑＋临时环形支撑"的逆作法总体方案。基坑工程从 2005 年 12 月 30 日开始桩基及围护结构施工，于 2008 年 5 月 30 日完成整个基础底板的浇筑。工程实施现场见图 1。

图 1　上海世博 500kV 地下变电站施工实景

在城市核心区域的软土层上进行如此大面积、大深度的圆形基坑工程施工，面临一系列技术难题：超深地下连续墙的设计与实施、圆形基坑的土压力与计算分析方法、深开挖对桩基承载性能的影响、超深基坑开挖对周边环境影响及控制。这些难题部分超越了国内相关规范所涵盖的范围而且更无类似工程经验可借鉴，最终建设方在现有标准规范的基础上，通过大量理论研究、计算分析和试验论证，也通过合理的技术对策得到成功解决，采用了先进设计理念和一系列创新技术，成功实现了超深圆形基坑的设计与实施。上海 500kV 地下变电站超深基坑的成功实践以及诸多新技术的应用和实测资料的积累，为后来深层地下结构的建造、超大圆形基坑地下连续墙的施工提供了经验，为相关理论研究工作的深入开展以及相关标准规范的编制提供了实例数据。

2.2　上海中心大厦

上海中心大厦地处上海浦东新区陆家嘴金融中心，基底总面积 3.04 万 m^2，主楼建筑高度 632m，地上共 121 层，地下 5 层，裙楼地上 5 层，总建筑面积约 573223m^2，建成后将成为中国第一高楼。上海中心主楼圆形基坑直径 121m，面积 11500m^2，开挖深度 31m，围护形式采用圆形地下连续墙，地下连续墙墙厚 1200mm，成槽深度 50m。工程实施现场见图 2。

图 2　上海中心大厦主楼地下连续墙施工实景

上海中心大厦自 2008 年底开始施工，面对如此超高层建筑的地下连续墙施工，相关的标准在当时并不完备，对于上海中心大厦主楼的圆形基坑，国内虽然已普遍认识到圆形基坑的受力合理性，但对圆形深基坑的设计理论、施工工艺研究尚未成熟，也没有相关专门的规范详细规定，圆形支护结构对施工工艺的精度要求高，需采取更为有效的措施保证支护结构整体的圆度以及支护结构的施工质量。在这样的背景下，结合此前上海世博 500kV 地下变电站工程地下连续墙的施工经验，施工单位结合土层情况选择抓铣结合的施工工艺，同时按照国家现行规范《建筑地基基础工程施工质量验收规范》GB 50202—2002、《建筑基坑支护技术规程》JGJ 120—99 以及上海市工程建设规范《基坑工程设计规程》DBJ 08-61-97（该规程自上海市工程建设规范《基坑工程技术规范》DG/TJ 08—61—2010 实施后废止）等相关标准的要求，最终合理的设备和施工工艺使成槽的时间和质量都满足了施工的要求。上海中心大厦主楼地下连续墙的顺利实施，为今后超高层建筑地下连续墙施工提供了借鉴和参考。不久，上海市工程建设规范《基坑工程技术规范》DG/TJ 08—61—2010、《地下连续墙施工规程》DG/TJ 08—2073—2010 也分别于 2010 年 4 月 1 日、2010 年 8 月 1 日起开始正式实施，自此地下连续墙技术有了专门的技术标准，地下连续墙也终于"名正言顺"地在上海等软土地区迅速发展开来。圆形地下连续墙的广泛使用也为后来中国工程建设标准化协会标准《圆形基坑地下连续墙支护结构技术标准》的编制奠定了理论和实践基础。

2.3 上海轨道交通 13 号线淮海中路站

上海轨道交通 13 号线淮海中路站位于黄浦区瑞金一路以东，淮海中路以北的地块内，车站主体长 155m，宽度由 23.6m 到 28.35m 不等，埋深超 30m，为地下 6 层岛式站台车站。车站主体围护结构采用 1.2m 厚地下连续墙，最深达 71m，是此前上海市围护施工深度和开挖深度最深的地铁车站。工程施工现场见图 3。

图 3 上海轨道交通 13 号线淮海中路站施工实景

为解决大深度地下连续墙施工难题，项目部通过采用先进设备进行"双轮铣"铣槽施工、运用套铣接头工艺代替常规的柔性或刚性地下连续墙接头等多项措施，确保了 71m 超深地墙前期施工初战告捷。地下连续墙技术被越来越多地应用在地铁车站的围护形式中，得益于其不可替代的优点，而施工质量的保证也离不开相关标准规范的指导实施，当时正在实施的上海市工程建设规范《地下连续墙施工规程》DG/TJ 08—2073—2010、《基坑工程技术规范》DG/TJ 08—61—2010不仅为工程的顺利开展提供了技术支撑，更在解决施工难题方面发挥着基础性、引领性的作用。

基于地下连续墙技术的迅猛发展，很快 2014 年上海市工程建设规范《地下连续墙施工规程》DG/TJ 08—2073—2010 申请进行修订。在 2010 版的执行过程中，不仅出现了一些有争议、不够完善的条款；施工工艺近几年来应用也越来越多，深度越来越深，规模越来越大；同时包括上海在内的长三角地区，对于地下空间开发利用的法律法规也在不断更新变化，标准亟待修订。

2.4 上海市苏州河段深层排水调蓄管道系统工程

上海市苏州河段深层排水调蓄管道系统工程于 2017 年开始施工，苏州河深隧主隧全长约 15km，直径 10m，埋深 50～60m，其中试验段 1.67km；服务于苏州河南北两岸 25 个排水系统，服务面积约 58km²。工程建成后可实现系统提标、排水防涝、初雨治理三大核心目标。

试验段云岭西根据施工基坑共划分为 4 个区域，其中 1 区和 4 区最深，采用 105m 地下连续墙围护（分区示意图见图 4），选取了在其中三幅槽段进行了 150m 试验，三幅试成墙地墙位置均位于综合设施中隔墙位置，对后续施工造成影响较小，且两侧均为开挖面，便于后续开挖过程中对此三幅墙进行质量检测。因为此前上海百米级地下连续墙施工经验几乎为零，150m 深的地下连续墙在上海乃至全国也是前所未闻，上海市工程建设规范《地下连续墙施工规程》DG/TJ 08—2073—2016 经修订后也于 2017 年 4 月 1 日起正式实施，虽然该规程中并未对百米级地下连续墙做出具体特殊规定，但是在不违背该规程的相关要求下，施工单位通过优化泥浆指标、控制施工进度、提高垂直度控制目标、保证钢筋笼制作精度等方法，105m、150m 试验段均取得了较好的施工成效。同时，为规范地下连续墙的施工，满足百米级超深地下连续墙施工要求，保证工程质量，保护环境，上海市工程建设规范《地下连续墙施工规程》DG/TJ 08—2073—2016 也于 2021 年启动了修订计划，对该规程进行补充完善，相应的中国工程建设标准化协会标准《地下连续墙检测技术规程》T/CECS 597—2019 已发布。

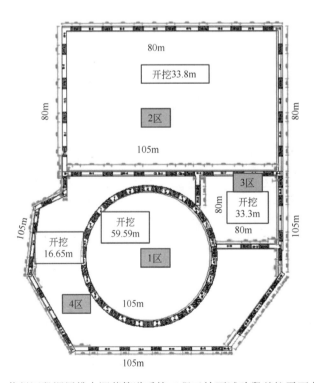

图 4　苏州河段深层排水调蓄管道系统工程云岭西试验段基坑平面布置图

随着施工设备、施工材料、施工工艺的不断进步，人们对于"超深"的定义也渐渐发生了变化，地下连续墙深度从最初的 10m、30m，到后来的 50m、70m、100m，再到现在的 150m，一步一步地刷新着我们的认知，每一次的尝试都是空前的，建立对应的超深施工技术规程，是理论和实际的融合，也将进一步规范超深地下连续墙的设计方法、施工控制标准以及检测检验要求等，对促进城市超深地下空间的合理利用具有重要意义，进而推进地下连续墙技术的标准化、系统化，推动整个行业向前进步。

3　结语

地下连续墙技术发展日新月异，使深层地下空间开发从梦想变为现实，新设备和新工艺层出不穷，施工质量的稳定性也得到了越来越有效的提升。在地下连续墙越做越大、越做越深的发展中，我们对工程的要求也在不断提高，地下连续墙技术最发达的日本已经研究开发了壁厚达 3.12m，深度达 170m 的超大型地下连续墙施工技术，今后的中国，超大、超深、异形地下连续墙会越来越多，这对现有的计算理论、标准规范也提出了新的挑战，而目前，尚无全国统一性的地下连续墙技术规程出版施行。对于超深地下连续墙、圆形及异形基坑地下连续墙，以及不同的工程实用计算方法、新型的成槽机具、新工法、无污染泥浆材料、新型接头形式以及新型材料在施工中的应用等，都指引着我们必须进行更加深入的研究。在贯彻落实《国家标准化发展纲要》的要求下，相关行业人员应该紧跟发展步伐，与时俱进地更新完善标准，摒弃陈旧的规范理念，查漏补缺，让结构优化、先进合理、国际兼容的标准体系更加健全。

作者：李耀良；王理想；卢秀丽（上海市基础工程集团有限公司）

集成式卫生间技术标准应用实践

Application Practice of Technical Standards for Assembled Bathroom Unit

1 行业背景与标准应用情况

目前，国家大力推广装配式建筑。随着国务院办公厅《关于大力发展装配式建筑的指导意见》（国办发〔2016〕71号）文件出台，在国家强有力的政策推动和全行业的积极行动下，我国装配式建筑发展已经迈入快车道，形成蓬勃发展之势。装配式内装修作为装配式建筑的重要组成部分，是我国建筑产业转型升级，从而降低资源、能源消耗，实现高效能、高质量发展的关键一环。

装配式内装修是将工厂化生产的部品部件，进行集成设计，并在现场进行装配化施工的室内装修方式。卫生间作为管线集中、功能复杂、防水要求高的功能空间，是装配式内装修设计的重点。

在2018年发布的国家标准《装配式建筑评价标准》GB/T 51129—2017中明确集成式卫生间为得分项目。各地也都出台了相应的政策和标准，在政策和市场的推动下，集成式卫生间的发展迅速，新的品牌和产品不断涌现，产能不断提升，在项目中的应用也越来越多。但是另一方面，业内对集成式卫生间与整体卫生间（也称"整体卫浴"，以下简称整体卫浴）还存在认识上的误区，工程应用也缺乏经验。本文将基于编制行业标准《装配式整体卫生间应用技术标准》JGJ/T 467—2018时所进行的行业调研，结合所参与的工程项目经验来探讨一下集成式卫生间的设计和应用要点。

2 集成式卫生间与整体卫浴

从历史沿革方面，整体卫浴出现得更早，整体卫浴最初起源于日本，是由防水盘、壁板、顶板及支撑龙骨构成主体框架，并与各种洁具及功能配件组合而成的具有一定规格尺寸的独立卫生间模块化产品。其本质属性是一种规格化、系列化的卫生间产品，通常用卫生间内净空尺寸来命名其规格型号，如1418、1622系列，即为该型号的产品内部空间尺寸为1400mm×1800 mm和1600mm×2200mm。日本的整体卫浴产业已经非常发达，新建集合住宅中几乎全部采用整体卫浴。整体卫浴于20世纪90年代引进中国后，开始在国内的酒店、公寓等项目中应用。

集成式卫生间是随着国内装配式建筑的发展而出现的。集成式卫生间是指将卫生间的地面、墙面、吊顶、卫浴洁具及设备管线等进行集成设计，在工厂生产，并在工地主要采用干式工法装配而成的卫生间。它的主要特点是卫生间整体的集成设计和干法施工，从这个角度来说，整体卫浴也属于集成式卫生间。但两者的区别是整体卫浴是成套供应的标准化、规格化产品，通常采用一体化防水底盘，一次模压成型，在杜绝漏水、防霉防滑方面有优势，产品性能稳定。但由于整体卫浴有固定的规格尺寸，所以应在项目设计时就进行整体卫浴的产品选型，结合其规格和基础条件进行建筑方案的设计，确保后期整体卫浴的顺利安装。

而集成式卫生间是没有固定规格尺寸的，从理论上说，产品性能不如整体卫浴稳定，对统筹和加工的要求更高。但是其适应性更强。特别是目前我国建筑行业，普遍没有做到建筑装修一体化设计，前期设计与后期产品选型分离的模式，使得某些项目在前期没有预留标准化的整体卫浴安装空间，而后期想采用装配式内装部品，这时候集成式卫生间可以体现其优势。

3　主要应用类型与应用特点

随着行业的发展和市场需求的增多，集成式卫生间的类型也不断涌现。从安装方式和饰面效果来分主要有以下几种：

3.1　安装方式

从安装方式来分类，主要有整体吊装式和现场组装式。顾名思义，整体吊装式是在工厂将整个卫生间墙、顶、地及内部洁具设备等整体安装成为一个整体，施工时将整个卫生间进行整体吊装到预留位置，并进行调平、固定和接口对接等工序而安装到位。这类安装方式需要随主体结构的建设同时进行（图1）。目前这类产品因施工条件限制，应用较少。

现场组装式是将工厂化生产卫生间的壁板、防水底盘、顶板等组件运输到现场，在现场进行壁板、防水底盘等的构造连接以及卫生洁具的安装工作，是目前我国市场主流的安装方式（图2、图3）。

图1　整体吊装　　　　　图2　现场组装卫生间底盘　　　　　图3　现场组装卫生间顶棚

3.2　饰面效果

从饰面效果来分类，集成式卫生间主要有SMC、覆膜彩钢板、覆膜硅钙板、瓷砖、石材等。其中，SMC是国内最早应用的一种类型，目前在一些保障房、快捷酒店等项目中还在应用（图4）；覆膜彩钢板和覆膜硅钙板也是目前应用越来越多的一种类型（图5），其特点是通过覆膜的印刷技术，可以模仿各类石材、木材等，满足不同装饰效果的需求；瓷砖、石材饰面类产品则是为满足中国老百姓的生活习惯而出现的新产品（图6）。

图4　SMC饰面　　　　　图5　彩钢板饰面　　　　　图6　陶瓷薄板饰面

4　工程应用中的产品选型

集成式卫生间作为一种内装工业化部品，在项目选型时，首先是依据项目的总体定位及成本预算要求等确定产品的类型，然后是同类型产品不同厂家产品的选择。此外，还应综合考虑项目介入阶段、项目需求与产能、运输距离及安装与售后服务能力等因素。

首先是项目的进展程度和介入阶段，如果在前期策划阶段和建筑设计阶段决定卫生间采用装配式内装技术，可以采用集成式卫生间或整体卫浴，推荐采用整体卫浴，并根据规格型号和技术要求进行建筑空间的尺寸预留；但如果在建筑方案已经确定且卫生间空间和布局不宜更改时，可根据项目情况选用集成式卫生间。

其二是项目需求与企业产能，装配式施工要想实现高效率建造，必须配合好工序，确保在集成式卫生间计划装配的节点，订购的产品可以准时供应，方能不影响工期，这需要统筹考虑项目需要的产品数量，并向企业确认产能和生产计划，以确认能否在指定日期达到生产目标。

其三，项目地区和运输距离也是重要的影响因素，运输距离增大，成本也会相应上涨，一般运输距离应控制在 500km 以内。同时也需考虑运输路线是否顺畅，包装尺寸能否通行等问题。在运输中另一个重要问题要做好成品保护措施，尤其是瓷砖、石材等脆性面材的集成式卫生间，损坏率较高，在选型时也应充分考虑。

最后，企业的安装与售后服务能力是极其重要的，集成式卫生间多由卫浴厂家负责安装及与总包方对接，并承担售后维修工作。这对厂家的人员团队是一种考验，由于安装和维修有一定的技术门槛，且我国集成式卫生间的应用时间还比较短，专业安装人员的培育尚不够充分，多个项目的经验表明，安装与售后是当前行业的薄弱环节，也是体现厂家竞争力的关键，从行业长期发展和企业口碑培育的角度，都应该加大人员投入和培训的力度。

5　应用要点与思考

集成式卫生间采用工厂制造，现场装配的建造方式，与传统的卫生间在设计、建造和施工阶段都有所区别，本文将从前期阶段、设计阶段、施工阶段的技术要求进行分析。

5.1　前期阶段

前期阶段，除了统筹功能、档次、价格、厂家、项目介入阶段和情况等各个因素进行产品选型之外，重点还应建立部品选型和建筑设计相结合的原则和工作方式，部品厂商应参与建筑方案的设计，确认产品型号和规格尺寸在建筑中应用的可能性。

5.2　设计阶段

在设计阶段，建筑设计专业应协调结构、内装、设备等专业共同确定集成式卫生间（整体卫浴）的布局方案、结构方案、设备管线敷设方式和路径、主体结构孔洞尺寸预留以及管道井位置等。设计阶段的关键技术点有排水方式和降板的确定、尺寸选型与建筑空间尺寸的预留等。

（1）对于排水方式和降板

首先应确定是采用同层排水还是异层排水的方式。如果采用异层排水，排水横支管需要穿越楼板进入楼下住户的空间，而同层排水有利于将排水横支管放在户内，便于检修和维护。

为了既采用同层排水方式，又不增加建筑层高，通常是采用卫生间局部降板的方式来实现。这种情况下，需要提前对降板区域和高度进行确定：应结合排水方案及检修要求等因素确定降板区域；并根据防水盘厚度、卫生器具布置方案、管道尺寸及敷设路径等因素确定。降板方案和排水方案应该与集成式卫生间（整体卫浴）供应商共同确认。

（2）对于尺寸选型与建筑空间尺寸预留

作为集成度高的工业化部品，整体卫浴或集成式卫生间的尺寸选型和空间设计的关系较大，要在设计阶段进行产品选型，并根据产品型号和尺寸预留的要求进行卫生间和户型空间设计。

5.3　施工阶段

集成式卫生间的施工安装应与土建工程及内装工程的施工工序进行整体统筹协调，在安装之前，应该确认集成式卫生间与主体结构的交接界面的条件，如结构面平整度、尺寸偏差等，并且核查降板空间尺寸、三通位置高度等。此外，还有以下要点需要注意：

（1）当集成式卫生间与轻质隔墙交接时，为了保证其顺利安装、降低其安装难度，应该尽量先装集成式卫生间，再安装周边的外围护墙体。

（2）集成式卫生间的施工安装应该由专业人员进行，并且在批量安装时，最好能够进行样板间的试安装工作，对技术图纸进行检验，从而减少批量安装中的问题。

（3）底盘与排水支管的安装是防止集成式卫生间漏水的关键节点，排水管与预留管道的连接部位应采取可靠的密封处理措施（图7、图8）。

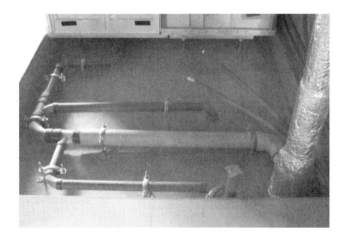

图7　底盘的安装　　　　　　　　　　　图8　排水支管的安装

值得注意的是，防水底盘位置和调平将影响壁板的安装及壁板上管线能否对位，底盘的高度及水平位置应调整到位，底盘应完全落实，水平稳固（图9）。

过门石与门的安装是较为关键的技术节点。需要注重连接稳固，做好防水处理，不要让过门石的部分成为防水的薄弱环节（图10）。

总之，当前我国的集成式卫生间，虽然已经取得了一定的发展，但还需要更长时间的工程实践经验的不断积累，才能不断发现问题，分析问题，提升品质，提高产品的系统性，完善体系，真正赢得市场和用户的信任，实现建筑产业的转型升级。

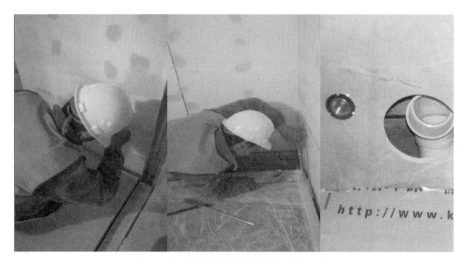

图 9　防水底盘调平和壁板管线的定位

图 10　过门石的安装

作者：魏素巍[1,3]；尤琳[2]；苗青[3]（1 北京国标建筑科技有限责任公司；2 中国建筑设计研究院有限公司；3 中国建筑标准设计研究院有限公司）

第五篇　标准国际化篇

2015年2月11日，国务院常务会议审议通过的《深化标准化工作改革方案》，提出要"提高标准国际化水平"，首次以国家政策文件方式，正式提出"标准国际化"的概念。2017年，新修订的《中华人民共和国标准化法》规定："国家积极推动参与国际标准化活动，开展标准化对外合作与交流，参与制定国际标准，结合国情采用国际标准，推进中国标准与国外标准之间的转化运用。"

2021年10月，中共中央、国务院印发的《国家标准化发展纲要》提出了我国标准国际化发展的方向和总目标。我国标准国际化的发展方向是，实现标准化工作由国内驱动向国内国际相互促进转变。具体从三个方面着手，在引进来方面，提高国际标准转化率，推动构建更加开放的标准化体系；在走出去方面，积极参与国际标准化活动；在国内国际协同方面，促进政策、规则、标准联通，以国内国际协同发展推进中国标准与国际标准体系兼容。我国标准国际化的总目标是，到2025年，标准化国际合作深入拓展，互利共赢的国际标准化合作伙伴关系更加密切，标准化人员往来和技术合作日益加强，标准信息更大范围实现互联共享，我国标准制定透明度和国际化环境持续优化，国家标准与国际标准关键技术指标的一致性程度大幅提升，国际标准转化率达到85%以上。

我国大力实施标准化战略，稳步推行标准化改革，在提高标准国际化水平方面取得了一定的成绩。本篇选取8篇文章，介绍我国工程建设领域标准国际化情况，工程建设标准海外应用情况，建筑领域重要国际标准研究，以及建筑照明、应急医疗设施建设等有代表性的国际标准的编制，对建立水平先进、与国际兼容的高质量工程建设标准体系，形成政府推动、市场主导、多方参与、协同推进的标准国际化工作新格局有重要推动意义。

《中国工程建设标准国际化概况》通过调研梳理分析近年来我国工程建设标准国际化工作的有关情况发现，经过各方面共同努力，我国工程建设标准国际化能力和水平有较大提升，在主导制定国际标准、承担国际标准组织技术机构领导职务方面取得重要突破，在工程建设标准国际化研究、标准外文版翻译、标准国际化宣传推广及交流合作等方面取得了积极进展。《中国工程建设标准海外应用分析》针对中国对外承包工程项目标准采用情况、中国标准在海外的应用情况、中国标准在海外应用面临的问题等进行分析，并提出相关建议，以期为推动中国工程建设标准国际化，促进中国对外承包企业发展提供参考。《建筑领域重要国际标准研究》介绍了建筑工程、建筑用竹材及制品、建筑用光伏玻璃三个方向八项国际标准的编制过程、成果及应用前景，通过梳理和分析，总结了在新型建筑工业化、建筑防灾、绿色低碳建筑部品等领域取得的经济社会效益。课题执行期内有六项国际标准正式发布，提升了中国在建筑领域的国际话语权，也提高了我国建筑领域相关技术产品的国际通用性，有效促进了中国建筑工程及产品的国际竞争力，支持了"一带一路"倡议，为我国建筑业转型升级和高质量发展提供了有力支撑。《国内外既有建筑绿色评价标准低碳指标研究》通过对英国BREEAM、美国LEED、日本CASBEE、德国DGNB等欧美发达国家

303

最新版本既有建筑绿色改造标准指标内容进行对比分析研究，提炼其在低碳关键指标方面的特色，为我国既有建筑绿色改造提供借鉴，并为国家标准《既有建筑绿色改造评价标准》GB/T 51141—2015 修订提供基础性参考。《国内外太阳能应用领域标准研究》介绍了我国太阳能应用领域标准的现状，以太阳能技术领域标准化工作为例，将我国的标准与管理体系与国际标准和发达国家标准进行了对比分析研究，提出了适应我国太阳能技术需要的标准的发展趋势。《**ISO 国际标准〈光与照明 建筑照明系统调适〉**》针对智能照明应用新特点、新趋势，首次将调适理念引入照明应用，从而为规范、引导照明应用提供了有力技术支撑。同时，该标准是国际标准化组织（ISO）在智能照明应用领域的首部标准，也是我国主导的照明应用领域的首部国际标准，对于我国标准国际化战略实践具有重要意义。《**ISO 国际研讨会协议标准〈应急医疗设施建设导则〉**》介绍了该导则的编制背景、编制过程以及主要技术内容。该导则作为 ISO 应对新冠肺炎疫情的系列标准之一先行发布，是我国"抗疫"团体标准《新型冠状病毒感染的肺炎传染病应急医疗设施设计标准》T/CECS 661—2020 上升转化为国际标准的成功案例，为世界各国安全、快速建设应急医疗设施提供了有力的技术支持，为世界各国应对突发公共卫生事件贡献了中国智慧和中国力量。《**上海工程建设标准国际化概况**》从外文版标准创新、专项实践研究、专题论坛交流三个方面介绍了上海工程建设标准国际化工作的实践经验，为我国实施国家"走出去"战略和践行"一带一路"倡议提供借鉴参考，进一步积极推进我国工程建设标准国际化发展进程。

本篇内容方便读者了解掌握我国工程建设标准国际化的工作情况、工程建设标准海外应用情况，从课题研究、标准研制、地方推动三个层面进行介绍，对持续提升我国工程建设标准国际化工作水平具有重要启示，对实现标准化工作由国内驱动向国内国际相互促进转变，提升国家综合竞争力具有重要作用。

Part V　Internationalization of Standards

At the State Council executive meeting held on February 11, 2015, the *Reform Plan for Deepening Standardization Work* was reviewed and approved, proposing to "enhance the internationalization of standards", marking the formal proposal of "internationalization of standards" by means of a state policy document. According to the *Standardization Law of the People's Republic of China* revised in 2017, "the state actively promotes participation in international standardization activities, international cooperation and exchange on standardization, participation in the development of international standards, and adoption of international standards in view of national conditions, and propels the translation between Chinese standards and foreign standards and their application."

The *National Standardization Development Outline* issued by the CPC Central Committee and the State Council in October 2021 points out the direction and general goal of the internationalization of Chinese standards. The direction is to shift the standardization work from being driven by domestic factors toward being carried out in a way that domestic and international players boost each other. Specifically, in terms of bring-in, we should increase the conversion rate of international standards and promote the construction of a more open standardization system; in terms of going global, we should actively participate in international standardization activities; and in terms of domestic and international coordination, we should facilitate the connectivity of policies, rules and standards, and move forward with the compatibility between Chinese and international standard systems through coordinated domestic and international development. The general goal is: by 2025, international cooperation on the standardization work will have been extensively deepened, with closer international partnership in standardization that is mutually beneficial and win-win; we will see more frequent exchange of personnel and stronger technological cooperation in standardization; the connectivity and sharing of standardization information is realized on a broader area; the transparency of formulation and the environment for internationalization of Chinese standards will have been continuously improved; the consistency between the key technical indexes of Chinese national standards and those of international standards will have been significantly enhanced; and the conversion rate of international standards into Chinese standards will have reached 85% or above.

China has made great efforts to implement the standardization strategy and steadily move forward with the standardization reform, with achievements made in enhancing the internationalization of standards. In this part, 8 articles are selected to provide an overview of the internationalization of Chinese standards in the engineering construction field, the overseas application of Chinese engineering standards, the research on major international standards in the building field, and the development of representative international standards for architectural lighting and the construction of emergency medical facilities. This part will facilitate the establishment of an advanced high-quality engineering construction standard system with international compatibility, and forming a new pattern for internationalization of standards featuring government encouragement, market domination, multi-party participation and coordinated promotion.

"Overview of Internationalization of Chinese Engineering Construction Standards" investigates, collates and analyzes the internationalization circumstances of Chinese engineering construction standards in recent years. It was found that joint efforts of various parties had led to great improvement in the capability and level of internationalization of Chinese engineering construction standards, important breakthroughs in leading the formulation of international standards and assuming leadership positions in technical committees of the international organizations for standardization, and positive progress in the research of internationalization of Chinese engineering construction standards, translation of standards in foreign languages, as well as publicity, promotion, exchanges and cooperation relating to the internationalization of standards. **"Analysis on Overseas Application of Chinese Engineering Construction Standards"** analyzes the adoption of Chinese standards for overseas contracted engineering projects, and the overseas application of Chinese standards and related problems. It also puts forward suggestions for reference to promote the internationalization of Chinese engineering construction standards and the development of Chinese enterprises engaged in overseas contracted projects. **"Research on Major International Standards in the Building Field"** introduces the development process, achievements and application prospects of 8 international standards about building engineering, bamboo and its products for buildings, and photovoltaic glass for buildings. Based on collation and analysis, it provides the economic and social benefits achieved in new building industrialization, prevention of calamities in the building, and green and low-carbon building components. Six international standards were officially issued during the implementation period of the project, which have enhanced China's international discourse power in the building field, improved the international universality of China's technical products in the building field, effectively strengthened the international competitiveness of China's building engineering and products, underpinned the Belt and Road, and provided strong support for the transformation, upgrading and high-quality development of China's building industry. **"Research on Low-carbon Indexes in Chinese and International Green Assessment Standards for Existing Buildings"** makes a comparative analysis and research on the latest versions of standards on green retrofitting of existing buildings in developed countries, such as those issued by BREEAM (the UK), LEED (the USA), CASBEE (Japan) and DGNB (German). It summarizes the characteristics of these standards in key low-carbon indexes, so as to draw experience for the green retrofitting of existing buildings in China, and provide a fundamental reference for revising the national standard GB/T 51141 *Assessment standard for green retrofitting of existing building*. **"Research on Chinese and International Standards about Solar Energy Application"** introduces the current status of Chinese standards about solar energy application, compares and analyzes the Chinese standards and management system with international standards and those of developed countries by taking the standardization of solar energy technologies as an example, and points out the trend of standards that adapts to the solar energy technologies in China. **ISO standard *Light and lighting—Commissioning of lighting systems in buildings***, introduces the concept of commissioning into lighting applications for the first time according to the new characteristics and trends of intelligent lighting applications, thus providing strong technical support for standardizing and guiding lighting applications. Moreover, the standard is of significance for the practice of China's standard internationalization strategy since it is the first standard of the International Organization for Standardization (ISO) for intelligent lighting applications, and also the first international standard for lighting applications led by China. **ISO/IWA standard** *Requirements and recommendations for the construction of emergency medical facilities* introduces the background and process of its formulation and its main technical contents. First released as one of ISO's series standards to combat COVID-19, it is a successful case to transform a Chinese group standard (T/ CECS 661—2020 *The design standard of infectious disease emergency medical facilities for novel coronavirus pneumonia*) into an international standard. It provides powerful technical support for the safe, applicable and rapid construction of emergency medical facilities in all countries of the world, and contributes China's wisdom and strength to the response of all countries to public health emergencies. **"Overview of Shanghai in Internationalization of Engineering Construction Standards"** introduces the practical experience of Shanghai in internationalization of engineering construction standards with respect to foreign-language standard innovation, special practice research, and themed forums for exchange. It provides reference for China's Going Global strategy and the Belt and Road Initiative to move forward with the internationalization of China's engineering construction standards.

This part will facilitate readers in understanding the internationalization work and the overseas application of Chinese engineering construction standards. By introducing the research projects, standard development and provincial promotion, it is enlightening for continuously enhancing the internationalization of Chinese engineering construction standards, and plays an important role in shifting the standardization work from being driven by domestic factors toward being carried out in a way that domestic and international players boost each other, and in enhancing the overall competitiveness of China.

中国工程建设标准国际化概况

Overview of Internationalization of Chinese Engineering Construction Standards

1 概述

2021 年 10 月，中共中央、国务院印发了《国家标准化发展纲要》（以下简称纲要）。纲要中第六条"提升标准化对外开放水平"阐述了我国在标准国际化方面的战略布局，如"积极参与国际标准化活动""积极推进与共建'一带一路'国家在标准领域的对接合作""提高我国标准与国际标准的一致性程度"等。

自 20 世纪 90 年代起，中国的标准国际化工作经历了从无到有、能力从弱到强、内容从单一到丰富的发展历程，大致可分为"起步""跟跑""并跑"和部分领域"领跑"四个阶段。近年来，中国标准国际化成绩显著，在参与国际标准制定、国际标准组织工作、双多边标准化合作等方面取得良好进展。

作为标准国际化的重要组成部分，工程建设标准国际化工作随着标准化工作改革的不断深化，也得到了各级政府和相关部门的高度重视。2017～2018 年，住房和城乡建设部倪虹副部长、易军副部长分别主持召开"工程建设标准服务'一带一路'建设座谈会"，调研了解中国工程建设标准在海外重点工程项目应用及标准国际化工作领头企业情况。住房和城乡建设部标准定额司先后赴国家发展改革委、外交部、商务部、交通运输部、亚投行、丝路基金、中国对外承包工程商会，以及中国建筑、中国电建、中国交建、中国中铁等对外承包工程项目较多的大型建筑业企业走访调研，了解各部委、各企业国际业务发展情况，对外承包工程情况及工程建设国际合作及海外推广应用情况。通过调研发现，经过各方面共同努力，我国工程建设标准国际化能力和水平都有较大提升，在主导制定国际标准、承担国际标准组织技术机构领导职务方面取得重要突破，在工程建设标准国际化研究、标准外文版翻译、标准国际化宣传推广及交流合作等方面取得了积极进展。

2 标准国际化研究情况

2.1 标准国际化基础性、应用性研究

为加快推进中国工程建设标准国际化工作，住房和城乡建设部组织开展了"构建国际化工程建设标准体系的法规制度研究""城镇建设和建筑工业领域标准国际化战略""城乡建设领域国际标准化工作指南""城乡建设领域标准国际化英文版清单"等专门针对工程建设领域 ISO、IEC 等的国际标准化课题研究，形成了一批高水平的研究成果并出版发行相关书籍。其次，针对具体技术规范和海外项目中标准的应用和推广等方面，住房和城乡建设部还组织开展了与美国、加拿大、欧盟、英国等国家和地区的建筑结构规范比对研究，通过对中外标准规范基本要素、编制思路、关键技术指标的对比分析，为相关标准的修订及强制性工程建设规范的制定提供有益参考和借鉴。中国建标院、中国建研院等中央企业参与和承担了多项"十三五"国家科技支撑计划项目，形成了一批高水平的标准国际化研究成果。

2.2　发达国家标准机制体制研究

2000 年以来，住房和城乡建设部组织开展了多项针对发达国家工程建设领域的法律法规、标准体系、标准化战略、措施等的专项研究，如"英国技术法规研究""工程建设标准合规性研究""国外标准和技术法规实施监督研究""工程建设标准国际化研究""工程建设团体标准培育和发展政策研究"等课题，为深化工程建设标准化工作改革提供了技术支持。

2.3　"一带一路"相关国家工程建设标准系列研究

2016～2019 年，为全面了解中国工程建设标准服务"一带一路"基础设施和城乡规划建设的情况，住房和城乡建设部组织开展民用建筑、市政工程、城市轨道交通、城乡规划工程建设标准在"一带一路"相关国家的应用情况调查及中国工程建设标准对外合作现状调研工作。通过调查研究，进一步了解和掌握了发达国家及"一带一路"相关国家工程建设标准化管理制度情况、中国工程建设标准对外合作交流现状，以及工程建设标准在海外工程中的应用情况。2020 年，住房和城乡建设部委托中国建标院作为咨询顾问单位，联合众多"走出去"企业、相关学协会、科研院所以及试点省市地方相关部门完成了"中国经济改革促进与能力加强项目（TCC6）"子项目"'一带一路'工程建设标准国际化政策研究"，系统地调研了中国工程建设标准在"一带一路"相关国家应用中存在的问题及原因。2021 年，该项目成果之一的《中国工程建设标准在"一带一路"相关国家工程应用案例集》顺利出版，其中包含了房屋建筑、市政基础、轨道交通等领域的 35 个国际工程案例，为工程建设标准国际化政策制定提供了重要依据，对深化中国工程建设标准化改革和推进标准国际化工作具有重要意义。

2.4　中外工程建设标准比对研究

2018 年，为提高中国工程标准的国际化水平，住房和城乡建设部组织开展了"编制中外工程建设标准比对研究行动方案研究"项目，研究成果为住房和城乡建设领域建立标准比对长效机制和开展具体比对工作奠定了基础。中国国际工程咨询协会（CAIEC）编译出版了《英国土木工程通用技术标准（BS）》等多部技术标准及出版物，形成了《国际工程技术标准体系研究报告》《中德铁路技术标准对比分析》《中英铁路技术标准对比分析》《中法铁路技术规范对比分析报告》等30 余项研究报告和技术成果。

此外，中国建筑、中国交建、中国中铁等海外工程承包企业，在积极拓展海外工程市场的同时，也都十分重视标准国际化研究工作。如由中国建筑股份有限公司组织开展的技术标准的国际化战略研究与应用项目；中国电力建设集团有限公司组织开展了国际工程技术标准体系研究、国际工程技术标准与国内标准差异化对比研究、美国相关水工设计标准应用指南、国外水电工程应用标准案例研究、与国际接轨水电技术标准体系框架研究等系统性研究，完成了国际工程技术标准应用研究信息系统的开发建设并已投入使用。

清华大学完成了中外混凝土材料、混凝土耐久性、国际水电工程机电设备、环境保护技术标准对比研究，以及国际常用工程建设标准体系研究、国际工程建设标准应用环境分析研究等工作。

3　参加国际标准化活动情况

从对房屋建筑领域的委员会划分来看，ISO 主要包括了 23 个技术委员会（TC），见表 1。

ISO 建筑工程领域技术委员会 表 1

序号	ISO/TC	中文名称	英文名称
1	TC 21	消防设备	Equipment for fire protection and firefighting
2	TC 59	建筑和土木工程	Buildings and civil engineering works
3	TC 71	混凝土、钢筋混凝土和预应力混凝土	Concrete，reinforced concrete and pre-stressed concrete
4	TC 74	水泥和石灰	Cement and lime
5	TC 77	纤维增强水泥制品	Products in fibrereinforced cement
6	TC 89	木基板材	Wood-based panels
7	TC 92	防火安全	Fire safety
8	TC 96	起重机	Cranes
9	TC 98	建筑结构设计基础	Bases for design of structures
10	TC 136	家具	Furniture
11	TC 160	建筑用玻璃	Glass in building
12	TC 162	门、窗和幕墙	Doors，windows and curtain walling
13	TC 163	隔热	Thermal performance and energy use in the built environment
14	TC 165	木结构	Timber structures
15	TC 167	钢和铝结构	Steel and aluminium structures
16	TC 178	电梯、自动扶梯和旅客运送机	Lifts，escalators and moving walks
17	TC 182	土工学	Geotechnics
18	TC 189	瓷砖	Ceramic tile
19	TC 195	建筑机械和设备	Building construction machinery and equipment
20	TC 205	建筑物环境设计	Building environment design
21	TC 218	木材	Timber
22	TC 219	铺地物	Floor coverings
23	TC 267	设施管理	Facility management

3.1 牵头编制国际标准取得突破

近几年来，国内的相关标准技术组织对于主导制定国际标准的重要性认识不断强化，如中国建标院主导编制的 ISO 21723：2019《建筑和土木工程 模数协调 模数》，实现了建筑和土木工程领域国际标准"零"的突破；2020 年 1 月，一次性成功完成三项 BIM 制图国际标准修编工作立项。此外，还成功完成 ISO/WD 37170《城市数字化治理与服务》、ISO/WD 24540《高效的水务企业治理原则》、ISO/TR 22845：2020《建筑和土木工程弹性》等近 20 项国际标准立项。在 2020 年新冠肺炎疫情防控阻击战中，中国成功完成了 ISO/WD TR 5202《建筑和土木工程 与突发公共卫生事件相关的建筑弹性策略 相关信息汇编》、IWA 38《应急医疗设施建设导则》等立项。2021 年，在建筑韧性、竹藤、建筑制图、建筑照明、城市水系等领域我国又新完成了一批国际标准立项，如 ISO/AWI 4931—1《建筑和土木工程 韧性设计的原则、框架和指南 第 1 部分：适应气候变化》、ISO/AWI 7567《竹结构 胶合竹 产品规格》、ISO/AWI TR 5911《光和照明 建筑物照明系统调试 ISO /TS 21274 的解释和论证》、ISO/AWI 24591—2《智慧水务 第 1 部分：通用治理指南》等，这些国际标准的编制为世界工程建设和"一带一路"倡议推进提供了中国经验，贡献了中国智慧。

3.2　研究转化国际标准持续进行

多年来，国内相关技术对口单位在国际标准的信息跟踪、标准研究、标准转化，以及组织国内专家参与 ISO 的各项活动等方面做了大量工作。

部分转化标准如下：《钢筋混凝土大板间有连接筋并用混凝土浇灌的键槽式竖向接缝　实验室力学试验　平面内切向荷载的影响》GB/T 24496—2009；《承重墙与混凝土楼板间的水平接缝　实验室力学试验　由楼板传来的垂直荷载和弯矩的影响》GB/T 24495—2009；《建筑物垂直部件　抗冲击试验　冲击物及通用试验程序》GB/T 22631—2008；《建筑物的性能标准　预制混凝土楼板的性能试验　在集中荷载下的工况》GB/T 24497—2009；《门扇　抗硬物撞击性能检测方法》GB/T 22632—2008；《门扇　湿度影响稳定性检测方法》GB/T 22635—2008；《门扇　尺寸、直角度和平面度检测方法》GB/T 22636—2008；《门两侧在不同气候条件下的变形检测方法》GB/T 24494—2009 等。

3.3　积极争取国际组织领导职务

相比其他领域，在住房和城乡建设领域由中国承担主席或秘书处职务的国际标准化组织（ISO）技术机构还很少，2021 年，我国成功申请取得装配式建筑分委会（ISO/TC 59/SC 19）的主席与秘书处职务，是工程建设领域多年来的重大突破。此外，我国还担任建筑施工机械与设备技术委员会（ISO/TC 195）和起重机技术委员会（ISO/TC 96）的主席、智慧城市基础设施计量分技术委员会（ISO/TC 268/SC 1）的副主席，并承担这些委员会秘书处工作，实现了本领域"零"的突破。在工作组层面，中国专家担任建筑和土木工程—建筑模数协调（ISO/TC 59/WG 3）、建筑和土木工程—建筑和土木工程的弹性（ISO/TC 59/WG 4）、技术产品文件—建筑文件—包括装配式的建筑工程数字化表达原则（ISO/ TC 10/SC 8/WG 18）、木结构—竹材在结构中利用（ISO/TC 165/WG 12），以及门、窗和幕墙—术语（ISO/TC 162/WG 3）等多个工作组的召集人。

3.4　积极承办会议，加强国际交流与合作

（1）ISO/TC 59 和 ISO/TC 10/SC 8 第 31 届全体会议周

2018 年 10 月 21 日至 10 月 27 日建筑和土木工程技术委员会（ISO/TC 59）在中国北京召开第 31 届全体会议。ISO 会议期间，到访的外国专家来自 19 个国家，超过 60 人，共召开 30 场次工作会议。为了加强中外专家在相关领域的沟通交流，同时举办了 3 场论坛，内容涉及国际标准化工作经验交流、BIM 领域国际标准介绍和讨论，以及 ISO 建筑弹性、气候变化与可持续发展等领域学术交流等。会议周按原计划顺利召开了各项会议，会议取得圆满成功。

（2）2019 年 buildingSMART 国际标准峰会

buildingSMART（以下简称 bSI）是 ISO 在 BIM 领域重要的合作组织，其多个标准成为 ISO 标准编制的基础，bSI 在英国、挪威的分支机构的主席和秘书处也分别承担了 ISO/TC 59 和相关分委员会的领导职务。2019 年 buildingSMART 国际标准峰会暨中国建设数字大会举办，来自全球 28 个国家和地区的 300 多名专家及 1200 多名国内 BIM 专家参加了会议，在规模和影响力上都达到了前所未有的高度，对提升中国标准国际影响力和中国标准"走出去"发挥了积极的促进作用。

（3）国际标准化论坛

2018 年 10 月 23 日，住房和城乡建设部标准定额司在北京组织举办了"中国工程建设标准参与国际标准化活动经验交流会"，来自中国工程建设领域的有关行业及地方主管部门、标准化技术

委员会、大型企业集团、行业协会及相关科研、生产、建设单位的 300 余名代表参加了本次会议，建筑和土木工程技术委员会（ISO/TC 59）来自挪威、南非、英国、法国、哈萨克斯坦的 5 位标准化专家应邀参加会议并分享了参与标准国际化的经验。

2018 年 12 月 5 日，住房和城乡建设部在上海召开"工程建设标准国际化工作推进会"，来自各省市建设行政主管部门、行业协会、大型国际工程建设企业、各标准化技术委员会等有关单位的 160 余人出席会议。会议研究部署了工程建设标准国际化工作的战略方向和目标任务，为相关工作的持续推进确定了相关措施并提出了具体要求，上海市住房和城乡建设管理委员会、中国交建、中建八局、中国建设科技集团、上海建工、中石化、上海申通、上海城投等单位，围绕各自业务发展情况，分别向大会分享了参与工程标准国际化工作的实践和经验。

4　结语

通过整理近年来工程建设标准国际化工作的情况，我们可以真切地感受到在参与国际标准化工作、中外标准比对研究、发达国家标准化机制体制研究、标准翻译和转化、国际合作和交流方面，我们取得了不少突破，但与其他行业相比仍有不小的差距。中国工程建设自身的特点和中国特色与中国工程建设标准化发展模式有别于很多发达国家，这就使得我们的标准在编制方法、条文规定模式等方面往往存在着无法直接转化，也无法直接拿着国内标准向国际提案的困难。但从国家的标准化战略和海外工程的需求来看，从提高标准编制水平、促进行业内专家技术交流的角度来看，我们的标准国际化工作必须攻坚克难、坚持不懈地走下去。因此，随着国家越来越重视标准国际化工作，一系列配套政策相继出台，未来的标准国际化在顶层设计、组织引导、各方参与和人才储备等方面会持续健康发展。标准国际化工作虽道阻且长，但未来可期。

作者：宋婕（中国建筑标准设计研究院有限公司）

中国工程建设标准海外应用分析

Analysis on Overseas Application of Chinese Engineering Construction Standards

在"一带一路"倡议的推动下，我国对外承包工程企业紧抓新机遇，积极开拓国际市场，"一带一路"相关国家的项目新签合同额及完成营业额均呈现稳步增长的态势。但在海外工程项目中，除中国援建项目外，中国工程建设标准的应用率总体偏低，中国工程建设标准在国际工程市场认可度不高。对此，本文针对中国对外承包工程项目标准采用情况、中国标准在海外的应用情况、中国标准在海外的应用面临的问题等进行分析，并提出相关建议，以期为推动中国工程建设标准国际化，促进中国对外承包企业发展提供参考。

1 中国对外承包工程项目标准采用情况

1.1 中国标准采用情况

在房屋建筑、市政基础设施、城市轨道交通三大领域海外项目中，使用中国标准的工程项目占33%。其中，房屋建筑领域海外工程项目采用中国标准比例最高，为45%；城市轨道交通领域中采用中国标准的比例为33%；市政基础设施领域采用中国标准的比例为20%。

1.2 其他国家标准采用情况

除中国标准和东道国标准外，中国对外承包工程项目应用较多的国外标准依次是美国标准（占34.8%）、英国标准（占28.4%）和欧洲标准（占13.3%）。此外，法国标准在原法属殖民地国家和地区应用最多，俄罗斯标准在中亚国家也有很大影响力，见表1。

中国对外承包工程项目国外标准使用情况　　　　　　　　　表1

国际标准	美标	英标	欧标	俄标	德标	法标	其他	总计
项目数量	92	75	35	14	8	7	33	264
占比情况(%)	34.8	28.4	13.3	5.3	3	2.7	12.5	100

2 中国标准在相关地区和国家的应用情况

2.1 东南亚

东南亚国家基础设施建设水平不均衡。其中，新加坡、马来西亚基础设施建设较为完备，其余各国都明显存在基础设施发展尚不完善或陈旧老化现象。由于庞大的人口基数、快速增强的经济实力和相对有利的基建环境，东南亚地区基础设施建设需求持续保持旺盛，在能源、交通等领域的投资建设市场空间巨大。

东南亚各国工程建设标准化发展水平差异较大。有的国家法律健全、国际化程度高、技术标准先进、与国际标准一致性高，便于贸易与交流；有的国家工业化水平较低，基础设施相关技术标准不足。东南亚国家中，新加坡、马来西亚两国工程建设法律法规体系完善，在工程建设标准选用上除采用本国标准外，比较认可英国标准。越南、印度尼西亚两国正处于完善工程法律法规体系阶段，在标准的选取上没有严格的限制，可以使用高于本地标准的国外标准。柬埔寨、缅甸、老挝建筑和基础设施相关技术标准有待提升，大多使用英国标准、美国标准。中国标准主要在中国援建的项目或中资企业投资的工程中逐步推广和应用。

2.2 南亚

南亚国家公路、铁路、航空、港口、桥梁、供水供电及城市建设的缺口较大，该地区基础设施建设整体水平低于世界平均水平。基础设施建设与快速增长的人民生产生活需求之间产生很大的供需缺口，工程市场需求较大。城市基础设施建设及其背后承载的公共产品服务，正成为南亚地区社会经济等方面发展的瓶颈，迫切需要得到解决。斯里兰卡、尼泊尔、不丹、马尔代夫等国近年因旅游业的兴起与发展，对电力能源及交通运输等基础设施建设的需求也不断增加。

南亚地区标准的制定主要由属于政府单位的标准化机构主导，鼓励利益相关者如行业协会、科研院校、企业等参与，但尚无如欧美发达国家一般的行业组织和非官方机构组织主导制定标准。同时相应的认证、检测服务也由国家标准管理机构及实验室完成，市场化程度较低。

总体来看，中国标准在南亚地区应用基本上局限于中国援建及优惠贷款项目。南亚各地区工程设计领域受英国影响较大，普遍使用英国标准，当地建筑、供电、给水排水、消防等部门均长期采用英国标准。

2.3 西亚

西亚地区石油资源丰富，资金充足，大多数国家基础设施建设较为完善。沙特阿拉伯、阿联酋、卡塔尔、以色列等国基础设施建设水平均位于世界前列。西亚基础设施建设市场潜力巨大。短期来看，该地区多国的经济、财政受国际原油价格等诸多不确定因素影响，工程招标项目数量和金额逐渐减少。但长期来看，受益于沙特阿拉伯、阿联酋等国家的经济多元化发展规划，相关领域建设将进一步加速，基础设施投资项目数量有望继续增长。

西亚地区各国由于经济发展水平不同，标准化水平也各不相同。以色列和沙特阿拉伯经济发达，工程建设市场非常成熟，两国均具备科学、完善的标准体系。伊朗标准化体系尚不完善，尤其在工程行业中暂无完整统一的规范体系，自有规范较少且不完善，不同的工程行业都有自己的技术标准和规范，常需借鉴他国相关标准。

欧美标准在西亚地区占据主流地位。西亚部分国家在原欧美标准基础上，结合本国特殊地理和气候条件进行了有针对性的调整，形成具有本国特色的工程建设规范，中国标准在工程项目上很难得到应用和推广。以色列自身有一套严谨先进的标准体系，基本不采用其他标准。阿联酋、沙特阿拉伯虽然一直是中国企业对外承包工程重要的海外市场，但这两国的工程项目都是以英国标准和美国标准为主导，欧洲标准及当地标准为辅助，中国标准很难推广，只有少数专利技术和产品采用了中国标准。

2.4 中亚

中亚地区地域辽阔，自然资源丰富，但基础设施建设基本上仍停留在苏联时期的水平，已成为经济发展的重要障碍，改善基础设施是所有中亚国家面临的重要任务。中亚五国都是内陆国家，地理条件复杂，山脉、沙漠纵横其间，水运和航空运输很少，铁路、公路是交通运输主力。五国中，哈萨克斯坦交通运输基础设施总体上相对完备，乌兹别克斯坦公路建设较领先。总体而言，中亚五国交通基础设施均欠发达，这是制约中亚各国经济发展的关键因素。中亚国家在交通基础设施方面的需求最为强烈，纷纷制定了本国交通设施发展规划，如《哈萨克斯坦至 2020 年发展战略规划》《塔吉克斯坦至 2025 年国家交通设施发展专项规划》等。

中亚五国的标准体系深受俄罗斯的影响。多数国家自身并无完备的技术标准体系，均有对现有标准体系进行升级改造的意愿。

中亚地区采用中国标准的项目大多为中国援建的项目。近年来，中国标准已经在当地多个项目中进行应用，并取得了较好的效果，这为中国企业"走出去"奠定了良好的基础。非援建项目多采用俄罗斯标准。总体上看，中国企业目前在中亚五国的工程建设项目并不多，但有较大的空间。

2.5　非洲

非洲各个国家的发展状况有较大差异，基础设施整体仍薄弱。由于运输和能源两大关键领域基础设施的发展停滞不前，非洲国家与发达经济体和亚洲发展中国家的差距正在加大。交通基础设施落后使非洲负担着比其他发展中国家更高的运输成本，由此导致非洲各国城市、地区之间互联互通程度较低，严重制约着非洲内部贸易发展。此外，由于缺乏资金投入，大多数非洲国家并未消除与其他国家基础设施建设的差距。

由于历史原因，非洲很多国家延续原殖民地宗主国的法规体系，自身并无完整的技术标准体系。英国标准主要使用国家有：尼日利亚、塞拉利昂、利比里亚、喀麦隆、南非、加纳、冈比亚、埃塞俄比亚、厄立特里亚、莱索托、津巴布韦、马拉维、肯尼亚、塞舌尔、毛里求斯等国。法国标准主要使用国家有：科特迪瓦、乍得、卢旺达、中非、多哥、加蓬、几内亚马里、布基纳法索、刚果（金）、喀麦隆、刚果（布）、贝宁、尼日尔、布隆迪、塞内加尔、吉布提、马达加斯加、海地、阿尔及利亚、毛里塔尼亚、摩洛哥等。

较为特殊的是埃塞俄比亚，该国对工程建设标准的应用无路径依赖，工程建设标准体系几乎空白，其标准的采用呈现多元性和融合性。由于非洲标准化发展水平相对较低，加上中国与非洲多国具有良好的政治经济合作关系，因此非洲地区对采用中国标准持开放态度。

2.6　独联体及中东欧

俄罗斯、塞尔维亚、保加利亚、罗马尼亚、匈牙利、捷克、斯洛文尼亚、爱沙尼亚、立陶宛等中东欧国家基础设施建设较为完备。但是，与基础设施建设发达的国家相比，中东欧国家仍存在差距。由于基础设施老化的问题，大多数中东欧国家铁路、公路、港口等交通设施都面临改造更新问题，各国希望通过加快公路建设，特别是加强跨国公路及区际公路建设的区域合作，加强铁路网络建设，以提高各个国家及整个区域的外资吸引力。由于区域内各国基础设施建设已经较为完善，独联体及中东欧国家在基础设施需求方面较其他区域相对较低。

中东欧地区大部分国家的标准曾经受到西欧诸国与苏联的交替影响。随着中东欧众多国家加入欧盟，这些国家的标准受欧盟标准的影响越来越明显。

中东欧地区的中国工程项目基本上都采用欧洲标准。如援白俄罗斯学生公寓楼项目，虽然设计和施工均以中国标准为主，但必须考虑当地的强制性规定，例如防排烟系统、弱电系统都与中国标准差别较大，业主很难接受按照中国标准进行设计。

独联体各国标准大部分由苏联标准转化而来，还有少部分标准由国际标准经修改后转化。随着经济发展，中东欧和独联体国家与欧洲、中国、美国等经济体深入融合，各国的标准体系也随之逐渐调整，标准的转化速度加快，标准使用的限制也逐渐放开。

3　中国标准在相关地区和国家应用面临的问题

由于国际历史、文化等原因，我国工程建设标准国际化面临诸多困难、存在许多问题，突出表现为海外工程建设市场中的认可度、使用率低。基于对典型案例的调研分析，现对中国工程建设标准国际化面临的问题进行总结，见表2。

中国工程建设标准国际化面临的问题

表2

序号	主要问题	具体表现
1	中国标准的国际认可度与影响力较低，国际化推广应用水平有待提高	(1)企业缺乏推广中国标准海外应用的能力； (2)缺乏有影响力的人才从事相关工作； (3)企业推广中国标准意识不强，缺乏积极性； (4)对于成功推广应用中国标准的企业，缺乏资金、项目招标投标条件等方面的政策倾斜，无法充分调动其积极性
2	中国工程建设标准国际化研究的系统性、深入性、持续性不足	(1)对标准基础性研究和服务工作的重要性认识程度不高，经费支持不足，也缺乏必要的政策鼓励； (2)中外标准体制差异较大，中外标准的要素构成、编制思路、技术参数、体例格式等差异较大； (3)标准外文版的权威性不足，主要领域的外文版体系还不完整； (4)标准外文版的更新不及时
3	中国设计和工程咨询企业在项目前期主导使用中国标准的能力较弱	(1)缺少懂标准、懂技术、懂国际工程管理、外语能力强的复合型高端人才； (2)缺乏专业的工程建设标准国际化服务机构，运用现代化技术手段推进交流合作、信息共享、咨询服务等工作的能力亟待加强； (3)标准实施应用时，中外工程项目管理模式及节点不一致，在国际工程中使用中国标准，对接工作量大； (4)配套产品和设备的标准及企业品牌影响力不够
4	信息渠道不通畅	(1)外文版标准信息渠道不通畅； (2)企业复合型人才库信息系统尚未建立； (3)相关研究成果未共享

4　在海外项目推广中国标准应用的建议

4.1　推广中国标准应主动作为

各国政治、经济、历史文化环境千差万别，开放程度和法律的完善程度各不相同，由于历史原因以及欧美国家在经济、文化上的影响力，"一带一路"相关国家相当多领域内仍以欧美标准为主导。此外，中外标准存在差异，中国标准容易被项目所在国质疑，在没有见到实际质量与效果的情况下，对方没有充分的理由使用中国标准。因此推广中国标准的一条重要途径就是积极主动通过各类方法向对方介绍中国标准，使其了解中国标准。

4.2　充分利用合同规定推广中国标准

国际工程项目招标投标阶段往往直接确定了项目采用的合同范本和工程建设标准体系，其中项目合同常采用国际上最为广泛使用的国际咨询工程师联合会菲迪克（FIDIC）合同范本，项目设计和施工则主要采用欧标、美标、国际通用的行业手册以及部分当地标准。由于中国企业习惯于使用国内标准，对于国际标准和当地标准的熟悉程度不高，因此可以在合同谈判中争取业主同意全部使用或部分使用中国标准。

4.3　根据项目所在国标准化水平的不同，采用不同的合作方式

中国企业在标准体系比较成熟和完善的国家承包项目的前提是遵守其体系和标准。中国标准国际化第一步主要聚焦于中国周边标准体系有待完善、技术水平有待提升的国家，即以东南亚、中亚、西亚、南亚、非洲等发展中国家为重点。这些国家也是中国企业"走出去"的重要市场，更容易接受和采用中国标准。

4.4　以中国设计国际化带动中国施工技术、材料等标准国际化

在项目设计阶段推广使用中国标准，对中国标准国际化有着重要的作用，可以助力施工技术标准、材料标准的推广应用。采用中国标准进行设计，项目所需的钢材、机械设备、电气设备、施工机具绝大多数可以由国内出口，有效地带动中国建筑材料和设备的国际化。

4.5　独特、领先的技术优势是中国标准海外推广应用的基础和保障

以桥梁为例，在过去的 20 多年里，随着经济的蓬勃发展，中国建造了一大批桥梁。尤其是在大跨径桥梁领域，中国已经走在了世界的前列，拥有丰富的设计、施工经验。中国公路桥梁规范也随着桥梁建设事业的蓬勃发展而取得了长足的进步。当前中国的公路桥梁规范品类完备、涉及面广泛且科学实用，能够满足绝大多数桥梁设计、施工的要求。采用中国标准编制的马普托大桥设计文件，其结构设计安全性通过了欧洲监理和业主先后聘请的多家知名国际咨询公司的层层审核并最终获得批复，有效证明了中国标准的科学性、合理性和实用性，向世界展示了中国智慧。

作者：蔡成军[1,2]；彭飞[1,2]；宋婕[1,2]；郭伟[1,2]（1 中国建筑标准设计研究院有限公司；2 中国工程建设标准"一带一路"国际化政策研究项目组）

建筑领域重要国际标准研究

Research on Major International Standards in Construction Field

1 课题研究目标

在建筑领域，选取典型工程和产品，开展系统调研工作，结合各领域优势性、突破性科研成果，提出解决建筑领域共性问题的关键共性技术；在大量文献分析、试验验证和对比分析研究的基础上，对相关的技术要求、工艺要求、实验方法、检验规则等共性要素进行归纳总结；依照国际标准制定流程，与相关领域国际专家论证协调，通过多种方法和路径实现国际标准推进。

通过梳理和分析，选取了建筑工程、建筑用竹材及制品和建筑用光伏玻璃制品三个优势领域共八项国际标准进行研制。建筑工程领域建筑模数与建筑弹性两项标准对加速和提高建筑领域国际标准化进程和水平具有重要支撑作用；建筑用竹材及制品国际标准对进行国际贸易尤为重要；建筑用光伏夹层玻璃及其回收和重测三项建筑用光伏玻璃制品国际标准是提高光伏建筑一体化产品应用的建筑安全性、环保性，降低检测成本的关键技术。

建筑领域，工业化建筑是世界各国解决建筑需求的重要手段，我国已建立国家标准；国际上高度关注建筑物与土木工程弹性，我国没有相关标准；我国竹加工、竹制品现代化生产技术及标准化工作在世界范围内领先，竹炭作为新型环保产品在建筑装修及建筑设备中都有广泛的应用；国内外都关注光伏建筑一体化（BIPV）产品在建筑安全性、环保节能、应用成本方面的技术内容研究，目前三项国际标准对应的国家标准已立项在研或发布实施。

通过研究首次提出建筑用光伏夹层玻璃制品质量及测试要求，通过提取关键质量因子并制定检测方法，解决产品质量控制问题，保障产品的建筑安全性；在保证质量和安全的基础上，通过分析研究建筑光伏玻璃制品生产材料、生产工艺等条件变化对检测的影响，从而确定产品重测要求，减少不必要的测试项目，达到在保证质量控制的同时降低检测费用的目的，削减企业生产成本；在产品废弃阶段，首次通过对废弃建筑光伏组件收集、转运、储存、拆解、处理以及回收等环节制定详细的回收及排放要求，倒逼相关企业加强回收技术方面的研发，不断改进和提升回收的技术和工艺方法，最大程度上提高材料的回收利用率，减少原生资源和能源的消耗，从而降低建筑光伏玻璃制品生产成本，同时减少废弃物排放带来的环境污染。通过本项目实现建筑光伏玻璃制品生产的高质量、安全、低成本以及绿色环保的目的。

2 课题成果情况

2.1 重要研究成果

本课题聚焦于促进建筑业可持续发展的重要领域——建筑工程、建筑用竹材及制品、建筑用光伏玻璃三个方向国际标准的研究及推进，通过研究工作，在三个方向的探索均取得了重要进展。

（1）在建筑工程领域，为推动建筑工业化进程，提高建筑抵御风险的能力，开展建筑模数及建筑弹性相关国际标准的研究制定。

ISO 21723《建筑和土木工程 模数协调 模数》于 2019 年 4 月 26 日通过 DIS 阶段（征询意见阶段）投票，并已于 2019 年 9 月正式出版。

ISO/TR 22845《建筑和土木工程的弹性》技术报告是 ISO/TC 59/WG 4 建筑和土木工程的韧性工作组的首个项目成果，在委员会投票及修改结束后，已于 2020 年 8 月正式出版。

（2）在建筑用竹材及制品领域，结合竹材在建筑领域的应用现状，着力开发天然、环保、可持续的竹材作为新型绿色低碳建筑材料的优势，将《竹炭》《竹地板》《竹和竹产品术语》3 个重要的标准纳入研究范围，推动相关标准的国际化并取得了重要的研究进展。

ISO 21625《竹和竹产品术语》标准已于 2020 年 7 月正式发布。

ISO 21629《竹地板》标准将户内和户外用竹地板分成两个独立标准 ISO 21629—1《竹地板 第 1 部分：室内用》、ISO 21629—2《竹地板 第 2 部分：室外用》。ISO 21629—1 室内部分已于 2021 年 6 月正式发布，ISO 21629—2 于 8 月正式发布。

ISO 21626《竹炭》标准在推进过程中被分为三项标准，ISO 21626—1《通用竹炭》、ISO 21626—2《燃料用竹炭》、ISO 21626—3《净化用竹炭》，三项标准均已于 2020 年 12 月正式发布。

（3）在建筑用光伏玻璃制品领域，为实现碳中和目标，降低建筑碳排放，发展建筑可再生能源，研究制定建筑光伏玻璃相关标准。

目前 ISO/TS 18178《建筑玻璃 建筑用太阳能光伏夹层玻璃》已于 2018 年正式发布。

ISO/TS 21480《建筑用玻璃 建筑用光伏玻璃组件回收通用技术要求》，立项时处于准备阶段，因组件回收期间涉及电性能的判定与处理，IEC/TC 82 专家认为该标准应归属 IEC/TC 82 管理，存在 ISO 与 IEC 的归属争议。经 ISO/TC 160/SC 1/WG 9 召集人和 ISO/TC 160 秘书处商议后，考虑到组件回收技术日新月异，继续争论归口问题不利于标准的推进，为加快进度，建议将 ISO 21480 标准转变为 ISO/TS 21480，故该标准于 2019 年 11 月重新进入提案阶段，历经准备阶段、委员会阶段、批准阶段，于 2021 年 8 月正式发布。

ISO/TS 21486《建筑用玻璃 光伏夹层玻璃重测导则》，立项时处于准备阶段，因建筑用太阳能光伏夹层玻璃重测涉及电性能，IEC/TC 82 专家认为该标准应归属 IEC/TC 82 管理，存在 ISO 与 IEC 的归属争议。经 ISO/TC 160/SC 1/WG 9 召集人和 ISO/TC 160 秘书处商议后，考虑到建筑用太阳能光伏夹层玻璃零部件变化多样，无法穷尽，继续争论归口问题不利于标准的推进，为加快进度，建议将 ISO 21486 标准转变为 ISO/TS 21486，故该标准于 2019 年 11 月重新进入提案阶段，历经准备阶段、委员会阶段，已于 2022 年 3 月正式发布。

2.2 研究成果特点

本课题研究成果具有基础性、创新性及实用性的特点。

（1）基础性。已正式发布的 ISO 21723《建筑和土木工程 模数协调 模数》、ISO 21625《竹和竹产品术语》均为产业发展所不可或缺的基础性标准，是国际通用的行业基本规则，在标准的编制过程中均纳入了我国的技术经验，加强了我国建筑工程产品的国际通用性。

（2）创新性。已正式发布的 ISO/TR 22845《建筑和土木工程的弹性》、ISO 21625《竹和竹产品术语》、ISO 21629《竹地板》、ISO 21626《竹炭》等标准均为在 ISO 领域内的首次提出，开辟了由我国主导的新领域，并通过对其进行持续研发夯实我国的领先地位。

（3）实用性。ISO 21629《竹地板》、ISO 21626《竹炭》、ISO/TS 18178《建筑玻璃 建筑用太阳能光伏夹层玻璃》、ISO/TS 21480《建筑用玻璃 建筑用光伏玻璃组件回收通用技术要求》、ISO/TS 21486《建筑用玻璃 光伏夹层玻璃重测导则》等标准均针对具体产品及制造提出了规范性要求，对产业发展起到了直接的推动作用。

2.3 成果应用前景

本课题研究成果在建筑工程、建筑用竹材及制品、建筑用光伏玻璃三个领域均有广阔的应用前景。

（1）在建筑工程领域，ISO 21723《建筑和土木工程 模数协调 模数》是对 ISO 现存的为数众多、标龄较长的建筑模数标准的整合协调，将其纳入我国工程建设实践的相关经验，使之更加适应新型建筑工业化发展需求。标准的发布有助于提升国际工业化建筑建造及部品的标准化程度，有效衔接规划设计、部品生产、施工安装等环节，降低综合建造成本，同时通过统一的模数要求，提高我国装配式建筑部品与国际通用规格尺寸的一致性，对我国建筑业"走出去"起到有力的支撑作用。

（2）在建筑用竹材及制品领域，竹材因种类繁多而引起加工名词术语定义和内涵不明确、不统一，同名不同物、同物不同名、概念混淆等严重干扰产品的市场流通。ISO 21625《竹和竹产品术语》建立了统一的、全球通用的竹材术语体系，有利于不同国家、地区，不同竹种之间物理、力学和化学组成等基础材性测试结果的对比和数据共享，减少贸易和信息交流过程中的歧义和误解，加快建筑用竹材的科学研究和高效利用。

竹地板是中国自主创新的产品，我国竹地板在生产技术和产品质量等方面均处于国际领先水平，国内生产的竹地板中有 60% 以上出口到国外，销往 40 多个国家和地区，我国已经成为世界主要竹地板生产出口基地。目前竹地板在国内地板市场份额已经达到 10% 以上，这不仅可以保护大量的森林资源，而且对维护国家木材安全、保护生态环境起到了积极作用。

竹炭生产和贸易不仅在中国、日本、韩国进行，现在已涉及亚洲的菲律宾、印尼、马来西亚、非洲的埃塞俄比亚、加纳、肯尼亚，南美洲的牙买加、哥伦比亚等国家和地区，法国、俄罗斯、加拿大和新加坡等国家也有竹炭贸易。借助"一带一路"倡议、援外项目、境外经贸合作区等途径，实施竹炭产业"走出去"战略，提升我国竹炭产业国际竞争实力，推动竹炭产业快速发展将进一步奠定我国在国际竹炭领域的话语权，并带动国外重要产竹区竹炭产业的发展。

项目开展期间，我国通过与国内外专家就国际标准制定开展研讨，加强标准工作互动交流，极大推动了竹产品在亚洲、非洲、拉丁美洲的推广应用工作。对国际标准的研究，大大促进了相关产业的发展和贸易，竹炭价格及主要竹炭企业销售收入均有大幅增长。据不完全统计，全国竹炭产值达 100 多亿元，辐射带动产生的经济效益 500 多亿元。浙江省已成为竹炭产品的重要生产与贸易基地，形成了在国内外具有重要影响力的竹炭产业集群，2019 年成功申报成立了由五所科研院所、高校和十多家竹炭企业共同参与的"竹炭产业国家创新联盟"，进一步提高了标准推广应用的力度。

（3）在建筑用光伏玻璃制品领域，ISO/TS 18178《建筑玻璃 建筑用太阳能光伏夹层玻璃》作为国际首个光伏建筑一体化标准，集普通组件电性能要求和建筑安全性能于一体，其作为光伏建筑一体化应用的核心部件，为新型装配式新能源建筑的应用提供模块化产品支持，标准发布后在重庆香港置地光环购物中心等建筑物中得到具体实施，诸多建筑光伏领域生产、检测、设计、咨询单位对其进行实际应用，该标准构筑了建筑由被动节能向主动降耗转变的标准通道，开辟了建筑与光伏等可再生能源的高度融合及建筑多能互补应用模式，为人类、建筑与环境和谐共生提供解决方案，为"碳达峰、碳中和"目标实现提供技术支持。

ISO/TS 21480《建筑玻璃 建筑用光伏玻璃组件回收通用技术要求》通过研究建筑用光伏玻璃组件逆向拆解工艺、所需的环境条件，以及玻璃、硅、银、铜、铝等有价值的资源和铟、镓等稀有金属的回收条件，回收基本准则，废弃物收集、运输、贮存、拆解、处理和处置，梳理回收流程，规范废弃光伏组件回收过程和光伏组件回收行业，最大限度利用资源，保护环境，实现节能环保，为即将到达的"回收潮"提供解决方案，为光伏组件废弃物的回收和无害化处理提供技术支持。

ISO/TS 21486《建筑玻璃　光伏夹层玻璃重测导则》，研究建筑用太阳能光伏夹层玻璃在生产工艺、选用材料等发生变化时，其变化对检测项目的影响程度，在保障质量的前提下，合理简化检测内容，确定对应检测方案，提高检测效率，降低检测成本，避免重复浪费，同时促使企业逆向设计、改变工艺、丰富产品类型，助推装配式组件轻型化和轻量化生产。

3　经济社会效益

本课题在建筑领域中的建筑工程、建筑用竹材及制品、建筑用光伏玻璃三个方向上推动了国际标准化工作，为践行"一带一路"倡议，为我国建筑工程及产品"走出去"提供了有力支撑，并在人才培养、专利申请、标准技术战略实施等方面均取得了一定成效，形成了良好的社会经济效益。

3.1　建筑工程领域

近年来国家大力推进新型建筑工业化及装配式建筑，2020 年全国新开工装配式建筑面积达6.3 亿 m²，而建筑模数协调是装配式建筑发展必不可少的关键要素。ISO 21723《建筑和土木工程　模数协调　模数》的研制发布打破了长期由欧美垄断的建筑领域国际基础标准研制局面，在国内大力发展装配式建筑之际，将中国建筑模数标准经验和成果推广到基础性建筑工程国际标准层面。ISO 21723《建筑和土木工程　模数协调　模数》的发布有助于提升装配式建筑建造及部品的标准化程度，有效衔接规划设计、部品生产、施工安装等环节，降低综合建造成本，有助于实现建筑业的转型升级，同时推动我国建筑企业"走出去"，提高我国建筑业的国际竞争力。ISO/TR 22845《建筑和土木工程的弹性》技术报告在全球气候变化及灾难频发的背景下，在国际范围内对建筑弹性的定义、术语、框架、原则、评估等进行基础性概念建立工作，发挥国际标准的引领作用，建立理论体系和标准框架，为弹性理念落实到技术层面提供必要的前提和媒介，促进建筑弹性理念在技术层面的实施，为建筑提高抵御各种自然及人为灾难的能力提供了一条新的发展路径，在建筑全寿命期内为不确定的未来做好准备，降低未来灾害带来的社会经济损失，为建设城市、国家不同尺度的整体抗灾能力奠定了坚实的基础。

3.2　建筑用竹材及制品领域

《竹和竹产品术语》等 3 项标准对于实现生态环境和建筑材料的可持续发展具有重要的意义。竹子是最重要的非木材森林资源，具有生长快、成材早、产量高、用途广等独特优势，以及绿色环保、可降解、可再生等天然特性。竹材及其制品有近万种产品，广泛用于家具、建筑、装饰装修、造纸、化工、纺织、食品、保健、农业、电子等领域。目前，有中国、印度、印度尼西亚、菲律宾、巴西、厄瓜多尔、埃塞俄比亚、肯尼亚、加纳等 50 多个竹生产国和欧盟、美国、加拿大、日本、韩国等竹藤消费国。全球竹产品国际贸易额达 50 亿美元，世界上有 15 亿人的生活与竹息息相关。竹子资源广泛分布于发展中国家和地区，在缓解和消除贫困，促进环境、社会可持续发展方面发挥着重要作用。我国作为全球竹子资源最丰富、竹子研发能力最强、竹产业规模最大的国家，建筑用竹材及制品研究与技术处于国际领先地位。

在践行"一带一路"倡议目标的过程中，我国积极推进竹材及竹制品生产技术在东南亚、非洲以及世界竹产区的实施，促进了当地经济的发展，提高了竹农收入。同时，竹材及竹制品国际标准的制定，扩大了我国竹材科学和研究在国际上的影响力，规范了国际贸易中产品的质量，对生态环境保护、能源节约利用、低碳发展及就业增收等起到重大的推动作用。

3.3 建筑用光伏玻璃制品领域

由于全球能源短缺、生态环境恶化，各国纷纷将目光投向可再生能源。而太阳能绿色环保、安全高效、取之不尽、用之不竭，成为标志性的可再生能源。自 20 世纪 70 年代全球石油危机爆发后，太阳能光伏发电引起西方发达国家的高度重视，各国政府纷纷制定政策鼓励和支持太阳能光伏的发展。2017 年全球新增光伏装机容量超过 99GW，2018 年超过 100GW，2019 年达到 121GW；截至 2019 年，全球光伏装机容量累计达到 626GW。全球光伏新增装机容量和累计装机容量均呈现新高。

ISO/TS 18178《建筑玻璃　建筑用太阳能光伏夹层玻璃》将光伏与建筑玻璃结合，为达到遮阳、发电、美观、绿色环保、减少碳排量的目标指引了方向。而 ISO/TS 21486《建筑用太阳能光伏夹层玻璃的重测导则》规定了生产工艺、选材等方面发生变化时如何检测的要求，简化、优化了检测步骤，提高了检测效率，为对应的质量纠纷问题提供了判断依据。

同时，伴随着全球光伏装机容量的逐年上升，光伏组件废弃物数量也不断上升。光伏组件的使用年限为 25 年，未来数年内，废弃光伏组件将达到一定规模，根据研究预测，到 2035 年累计废弃光伏组件量将达 70 GW。如何处理规模渐涨的光伏组件废弃物，成为当前国际产业界和环境界十分关注的问题。光伏组件的回收对于环境保护、资源利用与经济增长等方面都有重要意义。ISO/TS 21480《建筑用玻璃　建筑用光伏玻璃组件回收通用技术要求》在废弃光伏组件回收、运输、贮存、回收、管理等方面建立规范，提出污染控制的技术要求和相关规定，在废弃光伏组件回收产业发展的早期就发挥作用，有利于产业的良性发展。

4　结语

在"十三五"国家高质量发展及建筑业转型升级的背景下，本课题聚焦于新型建筑工业化、建筑防灾、绿色低碳建筑部品等领域，在建筑工程、建筑用竹材及制品、建筑用光伏玻璃三个方向开展研究，课题执行期内有六项国际标准正式发布，提升了中国在建筑领域的国际话语权，也提高了我国建筑领域相关技术产品的国际通用性，有效促进了中国建筑工程及产品的国际竞争力，支持了"一带一路"倡议，给我国建筑业转型升级，实现高质量发展带来了显著的经济效益和社会效益。

作者：李晓峰[1]；郭伟[1]；于子绚[2]；李淳伟[3]（1 中国建筑标准设计研究院有限公司；2 国际竹藤中心；3 深圳市标准技术研究院）

国内外既有建筑绿色评价标准低碳指标研究

Research on Low-carbon Indexes in Chinese and International Green Assessment Standards for Existing Buildings

2019 年，我国建筑全过程碳排放总量为 49.97 亿 tCO_2 以上，占全国碳排放的比例为 50.06％以上，其中运行阶段碳排放量和占全国碳排放的比例分别为 21.3 亿 tCO_2 和 21.6％。作为碳排放大户，建筑进行节能减排将是实现碳达峰与碳中和的关键，其中建设高品质绿色建筑是重要举措之一。我国既有建筑总面积已经超过 600 亿 m^2，其中绝大部分为非绿既有建筑。对非绿既有建筑实施绿色改造可有效降低建筑碳排放，改善人民生活工作环境，改善我国当前所面临的资源与环境问题。

欧美发达国家因新建建筑数量增长有限，绿色建筑发展方向已经逐渐由新建建筑转向既有建筑。在美国，新建建筑的增长速度比较缓慢，大量既有建筑年代久远，例如半数商业建筑的服役时间已超过了 30 年，其中不少是百年建筑，温室气体排放强度较大、使用功能不完善；在英国，大部分建筑的建成年代久远且仍将继续使用，建筑的温室气体排放量占到了该国排放总量的 44％，为达成 2050 年碳减排 80％的目标，英国政府的能源与气候变化部组织实施了绿色方案，积极引导全社会开展既有建筑绿色节能改造；在日本，同样存在大量既有建筑，提升既有建筑的能效水平和抗震性能，是日本既有建筑改造的两个主要方面。为此，欧美发达国家提出对既有建筑实施绿色改造，在降低费用成本、缩短施工工期的同时，提升建筑的资产价值和能源利用效率、降低二氧化碳排放量。

为指导既有建筑绿色改造和运行，英国建筑研究院编制了 BREEAM Refurbishment and Fit-Out，美国绿色建筑委员会开发了 LEED-EB：OM，日本绿色建筑协会和日本可持续发展建筑协会发布了 CASBEE-改造，德国可持续建筑委员推出了 DGNB-办公建筑改造等既有建筑绿色改造评价标准，我国也于 2015 年发布实施了国家标准《既有建筑绿色改造评价标准》GB/T 51141—2015（以下简称 GB/T 51141—2015）。本文对上述 7 本既有建筑绿色评价相关标准中低碳指标进行了对比分析。

1 低碳指标分析

根据对建筑碳排放的影响，将各国标准相关指标分为直接碳减排指标和间接碳减排指标。直接碳减排是指通过采取相关优化或改造措施直接降低既有建筑能耗以及碳排放，例如提高暖通空调系统能效水平、采用节能灯具、合理利用可再生能源等；间接碳减排即通过延长建筑寿命，优化运行管理，合理引导使用者行为习惯等，间接促进既有建筑节能和碳减排。

2 直接碳减排

在各国标准中，直接碳排放相关条款覆盖建筑、暖通空调、电气与照明、建筑材料、给水排水、可再生能源、绿植等方面，见表 1。建筑方面，通过提高围护结构热工性能、天然采光、自然通风等方式，减少暖通空调及照明负荷，达到节能减排效果。建筑能耗需求方面，GB/T 51141—

2015 中的指标细化到了优化暖通空调、给水排水、电气和照明等方面的具体量化要求，而其他标准则通常对建筑用能效率进行整体评估。此外，各国标准均在建筑材料的绿色环保方面提出要求。与新建建筑不同，既有建筑绿色改造经常涉及拆除及重建的过程，而充分利用建筑原有构件和对材料进行循环利用可直接减少建材的使用，有助于直接减少材料生产、加工、运输过程中的碳排放。

减少碳排放的途径可根据碳的去向分为碳源和碳汇两种，除了上文列出的碳减排措施外，还可以从加强绿化固碳、提高碳汇的方面着手。国内外标准中有关景观绿化的指标多通过绿地率、绿化提供指数等方式进行评估，鼓励合理设置绿地，改善环境，调节场地微气候。如 BREEAM 改造和装修、Green Star 运行等标准还在此基础上，设置了场地整体生态环境改善的指标，鼓励对环境敏感的景观进行保护，保护和提高生态多样性和环境可持续性，促进植物的健康生长、维持绿地生态稳定。整体生态环境的改善还可以进一步减少对农药的需求，减少绿地维护所产生的碳排放。

3　间接碳减排

在间接碳排放方面，相关指标覆盖建筑全寿命期能耗，涵盖既有建筑改造的施工阶段到运行阶段，包括结构、暖通空调、给水排水、电气与照明、施工管理、运行管理、交通等方面，见表2。国内外既有建筑改造标准对施工过程中相关节能和节水方案制定、能源和水耗监测、施工材料和废弃物的回收与运输设置了要求。此外，各国标准中均对建筑运行过程中各项能源与资源消耗计量提出了要求，例如设置暖通空调用能计量装置、用水分项计量装置、用电分项计量装置等。具体到运行管理措施来说，各国标准多鼓励制定高效运行管理制度，GB/T 51141—2015 在此基础上，还设置了运行维护要求和跟踪评估相关指标，以确保建筑设备系统的不断优化、性能的不断提升，保证绿色改造技术、措施的长期实施。

各国的标准在减少间接碳排放方面也有各自的特点。GB/T 51141—2015 和 CASBEE-改造中特别提出结构抗震性能相关指标，BREEAM 等标准要求相关材料有良好的耐久性能，以延长建筑以及相关构配件的使用寿命，降低建筑和零部件的维修频次，进而减少加工新材料、拆除和重建过程中带来的碳排放。GB/T 51141—2015 中鼓励提供自行车停车场地和合理规划人行路线，LEED-运行等标准则鼓励通过提供便捷的公共交通、设置新能源汽车充电桩、设置适宜居家办公的空间等方式改变用户的出行和通勤习惯，以减少私家车的使用并推动碳减排。此外，BREEAM 标准还鼓励设置晾衣空间以减少烘干机等电器的使用。除二氧化碳外，BREEAM 和 CASBEE 等标准，对氟利昂、卤化烃等非二氧化碳温室气体排放也提出了要求。

直接碳排放指标对比

表1

分类	GB/T 51141—2015	BREEAM-居建改造	BREEAM-公建改造	CASBEE-改造	DGNB-既有办公改造	Green Mark 既有住宅	Green Mark 既有非住宅	LEED-运行	Green Star-运行
建筑	（1）围护结构热工性能 （2）天然采光 （3）自然通风	（1）天然采光 （2）用能效率提升	（1）被动式设计 （2）自然通风 （3）低碳技术	（1）天然采光 （2）围护结构热热负荷控制 （3）考虑全球变暖（二氧化碳排放）	（1）视觉舒适（采光） （2）室内环境控制 （3）建筑围护结构热工性能	能耗指数达标	建筑围护结构热工性能	用能性能	（1）设置建筑物能源基线 （2）天然采光
暖通空调	（1）室内参数设置 （2）高效冷热源 （3）输配系统能耗 （4）部分负荷能耗 （5）余热热回收装置	最低水平通风量要求	（1）热湿环境改善 （2）蓄冷	自然和机械通风	热舒适改善	公共区域和停车场的自然通风	（1）空调系统节能 （2）自然通风和机械通风 （3）停车场通风 （4）公共区域通风	—	—
电气与照明	（1）节能灯具 （2）高效配电变压器 （3）照明控制 （4）电梯节能控制 （5）优化照明方式	（1）节能电器 （2）照明控制	（1）室外照明 （2）实验室系统 （3）电梯节能控制与节能电器 （4）节能燃具	照明控制	—	（1）照明系统节能 （2）运动或图像传感器控制 （3）电梯节能控制	（1）照明系统节能 （2）运动或图像传感器控制 （3）电梯节能控制	—	（1）节能灯具 （2）一般照度控制
建筑材料（施工、废弃物分类回收）	（1）高强和高耐久材料 （2）原结构构件 （3）简约装修 （4）可再利用和可再循环材料 （5）预拌砂浆和混凝土 （6）施工垃圾回收 （7）提高材料和部品工业化水平 （8）土建装修一体化设计和施工	（1）环保材料 （2）支持可再生材料溯源 （3）环保隔声材料	（1）环保材料 （2）支持可再生材料溯源 （3）保温材料 （4）节材 （5）废弃物回收 （6）耐久性设计（延长材料使用寿命）	（1）减少不可再生材料使用 （2）原结构构件、结构材料的循环再利用 （3）非结构性材料循环再利用 （4）可持续森林生产木材 （5）提高部分材料可重复利用性	（1）环保材料 （2）建筑材料易清洁和耐污 （3）易拆除和回收	—	（1）绿色产品和材料 （2）回收设施 （3）可回收废弃物存放区 （4）提倡减少垃圾制造	废弃物表现	（1）消耗品使用控制 （2）改造材料

续表

分类	GB/T 51141—2015	BREEAM-居建改造	BREEAM-公建改造	CASBEE-改造	DGNB-既有办公改造	Green Mark 既有住宅	Green Mark 既有非住宅	LEED-运行	Green Star-运行
给水排水	(1)出水水压 (2)管网漏损 (3)节水器具 (4)节水灌溉 (5)热水节水	(1)节水器具 (2)循环用水 (3)雨水收集	(1)节水器具 (2)防漏检测 (3)用水量控制	(1)节水 (2)使用雨水和灰水	—	(1)节水器具 (2)水箱冲洗用水再利用 (3)节水灌溉 (4)公共区域冲洗用水控制 (5)热水节能	(1)节水器具 (2)灌溉系统和景观用水控制 (3)冷却塔节水 (4)非传统水源使用	用水性能	—
可再生能源	(1)可再生能源热水 (2)光伏发电 (3)空气源热泵 (4)地源热泵	(1)使用可再生能源 (2)降低一次能源需求	—	自然资源的直接和转换利用	—	可再生能源	可再生能源	绿色电力	—
绿植	增加绿化提高固碳量	保护与改良现有生态环境	保护与改良现有生态环境	(1)增加绿化 (2)改善区域热环境	—	绿化	绿化	—	(1)保护现有生态环境 (2)改善景观

间接碳排放指标对比

表 2

分类	GB/T 51141—2015	BREEAM-居建改造	BREEAM-公建改造	CASBEE-改造	DGNB-既有办公改造	Green Mark 既有住宅	Green Mark 既有非住宅	LEED-运行	Green Star-运行
结构	延长建筑寿命	—	—	抗震减震（延长建筑寿命）	—	—	—	—	—
暖通空调	(1)改造前节能诊断 (2)改造前详细负荷计算 (3)设置用能计量装置 (4)暖通空调管理系统								
给水排水	设置用水分项计量装置	用水分项计量	用水分项计量		饮用水需求量和废水量计量	用水分项计量	用水分项计量和泄漏检测	用水分项计量	—

续表

分类	GB/T 51141—2015	BREEAM-居建改造	BREEAM-公建改造	CASBEE-改造	DGNB-既有办公改造	Green Mark-既有住宅	Green Mark-既有非住宅	LEED-运行	Green Star-运行
电气与照明	设置用电分项计量装置	—	—	—	—	用电分项计量	—		—
施工管理	(1)施工节能节材 (2)监测施工能耗和水耗 (3)施工材料运输和废弃物运输	(1)施工节能节材 (2)监测施工能耗和水耗 (3)施工材料和废弃物运输	(1)监测施工能耗和水耗 (2)施工材料和废弃物运输	—	(1)施工节材 (2)建筑垃圾回收	—	—	—	—
运行管理	(1)用能用水管理 (2)预防性维护 (3)能耗统计 (4)能源审计 (5)温室气体排放计算 (6)合同能源管理	用能计量	对主要用能系统和用能负荷的重点区域进行分项能计量	(1)设备系统的高效率化 (2)高效运行监控 (3)高效运行管理系统 (4)当地基础设施的负荷控制	(1)评估排放造成的环境影响 (2)对当地环境的风险评估 (3)资源消耗评估	(1)能源政策和管理 (2)制定用水效率提升计划 (3)制定建筑运营和维护策略 (4)废弃物管理 (5)鼓励使用可持续产品	(1)可持续政策和行动计划 (2)绿色装修导则 (3)可持续运营 (4)节能策略 (5)废品监测 (6)用水信息平台 (7)能源监测 (8)需求控制 (9)集成与分析	(1)场地生态环境 (2)最佳能效管理 (3)环保材料和产品采购制度 (4)设施维护与更新制度 (5)环保材料和消耗品	(1)用能计量 (2)建筑系统运行监测和调试 (3)可持续采购框架
交通	(1)提供自行车停车位 (2)合理设置人行路线	合理设置自行车位	公共交通	—	(1)公共交通连接 (2)邻近公共服务设施	公共交通	绿色出行(公共交通,步行,自行车,新能源汽车)	绿色出行	(1)公共交通 (2)交通模式性能改进
其他	—	(1)设置居家办公空间 (2)设置晾衣空间 (3)制冷剂管理	(1)设置晾衣空间 (2)制冷剂管理	氟利昂和卤化烃控制(消防灭火剂,发泡剂,制冷剂)	—	—	制冷剂管理	热岛效应控制	制冷剂管理

4 总结

从我国城镇化建设阶段来看，新建建筑增量将逐年减少，新建绿色建筑和既有建筑绿色改造将成为未来一段时间内我国绿色建筑发展的两个重要方向，GB/T 51141—2015 也将发挥越来越重要的作用。

碳减排是国内外相关绿色改造和运行评价标准的关注重点，分为直接碳减排和间接碳减排两大方面。在直接碳减排方面，一是采取绿色改造和运行优化减少建筑能耗需求、提升建筑设备性能降低建筑能耗、增加可再生能源利用等措施，以减少碳源；二是通过改造绿地、增加绿植等提升建筑场地内绿化固碳能力，以增加碳汇。在间接碳减排方面，主要从施工管理和运行管理两方面提出了要求。通过延长建筑寿命，对建筑设备和系统进行计量、监测和管理，并改变使用者行为习惯等方式，达到节能减排的目的。

因为国情不同，各国既有建筑绿色改造标准存在一定的差异，但其基本理念相同。本文通过对欧美发达国家最新版本既有建筑绿色改造标准指标内容进行分析，提炼其在低碳关键指标方面的特色，为我国既有建筑绿色改造提供借鉴，并为 GB/T 51141—2015 修订提供参考。

作者：王清勤；朱荣鑫（中国建筑科学研究院有限公司）

国内外太阳能应用领域标准研究

Research on Chinese and International Standards about Solar Energy Application

1　引言

在国家经济的发展进程中，产业产品及工程建设的标准化，对确保产品、工程的质量和安全，促进技术进步，提高整体经济、社会效益等都具有十分重要的意义。随着我国社会主义市场经济体制的建立和完善，标准化的地位更加突出、作用更加明显。作为世界第二大经济体，第一货物贸易大国、第一出口大国和第一制造大国，我国的标准化工作在保障产品质量安全、促进产业转型升级和经济提质增效、服务外交外贸等方面起着越来越重要的作用。

标准化工作作为我国综合实力的体现，是城镇建设和能源行业"走出去"的重要前提和关键任务。在太阳能领域，我国是世界上最大的太阳能集热产品生产国和安装国，占世界约70%的份额。市场份额的日益增长一方面对我国太阳能国际标准化工作提出了要求，另一方面也促进了我国太阳能国际标准化工作的进步与发展。在"标准助推创新发展，标准引领时代进步"的新时代下，中国制造"走出去"需要更高的标准作为有力支撑。

2　国际标准化组织工作体系

2.1　国际标准化组织机构设置

国际标准化组织（International Organization for Standardization，缩写为ISO）是一个独立的非政府组织机构，由包括中国在内的25个国家于1946年10月发起成立，中央秘书处设在瑞士日内瓦，目前共有165个国家成员，其组织结构如图1所示。

国际标准化组织太阳能技术委员会（ISO/TC 180 Solar Energy，以下简称TC 180）成立于1980年，主要负责太阳能供热水、供暖、制冷、工业过程热利用和空调等热利用技术领域的标准化工作。现任秘书处单位为德国标准化协会（DIN，Standards Germany）。截至2022年8月，TC 180共负责编制国际标准25部，其中20部已发布实施，5部正在编制过程中。

2.2　中国的国际标准化事务管理单位

中国国家标准化管理委员会（Standardization Administration of the People's Republic of China，缩写为SAC）代表中国负责国内的国际标准化工作。具体到TC 180的工作，由全国太阳能标准化技术委员会（SAC/ TC 402）的秘书处单位负责对内及对外联络。中国标准化研究院是全国太阳能标准化技术委员会（SAC/ TC 402）的秘书处单位，主要负责太阳能热水系统、太阳房、太阳灶、太阳能产品、太阳能集热器和元件等国家标准编制和修订工作。

2018年，全国太阳能标准化技术委员会（SAC/ TC 402）秘书处单位作为TC 180在中国的对口单位正式接任SC 4秘书处工作，中国建研院何涛教授级高工担任系统分委员会（SC 4）的主席。

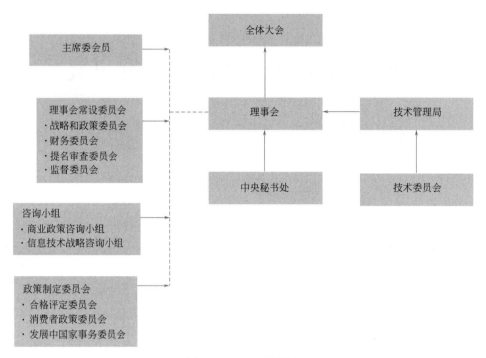

图 1 ISO 组织结构图

此前，ISO/TC 180/SC 4 从未由中国代表担任主席或承担秘书处工作，本次接任打破了太阳能热利用领域内技术机构秘书处设置在美国、德国等发达国家的主流现状，实现了本领域"零"的突破，为培育国际竞争新优势奠定了基础。

3　国际标准化组织 ISO/TC 180 标准现状

截至 2022 年 8 月，TC 180 正式发布的现行标准共计 20 项（包括技术报告 2 项），另有 5 项标准正在编制或修订中。现行 ISO 标准中以系统、部件和材料的性能及测试实验方法为主，这些相关标准占比为 63%，有 50% 以上的标准是 2000 年前制定的，主要集中在 SC 1（气象测量和数据）和 SC 4（系统热性能、耐久性和可靠性）方面。2010 年以后，ISO 标准制定进入又一发展阶段，制定的 10 个标准中，有 5 个是由中国专家牵头主导。

4　中国太阳能应用领域的标准现状

4.1　中国标准化工作的管理体系

"统一管理、分工负责"是中国标准化工作管理的特色，各主管部门在标准化的管理上，既有相互独立的一面，又有相互协作、配合的另一面，在各自职责范围内，共同为全国标准化工作的完善和发展做出贡献。涉及太阳能应用领域的主要标准化管理部门有：全国太阳能标准化技术委员会、全国建筑节能标准化技术委员会和住房和城乡建设部建筑环境与节能标准化技术委员会。

（1）全国太阳能标准化技术委员会

全国太阳能标准化技术委员会（SAC/TC 402）成立于 2008 年，是第一家由中国国家标准化管理委员会审批的太阳能行业标委会，由国家标准化管理委员会进行业务指导，秘书处设在中国标准化研究院，目前为第三届。标委会委员为来自政府部门、行业协会、企业、科研机构、标准化机构、检测认证机构、大专院校等相关方面的专家。

（2）全国建筑节能标准化技术委员会

全国建筑节能标准化技术委员会（SAC/TC 452，英文名称为 National Technical Committee 452 on Building Energy Efficiency of Standardization Administration of China），成立于 2009 年，由住房和城乡建设部进行业务指导，秘书处设于中国建研院。标委会主要负责建筑节能产品、材料，建筑节能管理、评价及方法等领域国家标准的编制和修订工作。

（3）住房和城乡建设部建筑环境与节能标准化技术委员会

住房和城乡建设部建筑环境与节能标准化技术委员会成立于 2011 年，秘书处职责承担单位为中国建研院。标委会的主要任务是根据住房和城乡建设部批准的计划以及标准定额司的委托，组织管理建筑环境与节能领域标准的编制、修订、审查、宣贯、咨询工作。其工作范围是建筑环境与节能领域（建筑能源与节能、建筑声学、建筑光学、建筑热工学、室内空气质量、幕墙门窗（除产品行标外）、供暖通风、制冷空调、空气净化、新能源与可再生能源建筑应用、绿色建筑及相关建筑智能化等）工程设计、施工、检测、调试、验收、评估、运行管理的工程建设国家标准、行业标准及相关产品、设备与材料的行业标准的协调管理，并开展面向社会和国际间的标准化技术交流活动。

4.2　太阳能应用领域标准现状

（1）产品标准

目前我国关于太阳能热利用技术、产品的现行国家标准有 42 个，主要可分为家用太阳能热水系统标准、集热管和吸热体等部件标准、太阳能集热器标准及评价标准。

家用太阳能热水系统标准包括常规太阳能热水系统、带辅助能源的家用太阳能热水系统等标准，主要有国家标准《家用太阳热水系统热性能试验方法》GB/T 18708—2002、《家用太阳能热水系统技术条件》GB 19141—2011、《带辅助能源的家用太阳能热水系统热性能试验方法》GB/T 25967—2010、《带电辅助能源的家用太阳能热水系统技术条件》GB/T 25966—2010 等。

部件标准包括太阳能集热管、吸热体、储水箱、控制器等标准，主要有国家标准《太阳能　集热器部件与材料　第 1 部分：真空集热管　耐久性与性能》GB/T 41030.1—2021、《家用太阳能热水系统储水箱技术要求》GB/T 28746—2012、《家用太阳能热水系统控制器》GB/T 23888—2009 等。

太阳能集热器按类型可分为真空管型和平板型，其标准有国家标准《真空管型太阳能集热器》GB/T 17581—2021、《平板型太阳能集热器》GB/T 6424—2021。

评价标准主要有国家标准《家用太阳能热水系统能效限定值及能效等级》GB 26969—2011 和《绿色产品评价　太阳能热水系统》GB/T 35606—2017。

（2）工程建设标准

我国现行太阳能工程国家标准有 5 部，涵盖了太阳能热水、太阳能供热采暖及太阳能空调工程 3 大领域，以及为进一步评价太阳能工程应用效果而出台的 2 部评价标准，具体标准名称见表 1。

太阳能工程标准一览表　　　　　　　　　　　　　　　　　　　　　　　　　表 1

序号	标准名称	标准编号
1	民用建筑太阳能热水系统应用技术标准	GB 50364—2018
2	太阳能供热采暖工程技术标准	GB 50495—2019

续表

序号	标准名称	标准编号
3	民用建筑太阳能热水系统评价标准	GB/T 50604—2010
4	民用建筑太阳能空调工程技术规范	GB 50787—2012
5	可再生能源建筑应用工程评价标准	GB/T 50801—2013

5 中外标准对比及发展趋势

5.1 标准与管理体系对比

以太阳能技术领域标准化工作为例，我国的标准与管理体系与国际标准和发达国家标准存在以下异同。

（1）组织结构及标准管理

我国国家标准与 ISO 标准在组织机构上都是具体由各技术领域的标准化技术委员会归口管理。ISO 在各成员体内征集专家参与标准编制，每个环节均需通过技术委员会内部投票才能进入下一阶段。编制周期方面，ISO 标准原则上不超过 36 个月（原最长为 48 个月，现缩短为 36 个月）。标准编制结束后有复审制度。

我国面向全社会征集专家参与标准编制，除立项和最终审查需要技术委员会投票外，征求意见和送审不需要技术委员会投票。编制周期一般为 24～36 个月。标准编制结束后有复审制度。

（2）标准评价体系

由于太阳能应用技术在建筑节能和建设绿色、生态建筑中发挥着重要作用，国内外的相关标准都会纳入涉及太阳能技术应用的各类规定和要求，但针对不同的应用方式，各国做法不尽相同。ISO 标准一般只规定产品或系统的试验方法，并不约束指标，试验结束后客观记录试验结果，产品或系统的质量评价多通过认证环节来实现，在美国、欧洲、日本、澳大利亚等一些发达国家和地区也是如此，例如对于太阳能热利用系统的具体性能指标要求，这些国家大多是在绿色或生态建筑的标识与认证制度中提出，而我国则是在相关太阳能应用产品的国家标准中给出指标规定要求。

以建筑能效标识为例，目前，全世界约有 37 个国家实施了"能效标识"，34 个国家使用能效标准。欧盟各国（丹麦、荷兰、法国等）的建筑能效标识基本上为等级标识，主要考虑能源和环境两个方面，根据能耗值和二氧化碳排量进行计算或者打分，大多分为 A～G 的 7 个等级。美国的"能源之星"为保证标识，只要建筑的能源效率经第三方中介机构评估在同类建筑中处于领先的 25％范围内，室内环境质量达标，或建筑经查验遵循一定的质量管理程序而建造，即可被授予能源之星建筑标识。

（3）标准评价指标

从目前情况来看，一些发达国家对太阳能产品、系统等规定的评价、认证指标会高于中国目前的指标参数。以太阳能热水系统为例，包含系统性能相关规定的绿色或生态标识与认证制度主要有：德国蓝色天使标志和日本的生态标志。

1）德国蓝色天使标志（Blue Angel）

联邦德国是第一个发起环境标志计划的国家，早在 1971 年，德国就提出了对消费者使用的产品实行环境标志的构想。蓝色天使标志 1977 年由联邦内政部发起创立，1978 年环保标志评审委员会批准授予了首批 6 个标志。蓝色天使认证体系已经制定出 80 个正在使用的产品组标准文件，有

950 个厂商获得蓝色天使认证。目前获得认证的产品和服务已经超过 1 万个。

德国蓝色天使认证体系并未直接规定太阳能热水系统的评价指标，而是将其分成了太阳能集热器和储热水箱两个部分，其中 RAL-UZ 73 对太阳能集热器的指标进行了详细规定，RAL-UZ 124 对储热水箱的指标进行了详细规定。

2）日本生态标志（Japan Eco Mark）

日本生态标志的设计是 1988 年由日本环境协会（JEA）生态标志局倡议，通过公开征集而入选的。标记的上半部有一行短语——"与地球亲密无间"，下半部表示的是产品的环境保护绩效。日本的生态标准较为完备，且定期进行复审和更新。目前，生态标志主要授予 63 类产品，其中太阳能热水系统可依据 154 号评价指标申请。

中国的太阳能集热器产量，以及太阳能热利用系统的市场应用量均位居全球第一，是太阳能热利用的大国，但还不是技术强国。反映在对产品、系统的质量和性能指标参数的规定方面，将中国现有的国家标准中的参数要求，与上述德国、日本的认证指标进行对比可以看出，为照顾全产业链的整体水平和能力，中国的国家标准中仅针对产品质量提出了普遍性的规范化要求，规定的各项指标均为最低要求，而缺少全寿命期内对产品生产的资源、能源、环境和品质的高标准要求。

5.2　标准发展趋势

全球气候变暖趋势已严重影响了人类的生存环境，中国在 2030 年碳达峰和 2060 年碳中和的庄严承诺，为太阳能技术的应用发展开辟了广阔空间，而与太阳能技术发展有密切关系的标准化工作也必须适应这一发展形势。

（1）适应技术进步的发展需求

太阳能热利用系统正逐步从小型生活热水系统向建筑供暖空调、区域供热、工业过程用热等多元化大规模形式发展。世界范围内区域供热和工业应用的兆瓦级太阳能热利用系统持续增加，截至 2021 年，我国累计有 41 个大规模太阳能区域供热系统，集热面积超过 39 万 m^2，累计装机容量居世界第二。

随着清洁供暖政策的进一步实施，利用太阳能、空气能等可再生能源，以电、燃气等常规能源作为补充，为建筑提供生活热水和供暖用热的多能源互补供热系统得到更加快速的发展。多能源互补供热系统在保证用户用热需求的基础上，优先采用可再生能源，以常规能源作为补充，突破采用单一热源的局限性，降低污染物排放，提高系统能源利用效率，减少了用户用热费用。为解决我国北方地区清洁取暖，西部偏远地区供暖等分散供暖需求，提供了重要的技术路径。

新技术和新产品的开发和应用，无疑为太阳能热利用相关新标准的制定和实施提供了良好的基础。过去 ISO 国际标准和一些欧美国家涉及太阳能热利用领域的标准，大部分是针对家用太阳能热水系统、太阳能集热器和部件等已经成熟应用多年的技术和产品，涉及区域供暖等应用的大、中型和多能互补系统的标准，则几乎是空白，但目前相关工作如 *Solar heating—Solar combi-systems—Test methods for factory made system performance* 的编制已经在开展。2022 年 5 月，中国丹麦联合主编的 ISO 国际标准 *Solar energy—Collector fields—Check of performance* 正式发布实施，该标准对大型太阳能集热场性能测试方法进行了规定。

（2）适应新形势的中国标准化管理体系改革

由于中国市场化改革和政府职能转变的持续深化，以及中国标准化工作与国际惯例的进一步接轨，中国的标准化管理体系也必须要适应这种新形势的发展需求。今后由学会、协会等社会团体协调相关市场主体共同制定的团体标准将会有更好的发展，会在各自所在的产业和技术领域起到更加重要的作用。目前发达国家的团体标准已经在业界拥有了很高的地位，例如在暖通空调领域中美国的 ASHARE 标准，相信通过太阳能行业自身的不断努力，中国太阳能应用领域的团体标准也可以达到更高的水平，为促进技术进步、提高产品质量、规范市场做出更大的贡献。

（3）适应中国产业转型的标准性能指标提升

我国是世界上最大的太阳能应用技术生产国和安装国，提高国内相关标准的性能指标要求，不仅可以使本国产品出口免受国外绿色贸易壁垒限制，也有利于促进太阳能产业转型升级，淘汰落后产能，引领绿色消费，推进供给侧改革。

以针对太阳能集热器设计使用寿命的指标为例，过去国家标准规定的指标是"应高于 10 年"，但在 2021 年发布的全文强制国家标准《建筑节能与可再生能源利用通用规范》GB 55015—2021 中，该项指标被提高，规定为"应高于 15 年"。这是因为发达国家的太阳能集热器产品，普遍可以达到 20 年左右的使用寿命，中国要想实现成为太阳能生产应用技术强国的目标，就必须提高国产产品的性能质量，而标准的要求就能起到最好的促进作用。

作者：郑瑞澄；何涛；张昕宇；李博佳；王敏；王博渊；边萌萌（中国建筑科学研究院有限公司）

ISO 国际标准《光与照明　建筑照明系统调适》

ISO standard Light and lighting — Commissioning
of lighting systems in buildings

1　标准概况

国际照明委员会（CIE）为适应照明领域激烈的国际竞争形势，拓展国际战略标准，积极与国际标准化组织（ISO）合作，于 2012 年 11 月成立了光与照明技术委员会（ISO/TC 274 Light and Lighting，以下简称 TC 274）。其工作范围包括：在照明技术领域，对 CIE 工作项目补充的特定案例的标准化，并且协调 CIE 草案，依照 19/1984 和 10/1989 理事会决议，涉及视觉、光度和色度学，光谱范围涵盖紫外、可见和红外的自然光和人工光，技术领域覆盖所有光应用、室内外照明、能效，包括环境、非可视化生物和健康影响。TC 274 秘书处设置在德国标准化协会（DIN），主席为来自荷兰皇家飞利浦的 Peter Thorns 先生。该技术委员会的成立对于 CIE 技术标准在国际社会的推广和应用具有重要作用和意义。目前该技术委员会下设一个主席顾问工作组（CAG）、一个联合顾问组（JAG）和四个工作组（图 1）。

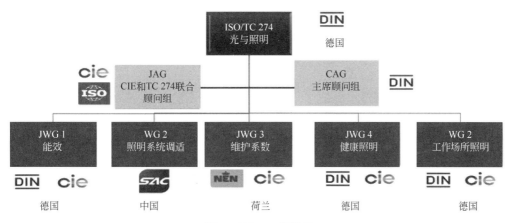

图 1　TC 274 框架图

TC 274 在其《工作业务规划》中明确将智能照明、照明能效、LED 照明、数字照明、健康照明、老年人照明六个领域作为其未来优先发展的重点领域。

伴随着信息技术、传感技术、网络技术、云计算和大数据等的快速发展及 LED 照明技术的广泛应用，照明控制逐步从人工控制向自动控制发展，继而最终向智能控制转化。在智能照明系统走向系统复杂化、连接网络化、控制软件化和功能定制化的过程中，设计、安装以及运行维护复杂度和难度显著增加，而这种复杂性给智能照明系统的设计效果实现和稳定运行带来了巨大挑战。因此，建立照明系统的调适方法标准很有必要。

标准编制过程中，借鉴楼宇自控及暖通空调领域的成熟经验，首次将调适理念与智能照明应用进行有机结合，从而确保照明系统各项性能符合设计预期，为照明产业的健康、可持续发展提供技术保障。在以中国建研院王书晓研究员为召集人的 WG 2 工作组专家的共同努力下，《光与照

明 建筑照明系统调适》于 2020 年 10 月正式发布，编号为 ISO/TS 21274：2020。

该标准为首个由中国提案制定的 TC 274 技术规范。标准针对智能照明系统发展中面临的挑战，首次在照明中引入调适理念，提出了照明系统调适的基本要求，其中包括了照明系统调适中过程、方法以及说明文件的规范要求。

2 标准编制过程

2015 年 4 月，中国建研院王书晓研究员作为 TC 274 派驻 ISO/TC 205 的联络人，在联络人工作报告中强调智能照明系统中将会大量使用传感器、控制器，从而使照明系统变得更加复杂，这就要求尽快制定智能照明系统调适方法标准，从而确保智能照明系统的健康发展。该观点得到与会专家认可，为后续标准工作的开展提供了重要的技术依据和准备。

2015 年 11 月，中方正式向 TC 274 提交关于制定照明系统调适标准的提案。智能照明技术自 2014 年左右在市场上提出，其产品技术仍然处在前期发展阶段，尚未成熟，不同国家对于智能照明发展仍存在不同理解。本标准作为 ISO 在智能照明领域的首部标准，受到了广泛关注，也因此使得立项难度大大增加。第一轮投票结果为 8 票赞成，7 票反对，6 票弃权，在这种情况下，该项目被注册为预备工作项目，并通过投票同意由中国建研院王书晓研究员担任工作组召集人，建立 TC 274 第二工作组（WG 2），开展该标准项目的研究工作。

2019 年 3 月，经过中国建研院研究人员和 WG 2 工作组专家的共同努力，该标准提案经过投票获批成为正式工作项目，标准名称确定为 *Light and lighting—Commissioning of lighting systems in buildings*。

标准制定历时 5 年，召开 5 次成员大会、12 次工作组会议，经过多阶段技术委员会投票。制定期间编制人员克服重重阻力，最终由分歧转向统一，标准获得各国全体同行认可，以 17 票赞同无一反对通过 DTS 投票，并于 2020 年 10 月正式发布实施。

3 标准技术内容

智能照明技术是照明应用领域内的一次重大变革，其在推广应用方面仍然存在接口标准、设计方法、系统可靠性及评价与调适等诸多问题亟待解决。在标准编制过程中，针对智能照明应用中面临的重要挑战，紧密围绕标准编制需要，分析各国实践和文化差异，以寻求各国最大公约数为目标，重点开展建筑照明系统调适方法研究工作。

3.1 标准定位与范围

在该标准立项首次投票时，多个欧洲国家明确反对增加技术内容，以免对未来的技术发展造成阻碍。通过前期广泛调研、与各国专家的沟通协商明确该标准将对照明系统的调适方法做出明确规定，但对于照明系统及其器件的技术要求将不做规定，可在调适技术方案中进行确认。

该标准规定了建筑物照明系统的调适要求，以满足设计目标。技术内容包括照明系统调适的术语和定义、调适方法及选择、相关方及其职责、调适过程、文件要求、调适完成以及照明系统调适表格示例等。主要适用于非住宅建筑和住宅建筑的公共区域，不适用于应急照明及相关电力系统调适。

3.2　照明系统分类及调适需求

伴随着信息技术、智能控制技术与照明系统的融合应用，照明系统逐步走向复杂化、定制化、硬件功能软件化，如何针对不同系统特征确定调适策略也是标准制定中的一项重要技术难题。在本标准编制过程中，经过广泛调研与协商，根据控制系统的特征将照明系统划分为四类（表1），这是在国际上同类标准中首次进行照明系统划分，在此基础上根据照明系统特性确定照明系统调适的实施原则，为照明系统的标准化工作提供了重要依据。

照明系统的控制分类　　　　　　　　　　　　　　　　　　　　　　表 1

控制分类			系统特性
手动控制			仅取决于人的行为
自动控制	非计算机编程的自动控制		通过硬件控制,难以现场调整控制参数
	智能照明	非自学习型智能照明	可编程,手动调整控制参数
		自学习智慧照明	可以自学习调整控制参数

3.3　调适方法

根据此前对各国建筑调适实践的调研，当前随着各国政府和公众对于建筑能效和建筑环境品质要求的不断提升，建筑调适已经被广泛接受。然而，由于各国国情不同，建筑调适的具体实施存在着差异，更多国家将调适作为建筑系统完成后的优化、配置过程。根据此前建筑调适实践经验，部分建筑系统由于设计过程中的缺陷导致系统无法进行调适，或者系统性能存在重大缺陷而无法通过后期优化进行弥补。因此，美国 ASHRAE 201 等技术文件明确规定调适应始于初步设计阶段，并贯穿项目设计和使用阶段，应通过调适团队与设计团队的协作更好地保障建筑系统调适的可实施性和效果。

鉴于欧洲地区的调适实践，为了保证标准能够被广泛接受和认可，标准技术内容重点强调施工过程中的检查和器件测试，以及安装完毕后的系统优化等工作。与此同时，在标准中明确"由于设计方案对于项目实施具有十分重要的作用，也对其系统调适的可实施性具有重要影响，因此，设计团队需与调适团队进行协调，从而确保照明系统的可调适性"。这一折中方案得到了欧洲国家的认可和支持。在此基础上，标准确定了照明系统调适的相关要求。

（1）明确调适相关各方及其工作职责是确保照明系统调适顺利开展的重要前提和基础。在照明系统调适过程中，主要相关各方包括了建筑业主、设计团队、相关设备的制造商和供应商及调适团队。

（2）明确调适的工作程序，对预调适阶段、安装阶段、现场调适阶段及运营的主要工作做出了明确界定（图2）。

（3）明确调适过程中需要提交的成果和文件，包括调适计划、调适技术要求、调适见证和校准报告、事件日志、培训计划和调适报告。

3.4　创新点

（1）本标准是国际标准化组织（ISO）在智能照明应用领域的首部标准。

国际标准化组织 TC 274 将智能照明作为其未来优先发展的重点领域，因此建立智能照明应用标准体系也是国际上的重要研究方向，本标准是该标准体系的重要组成部分，也是开篇之作，使得我国在智能照明应用领域国际标准化占有一席之地。

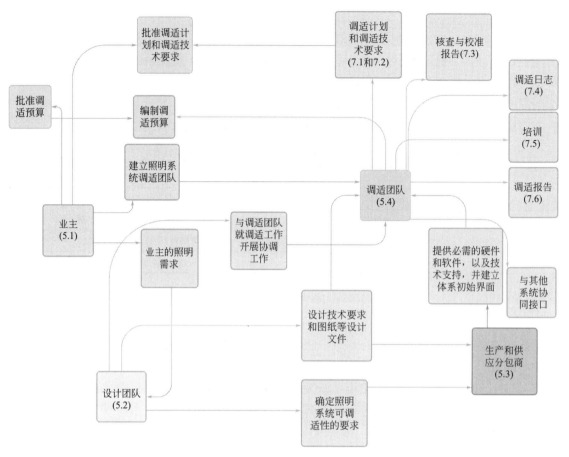

图 2　调适过程中的利益相关方及其职责关系图

（2）本标准针对智能照明应用新特点、新趋势，首次将调适理念引入照明应用，从而为规范、引导照明应用提供了有力技术支撑。

未来照明系统中将会大量使用传感器、控制器，系统节点更多，再加上各节点之间的互联互通，使得照明系统变得更加复杂。因此，将调适理念引入照明应用，是十分有必要的。本标准在研究过程中明确了调适相关各方及其工作职责、调适工作程序以及调适各阶段的主要工作内容和需要提交的成果文件，使得标准实用性更强，更加便于在未来照明系统调适工作中的落实。本标准的制定为智能照明系统应用的健康发展提供了必要条件。

（3）本标准是我国主导的照明应用领域的首部国际标准，对于实践我国标准国际化战略具有重要意义。

习近平总书记指出："中国将积极实施标准化战略，以标准助力创新发展、协调发展、绿色发展、开放发展、共享发展。我们愿同世界各国一道，深化标准合作，加强交流互鉴，共同完善国际标准体系。"住房和城乡建设部《深化工程建设标准化工作改革意见》也明确要求推进标准国际化，要推动中国标准"走出去"，鼓励有关单位积极参加国际标准化活动，加强与国际有关标准化组织交流合作，参与国际标准化战略、政策和规则制定，承担国际标准和区域标准制定，推动我国优势、特色技术标准成为国际标准。本标准是我国主导的照明应用领域的首部国际标准，为后续开展该领域国际标准化工作提供了便利条件，具有重要意义。

4　结语

当前随着各国政府和公众对于建筑能效和建筑环境品质要求的不断提升，系统调适已经被广泛接受。本标准的制定对于建筑照明系统调适实践具有重要的指导作用。目前该标准已由各国照明专家开展相应的成果验证工作。随着建筑智能化水平和环境需求的不断提高，将会有越来越多的建筑在新建和升级改造过程中需要进行相应的系统调适工作，本标准的编制将为该项工作的实施提供重要的技术支撑。

本标准针对智能照明系统发展中面临的挑战首次在照明中引入调适理念，是 ISO 在智能照明领域的首部国际标准，也是我国在照明应用领域制定的首部国际标准，实现了我国在照明应用领域主导国际标准编制工作"零"的突破，经专家评定达到国际领先水平。

通过该标准制定，我国照明领域标准化人员进一步熟悉了国际标准制定规则和流程，并与照明领域国际专家建立了联系，为后续在照明领域继续开展国际标准化活动提供了极大便利。接下来，我国可以将该标准制定作为起点，以 ISO/TC 274/WG 2 为平台，主导或参与更多国际标准化活动，在照明领域国际标准化工作中发出中国声音，提出中国主张，从而进一步提升我国国际影响力。

作者：王书晓；高雅春（建科环能科技有限公司）

ISO 国际研讨会协议标准《应急医疗设施建设导则》

ISO/IWA standard Requirements and recommendations for the construction of emergency medical facilities

1 标准概况

2021 年 12 月 20 日，国际标准化组织（ISO）官方网站正式发布了中国中元国际工程有限公司（以下简称中国中元）牵头提出并主编的国际研讨会协议标准 IWA 38：2021《应急医疗设施建设导则》（以下简称《导则》）（图 1）。《导则》用于指导发生各类突发公共卫生事件，出现大量伤员及患者时快速建造应急医疗设施。

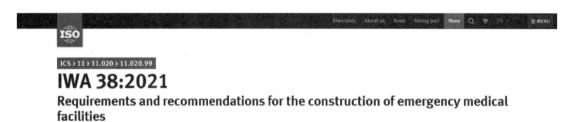

图 1 国际标准化组织（ISO）官方网站发布标准信息

在中国，2003 年非典型性肺炎流行，北京小汤山医院（612 个床位）七天七夜建成，2020 年采用相同设计理念和布局原则用十余天建设的武汉火神山医院（1000 个床位）、雷神山医院（1600 个床位）在抗击新冠疫情中发挥了重要作用。

为了坚决打赢疫情防控阻击战，促进全国应急医院高质量建设，中国中元认真贯彻党中央、国务院的要求，急国家之所急，紧急组织 20 余名专家，由曾带队主持设计 2003 年抗击非典疫情的小汤山医院，参与火神山、雷神山医院技术支持工作的全国工程勘察设计大师、公司首席顾问总建筑师黄锡璆亲自挂帅，在多年技术积累和工程实践的基础上，夜以继日完成了《新型冠状病毒感染的肺炎传染病应急医疗设施设计标准》编制工作，以满足各地传染病收治应急医疗设施建设需求，并报中国工程建设标准化协会批准发布，编号为 T/CECS 661—2020，该标准自 2020 年2 月 6 日起实施。该标准按照"控制传染源、切断传染链、隔离易感人群"的防疫基本原则，对选址和规划布局、建筑和机电系统设置提出了相应的要求，有效指导了各地科学合理地设置应急传染病医疗设施，对于打赢疫情防控攻坚战发挥了积极的、重要的作用。

为有效应对全球蔓延的新冠疫情，推广中国抗疫的成功经验，帮助各国快速建设能有效收治患者的应急医疗设施，以中国团体标准《新型冠状病毒感染的肺炎传染病应急医疗设施设计标准》T/CECS 661—2020 为基础，中国中元联合中国国家标准化管理委员会（SAC）向 ISO 申报《导则》并获准立项，由 ISO 中央秘书处召集各成员单位以及各相关方，共同召开国际研讨会。

《导则》总结了包括 2003 年北京小汤山应急医院、2020 年武汉火神山医院和雷神山医院在内的中国应急医疗设施建设的成功经验，并研究自然灾害、工业事故、传染病流行等不同类型突发事件救治工作中出现的新问题，在向世界分享中国成功经验的同时，通过与各国参会专家的研讨交流，广泛吸纳了世界各地的先进方法和理念。《导则》共分 11 章，包括范围、规范性引用文件、术语和定义、缩写术语、基本原则、选址和规划布局、建筑和结构系统、给水排水系统、暖通和空调系统、电气和智能化系统、医用气体系统等，见表 1。

《导则》章节内容

表 1

章节序号	中文	英文
1	范围	Scope
2	规范性引用文件	Normative references
3	术语和定义	Terms and definitions
4	缩写术语	Abbreviated terms
5	基本原则	Basic principles
6	选址和规划布局	Site selection and planning
7	建筑和结构系统	Architecture and structure system
8	给水排水系统	Water supply and drainage system
9	暖通和空调系统	Heating, ventilation and air conditioning system
10	电气和智能化系统	Electrical and intelligent system
11	医用气体系统	Medical gas system

2 标准编制过程

2020 年 5 月，在国家卫生健康委员会、住房和城乡建设部的大力支持下，中国中元联合中国国家标准化管理委员会（SAC）向 ISO 中央秘书处申请了国际研讨会协议《导则》项目提案。

2020 年 7 月，经 ISO 中央秘书处批准，《导则》成功立项，编号为 IWA 38。按照 IWA 的程序和规则，由医疗工程设计研究总院和国际工程设计研究院牵头，中国中元在项目团队领导人、公司顾问首席总建筑师黄锡璆博士和总经理张同亿的带领下，组织各部门专家共同编写了《导则》。2021 年 1 月至 4 月期间，由 IWA 38 国际研讨会主席、中国中元总经理张同亿主持召开了三次国际研讨会。

来自 ISO 中央秘书处和德国、日本、加拿大、马来西亚、卢旺达、荷兰等国家的行业专家和政府卫生/标准化部门成员通过网络视频形式参加了会议，如图 2 所示，与会的国际机构与专家见表 2。

图 2　IWA 38 国际研讨会会议情况（一）

图 2　IWA 38 国际研讨会会议情况（二）

IWA 38 国际研讨会国际机构与专家　　　　　　　　　　　　　　　　　　　表 2

序号	国别	国际机构	专家姓名
1	加拿大	ISO/TC 212 临床实验室检测和体外诊断试验系统	Woodcock, Sheila
2	德国	卫生福利事务署保险与预防部	Asseln, Malte
3	德国	德国标准化学会	Zimmer, Maja
4	德国	德国标准化学会空气净化专委会	Zimmer, Tobias
5	日本	东京工业大学	Kagi, Naoki
6	马来西亚	马来西亚标准部	Frederick, Feris, Hamdan, Nur Hadaina
7	马来西亚	马来西亚卫生部工程服务司	Ahmad Zaidi, Tauran Zaidi, Ahmad, Azila, Kamaluddin, Khairul Azmy, Mohd Muslim, Sulaiman, Sa'at, Mohd Hisam, Siajam, Fadli Hisyam
8	荷兰	Dirty Boots 公司	Pieterse, Gert Jan
9	荷兰	Hospitainer B. V 公司	Derks, Maks
10	卢旺达	卢旺达标准协会	Mporanzi, Samuel

中国中元和各国专家进行了充分的交流和讨论，详细介绍和推广了中国的成功经验，并广泛吸纳了国际先进方法和理念，共同为《导则》的合作编制努力工作。在后续的 6 个月里，各方进行多轮沟通和意见交换，中国中元充分吸收了各国专家的意见和建议，对《导则》进行了多次修改完善，与会各方达成共识，并上报 ISO 秘书处，于 2021 年 12 月 20 日正式发布。

3　标准技术内容

3.1　IWA "国际研讨会协议"

IWA "国际研讨会协议" 是在 ISO 传统 TC（技术委员会）体系之外，在各利益相关方直接参与下开发的一种文件，以使各方都能在"开放研讨会"的氛围下展开协商并达成一致，形成技术文件，供世界各国参考和使用。

《导则》申请立项前期，中国中元和 ISO 各个 TC 联络咨询，确认是否可在合适的 TC 申请立项。但因《导则》涉及应急医疗设施的各个专业，而现有的各个 TC 都相对专业化，无法覆盖其他专业，难以开展《导则》的立项和编制工作。后经报 ISO 中央秘书处，并经各个 TC 投标决定，《导则》成功立项。

较传统 TC 制定标准模式，IWA "国际研讨会协议"更加开放、更加灵活，周期也从传统标准的 2～3 年，缩短至半年到一年，非常适合涉及多专业的工程建设类标准的制定和推广，也为今后中国标准国际化工作，提供了一个更加灵活便捷的模式。

3.2　标准技术内容

《导则》共分 11 章，涵盖总图、建筑、结构、给水排水、暖通和空调、电气和智能化、医用气体等各个专业，主要的创新点如下。

（1）明确应急医疗设施建设的总体要求

《导则》提出应根据突发事件的类型、特点、具体救治方案、实际使用需求，确定应急医疗设施建设内容和规模、科学合理布局、高效组织各类流线；应急医疗设施应结合当地资源、医疗实际需求等具体情况，因地制宜，就地取材，考虑与现有医疗资源的共享、协同合作以及高效运转。

（2）突出"应急性"原则

应急医疗设施应强化快速筛查分流与处置场地设置，并保证 CT 等影像检查通道、手术治疗等通道的顺畅与高效。如针对呼吸道传染病应急救治，应设置必要的负压病房、负压 ICU、负压手术室等。应急医疗设施的结构和机电系统应采用可靠的技术方案和相应的技术措施，优先采用模数化、标准化的装配式结构构件以及集成式组件、柜箱式成品设备。

（3）提出新的卫生安全等级划分体系

从原来仅一个病区或一栋建筑的体系划分卫生安全等级，到从应急医疗设施和基地整体来划分卫生安全等级，以有效防止应急医疗设施内部的交叉感染和传播。清洁区为医务人员的宿舍、换岗休息区等，半污染区是医务人员的工作区，污染区是医护人员对患者或伤员开展诊疗服务的区域，这样更加符合传染病等突发公共卫生事件对切断传染链的要求，能有效防范院内感染，提高应急医疗设施的运转效率。

（4）系统性地提出防止内部交叉感染的措施

《导则》规定了建筑设计的人流、物流流程，有效防止流线交叉引起的感染；明确了医务人员从清洁区到半污染区、从半污染区到污染区的通过空间的重要防护措施的设计；提出防止维修风险的理念，强调设备、设施的选型和运行应减少维修，从而减少后勤维修人员的交叉感染风险。

（5）针对新冠肺炎等呼吸道类传染病的医疗应急设施的建设，明确各专业的相应要求

《导则》提出负压病房的空气流动技术参数等要求，有效控制气流的流向；根据小汤山、火神山等应急医疗设施的建设经验，规定了应急医疗设施污水处理的具体原则和消毒处理工艺，明确了设计参数；规定了氧气供应系统的设计技术原则，确保患者得到及时有效治疗。

（6）指标与国际标准对接

应急医疗设施暖通空调、电气等机电系统要求充分考虑世界各国、各地区的不同情况，采用与国际标准化组织（ISO）、国际电工委员会（IEC）等国际标准组织的标准对应的指标体系和表述方式，提高标准的适用性。

（7）倡导"智慧"的应急医疗设施

应急医疗设施应利用信息化、智能化手段，实现信息的及时收集与分析，提供开展远程会诊诊断、远程治疗的条件，提升应急医疗设施的智能化运行管理水平，推进突发事件应对的信息与数据共享、业务协同，与智慧救治体系相配套。

4 结语

长期以来，中国中元在中国医院建筑设计和建设工作方面，特别是传染病医院建筑设计和建设工作中发挥着领军作用。曾先后主编、参编了国家标准《传染病医院建设标准》建标 173—2016、《传染病医院建筑设计规范》GB 50849—2014、《传染病医院建筑施工及验收规范》GB 50686—2011、《综合医院建筑设计规范》GB 51039—2014 等系列医疗建筑标准。

截至 2022 年 3 月底，全国已经建成或正在建设的方舱医院有 33 家，分布在全国 12 个省的 19 个地市。其中，建成 20 家，在建 13 家，床位总计 3.5 万张。2022 年 4 月上海疫情又紧急建成方舱医院 100 多个，床位 16 万多个。中国中元紧急编制的团体标准《新型冠状病毒感染的肺炎传染病应急医疗设施设计标准》T/CECS 661—2020 在抗疫医院建设中发挥了巨大作用。中国紧急医院的建设，以及中国疫苗的研发、生产和上市，一次次用中国速度向世界证明中国的实力。

中国正确的防疫政策、坚决的防疫决心、科学的防疫措施、优秀的防疫成果，获得世界卫生组织以及世界各国的一致认可和好评，为全球做出了榜样，为全球的防疫工作指明了方向。

在此新冠疫情持续蔓延、亟待国际合作共同抗击疫情之际，《导则》作为 ISO 应对新冠疫情的系列标准之一先行发布，为世界各国安全、快速建设应急医疗设施提供了有力的技术支持，也充分体现了国际标准对中国标准的充分认可，体现了中国建筑行业为实现国际社会最大利益做出的努力。

《导则》发布之后，中国中元将吸取《导则》编制过程中获得的宝贵国际交流经验，作为中国医疗建筑设计行业的领军企业，以及中国标准国际化的研究骨干，将继续发挥技术优势，为推动中国标准"走出去"做出贡献。

作者：马杰；梁建岚（中国中元国际工程有限公司）

上海工程建设标准国际化概况

Overview of Shanghai in Internationalization of Engineering Construction Standards

1　概况

2018 年年初，住房和城乡建设部将上海市作为工程建设标准国际化试点城市，鼓励上海利用自由贸易试验区的独特优势，先试先行。自 2018 年以来，上海工程建设标准国际化工作稳步推进，在标准创新、平台建设、人才培养、合作交流等方面启动了一系列工作，取得了重要的阶段性成果。2019 年 10 月，上海工程建设标准国际化促进中心（以下简称促进中心）揭牌成立；2020 年 12 月，上海市住房和城乡建设管理委员会印发了《上海市推进工程建设标准国际化工作方案》及《上海市推进工程建设标准国际化三年行动计划（2020—2022）》；2021 年 11 月，上海市住房和城乡建设管理委员会、上海市市场监督管理局联合主办首届工程建设标准国际化论坛，再次将上海工程建设标准国际化工作向前推进了一大步，充分体现了上海作为我国对外开放前沿阵地的担当作为。

2　基本思路

2020 年，上海市住房和城乡建设管理委员会发布了《上海市推进工程建设标准国际化工作方案》及《上海市推进工程建设标准国际化三年行动计划（2020—2022）》，对上海工程建设标准国际化工作进行了总体部署，明确提出了近期、中期和远期的工作目标，其中，近期目标是建立内容合理、水平先进、与国际兼容、水平不断提高的工程建设标准体系；中期目标是基本形成政府推动、市场主导、多方参与、协同推进的标准国际化工作新格局；远期目标是把上海打造成具有国内引领、国际知名的工程建设标准化新高地。在明确阶段性目标前提下，循序渐进推进标准国际化工作，不断探索工程建设标准国际化新路径。

3　标准国际化实践

上海在推进工程建设标准化工作上已经迈出了坚实的步伐。聚焦优势领域开展外文版工程建设标准的研究编制，推进中国工程建设标准在海外项目的实践应用，开展工程建设标准国际化人才培育，搭建具有一定影响力的交流合作平台等，积极开展工程建设标准国际化探索与实践。

3.1　外文版标准创新

自 2019 年以来，在上海市住房和城乡建设管理委员会的指导下，上海坚持优势领域先试先行，聚焦轨道交通、隧道工程、桥梁、超高层建筑、自动化港口等优势领域，加快推进核心技术向标准成果转化。目前，促进中心成员单位正在研究编制"超高层建筑""轨道交通""智慧码头"等一系列外文版标准，包括华东建筑集团股份有限公司承担的《超高层建筑设计通用标准》，中国建筑第八工程局有限公司承担的《高速铁路节段箱梁施工技术标准》，上海申通地铁股份有限公司承担的《城市轨道交通智慧车站技术标准》，中交第三航务工程勘察设计院有限公司承担的《自动化码头设计标准》，上海振华重工（集团）股份有限公司承担的《自动化集装箱码头生产网络安全要求》等，逐步形成标准创新成果，并在海外承包工程中推广应用，以标准"走出去"带动优势产业走出国门，不断增强"上海工程建设标准"的国际话语权和影响力。

3.2 专项实践研究

相关研究以上海市建筑行业领军企业为调研对象，开展了"上海工程建设标准国际化海外实践案例研究"，征集了工程建设领域采用中国标准建成、在国际上具有一定影响力的国（境）外工程，经专家评审选取了 20 个海外工程案例（图 1），涵盖了房屋建筑工程、交通运输工程、市政水务与工业建筑工程等重点领域。通过此项研究梳理了我国及上海市对外承包工程业务发展的历程和趋势，总结了我国工程建设标准在海外工程项目中的应用情况，分析了我国工程建设标准在海外推广应用过程中面临的困难、挑战和机遇，提出了中国标准在海外应用的建议，对推进中国工程建设标准国际化具有借鉴指导意义。

(a) 埃及新首都行政区项目(一期)　　(b) 援柬埔寨国家体育场

(c) 援突尼斯外交培训学院　(d) 乌兰巴托新建中央污水处理厂　(e) 安哥拉本格拉铁路修复改造工程

图 1　调研采用中国标准建成的海外工程案例（部分）

研究表明，在对外承包工程中采用中国标准，能够有效节省建设成本、提高建设效率、降低工程风险，有效促进项目所在国和中国经济发展。很多采用中国标准建设、运营的对外承包工程项目都成为当地的标志性工程，得到项目所在国甚至国际社会的高度赞誉，产生了非常好的政治及社会效应。

此外，通过开展"上海市高等院校开设工程建设标准化课程可行性研究"，在上海市高校开设"工程建设标准化"课程，推动"专业＋标准化＋外语"复合人才的培养，提升青年人才的"标准化意识"和"国际化视野"，促进工程建设标准国际化人才培育。

3.3 专题论坛交流

2021 年 11 月，由上海市住房和城乡建设管理委员会、上海市市场监督管理局联合主办，促进中心承办的 2021 年首届工程建设标准国际化论坛在上海国际会议中心举行（图 2）。住房和城乡建设部标准定额司副司长王玮（图 3）、上海市住房和城乡建设管理委员会副主任裴晓、上海市市场监督管理局副局长朱明出席论坛并致辞，中建八局党委书记、董事长、促进中心理事长李永明对上海工程建设标准国际化工作作了全面介绍。本次论坛以"标准成就美好城市"为主题，邀请长三角地区标准化主管部门、上海市企事业单位、学（协）会、高校和科研院所共同参与，展示了上海工程建设标准国际化的阶段性成果，并以开放、创新、合作、共赢的原则，打造了凝聚共识、分享经验、服务发展的交流合作平台。

图2　论坛现场

图3　住房和城乡建设部标准定额司副司长王玮致辞

论坛邀请了英国标准协会大中华区董事总经理张翼翔以及美国国家标准学会中国首席代表许方分别进行题为"标准引领具有韧性的智慧城市建设"和"工程建设标准国际化发展建议"的主旨演讲。此外，圆桌讨论邀请华东建筑集团股份有限公司副总裁周静瑜、促进中心主任兼秘书长邓明胜、上海建筑科学研究院（集团）有限公司资深总工程师徐强三位嘉宾，就中国工程建设标准在工程设计、施工、检测认证中的应用以及与国际标准的双向交流等问题进行探讨和交流（图4）。

图4　论坛圆桌讨论

4　结语

"一带一路"倡议为我国对外承包工程企业带来了难得的历史机遇和发展契机，也对工程建设标准国际化工作提出了更高的要求。上海市将紧紧围绕国家"走出去"战略和"一带一路"倡议，进一步积极推进我国工程建设标准国际化发展进程。

我国应在国际标准框架下坚持共商、共建、共享的原则，进一步完善工程建设标准体系，加快构建标准互联互通的伙伴关系，促进政策、规则、标准有机衔接，推动信息互换、标准互认、能力建设互助，不断夯实标准体系兼容的坚实基础，服务贸易投资自由化和便利化，促进世界经济包容和联动式发展。同时，大力推动工程建设标准国际化交流协作。聚焦"一带一路"相关国家关注的发展趋势、影响深远的重要领域，加强与"一带一路"相关国家的标准化交流，推进共建"一带一路"国际规则和标准的软联通。

我国应通过不断推进工程建设标准国际化进程，促进产业、技术、装备在全球范围内的进一步互通，进一步鼓励工程建设产业、技术、装备，乃至项目、资金参与到相关国家的建设中，通过建设标准化成果应用示范项目，共享标准技术成果，进一步推动相关各国的建设发展水平，为服务"一带一路"建设做出更大贡献。

作者：姜琦[1,2]；亓立刚[1,2]；王平山[3]（1 中国建筑第八工程局有限公司；2 上海工程建设标准国际化促进中心；3 华东建筑集团股份有限公司）

附录 标准政策目录

1. 2015 年 3 月 11 日，国务院印发《深化标准化工作改革方案》（国发〔2015〕13 号）。

2. 2015 年 12 月 17 日，国务院办公厅印发《国家标准化体系建设发展规划（2016—2020年）》（国办发〔2015〕89 号）。

3. 2016 年 3 月 28 日，国家标准化管理委员会发布《国家技术标准创新基地管理办法（试行）》（国家标准委公告 2016 年第 2 号）。

4. 2016 年 5 月 23 日，住房和城乡建设部标准定额司印发《工程建设强制性标准实施情况随机抽查试点工作方案》（建标实函〔2016〕71 号）。

5. 2016 年 8 月 9 日，住房和城乡建设部印发《关于深化工程建设标准化工作改革的意见》（建标〔2016〕166 号）。

6. 2016 年 11 月 15 日，住房和城乡建设部办公厅印发《关于培育和发展工程建设团体标准的意见》（建办标〔2016〕57 号）。

7. 2017 年 1 月 12 日，住房和城乡建设部办公厅印发《工程建设标准涉及专利管理办法》（建办标〔2017〕3 号）。

8. 2017 年 4 月 10 日，国家标准化管理委员会印发《国家技术标准创新基地建设总体规划（2017—2020 年）》（国标委综合〔2017〕34 号）。

9. 2017 年 11 月 4 日，《中华人民共和国标准化法》（2017 年修订）。

10. 2017 年 11 月 6 日，国家标准化管理委员会、国家发展和改革委员会、商务部联合印发《外商投资企业参与我国标准化工作的指导意见》（国标委综合联〔2017〕119 号）。

11. 2019 年 1 月 9 日，国家标准化管理委员会、民政部联合印发《团体标准管理规定》（国标委联〔2019〕1 号）。

12. 2019 年 6 月 5 日，国家市场监督管理总局办公厅印发《团体标准、企业标准随机抽查工作指引的通知》（市监标创函〔2019〕1104 号）。

13. 2020 年 1 月 6 日，国家市场监督管理总局发布《强制性国家标准管理办法》（国家市场监督管理总局令第 25 号）。

14. 2020 年 1 月 16 日，国家市场监督管理总局印发《地方标准管理办法》（国家市场监督管理总局令第 26 号）。

15. 2020 年 4 月 10 日，国家标准化管理委员会印发《关于进一步加强行业标准管理的指导意见》（国标委发〔2020〕18 号）。

16. 2021 年 10 月 10 日，中共中央、国务院印发《国家标准化发展纲要》。

17. 2021 年 12 月 6 日，国家标准化管理委员会等十部门联合印发《"十四五"推动高质量发展的国家标准体系建设规划》（国标委联〔2021〕36 号）。

18. 2022 年 1 月 25 日，国家标准化管理委员会等十七部门联合发布《关于促进团体标准规范优质发展的意见》（国标委联〔2022〕6号）。

19．2022年7月6日，国家市场监督管理总局等十六部门联合印发《贯彻实施〈国家标准化发展纲要〉行动计划》（国市监标技发〔2022〕64号）。

20．2022年8月22日，国家标准化管理委员会发布《关于开展国家标准化创新发展试点率先实现"四个转变"的指导意见》（国标委发〔2022〕29号）。

参考文献

［1］王俊，尹波．建筑科学研究 2021［M］．北京：中国建筑工业出版社，2021．

［2］周硕文，杨振颢，刘呈双，等．建党百年历程中工程建设标准发展与趋势演化分析［J］．工程建设标准化，2021（8）：57-63．

［3］刘三江，刘辉．中国标准化体制改革思路及路径［J］．中国软科学，2015（7）：1-12．

［4］麦绿波．标准的起源和发展的形式（下）［J］．标准科学，2012（5）：6-11．

［5］王平．ISO 的起源及其三个发展阶段——墨菲和耶茨对 ISO 历史的考察［J］．中国标准化，2015（7）：61-67．

［6］王忠敏．中国标准化的历史地位及未来［J］．中国标准化，2003（12）：6-10．

［7］李爱仙．我国标准化工作的现状、成就及展望［J］．工程建设标准化，2019（12）：20-27．

［8］史富文．工程项目建设标准所含项目行业分类研究［J］．工程建设标准化，2021（4）：70-74，81．

［9］徐有邻．混凝土结构理论及规范的发展——纪念我国混凝土结构设计规范的奠基者李明顺教授［J］．建筑结构学报，2010，31（6）：17-21．

［10］李文娟，高雅宁，刘呈双，等．我国工程建设领域团体标准发展现状概述［J］．工程建设标准化，2021（2）：66-71．

［11］周硕文，庞博，潘玉华，等．基于 BIM 期刊文献的研究热点与趋势演化分析［J］．土木建筑工程信息技术，2020，12（3）：8-15．

［12］ZHANG Y，LUO W，WANG J，et al．A review of life cycle assessment of recycled aggregate concrete［J］．Construction and building materials，2019，209：115-125．

［13］周硕文，王元丰，高源林，等．全面建成小康社会情景下绿色可持续建筑工程发展与挑战研究［J］．智库理论与实践，2019，4（6）：92-102．

［14］郑国勤，邱奎宁．BIM 国内外标准综述［J］．土木建筑工程信息技术，2012，4（1）：32-34，51．

［15］马智亮，杨之恬．基于 BIM 技术的智能化住宅部品生产作业计划与控制系统功能需求分析［J］．土木建筑工程信息技术，2015，7（1）：1-7．

［16］许杰峰，鲍玲玲，马恩成，等．基于 BIM 的预制装配建筑体系应用技术［J］．土木建筑工程信息技术，2016，8（4）：17-20．

［17］周硕文，罗玮，高铸成，等．建筑社会影响评价及国际相关标准［J］．工程建设标准化，2018（4）：26-29．

［18］张楠．基于 BIM 平台的工程质量控制模式研究［J］．土木建筑工程信息技术，2015，7（5）：78-81．

［19］邓朗妮，罗日生，郭亮，等．BIM 技术在工程质量管理中的应用［J］．土木建筑工程信息技术，2016，8（4）：94-99．

［20］WANG H，ZHANG X，LU W．Improving social sustainability in construction：conceptual framework based on social network analysis［J］．Journal of management in engineering，2018，34（6）：05018012．

［21］李飞，李伟，刘昭，等．基于 BIM 的施工现场安全管理［J］．土木建筑工程信息技术，2015，7（5）：74-77．

［22］李大伟．强制性工程建设规范体系与编制相关情况介绍［J］．工程建设标准化，2021（10）：32-38．

［23］葛楚，张靖岩，张昊，等．建筑领域科技创新与标准化互动融合的探索［J］．工程建设标准化，2022（7）：61-66．

［24］标准创新管理司标准应用管理处．科技创新与标准化互动发展——以科技创新提升标准水平，以标准促进科技成果转化［J］．中国标准化，2021（19）：22-23．

［25］迪特·恩斯特．自主创新与全球化：中国标准化战略所面临的挑战［M］．张磊，于洋，等，译．北京：对外经济贸易大学出版社，2012．

［26］李英亮，郑伟．试论企业科技创新与企业标准化工作［J］．航天标准化，2015（4）：35-37．

［27］孙丹，王虎，张捷．企业标准化与科研创新［J］．中国标准导报，2016（11）：42-44.

［28］薛宝军，赫畅．论标准化与科技创新［J］．中国标准化，2021（3）：75-79，85.

［29］陈雷，王平山，纵斌，等．上海市装配式混凝土建筑标准体系评估与发展研究［J］．工程建设标准化，2022，（4）：61-66.

［30］姜波，高迪，王亚安，等．装配式混凝土结构新型标准体系构建［J］．工程建设标准化．2018，（6）：48-53.

［31］刘东卫．装配式建筑标准规范的"四五六"特色——《装配式混凝土建筑技术标准》和《装配式钢结构建筑技术标准》编制解读［J］．工程建设标准化．2017，（5）：16-17.

［32］黄泽，杨丽欢，贺海区，等．装配式建筑评价标准的评分项指标对比分析［J］．建筑结构．2020，50（17）：13-20.

［33］李晓明．装配式混凝土结构技术规程编制概述［J］．住宅产业．2012，（7）：26-27.

［34］姜波，高迪，王亚安，等．装配式混凝土结构现行标准体系分析研究［J］．工程建设标准化．2018，（6）：42-47.

［35］中国建筑业协会．建筑业技术发展报告（2021）［M］．北京：中国建筑工业出版社，2021.

［36］中国城市科学研究会．中国绿色建筑2022［M］．北京：中国建筑工业出版社，2022.

［37］郁银泉，高志强，曹爽，等．协同与引领并重 加快推进标准化设计和生产体系建设——《装配式住宅设计选型标准》要点解读［J］．建筑，2022（8）：12-16.

［38］王金奎，邵旭，韩春咏．大型公共建筑能耗分析［J］．河北建筑工程学院学报，2010，28（3）：53-55.

［39］中国工程建设标准"一带一路"国际化政策研究项目组．中国工程建设标准海外应用分析［J］．工程建设标准化，2021（12）：40-45.

［40］住房和城乡建设部标准定额司，中国建筑标准设计研究院有限公司．中国工程建设标准在"一带一路"相关国家工程应用案例集［M］．北京：中国计划出版社，2021.